全国注册建筑师继续教育必修教材（之十一）

建筑策划与后评估

庄惟敏　张　维　梁思思　著

中国建筑工业出版社

图书在版编目（CIP）数据

建筑策划与后评估 / 庄惟敏，张维，梁思思著. — 北京：中国建筑工业出版社，2018.4（2021.4 重印）
全国注册建筑师继续教育必修教材（之十一）
ISBN 978-7-112-22050-2

Ⅰ. ①建… Ⅱ. ①庄… ②张… ③梁… Ⅲ. ①建筑工程 — 策划 — 继续教育 — 教材 ②建筑工程 — 评估 — 继续教育 — 教材 Ⅳ. ① TU72

中国版本图书馆CIP数据核字（2018）第059605号

责任编辑：徐　冉　黄　翊
责任校对：王　瑞

全国注册建筑师继续教育必修教材（之十一）
建筑策划与后评估
庄惟敏　张　维　梁思思　著
*
中国建筑工业出版社出版、发行（北京海淀三里河路9号）
各地新华书店、建筑书店经销
北京点击世代文化传媒有限公司制版
北京建筑工业印刷厂印刷
*
开本：787×1092毫米　1/16　印张：24¼　字数：467千字
2018年4月第一版　2021年4月第十次印刷
定价：78.00元
ISBN 978-7-112-22050-2
（31943）

前 言

改革开放以来，我国经历了世界历史上规模最大、速度最快的城镇化进程，城市发展波澜壮阔，取得了举世瞩目的成就。在快速发展的同时，公共建筑工程设计也存在空间布局判断不确定性风险高、关键空间性能提升定量难、项目建成后综合效益不尽如人意等难题。针对这些问题，笔者提出“前策划与后评估”的方法，解决了传统方法不闭环、缺乏反馈等问题，进而为科学而逻辑地制定设计任务书，提升设计质量提供重要保障。受住房和城乡建设部执业资格注册中心委托，研究团队撰写此书作为全国注册建筑师继续教育必修课教材。

建筑策划与后评估是新时期背景下提升设计质量的迫切需要。2014年7月《住房城乡建设部关于推进建筑业发展和改革的若干意见》（建市[2014]92号）指出：“提升建筑设计水平。加强以人为本、安全集约、生态环保、传承创新的理念……探索研究大型公共建筑设计后评估。”2016年2月中共中央国务院印发的《关于进一步加强城市规划建设管理工作的若干意见》中提出：“加强设计管理……按照‘适用、经济、绿色、美观’的建筑方针，突出建筑使用功能以及节能、节水、节地、节材和环保，防止片面追求建筑外观形象。强化公共建筑和超限高层建筑设计管理，建立大型公共建筑工程后评估制度。”2017 年 2 月 21 日《国务院办公厅关于促进建筑业持续健康发展的意见》(国办发 [2017]19 号)提出“全过程工程咨询”这一理念，并提出“在民用建筑项目中，充分发挥建筑师的主导作用，鼓励提供全过程工程咨询服务”。在政府推动下，全过程工程咨询将会成为我国建筑师最重要的工作模式之一。全过程工程咨询包括策划、设计、后评估环节，在实际工作中建筑师也必须把前后环节串接起来融合成为一个整体,才能更好地为工程项目服务。2017 年住房和城乡建设部委托完成《建筑策划制度与机制专题研究》课题，并通过专家组验收。应对于“提升设计水平”和“加强设计管理”的定位，本书提出“前策划—后评估”理念，在改善建筑设计的程序、实现以人为本的城市发展目标，以及改进行为反馈和树立标准等角度，形成建筑流程闭环的反馈机制。

建筑策划与后评估也是与国际接轨需要。正如习近平总书记倡导的要“树立人类命运共同体意识”，面对全球的国际化潮流，我们建筑师的工作内容也必须要国际化，按国际建筑师的业务准则去执业。与国际上建筑师服务领域和内容相比，我国建筑师的工作内容存在“掐头去尾”的情况。在国际建筑师协会理事会通过的《实践领域协定推荐导则（2004 版）》（Recommended Guidelines for the Accord on the Scope of practice 2004）中，规定建筑师在设计业务所能够提供的“其他服务”目录中，明确将“建筑策划”和“使用后评估”列为核心业务。我国建筑学界和业界也注意到这些问题，2014 年中国建筑学会建筑策划专业委员会成立，为我国建筑策划研究与发展提供了学术交流平台。2016 年《建筑策划与设计》一书成为“十三五”规划的高校建筑学专业第一部教材，为我国高校建筑策划教育提供了蓝本。2017 年《后评估在中国》一书提出“前策划、后评估”的研究内容宜聚焦于城市建成环境和公共建筑的空间性能与用户反馈，主要关注建设项目对前期的建筑策划环节落实效果的评价。

随着我国全过程工程咨询和建筑师负责制的推行，建设项目设计的科学依据制定和项目建成后的使用后评估的地位变得更加重要。前策划和后评估形成一个闭环，不仅能引导良好的设计构思，还能显著提升建筑的综合效益。尽管我国建筑策划研究已经有一定发展，但行业对来自工程第一线的策划和后评估经验总结的需求仍十分迫切。本书的要点体现在这样几个方面：

（1）系统地介绍了建筑策划和后评估的定义、价值、内容和步骤。针对建筑师负责制的推行和建筑师业务前后延伸的趋势，细致地介绍了建筑策划与后评估的方法工具，并结合案例进行生动阐述。

（2）以理论为基础结合工程实际，介绍不同类型建筑工程项目的策划要点、空间构想和设计建设情况。

（3）针对新形势下全过程工程咨询的发展趋势，阐述了包括空间综合性能优化、建筑造价控制、绿色节能提升等前策划后评估全过程的要点。

（4）本书尝试给出一个设计任务书生成的基础模版和使用后评估操作步骤的基础流程，便于建筑师参考使用。

本书并未涉及建筑策划和后评估的收费标准、委托方式和验收标准。这些问题也是我们未来研究方向之一。限于作者的学识和背景，难免有错误及不周之处，请广大读者批评指正。

Preface

During the past several decades of reform and opening up, China has experienced the largest and fastest urbanization process in the history of the world, and has made world-stunning achievements in urban development. At the same time, however, difficult problems exist in the design of public buildings and related areas. For instance, there is a high degree of uncertainty in spatial layout judgment; it is difficult to quantitatively improve key spatial performance; the comprehensive benefits of projects are not satisfactory after they are completed and put into use. In view of these problems, the authors put forward the approach of "pre-programming and post-occupancy evaluation" to address the problem that the traditional approach is not a closed loop and lacks feedback, thus providing an important guarantee for logically and scientifically formulating the design program and improving the quality of design. Entrusted by the Professional Qualification Registration Center of the Ministry of Housing and Urban-Rural Development, the research team wrote this book as a textbook for continuing education compulsory course of national registered architect.

Architectural programming and post-occupancy evaluation is an urgent need for improving the quality of design in the new era. The *Opinions of the Ministry of Housing and Urban-Rural Development on Promoting the Development and Reform of the Construction Industry* (JSH [2014] 92) issued in July 2014 pointed out that, "The level of architectural design should be improved. We should strengthen the concept of human oriented development, ensuring safety, enhancing intensiveness, protecting the environment, and adhering to innovation...Efforts must be made to explore and study the feasibility of post-design evaluation of large public buildings." In February 2016 the CPC Central Committee and the State Council issued *Some Opinions on Further Strengthening the Management of Urban Planning and Construction*, requiring that "Efforts should be made to intensify design management...Emphasis should be laid on the functionality of buildings and on energy saving, water saving, land saving, material saving and environmental friendliness in accordance with the construction policy of being applicable, economical, green, and beautiful instead of purely pursuing the outer appearance of buildings. Management should be strengthened for the design of public buildings and super-high buildings, and a post evaluation system should be established for large public buildings." Released on February 21, 2017, *Opinions of the General Office of the State Council on Promoting Healthy and Sustainable Development of the Construction Industry* (GFB [2017] 19), which put forward the idea of "whole-process engineering consultation" and pointed out that architects should be encouraged to play a leading role in civil construction projects by providing whole-process engineering consultation service. With the impetus of the government, whole-process engineering consultation, which includes programming, design, and post evaluation, will become one of the most important working patterns of Chinese architects. In actual work architects must combine all front and back links into an integrated whole, and only by doing so will they be able to better provide consulting services for engineering projects. In 2017, our team finished the research project called *Research on the System and Mechanism of Architectural Programming* under the commission of the Ministry of Housing and Urban-Rural Development, and passed experts' acceptance evaluation. In response to the requirements of "improving the level of design" and "enhancing the management of design," the authors of this book put forward the idea of "pre-programming and post-occupancy evaluation," and proposes a closed-loop feedback mechanism for managing the construction process from the perspective of rationalizing design procedures, realizing people-oriented urban development, improving behavior feedback, and setting up a standard.

Architectural programming and post-occupancy evaluation is also a requirement for China's construction industry to come in line with international standards. In answer to General Secretary Xi Jinping's call to build a community of shared future for mankind, architects must do our work in accordance with international standards and criteria in the age of globalization. However, the service scope and service items of Chinese architects are rather "incomplete" in comparison with their international peers'. In the *Recommended Guidelines for the Accord on the Scope of Practice (2004)* adopted by the International Union of Architects, "architectural programming" and "post-occupancy evaluation" are listed as core services under the category of "other services" that architects can provide in their design service. Chinese scholars and industry experts also noticed these issues. In 2014 we set up Architectural Programming Association under the Architectural Society of China, serving as an academic exchange platform for the research and development of architectural programming in China. Two years later in 2016, a book titled *Architectural Programming and Design* was published as the first textbook for Chinese college students majoring in architecture, providing a blueprint for architectural programming education in China's universities. The book *Post-Occupancy Evaluation in China* published in 2017 proposes that the research contents of "pre-programming and post-occupancy evaluation" should focus on the built environment of the city, the spatial performance of public buildings, and the feedback from users, particularly the evaluation of implementation performance of pre-programming.

With the implementation of China's whole-process engineering consultation and architect responsibility system, it is increasingly important to create a scientific basis for the design of construction projects and carry out post-occupancy evaluation of the projects after they are completed and put into use. Pre-programming and post-occupancy evaluation form a closed loop, which can not only lead to good design ideas but also significantly improve the comprehensive benefits of buildings. Although China has made some progress in the research of architectural programming, it is imperative for the industry to collect from front-line architects their first-hand experience in pre- programming and post-occupancy evaluation. This book has the following four characters:

(1) It systematically introduces the definition, value, content, and steps of architectural programming and post-occupancy evaluation. Considering the implementation of the architect responsibility system and the extension of the architectural services, the book gives a detailed introduction to the methods and tools of architectural planning and post evaluation, with vivid expositions of case studies.

(2) Based on a combination of theory and professional practices, the book describes the key points of programming, spatial layout, design, and construction of different types of public buildings.

(3) In view of the trend of whole-process engineering consultation under the new situation, the book elaborates on the main points of pre- programming and post-occupancy evaluation ranging from comprehensive spatial performance optimization, construction cost control, environmental protection, to energy conservation.

(4) The book attempts to provide architects with a basic template for the generation of design brief and for the operation of post-occupancy evaluation.

It is worth to mention that this book does not involve the fees, entrustment modes, or acceptance criteria of architectural planning and post evaluation, which are the topics of our future research. The book is written based on the current knowledge available to us, so readers are welcome to provide further information at any time so that we can stay updated.

目　录

Contents

1　概述

1.1　建筑策划的定义与意义

1.1.1　建筑策划的定义

“策划”通常被认为是为完成某一任务或为达到预期的目标而对所采取的方法、途径、程序等进行周密、逻辑的考虑而拟出具体的文字与图纸的方案计划。

一般我们所说的“策划”是一个广义的概念，通常有投资策划、商业策划等，而且这一概念正逐渐被其他领域所接受。建筑策划在建设项目的目标设定阶段，或曰项目的总体规划阶段进行。其后为了最有效地实现这一目标，对其方法、手段、过程和关键点进行探求，从而得出定性、定量的结果，并在指导建筑设计的过程中不断反馈，这一研究过程就是“建筑策划”。

建筑策划（Architectural Programming）特指在建筑学领域内建筑师根据总体规划的目标设定，从建筑学的学科角度出发，不仅依赖于经验和规范，更以实态调查为基础，运用计算机等近现代科技手段对研究目标进行客观的分析，最终定量地得出实现既定目标所应遵循的方法及程序的研究工作。[①] 它为建筑设计能够最充分地实现总体规划的目标，保证项目在设计完成之后具有较高的经济效益、环境效益和社会效益而提供科学的依据。简言之，建筑策划就是将建筑学的理论研究与近现代科技手段相结合，为总体规划立项之后的建筑设计提供科学而逻辑的设计依据。

进行一项建筑策划通常有三个要素：第一要有明确、具体的目标，即依据总体规划而设定的建设项目；第二要有对手段和结论进行客观评价的可能性；第三要有对程序和过程进行预测的可能性。其中建设立项是建筑策划的出发点。达到目标的手段和过程都是由建设目标决定的，而且通过目标来进行评价。研究和选择实现立项目标的手段是建筑策划的中心内容，对手段的功力和效率预先进行评定分析则至关重要。为了对手段进行评价分析，建设项目实施的程序预测是必要的，而正确的预测又始于对客观现象的认识，即相关信息的收集和调查是关键。对现象变化过程和运动过程的认识以及对操作手段的效果的预测是不可或缺的。如果不能进行预测，也就不可能有真正的建筑策划的产生。

建筑策划的概念是以“合理性”作为判断的基准的。它从古代没落的经验和迷信中跳出来，以对事物客观、合理的判断为依据，这正是当今信息社会日益流行的思想。这样说来，建筑策划这个以合理性为轴心，以发展的进步思想为基础的命题，的确是一个近代的概念。

---

① 全国科学技术名词审定委员会 . 建筑学名词 2014[M]. 北京：科学出版社，2014.

1.1.2 建筑策划与规划的关系

正如前面所述，建筑策划是建筑学的一部分，准确地讲，它是建筑学中建筑设计方法论的核心内容之一。一般认为，传统建筑的创作过程是首先由城市规划师进行总体规划，业主投资方根据这一总体规划确立建设项目并上报主管部门立项，建筑师按照业主的设计委托书进行设计，而后由施工单位进行建设施工，最后付诸使用（图 1-1）。

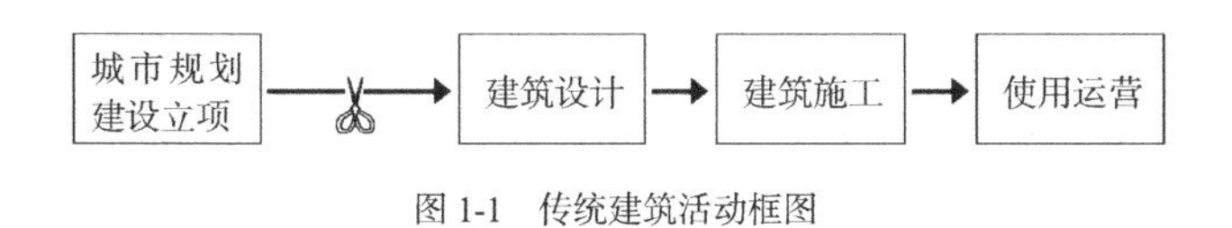

图 1-1 传统建筑活动框图

现代城市规划自从勒·柯布西耶等人针对工业革命以后巴黎城市的改造提出现代城市规划的基本原则——“明日城市”的设想，以彻底否定和批判文艺复兴和巴洛克时期的城市规划原则开始，到 1956 年国际现代建筑协会（CIAM）解散，形成了目前被奉为权威的现代城市规划理论。但 1956 年 CIAM 解散以后，对现代城市规划原则的批判开始多了起来。路易斯·康、查尔斯·詹克斯等人的“十次小组”（TEAM X）提出以城市流动性、生长性与变化性等新城市规划原则对 CIAM 进行修正，以及当时日本以黑川纪章为中心的强调传统、发展、文化、地域性的“新陈代谢”理论，使世界范围内的城市规划运动出现了新的潮流。这种新潮流在此后的后现代城市规划中达到高潮。

后现代城市规划原理，在强调从 CIAM 继承城市的功能性和合理性的同时，批判和修正了 CIAM 将城市功能过分纯粹化、分离化的做法，强调传统和历史的引入不是形象的简单重复，强调城市必要的、合理的高密度以及区域之间的联系，强调街道在规划中的地位，强调民众参与和听询规划研究。这些观点构成了城市规划的新的动向和潮流，并已得到全世界的共识。其中强调区域的联系、对街道的研究以及民众的参与和听询，也与现代建筑策划理论不谋而合。

建筑策划的理论基点源于对实态的调查分析。因此，民众参与听询以及对使用者的调查是建筑策划不可缺少的运行环节。此外，对项目的论证、对规模性质及社会环境等的研究分析也使得建筑策划的研究对象大大超出了建筑单体本身，扩大到了街道、区域和社会。建筑策划的理论起点和方法论的形成与城市规划的新潮流达成了一种默契。

城市总体规划是由国家和地方政府从全局出发，考虑经济、政治、地理、人文、社会等宏观因素所作的一定期限内的综合部署和具体安排。而投资活动则由业主单方面进行，建筑师只是在规划立项的基础上接受任务委托书后进行具体设计，而施工单位只是按设计图纸进行施工。从字面上来看，这是一个单向的流程，但事实上，建筑师的工作既属于建设投资方的工作范畴，又属于建筑施工方的工作范畴，其工作立场是多元的。

为明确建筑师的多重职责，我们可以将城市规划与建设立项同建筑设计从中剪开，插入一个独立的环节，这就是建筑策划。于是，建筑创作的全过程可表示为图1-2。这一过程是与建筑规模的扩大化、建筑技术的高科技化和社会结构的复杂化等近代科技发展特征相适应的。规划立项是对建筑设计的条件进行宏观的、概念上的确定，但对设计的细节不加以具体的限制，是一项指导建设规模、建设内容以及建设周期等的指令性工作。但随着社会生活的变更和丰富，设计条件的确定工作逐渐变成了一项异常繁杂的、多元的、多向性的系统工程。于是，自成一体、专事研究这一复杂多向的设计依据问题的建筑策划理论应运而生。

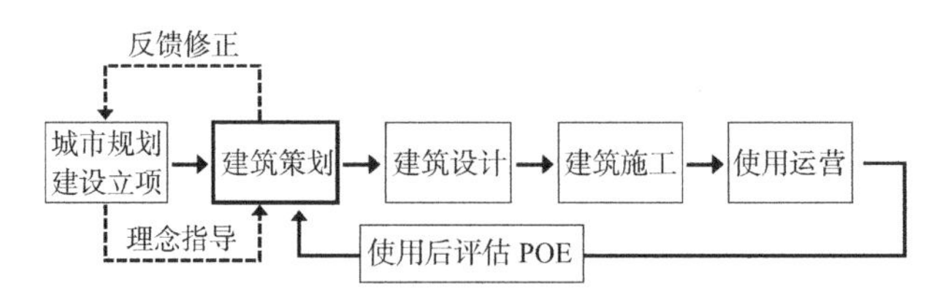

图1-2　建筑创作全过程框图

建筑策划是介于规划立项和建筑设计之间的一个环节，其承上启下的性质决定了其研究领域的双向渗透性（图1-3）。它向上渗透于宏观的规划立项环节，研究社会、环境、经济等宏观因素与设计项目的关系，分析设计项目在社会环境中的层次、地位、社会环境对项目品质的要求，分析项目对环境的积极和消极影响，进行经济损益的计算，确定和修正项目的规模，确定项目的基调，把握项目的性质。它向下渗透到建筑设计环节，研究景观、朝向、空间组成等建筑相关因素，分析设计项目的性格，并依据实态调查的分析结果确定设计的内容以及可行空间的尺寸大小。

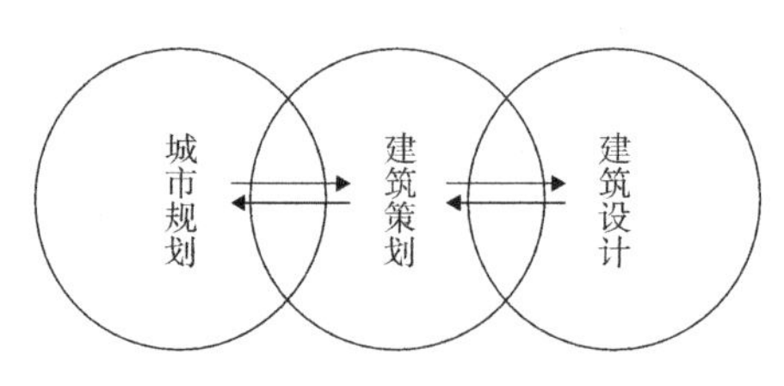

图1-3　建筑策划的领域

建筑策划不同于城市规划。城市规划是根据城市和区域各项发展建设的综合布局方案，规划空间范围，论证城市发展依据，进行城市用地选择、道路划分、功能分区、建设项目的确定等。它规定城市和区域的性质，如政治行政性、商业经济性、文教科技性等，但对具体建设项目的性质不作过细的规定。总体规划确定城市、区域、聚落的位置选择，如沿海、靠山等。它规定城市中心的位置、重要建筑的红线范围，进行交通的划分和组织，但不规定建设项目的具体朝向和平面形式。建筑策划则受制于总体规划，也是总体规划在建筑项目上的落实。在总体规划所设定的红线范围内，依据总体规划确定的目标，对其社会环境、人文环境和物质环境进行实态调查，对其经济效益进行分析评价，根据用地区域的功能性质划分，确定项目的性质、品质和级别。同样内容的建设项目因地域定位和特性的不同而呈现出截然不同的性质，如同样是旅馆，在商业旅游区，它偏重于商业性，而在历史文化保护区则更偏重于文化性和历史性。因此，从城市规划的角度来讲，建筑策划是在城市总体规划的指导下对建设项目自身进行的包括社会、环境、经济、功能等因素在内的策划研究。

1.1.3 建筑策划与建筑设计的关系

建筑策划不同于狭义的建筑设计。狭义的建筑设计是根据设计任务书逐项将任务书中各部分内容通过合理的平面布局和空间上的组合在图纸上表示出来，以供项目施工的使用。建筑师在建筑设计中一般只关心空间、功能、形式、色彩、体形等具象的设计内容，而不关心设计任务书的制定。设计任务书经业主拟定之后，除非特别需要，建筑师一般不再对其可行性进行分析研究，照章设计直至满足设计任务书的全部要求。建筑策划则是在建筑设计进行空间、功能、形式、体形等内容的图面研究之前或进程当中对其设计内容、规模性质、定位、空间尺寸的可行性，亦即对设计任务书的内容和要求进行调查研究和数理分析，从而修正项目立项的内容。简言之，建筑策划工作的实质就是科学地制定设计任务书，研究设计任务书的合理性，以指导设计的研究工作。

建筑策划与建筑设计的关系是分离还是一个有机整体，从建筑策划被提出之初起，经历了学者的争论，几经发展和演变。在美国，20 世纪 50 年代，CRS 试图命名建筑策划过程为“建筑分析”，后来成为美国建筑策划先驱的威廉・佩纳(William Pena)将这种“问题搜寻”的过程与随后设计师们“解决问题”的过程进行比较研究后指出，对于建筑师的日常工作，设计团队每天都要进行“策划”研究。[①] 佩纳认为策划和设计是两个截然不同的分离的过程。两者有不同的分工：策划者定义问题，设计师解决问题。[②]

随着使用后评估（Post-Occupancy Evaluation，简称 POE）的意义逐渐被业界接受，20 世纪 80 年代中期，佩纳和帕歇尔（Steven A. Parshall）撰

① King, J. & Philip Langdon. The CRS Team and the Business of Architecture[M]. College Station: Texas A&M University Press, 2002: 45.

② Pena, W. & Steven A. Parshall. Problem Seeking[M]. John Wiley & Sons. Inc. New York, 2001: 20.

写了《作为策划回访分析的使用后评估》，将设计前期的策划和建筑投入使用后的评估建立起了联系。[1]1992 年，沙诺夫（Henry Sanoff）提出了在设计过程中将策划、评价、参与集成（Integrating）的思路。[2]第二代建筑策划大师赫什伯格（Robert G. Hershberger）认为："建筑策划是对一个客户机构、设施使用者以及周边社区内在相互关联的价值、目标、事实、需求全面而系统的评价。一个构思良好的策划将引导高品质的设计。"[3]

由于在工程实践中大多数的中小型建筑事务所不大可能将策划与设计完全分离，建筑策划、建筑设计、使用后评估相结合的全过程建筑策划设计的思潮逐渐成为主流。至此，建筑策划与建筑设计的关系，由最初的互相分离、先策划后设计，演变为相互咬合、各有侧重，同时又互相融合。

今天，我们通常所说的建筑设计是一个广义的概念（图 1-4），它实际上包括建筑设计的前期研究，即建筑策划理论，建筑师在实际工作中总是对前期的设计条件有着或多或少的考虑。广义的设计概念应有三个阶段（图 1-5）：

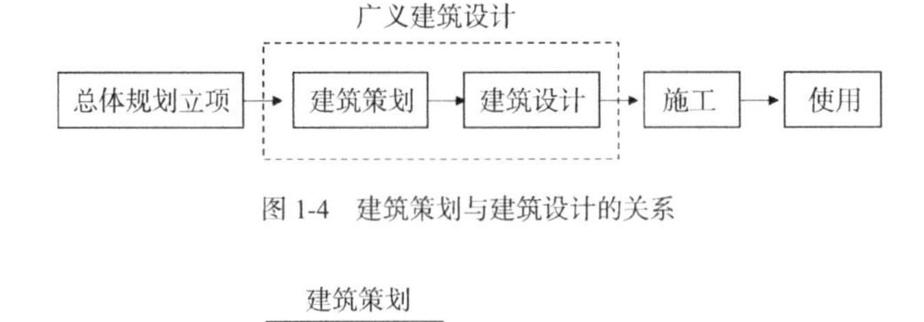

图 1-4　建筑策划与建筑设计的关系

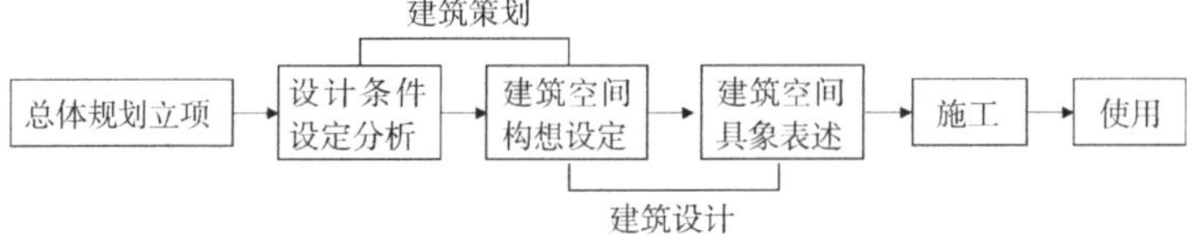

图 1-5　建筑策划与建筑设计的内容组成关系

（1）设计条件的设定分析阶段；

（2）建筑空间构想、设定阶段；

（3）建筑空间的具象表述阶段。

但从建立建筑策划理论的观点出发，前两个阶段又属于建筑策划的范畴，而且建筑策划通过第二阶段与建筑设计相沟通（图 1-6）。

由于现代社会分工精细化的趋势，建筑策划理论的建立已成为必然。建筑设计的概念也由原来囊括所有前期工作的广义概念变成为由建筑策划取代其前期工作的单纯的建筑设计概念。

---

① Parshall, S.A. & William M. Peña. Post-Occupancy Evaluation as a Form of Return Analysis [J].Industrial Development, 1983（5/6）: 32.

② Sanoff, H. Integrating Programming, Evaluation, and Participation in Design: A Theory Z Approach[M]. Avebury, Aldershot, England, 1992.

③ The American Institute of Architects. The Architect's Handbook of Professional Practice[M]. New York: John Wiley&Sons, Inc, 2001: 401.

现代的建筑设计全部由建筑师一人承担的情形已不多见了。建筑设计业已成为一个由多方面专业人员组成的系统组织。设计内容的精细化、专业化使日渐复杂的设计工作又呈现出分项、简洁、深刻的趋势，建筑师及各专业工程师们在自己的业务分野内进行着愈来愈专门的研究工作。现代建筑创作程序要求建筑师在进行建筑设计之前，首先要进行建筑策划的研究，所以建筑师的职能范围已由单纯的建筑设计扩展到了设计的前期工作（图 1-7）。

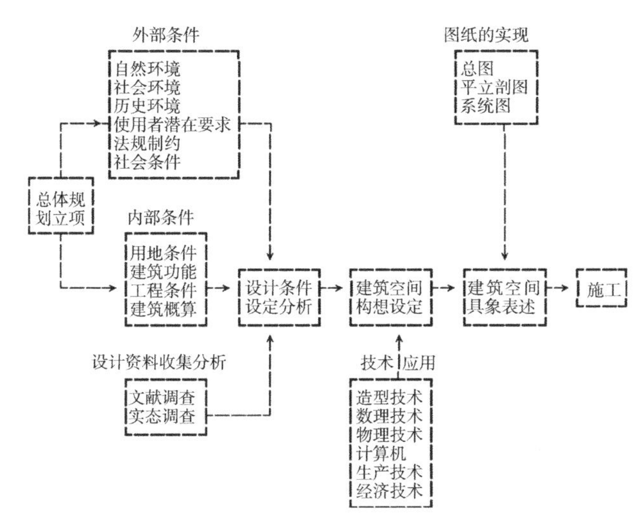

图 1-6　广义建筑设计的过程

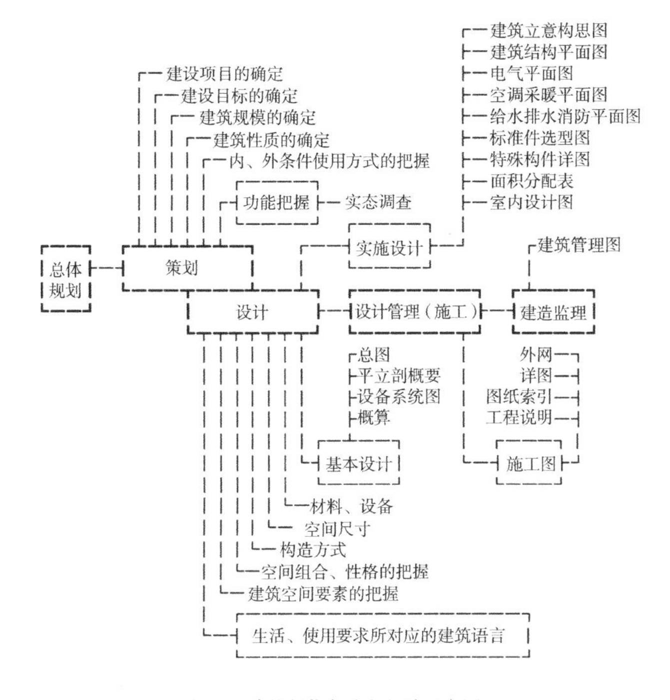

图 1-7　建筑创作各阶段相关示意图

由图 1-7 可见，建筑策划的后期工作，如空间构想、组合方式的研究、空间要素的把握以及材料设备的考察确定等是与建筑设计的前期工作如初步方案的设计总图、平立剖图、设备系统图等紧密结合在一起的。它们共同为实施设计做准备。这里就给我们提出这样一个问题，就是建设项目的建筑策划结论如何引入到设计中，或怎样在设计中给予落实。

建筑策划中，空间构想的现实性可以保证构想的空间形态在设计中得以实现，并且以最大的限度与现实生活和使用贴近。这是由建筑策划的研究方式的客观性和逻辑性所决定的。在策划阶段的这种细致考虑外部和内部条件、模拟建设项目的使用形制并对构想不断进行反馈预测评价的逻辑思维方法，就印证了在设计阶段的空间构成的现实性和可靠性。

如前所述，建筑策划是研究建设项目的设计依据。它的结论规定或论证了项目的设计规模、性质、内容和尺寸，它为设计制定了空间的模式和空间的组合概念。因此，可以说建筑策划是建筑创作中建立“骨骼系统”的工作。

建筑设计则是将策划中的空间概念和模式用建筑语言加以丰富充实，并表现在图纸上，绘制出项目的具体空间形态和造型。所以，可以认为建筑设计是建筑创作中填补“肌肉”的工作。

以“骨骼”和“肌肉”的关系来形容和说明建筑策划和建筑设计的关系是恰当而直观的。“骨骼”的建立，最重要的是对各种要求、条件的全面把握并将其转变为空间概念。而设计阶段填补“肌肉”的工作，最重要的就是将“骨骼”中抽象的空间概念和模式具象化，直至绘出完整的空间图形。这一从“骨骼”到“肌肉”的过程可以简述为：由问题搜寻（problem seeking）到问题解决（problem solving process）再到形态发现的过程（form finding process）。其中建筑策划阶段是“问题搜寻和问题解决的过程”，而设计阶段则是“形态发现的过程”。

但建筑策划与建筑设计的不可分割的先后关系并不意味着建筑策划的研究成果只是建筑设计的前提条件，它在项目的决策、实施等阶段也占有极其重要的地位。因策划结论的不同，同样项目的设计思想、空间内容可以完全不同，更有项目完成之后引发区域内建筑、环境中人类使用方式、价值观念、经济模式的变更以及新文化的创造的可能性。这一点也恰恰是建筑策划的社会责任。

骨骼和肌肉的关系是不言而喻的。只要骨骼的成长科学而严谨，那么未来的肌体则不会先天不足。但生活的常识告诉我们，一个完美肌体的长成不是在先完成骨骼之后再开始形成肌肉的。建筑策划与设计也是同样的道理。在现实中，建筑师进行建筑策划时，头脑中已在不断地想象出与策划的抽象结论相对应的具象的设计形象，这一点可以从图 1-7 中看出。建筑设计的基本设计实际上是在策划进行的同时配合进行的。但此时出现的设计图纸只是为了展示策划的构想和模式、检验策划的结论和空间构想的现实性，所以我们又可把它称为“概念设计方案”。尽管它不是正式的建筑设计，但它具有建筑设计的一切特性，并可以得出建筑设计的一般结论，即具象的空间形态。严格地讲，它不是建筑设计，而是策划和设计之间的一个过渡环节。但这个环节正是我们将建筑策划的抽象概念和结论付诸建筑实施设计（初步设计、扩大初步设计及施工图设计）的关键一步。

从建筑策划与设计的关系来看，建筑师最好同时是建筑策划者，因为两阶段工作的相关性为建筑师连续进行策划和设计创造了特别便利和直接的条件。建筑策划的依据使得业主和建筑师在实施设计阶段无须担心任务书的一日三改，无须再花费较多的精力去研究和考察建筑在功能、使用、内容设置上的问题，而避免实施阶段的设计返工和延误周期以及由此造成的社会、环境、经济效益的低下。

现实中，在愈发分工精细、强调专业化的现代社会中，建筑策划与建筑设计分期、分对象进行的现象多有存在。这一点在西方和日本等一些建筑活动高度商业化的国家中更加明显。这就要求建筑师对建筑策划和设计都能有一个全面、完整的了解，从原理、方法到实践全面地掌握，这样才能在分阶段进行建筑策划和设计时进行相关的考虑，避免因两者割裂而产生错误的决策进而造成误导。这一点或许是建筑策划给当代建筑师带来的新的任务。

在建筑策划的研究中，了解和探究建筑策划与建筑设计只是一个开始，需要我们研究的还很多，诸如建筑策划与建筑商品化、建筑策划与空间论、建筑策划与近代计算机技术等。对于这些内容，我们将在后面的章节里加以论述。

1.1.4 建筑策划的领域

前文已经论述了建筑策划向上联系总体规划，向下联系建筑设计，因此我们可以把总体规划与建筑策划之间的研究建筑、环境、人的课题作为建筑策划的第一领域，而把建筑策划与建筑设计间的研究功能和空间组合方法的课题作为第二领域（图 1-8）。

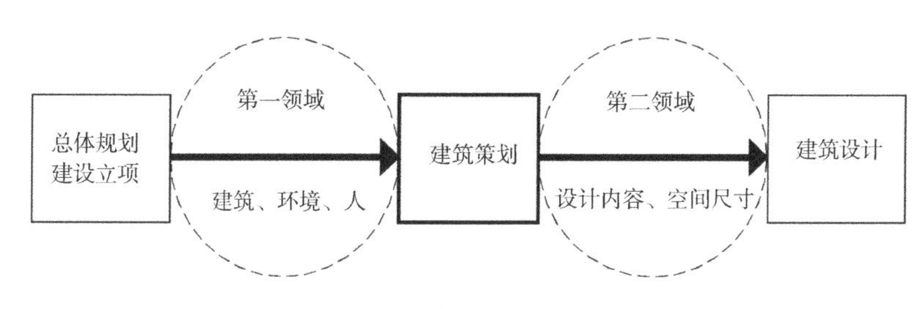

图 1-8 建筑策划的领域

把人与建筑的关系作为研究对象是建筑策划的一个基本出发点，也是建筑策划的第一个领域。人类的要求与建筑的内容相对应，从对既有建筑的调查评价分析中寻求某些定量的规律，这是建筑策划的一个基本方法。其内涵、外延极其广阔，例如建筑和人类心理的相互关系及影响、与生理的相互关系及影响、与精神的相互关系及影响以及社会机能等，其中包括对城市景观协调的要求、经济技术的制约因素、施工建设费用及条件限定因素等。人类要求的多样性、时代和社会发展的连续性意味着建筑策划的第一领域将持续扩展下去（图 1-9）。

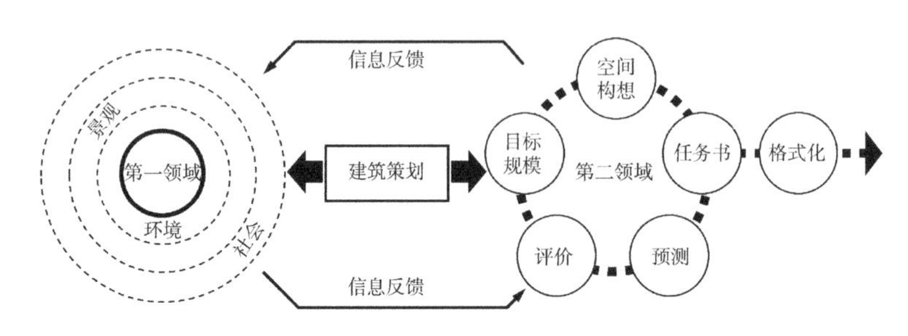

图 1-9　建筑策划领域的相关图式

建筑策划的第二领域是研究建筑设计的依据以及空间、环境的设计基准，它包括以下几个部分：①建设目标的确定；②对建设目标的构想；③对构想结果、使用效益的预测；④对与目标相关的物理量、心理量及要素进行定量、定性的评价；⑤设计任务书的拟定。

建筑策划目标的明确要与第一领域建立信息反馈关系。由第一领域的分析结果考察设计目标的可行性，同时，第二领域中设定的目标又是第一领域中研究的课题和依据。实际上，第二领域中设计目标的设定问题不过是第一领域中人与社会对建设目标要求的另一种说法。目标确定不是一个书面上的文件化的过程，而是研究“目标是什么”、“为何以此为目标”的过程。

接下来是对建设目标的构想，即将既定建设目标与人们的使用要求相对应，在充分满足和完成各使用功能的前提下，对所需的设施、空间的规模进行设定的工作。它要求建筑师把人们的使用要求建筑化地转换成建筑语言，并用建筑的语言加以定性的描述。其研究的方法从直观的设想到理性的推论，并非唯一的答案。这种构想不仅是存在于观念中的建筑形制，其意义的体现必须通过物质性载体来实现。

对构想的结果进行预测是对构想可行性的最好的检验。在这里，建筑师可以凭借自身的经验，依建筑的模式模拟建筑的使用过程，并以此对构想的结果进行预测。随着相关学科研究与应用技术的发展，预测的方法也已经从经验模拟的感性化阶段，向基于空间句法、模糊决策和大数据分析以及虚拟现实等更加逻辑化、理性化的预测方向发展了。

基于预测的结果，接下来就可以进行目标相关物理量、心理量的评价了。按照预测模拟的建设目标构想，进行多方位的综合评价。显然，由于建设目标不同，项目性质、使用的侧重点就不同，各相关量的评价标准和尺度也就各种各样。多元多因子的变量分析评价法可使其得到较满意的解决。对于具体的评价分析方法，我们将在后面章节中加以论述。

这样，目标设定→构想→预测→评价，建设项目的各项前提准备工作就基本完成了。将这一过程用建筑语言加以描述，进行文字化、定量化，就可以得出建设项目的设计任务书。设计任务书经过标准化处理就可以成为下一步建筑设计的依据了。

至此，建筑策划的领域已相当明确，其成果的有效性，影响着下一步设计工作的开展。由第一领域到第二领域，建筑策划受总体规划的指导，接受总体规划的思想，并为达成项目既定的目标整理准备条件，确定设计内涵，构想建筑的具体模式，进而对其实现的手段进行策略上的判定和探讨。归纳起来可以有以下五个内容：①对建设目标的明确；②对建设项目外部条件的把握；③对建设项目内部条件的把握；④建设项目具体的构想和表现；⑤建设项目运作方法和程序的研究。

在这里“目标设定”一点，如前所述，与第一领域建立信息反馈关系，它原本属于总体规划立项范畴，而具体的建筑造型等又属于设计的范畴。这样再三地将建筑策划如此划分，也正体现了其研究领域的双向渗透性和建设程序的前后阶段的因果反馈关系。

一般来讲，对于建设项目的目标确定，总体规划是决定性的、指导性的，但对于目标的规模、性质等内在因素的研究，建筑策划则很关键。实际上，这种总体规划和建筑策划对项目目标的研究，并不总是由总体规划开始再到建筑策划的单向流程。通过建筑策划的实现条件和手段，依据预测评价的定性和定量的结果，不断反馈和修正总体规划的情况并不少见。

建筑策划和建筑设计的关系似乎也是如此，对于建筑策划来说，要决定建筑的性质、性格、规模、利用方式、建设周期、建设程序、预算，从而拟定建筑设计任务书，如果没有具体的建筑构想和方案，决定上述条件是困难的。这种探讨性的方案设计也就是我们通常所说的“概念设计”。但同时我们要清楚，建筑策划的概念设计应属于建筑策划的范畴而不是建设项目的正式设计，它只是建筑策划的一部分，建筑师只是依据这种探讨性的设计方案来为建筑策划的其他内容提供参考。但毕竟这一环节具有了建筑设计的某些特性，因此我们认为建筑策划与建筑设计的先后顺序也并非一个简单的单向流程。

既然如此，建筑策划与前期的总体规划立项和后期的建筑设计阶段之间建立起信息反馈程序就变得异常重要，而且建筑策划的内容中也应包含这些环节。

1.1.5 建筑策划的特性

建筑策划的特性是由其研究对象的特殊性所决定的。大致可归纳为以下几点：①建筑策划的物质性；②建筑策划的个别性；③建筑策划的综合性；④建筑策划价值观的多样性。

建筑策划的实质是对“建筑”这个物质实体及相关因素的研究，因而其物质性是建筑策划的一大特色。布鲁诺·赛维（Bruno Zevi）在20世纪中期的“建筑—空间”论可以说并不古老，它摆脱了样式主义的桎梏，把建筑的核心视为生活的物质空间，使建筑在物质空间方面的美学观念得到了很大的发展。

社会、地域一经确定，人们的活动一经进行，作为空间、时间积累物和人类活动载体的建筑就完全是一个活生生的客观存在了。如前所述，建筑策划总是以合理性、客观性为轴心，以建筑的空间和实体的创作过程为首要点，其任务之一就是对未来目标的空间环境与建筑形象进行构想，以各种图式、表格和文字的形式表现出来。这些图式、表格和文字在现实中或在以后目标的实现中与既有的真实建筑空间相对照，它们是对建筑空间的抽象。抽象模式是对实态空间的一种逻辑的描述方式，建筑的全部层面都可由若干个抽象模式来组合表示，通过对这些模式的推敲和分析，最终可以综合出建筑实体空间的全息模型。这一过程由建设目标这一物质实体开始，以建筑策划结论—设计任务书的具体空间要求这一最终所要实现的物质空间为结束，全过程始终离不开空间、形体这一物质概念（图1-10）。

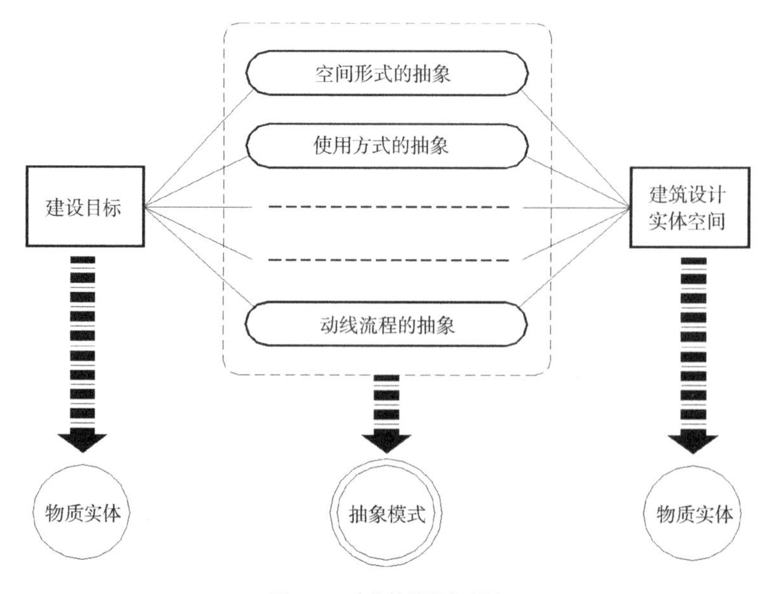

图1-10 建筑策划的物质性

建筑策划的另一个特征是个别性。这是由建筑生产及产品的性质所决定的。由于地域、业主和使用者的不同，即使是由国家投资统一兴建的居住区，业主和建筑师以及使用者们也费尽心机地使它们各自显出不同的面貌。很显然，不同于汽车、电视，建筑是不希望产生别无二致的雷同作品的。因此，建筑策划就非做不可，而不可借用。这种建筑创作行为的单一性就决定了建筑策划的个别性。

但我们同时要看到，建筑生产又是一种大规模的社会化生产。同类建筑的生产又可以从个性中总结出共性。建筑策划将建筑中的共性抽出加以综合，使其具有普遍的指导意义。

建筑策划的最大特征就是它的综合性。建筑策划是以达成目标为轴心的，而现实中目标单一性的场合是很少的。与同一个建筑相关的人，其立场各有不同，对这个建筑的期待也就各异了。此外，建筑的社会环境、时代要求、物质条件及人文因素的影响都单独构成对建筑的制约条件。建筑策划就是要将这些制约条件集合在一起，扬主抑次，加以综合，以求达到一个新的平衡。这里所谓的综合是要求建筑师通过建筑策划使各相关因素在整体构成中各自占有正确的位置，也就是对于各个要素进行个别的评价，评价的方法不同，则综合的方法也就有可能不同。

第二次世界大战前西方社会的建筑行为多一半是投资的行为，投资者的立场即为建筑设计的立场（当时还没有提出建筑策划的概念）。那时的设计者，即建筑师，是站在业主的立场上的，无疑是业主的代言人，那时的建设思想多是反映业主个人的价值观。20 世纪 50 年代末以来，建筑界开始了一场市民参与设计的革命。以居住者、使用者的立场为理论出发点，建筑策划的价值观某种程度上反映了民众的价值观。随着西方市场经济的膨胀，资本成为社会中的主角。而在现代高科技发展下所进行的建筑策划研究，其新技术、新装备的引进以及与新兴学科融汇，则使建筑策划价值观带有更浓的资本和商品的气息。

20 世纪 70 年代以后，经历了建筑界的思想变动和混乱时期，伴随着价值观的多样化和复杂化，以单一图式来描述社会价值观已属不可能。即便是站在民众的立场上，民众对于何为好、何为坏的观点也是各异的。因此，对建筑策划的形体构想结果也会大相径庭，趋于多样化。

在如此立场分歧、价值观迥异的今天，建筑策划则应更重视本地区社会经济文化中建筑的共性，立足国情，展望未来，这也是现代建筑策划论所应持有的立场。

针对建筑策划的特点及其面临的现状，当今国际上对建筑策划的发展有以下三个指向：

第一，建筑策划决策要有客观化、合理化的指向。建筑策划逐渐摆脱了对业主和设计者个人经验的依赖，通过实态调查对现象加以认识，把握问题的重点。这种基于实态调查的设计方法论，完全是以客观化、合理化的立意为出发点的，对构想的评价、预测也是围绕这一主导思想进行的。在这一研究指向下，越来越多的技术方法和策划理论得以应用，例如结合数理统计的实态调查结果分析、结合决策理论和计算机应用的模糊决策以及定量评估等。

第二，继续强调人是策划主体的指向。实态调查源于建筑环境中使用者的活动与建筑空间的对应关系，从家庭生活到社会生活，全部的生活方式与空间环境的关系都是建筑策划研究的内容，离开人和人类活动，建筑就失去了意义，建筑策划也就失去了真实的内容。这是强调在策划中对环境行为学理论与研究方法的运用。近年来，随着计算机技术的进步，以电子设备等仪器对个体行为的海量记录调查结合大数据的思想和信息挖掘方法，使得建筑策划在对人的关注上有了更科学高效的技术手段，建筑策划逐渐从传统的小范围调查和统计分析，转向大数据挖掘、模糊分析和多种信息的综合。

第三，谋求获得社会性、公众性的指向。建设目标的实现越来越不是一个单纯孤立的事件了。建筑策划要求建设目标在社会实践中，强调该目标的实现对社会的影响与效益、社会的意义以及在社会中的角色。另一方面，建筑策划也更重视地域、规模、文化对建设目标的影响。建筑主体——使用者对建筑策划的介入越来越法定化。那种凭借投资资本积累大小各唱各的调的时代已被“研究社会弱者”连带社区居民运动的趋势所取代。同是针对纷繁的公众意识，研究者也更多地加入到社区居民运动的行列中去。力求多样性的价值观为公共性和理性所概括和包含。但是，哲学原理告诉我们，存在即是差异，偏爱多样性是人类的天性，解决矛盾是建筑策划永恒的使命。

1.1.6 建筑策划的构成框架

根据建筑策划所涉及的领域及内容，我们可以得出其构成框架。如图 1-11 所示，建筑策划的构成框架可由两个“节点”分解成四个过程。其一是信息吸收过程，它是将总体规划、投资状况、分项条件、原始参考资料等进行全面的收集，存入原始信息库，通过对原始信息的初级论证，初步确定项目的规模、性质。而后，在既定的目标及规模性质下，进行全方位的实态调查，拟定调查表，将调查结果用电脑进行多因子变量分析，并将结果定量化，这是信息加工过程。将调查结果反馈到前级的初级论证阶段，对目标的规模、性质进行修正，这是信息反馈过程。接下来是依定量的分析结果，为建设项目建立起模型，并将设计条件和内容图式化、表格化，产生完整的、合乎逻辑的设计任务书，这是最终建筑策划信息的生成过程。框架中的两个节点是至关重要的，它们是建筑策划逻辑性的体现。第一节点是原始信息库的建立，以此作为建筑策划的物质理论依据。第二节点是电脑多元化、多因子变量分析库的建立，以此作为建筑策划的科学技术依据。以这两个节点联系起来的建筑策划的框架是合乎逻辑、全面而科学的。

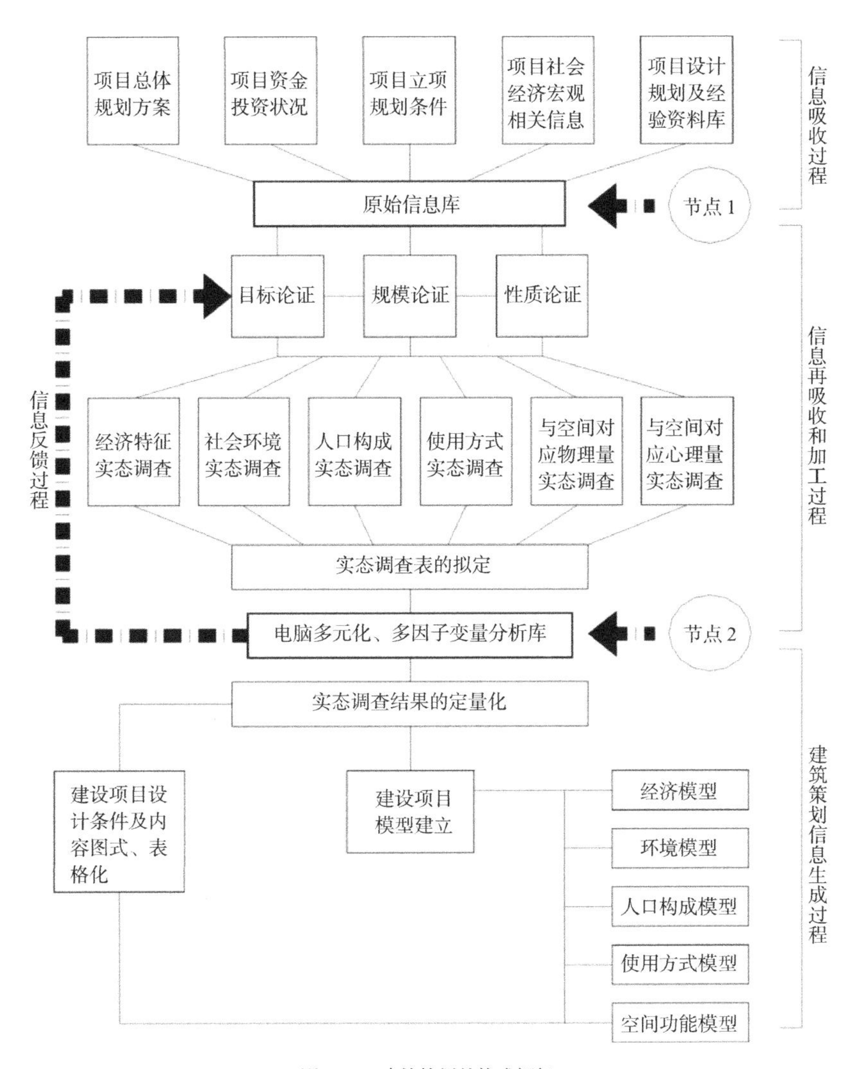

图 1-11　建筑策划的构成框架

在这个框架中，第一过程可以说是业主理念的过程，而第二过程则是使用者理念的过程。现代建筑策划的特点就是站在使用者立场上的使用者理念的建筑创作过程（图 1-12）。对这一点，框架中第二阶段所占的分量即是最好的体现。

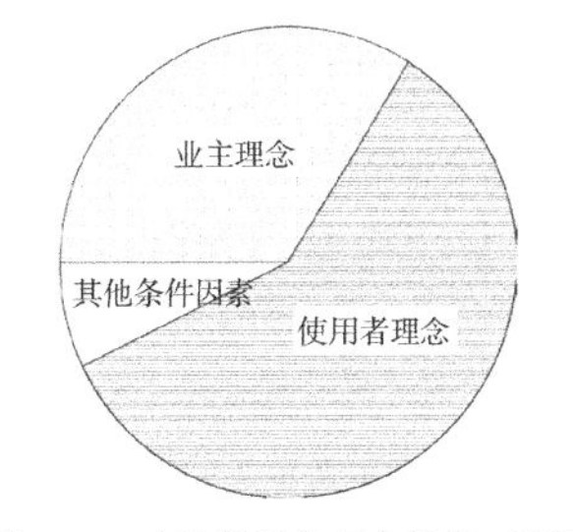

图 1-12　建筑策划的理念依据：以使用者为主导

1.2 后评估的作用与意义

1.2.1 后评估的定义

在过去的 30 多年里，我国经历了快速的城镇化发展过程。2016 年我国城镇化率达到 57.35%，城镇常住人口达到 7.9 亿。在快速的建设进程中，政府投入了大量的社会资源和经济资源，但建筑质量和使用后状况却差强人意。大量建筑因其功能不合理、使用问题等非质量因素而拆除，造成巨大的社会资源和空间资源浪费，带给生态环境和公众利益巨大威胁。比如，2016 年，仅使用 16 年的武汉大学工学部第一教学楼被拆除，拆除费用为 1300 万元，拆除的原因是“有碍观瞻”；2007 年，使用了 14 年的杭州西湖边第一高楼——原浙江大学湖滨校区主教学楼因周边用地建设被拆除，拆除的原因并非是学校不需要教学楼，而是教学楼用地选址不合理。据新华社报道，我国每年老旧建筑拆除量已达到新增建筑量的 40%，远未到使用寿命限制的道路、桥梁、大楼被拆除的现象也比比皆是。

究其原因，有三个方面。一是对城市建成环境性能及行为认知不足；二是缺乏及时有效的预测方法和工具，以提前预评估出设计方案的有效性和可行性；三是缺乏系统的建筑及城市建成环境使用后评估体系。面对“量”大而快速的建筑设计市场，我们急需在建筑设计的“质”上做好把关工作，才能做到“量质并存”的可持续发展。

近年来，国家政府部门从自上而下的角度，对提升建筑设计水平和加强设计管理均提出了明确的要求。2014 年 7 月住房和城乡建设部《住房城乡建设部关于推进建筑业发展和改革的若干意见》（建市 [2014]92 号）指出：“提升建筑设计水平。加强以人为本、安全集约、生态环保、传承创新的理念……探索研究大型公共建筑设计后评估。”2016 年 2 月中共中央国务院印发的《关于进一步加强城市规划建设管理工作的若干意见》中提出要“加强设计管理……按照‘适用、经济、绿色、美观’的建筑方针，突出建筑使用功能以及节能、节水、节地、节材和环保，防止片面追求建筑外观形象。强化公共建筑和超限高层建筑设计管理，建立大型公共建筑工程后评估制度。”从建筑设计的角度来看，使用后评估在中国的定位正在于此。

城市规划立项、建筑设计、建筑施工这种工作程序的建立，在特定时期完成了特定的使命，有其意义所在。但是今天，我们在这个工作程序中加入了建筑策划和后评估，构成了建筑策划研究的核心，以此应对新的形势、解决新的问题。

对于后评估，沃尔夫冈·普赖策（Wolfgang Preiser）从建筑性能角度给出的定义是：在建筑建成和使用一段时间后，对建筑性能进行的系统、严格的评估过程。[①] 这个过程包括系统的数据收集、分析，以及将结果与明确的建成环境性能标准进行比较。克莱尔·库珀·马库斯（Clare Cooper Marcus）及卡罗琳·弗朗西斯（Carolyn Francis）认为使用后评估是"从使用者的角度出发,对经过设计并正被使用的设施进行系统评价的研究"。[②] 弗里德曼（Friedman）等从人的心理角度对建筑后评估的定义是：对于建成环境是否满足并支持了人们明确的或潜在的需求的评估。[③] 而满足人们的使用需求，从功能的角度来说，也正是建筑设计的意义所在。英国皇家建筑师学会（RIBA）从建筑师的工作角度给后评估的定义是：建筑在使用过程中，对建筑设计进行的系统研究，从而为建筑师提供设计的反馈信息，同时也提供给建筑管理者和使用者一个好的建筑的标准。此外，还有在使用后评估概念的基础上发展出的建筑性能评估（building performance evaluation, BPE），其定义为：以人类行为和需求为出发点，对于建筑物的设计与性能之间关系的研究，从而确定建筑物是否满足使用者的需求，并会对使用者带来何种影响。[④]

后评估是建筑设计全生命周期中重要的一环，是对建成环境的反馈和对建设标准的前馈，是人本主义思想和人文主义关怀在新时代的体现，推动了建筑学科时间维度上的完整性和人居环境科学群的学科交叉融合，对建筑效益的最大化、资源的有效利用和社会公平起到重要的作用。此外，后评估作为一个建筑学概念的提出，标志着建筑师业务实践范围的进一步扩大，建筑师开始系统地对建成环境的绩效评估进行研究与实践。

随着国务院的意见中对于大型公共建筑工程后评估工作的强调，前面提到的新时期建筑设计工作流程得以实现。回顾建筑创造的全过程，从城市规划建设立项，到建筑设计之间，我们需要有一个"建筑策划"环节对任务书和设计要求进行较为清晰的界定，而在投入运营一段时间后，我们需要"使用后评估"环节对其使用后的状况进行跟进和分析，并为下一步的策划提供反馈(图 1-13)。因此,有必要构建"前策划—后评估"这一闭环，通过不断反馈和改进实现建筑发展的良性循环。前策划与后评估将随着后续相关法律与行业规范的出台，进一步明确其在基本建设工作中的作用与意义。这意味着中国的建筑设计工作流程随着社会发展的需要以及自身的演进，进入到了一个策划、设计、施工、运营和后评估并重的时代。

---

① Preiser, W.F.E., Harvey Z. Rabinowitz, and Edward T. White. Post-Occupancy Evaluation[M]. VNR Van Nostrand Reinhold Company, 1988: 3.

② Marcus, C.C. & Carolyn Francis. People Places: Design Guidlines for Urban Open Space[M]. 2nd ed. John Wiley and Sons, 1997.

③ Friedman, A., C. Zimring and E. Zube. Environmental Design Evaluation[M]. New York: Plenum Press, 1978.

④ Mallory-Hill, S., W.F.E. Preiser, and C. Watson. Enhancing Building Performance[M]. UK: Wiley-Blackwell, 2012.

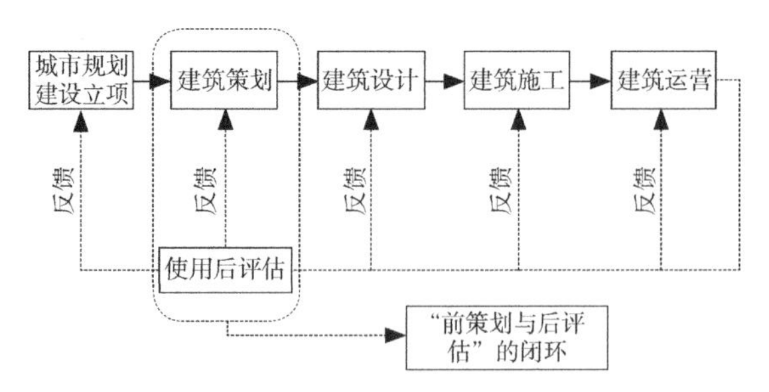

图 1-13 建筑创作全过程及"前策划—后评估"闭环

1.2.2 后评估的价值、类型与内容

对于后评估，吉布森（Gibson）认为，这种从性能角度对于建筑物的评价，与以往那些仅仅建立在哲学、风格和美学基础上的评价形成了鲜明的对比。[①] 这种对于建筑性能的关注起始于人与建筑之间的关系，研究建成环境如何影响人的行为与认知，所以，最早进入后评估研究领域的是环境心理学，并在此基础上得以发展。因此，后评估既是一个检验建筑功能与效果的诊断工具，而在其背后则是一种基于环境行为学的研究范式。这个范式中的前提是建筑环境建成并经过一段时间的使用，研究的具体过程和实证部分是对建筑性能进行系统的评估，研究的目的是形成对建成环境的信息反馈，同时作为对建筑标准的一个前馈（图 1-14）。

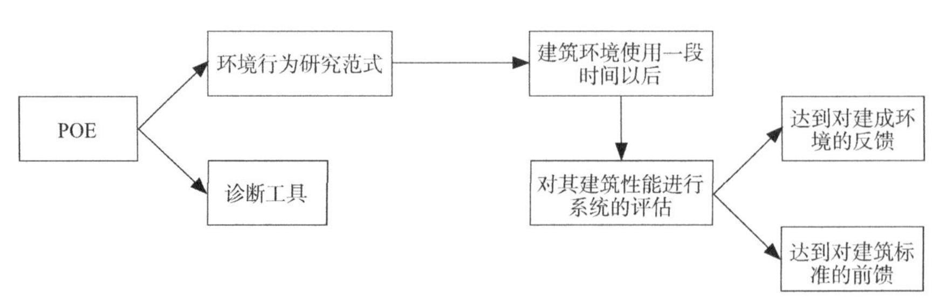

图 1-14 使用后评估研究范式

如图 1-15 所示，后评估的短期价值主要体现在对本建筑的经验反馈方面，包括识别建筑性能存在的问题，反馈物业管理，调查空间利用存在的问题，通过公众参与改善使用者的态度，了解预算变化导致的建筑性能改变，决策制定的过程分析等。中期价值集中体现在对同类型建筑的效能评价方面，包括调查公共建筑固有的适应一定时间内组织结构变化成长的能力（如设施的改建和再利用，节省建造过程以及建筑全生命周期的投资，调查建筑师和业主对于建筑性能应负的责任等）。在长期层面，使用后评

① Gibson, E. J. Working with the Performance Approach in Building[R]. CIB Report Publication 64. Rotterdam, The Netherlands, 1982.

估的价值主要体现在标准优化方面，包括但不限于：长期提高和改善同类型公共建筑建筑性能，更新设计资料库、设计标准和指导规范，通过量化评估来加强对建筑性能的衡量等。

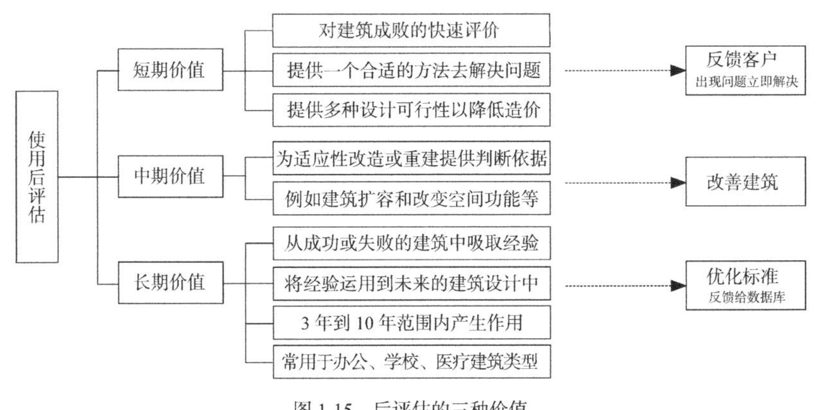

图 1-15　后评估的三种价值

此外，后评估工作也可以按照其侧重分成三种类型：第一种是描述式的后评估，目的是对建筑成败的快速评价，为建筑师和使用者提供改进依据，研究的范围不广、深度不深，目的在于揭示建筑的主要问题；第二种是调查式后评估，是对建筑性能的细节评价，为建筑师和使用者提供更具体的改进依据，研究的范围较广、深度较深；第三种是诊断式后评估，是对建筑性能的全面评价，为建筑师、使用者提供所有问题的分析和建议，为改进现存标准提供数据、理论支持，研究的范围最广、深度最深，是一个长期评价行动。①

当前城市发展已进入了信息和新技术革命时代。多源数据平台和大数据分析的方法为建筑策划和使用后评估中对空间及其他相关信息的认知、关联及规律发掘提供了重要的手段。相比于传统使用后评估问卷法的随机样本，大数据能够获得更加完整全面的数据（例如特定使用人群的特征、需求和使用规律），通过增加数据量从而提高了分析的准确性，能够发现抽样分析无法实现的更加客观的关联发现，帮助建筑师更准确地了解和把握空间与建筑和环境的演变机制，提高设计的价值和效率。

1.2.3 建筑实践中的使用后评估

回顾后评估在建筑实践中的发展，其萌芽诞生于 20 世纪初期，当时的动机是探寻建筑设计对于经济的促进作用，比如作为生产和工作场所的建筑对于劳动生产率的影响。例如 1927 年在芝加哥附近的西部电力公司，

① 汪晓霞. 建筑后评估及其操作模式探究 [J]. 城市建筑，2009（7）：16-19.

斯诺进行了光环境与生产率关系的研究，研究结果证明空间的确会影响到人们的认知和行为。

在建筑设计领域，后评估真正的蓬勃发展时期是第二次世界大战以后，大量快速的建设使欧洲国家开始思考建成环境的问题。英国皇家建筑师学会（RIBA）认为，一系列失败建设的原因是缺少对已完成项目成败的“科学研究”。因此，在1965年的建筑师手册《工作计划》中提出，一个完整建筑项目的最后阶段是“反馈阶段”。但是，由于动机、意愿和取费等一系列原因，使这个“反馈阶段”没有列入职业建筑师的工作范围，也没有受到设计业与建造业的重视，取而代之的是环境行为的研究。因此，最初的后评估研究更偏向于社会学与心理学，这也是后评估起源于环境行为学的原因。

20世纪60年代的社会文化背景是后评估的实践和理论快速发展的推动力之一。如同20世纪60年代的美国人权运动所显示的，公众参与是20世纪60年代社会运动的关键词，各种社会决策过程中利益相关方的参与成为关注的焦点，这其中就有作为社会构建物的城市与建筑。在城市规划领域，为了建立更为公平民主的规划决策过程，改变弱势群体作为利益相关方长期被忽视的状况，先后出现了交互式规划理论（transactive planning）、倡导式规划理论（advocacy planning）以及交往规划理论（communicative planning），其主旨都是将那些排除在规划过程之外的群体吸纳进来，或者为其代言，建立平等对话，从而使得规划行为在更大程度上考虑社会各阶层和群体的利益。

在建筑设计领域，人们也开始意识到一直存在着的一个沉默的大多数，那就是建筑落成后具体的使用者。长期以来，建筑设计主要是建立在甲方和建筑师之间的共识之上的行为，而实际上一个建筑项目的甲方常常并非是其最终的使用者，因此并不能充分表达建筑实际使用者的需求。于是，在20世纪60年代的社会背景下，建筑设计中也出现了对形式和技术因素的绝对主导地位的反思，开始将目光投向具体的使用者。在社会学者、规划师和建筑师的共同努力下，建筑设计被看作一个社会过程，倾听所有利益相关方的需求和愿望，尤其是那些在建筑里生活和工作的人。于是，对于建筑落成后的使用情况开展系统性研究的呼声越来越高。

在美国，1963年由绍尔（Schorr）对低收入者生活实质环境的调查研究中，清楚地显示出集合住宅的问题实际上是政治、经济、社会和建筑等多方面因素共同作用的结果，其研究成果最后促使美国政府成立了住房及城市发展部（HUD）。1966年，奥斯蒙德（Osmond）等人对精神病院和监狱等特种建筑开展了使用后调研，这些工作着重调查评估这些特种建筑对特殊使用者的健康、安全和心理的影响，并为今后改进同类建筑设计提供依据。同一时期，纽曼（Newman）对100多幢集合住宅进行了调查研究，发现了集合住宅区里的犯罪原因与集合住宅的建筑造型、规划布局、建筑配置和交通安排有密切的联系，其研究结果不但直接影响到美国政府对集合住宅的政策制定，更促使政府对各地许多既有的公共集合住宅进行改建和更新，该报告中的某些结论甚至直接成为政府住宅的建设依据。纽曼的工作不但使民众认识到了后评估的功效，也使许多人开始重视后评估的价值和影响力。[①]

1968 年“环境设计研究协会”（Environmental Design Research Association，EDRA）成立，其成员包括建筑师、规划师、设备工程师、室内设计师、心理学家、社会学家、人类学家和地学家等。1969 年在英国首次召开了建筑心理学研讨会。1975 年美国成立了通用设施管理机构（Facilities Management Institute，FMI），开始对办公建筑的性能开展可测量指标的研究。自 20 世纪 60 ~ 80 年代，美国已对学生公寓、医院、住宅公寓、办公建筑、学校建筑、军队营房等建筑广泛地开展使用后评价研究，发展出一套关于数据收集、分析技术、主客观评价指标、评价模型及设计导则等方法体系，包括调研、访谈、系统观察、行为地图、档案资料分析和图像记录等一整套开展后评估的技术手段。

至此，后评估积累了大量的经验与数据，形成了相应的机构和组织，逐步进入公众视野，成为大学和研究机构的研究对象，为使用后评估成为一个专门的知识体系奠定了基础。

1.2.4 后评估在建筑师职业领域发展的作用

在国际建协发布的《实践领域协定推荐导则》里面，明确了建筑师提供的专业核心服务的范围过程。职业建筑师范畴里面规定了七项专业核心服务中，涉及评估和质量控制的工作，目前基本上都是中国建筑师职责之外的，包括使用后评估、计划施工成本评估、工程造价评估、审核质量控制、使用后检查等方面（图 1-16）。

1. 项目管理
 - ·项目小组的成立和管理
 - ·进度计划和控制
 - ·项目成本控制
 - ·业主审批处理
 - ·政府审批程序
 - ·咨询师和工程师协调
 - **·使用后评估（POE）**

2. 调研和策划
 - ·场地分析
 - ·目标和条件确定
 - ·概念规划

3. 施工成本控制
 - ·施工成本预算
 - **·计划施工成本评估**
 - **·工程造价评估**
 - ·施工阶段成本控制

4. 设计
 - ·要求和条件确认
 - ·施工文件设计和制作
 - ·设计展示，供业主审批

5. 采购
 - ·施工采购选择
 - ·处理施工采购流程
 - ·协助签署施工合同

6. 合同管理
 - ·施工管理支持
 - ·解释设计意图、**审核质量控制**
 - ·现场施工观察、检查和报告
 - ·变更通知单和现场通知单

7. 维护和运行规划
 - ·物业管理支持
 - ·建筑物维护支持
 - **·使用后检查**

图 1-16 国际建协理事会通过的《实践领域协定推荐导则》

① 汪晓霞 . 建筑后评估及其操作模式探究 [J]. 城市建筑，2009（7），16-19.

从中国建筑师的职业发展角度来讲，建筑设计走向国际化，中国建筑师要走出国门或与国外建筑师合作，就必须开展评估领域的工作与服务。美国建筑师学会（AIA）有专门的官方文件明确规定了建筑师进行使用后评估的内容，包括五个详细的具体步骤：①进入最初数据收集工作；②本项后评估业务的设计和研究；③收集数据；④分析数据；⑤陈述情况。可以看到，通过美国建筑师学会对具体工作设定的规范和要求，后评估工作在美国建筑设计业中已经法律化。

从社会经济机制的运转规律来看，不论是将建筑设计看作一种服务，还是将建筑物作为一种特殊的不动产产品，后评估所带来的服务与使用反馈，都是不可或缺的，而也正是以往的建筑设计工作中被忽视的。以往关于建筑或建筑设计的评论基本都是从美学角度出发，鲜有涉及建筑具体的使用性能与效率，建筑如同一种缺失了用户反馈的商品，这与今日发达的商品经济中各行业对于用户体验越来越多的强调背道而驰。随着中国社会经济的发展，建筑业自身的成熟与进步，都要求建筑师职业将对于建筑与设计在使用后的反馈正式纳入到工作视野之中，成为职业与行业发展的推手。

1.2.5 后评估作为建筑可持续发展的重要手段

后评估所代表的一种不同于以往的建筑观，其核心是注重建筑的功能效果、关注人与建筑之间的关系。以往从设计美学为原则的建筑观通常将建筑外化为一个审美客体，考察客体对于主体形成的审美经验，从考察角度和主客关系上都有很大的局限性。而后评估所代表的建筑观将人与建筑之间的关系都纳入到一个更为宏观全面的环境系统中予以考察，这种观点是与一种新的以环境为出发点的世界观的兴起紧密相连的。20 世纪下半叶，可持续发展逐渐成为全球社会经济发展中的一个重要原则。发达国家早在 20 世纪 60 年代就开始探索生态建筑学，并开始进行环境评价，关注于建筑的可持续发展问题和与自然生态、环保等问题的关系。

随着能源危机和环境资源问题的加剧，面对着环境的绿色生态可持续发展的大挑战，自 20 世纪 80 年代起，西方发达国家开始更加关注绿色建筑。在美国成立绿色建筑协会（USGBC）之后，有关绿色建筑与建筑环境评价的方法和标准体系也纷纷推出。如英国建筑研究所（BRE）于 1990 年推出的“建筑环境评价方法（BREEAM）”，美国绿色建筑委员会于 1993 年推出的“LEED 绿色建筑等级体系”；1996 年由加拿大、美国、英国、法国等 14 个国家参加的“GBC 绿色建筑挑战”。还有德国的生态导则 LNB 及 ECO-PRO，澳大利亚的建筑环境评价体系 NABERS，挪威的 ECO Profile，荷兰的 ECO Quantum，法国的 ESCALE、EQUER，日本的《环境共生住宅 A-Z》等。这些评价体系对建筑是否节能、环保的性能标准给出系统的分析与评估方法，并设计了各类图表及电脑软件，便于设计者或使用者评估。这个趋势从20世纪末和21世纪初一直到现在，在全球范围内掀起了一股新的推动建筑发展的力量。

所有的这些绿色建筑的标准，我们都可以从“前策划—后评估”的角度予以理解。它们在建筑设计之前起着辅助建筑策划的作用，帮助建筑师确立设计的目标和指导原则，并协助建筑师选择合适的技术手段以达成这些目标和原则。而在建筑落成之后，它们又成为检验实际效果的标准，指导对于建筑实际性能进行后评估工作。目前，我国已有了对于绿色建筑标准的各种研究，但是还没有将其纳入到更为完整的建筑设计工作链条之中，对于其中蕴含的前策划与后评估工作的性质和作用还不能完全理解，并做到有目的地开展和运用。

在大部分建筑师还是把自己的工作重点放在外观、造型等方面的时候，一个新的设计工作步骤的建立、前策划后评估机制的引入，将有助于我们摆脱仅以审美评价建筑的观念，取而代之一种更为全面的建筑观，将建筑所蕴含的社会、经济和环境关系纳入到建筑设计与评价体系之中。从这个角度看，国外对于绿色建筑后评估层面的研究，以及向建筑设计前端和后端的延伸，对于我国有很大启发。

1.2.6 从使用后评估到建筑性能评估

建筑性能评估（Building Performance Evaluation，BPE）是对使用后评估（POE）在建筑生命周期各个环节上的拓展和发展。使用后评估关注的主要是使用者对于建筑物性能的体验和感受，它在时间顺序上关注的仅仅只是建筑投入使用之后的性能的各个方面，而之后发展的BPE则是在此基础上将对建筑的评价和反馈扩大到了建筑全生命周期各环节的各个方面。这意味着评估的对象不再仅仅是落成的建筑物和设施本身，同样还有之前的各个环节中的组织因素、政治因素、经济因素以及社会因素等。可以说，以过程为导向的评估是建筑性能评估（BPE）的发展来源，同时也是其主要理论框架。①

普莱策（Wolfgang Preiser）教授在《建筑性能评估的整体框架》一书中指出，建筑性能评估（BPE）的框架包括对建筑全生命周期中六个主要阶段的评估，分别是城市规划（设计）、建筑策划、建筑设计、建筑施工、投入使用、建筑再利用（图1-17）。② 虽然六个环节评价方法各不相同，但均结合了各个环节的职责和特色，分别从操作者和使用者的角度对建筑设施、使用者满意度以及环境可持续发展等方面进行比较分析。

---

① Schermer，B. Post-Occupancy Evaluation and Organizational Learning[C]. 33rd Annual Conference of EDRA. Philadelphia. PA，2002.

② [美]沃尔夫冈·普赖策.建筑性能评价[M]. 汪晓霞，杨小东译. 北京：机械工业出版社，2008.

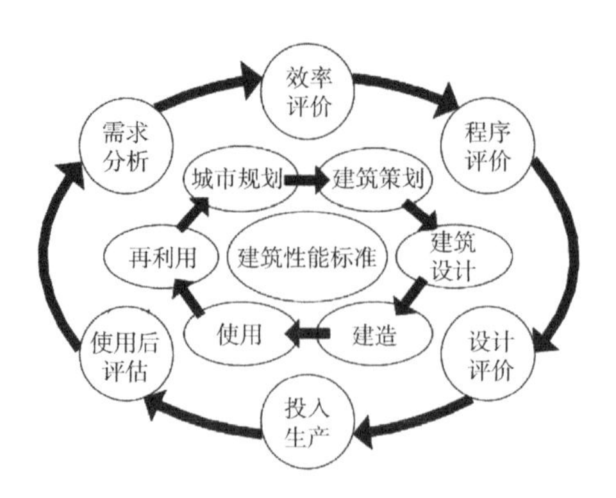

图 1-17　建筑性能评估过程模型
（资料来源：译自《Assessing Building Performance》）

当前，随着可持续发展理念的深入人心，世界上各个国家开始重视对绿色生态这一特定方面的分析和评价，并在使用后评估和建筑性能评估的基础上，深化发展了一系列绿色建筑生态评价体系和标准，主要关注建筑投入使用后在能源、技术、环境影响等方面的量化指标，并以此对当前绿色建筑的发展起到了极大的影响。

可以看出，随着专业化分工的越来越细，人们已经难以从一个综合的体系上对建筑性能和全生命周期的种种环节进行全盘评价。而目前，对建筑策划这一重要的先遣环节进行预测评价，则是一个日益重要的专门领域。

建筑性能评估的目标是改善建筑性能，包括建筑设施及建筑环境的可持续发展。它关注的是对建筑全生命周期中的各个阶段进行的分别的评估，使得反馈的过程更加具有针对性。建筑的全生命周期的六个阶段是一个循环的信息流和物质流的过程。在这个过程中，各个环节紧密联系而互相影响。相比起使用后评估而言，建筑性能评估将建筑预期的标准的内容进行了细化，并对应到生命周期的各个环节之中进行前后的比较。

第一阶段是战略性规划的效率评价。这个环节中的效率评价主要关注部门管理者的预期同实际使用者的反馈之间的比较；第二阶段是策划程序评价，要求建筑策划需要建立在来自于战略性规划阶段的前馈，和来自于过去已使用的项目和设施的评价的基础上，只有被设计者接受的策划，才能够实现其目的；第三阶段为设计评价，这也是在前两个阶段之后，设计师真正给出解决方案的阶段，这一环节的设计评价强调的是各方利益群体的互动，其中包括设计师、客户、使用者、评价团队、管理方和建设方等，建筑设计师需要寻求能够满足各方要求的设计构思。接下来的第四阶段是建造过程的评价，这是保证建筑质量的重要环节，主要参照其他建筑物和已有的评估标准，评价试运行的具体性能；第五阶段即建筑的使用后评估，这一环节为建筑物的反馈和对今后建筑过程的指导积累了重要的经验和资料；最后一个环节是再利用环节的市场需求评估，关注的是寻求建筑改造和再利用中的重要性能及相关信息。

上述六个环节评价方法各不相同，但具有共通的意义和目的，即均结合了各个环节的职责和特色，分别从操作者和使用者的角度对建筑设施、使用者满意度以及环境可持续发展等方面进行比较分析，进而对建筑全过程的各个环节进行有效的指导。

目前，我国尚未形成完整系统的建筑全生命周期过程评价。对公共建筑的评估工作主要集中在绿色建筑性能评估、建筑工程评估、专项性能评估（如消防、交通、环境影响等），以及对建成建筑的检查评估修复工程等。这些环节各自独立，并未形成共同的完整的评估体系。建立“前策划、后评估”的闭环，一方面有利于专业人员在建筑设计的各个环节树立共同的基于性能和使用者需求的价值导向，从而更有效地指导建筑设计及其施工建设；另一方面，能够促使管理者不仅关注建筑性能的技术维护，更关注对使用者满意度和需求的考虑，进而转向对公共建筑可持续发展的综合考虑。

2 内容与步骤

2.1 建筑策划的内容与步骤

2.1.1 目标规模的构想方法

建筑策划第一步的任务就是确定目标，构想（或是印证）目标的规模大小。建设目标通常可分为两大类：一是生产性、商业性建设项目，如工厂、旅馆等；另一类是非生产性、非商业性建设项目，如学校、文化纪念性建筑等，在这里我们称之为一般性建设项目。生产性和商业性建设项目的经济效益对规模有直接的影响。此类建筑的规模确定主要是由经济因素决定的，这一点我们将在本章2.1.6节中进行论述。这里我们首先讨论一般性建设项目规模构想的方法。

目标规模的构想有两个含义：一是以满足使用为前提，二是避免不切合实际的浪费与虚设。它一般包括以下两个过程：

（1）求得预定使用的数量；

（2）求得使用者单位数量所对应的规模。

这两个过程又可具体化为：

（1）抽象单位元法求得单位尺寸；

（2）使用方式的考察（静态方式、动态方式），求得最大负荷周期和最大负荷人数及空间特征；

（3）对项目在社会环境中的运转荷载的考察。

所谓"抽象单位元法"，是指以建筑的使用者个体为判断基数，提取与之对应的相关空间、设施、设备等单位量的方法，以求得建筑面积的单位规模、设备的单位个数以及各种相关量的单位尺寸。通常，抽象单位元可以通过对既有建筑的调查、实例分析、POE以及遵循国际、国内设计规范或依靠建筑专家的经验，结合新建筑的使用概念和具体特征来完成单位元的构想。

最常见的单位元的构想结果通常是以人均用地数量、人均用地面积、人均单位尺寸等来表示的，或者是用建筑空间相关的单位指标如每间客房的面积、每座面积等来表示。例如进行小区规划时，单位元法要求先求得人均用地量、人均绿化面积、人均建筑面积等；而在研究公共建筑策划时，则通常要先根据该建筑的使用对象的人数及公共建筑的使用性质来确定人均使用面积，诸如走廊的人均宽度、大厅或前厅的人均面积、楼梯梯段的人均宽度以及疏散口的人均宽度等。在室内空间的建筑策划中，单位元法则要求考虑室内空间人均使用的最佳尺度，如图书馆空间出纳台和阅览室座椅的人均宽度，医疗及旅客站候车、候机大厅座椅的人均宽度等。所有这些与建筑有关的人均单位尺寸的获得及对这些尺寸的印证就是单位元法的基本内容（图2-1、表2-1）。

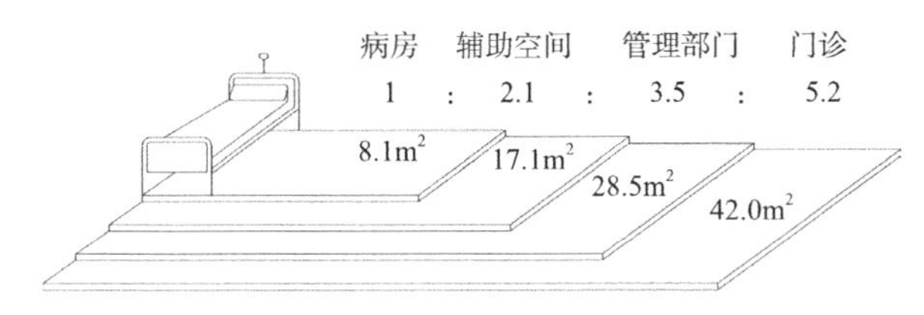

图 2-1　单位元法的例子（医院以病床为单位元基本量）
（资料来源：[日] 原广司等 . 新建筑学大系（23 建筑计画）[M]. 东京：彰国社刊，1981.）

各类建筑的单位元基本量表　　　　表 2-1

建筑类型	0.5　1.0　2.0　5.0　10　20　50 m²
电影院	0.5 座席 / 人
食堂	（0.9-1.2-2.0）餐位 / 人，厨房 1/3 餐厅面积
中小学校	普通教室（1.5-1.8）/ 人，校舍面积（5-7）/ 人
公共浴室	浴室（1.2-2.4）/ 人，更衣室 3/4 浴室面积
公共图书馆	阅览室（1.5-2.0-3.0）/ 人，书库 200-250 册 /m²
青年旅行社	寝室（2.0-3.0）/ 人，总面积（7-10-12）/ 人
寄宿舍	寝室（2.0-3.0）/ 人
事务所	寝室（5-8）/ 人，总面积（10-15-20）/ 人
住宅	寝室（5-8）/ 人，总面积（10-11-13）/ 人
综合医院	单人间 6.3/ 人，两人间以上（6-10-15）/ 人，总面积（30-45）/ 人
旅馆	标准间（16-26）/ 人，平均（19-21）/ 人
停车场	（11-17-25）/ 辆，总面积（30-35）/ 辆

（资料来源：[日] 原广司等 . 新建筑学大系（23 建筑计画）[M]. 东京：彰国社刊，1981.）

上述这些内容通常可以由建筑设计资料集、规范或是通过建筑师的经验而获得。但我们应当清楚地认识到，以往这些数据大多来自于建成环境的建筑空间，其建筑空间的形式及使用方式，现在看来不免显得陈旧且满足不了现代生活方式发展的要求，所以建筑策划方法论中的一个主要任务也就是在现代生活方式的指导下对单位元法所取得的数据进行新的探讨和研究。

这就为我们引出了规模构想的第二步——“使用方式考察法”。使用方式考察法的研究通过两个要素来进行：一是对“使用时间—人数要素”的考察；二是对“使用空间要素”的考察。

使用时间—人数要素的考察是指研究目标空间所对应的使用者的使用时间及人数，它的基本方法是对同一时间内使用者人数以及使用时间进行分类和描述。社会活动及生活方式的变化使人们对建筑的使用方式也起了很大的变化。不同年龄、性别、职业的使用者对同一建筑的使用有不同的时间段需求。随着建筑创作日益民主化，这种对使用者、使用时间进行细致划分研究的要求将越来越高。在对使用方式的考察中，“建筑的同时使用人数”的概念有必要澄清一下。使用者对建筑的使用是有其周期性的，这个周期依建筑的不同类型及目的而不同。使用者在这个周期内对建筑进行使用。所谓“建筑同时使用人数”就是指在这个使用周期内，同时使用同一建筑的人数。一般来说，同一建筑有若干不同使用周期，不同使用周期的使用特性是不同的。例如城市市民艺术中心大致可分为三个使用周期：一是平日作为市民文化艺术活动的场所，活动多在白天进行，其特征是使用者使用时间的零散性和不定时性以及使用者构成的多向性，可包括成年人、儿童、职工或退休者。二是艺术中心平日晚间的固定性文艺、电影的演出，其使用特征是集中性、定时性，且使用者构成是多向性的。三是节假日有组织的文艺会演及庆典仪式活动，其使用特征是完全集中性、定时性的，使用者多为有组织、单一性的。由图 2-2 可以看出，这类建筑的三个使用周期中，第三个使用周期为最大负荷周期。最大负荷周期中的使用者人数及使用方式，就构成了决定该建筑规模的要素之一。所以，使用时间要素的考察，简言之，就是寻求目标空间的最大负荷周期的研究。

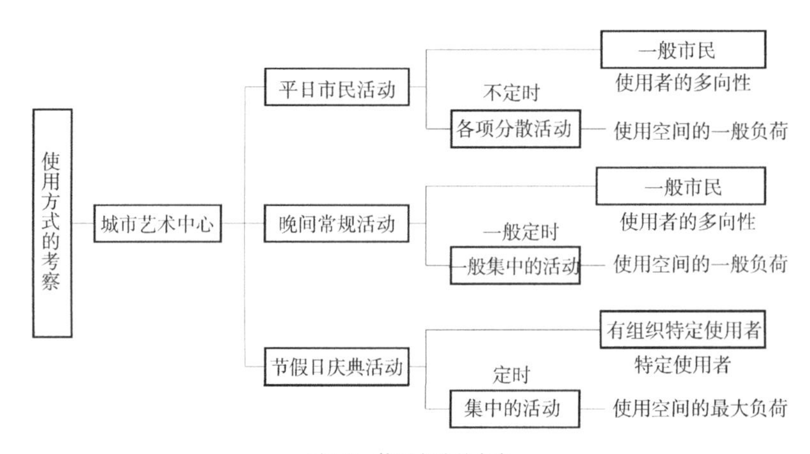

图 2-2　使用方法的考察

最大负荷周期，一般可以通过对目标空间使用者构成及使用时间的调查列表比较得出。可以通过采访同类建筑的经营管理者，再听询投资建设者的运营设想以及使用者的民意测验，经过列表、比较、归纳即可判断出该目标空间的最大负荷周期。

最大负荷周期确定以后，我们可以得出目标空间的最大负荷人数，以此人数值与前述单位元基本量相乘，即可得到目标空间的各项最大理论参数。将这一参数结合行为科学原理和社会环境特定要求，即可确定项目的规模。这里所说的与行为科学相结合是指运用行为科学的原理，对既得参数进行检验和修正；而对社会环境要求的考虑则是指建筑功能要求之外的社会环境条件的研究和分析。只有结合这两点才能保证项目规模确定的准确性和科学性（图 2-3）。

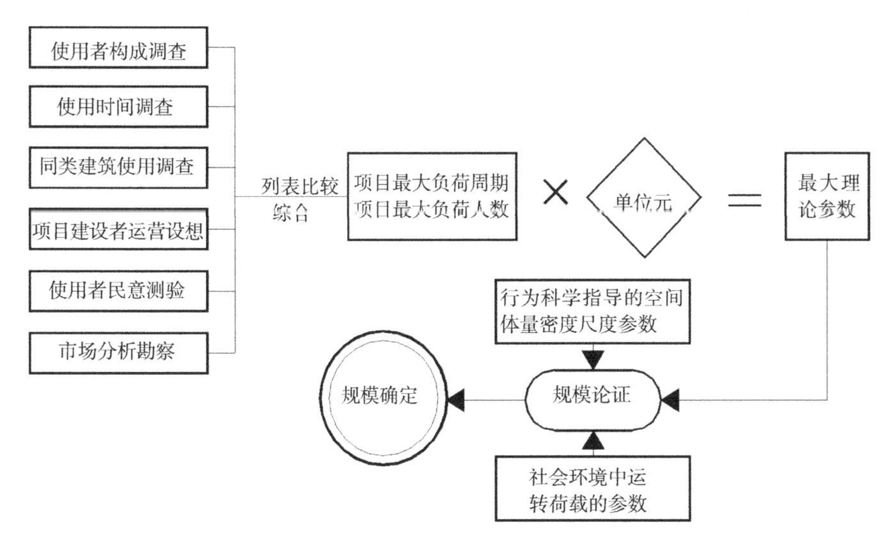

图 2-3　项目规模确定程序的关系框图

在根据建筑使用时间—人数参量确定了最大理论参数之后，下一步就是进行使用空间与使用者活动要素的考察。空间要素是指根据行为科学的原理，从人类对使用空间的物理、心理要求出发，对空间的规模加以设定的各项参考要素。空间要素的考察与前述单位元法有相似之处，都是既依据以往的理论原理，又考察新空间的使用特征。所不同的是，单位元法只是研究使用者单位数量所需的空间活动范围及尺寸大小，而空间使用方式的考察中空间要素的研究则还要对使用者的行为方式、特征、动线轨迹以及与相邻空间的关系等进行研究。空间要素的研究又可分为静态研究和动态研究。

静态研究是指确定目标空间大小、高低尺寸、面积、容积等物理参数，运用行为科学的原理对空间体量、尺度、建筑与街道的距离、建筑与周围环境的影响等方面的因素进行研究，以确定空间的最佳物理参数。动态研究是指通过对目标空间中使用者活动流线、轨迹的研究，来分析使用者在目标空间中由内到外的运行方式，求得最佳的空间组合比例及环境空间使用量上的分配比，以此来确定目标空间的规模大小（图 2-3）。

当建设项目的单位尺寸（单位元基本量）、最大负荷周期、最大负荷人数以及目标空间的体量、尺度、运营方式等参量获得以后，就要进行第三步——考察项目在社会环境中运转荷载的参数。

项目的运转荷载主要指建筑物使用和运营过程中的上下水源、水量的利用，燃气的利用，电力、电话和通信设施的利用，网络系统资源的利用，消防及楼宇自控资源的利用以及进出基地的交通量和基地内建筑的配套设施的使用荷载。通常，项目运转荷载的考证及参数的设定是属于城市规划、市政设计范畴的，但这一点与项目规模的设定有极其密切的联系，这也反映出了建筑策划与城市规划和城市设计之间的紧密联系。项目建筑策划的建筑师应当对这些条件有较深入的调查。在城市规划部门的配合下，取得这些重要的参量，并依据这些参量结合已取得的最大负荷理论参数及空间体量、尺度等参数，综合考虑而确定建设项目的规模。

但是，我们必须清楚，这一规模是初步指导性的理论参数，它只是为了进行下面各研究步骤而拟定的。很显然，目标规模还与经济损益、未来发展等因素有关。而对规模的经济预测、项目成长的构想都是在初步确定了规模以后对照这一规模大小而进行的。换言之就是，先拟就一个定量的目标，为以后各环节的分析研究和反馈修正提供一个比较和修正的参量标准。尽管这不是最终的结果，但它却是建筑策划的开端，这种拟定—考察—反馈—修正的过程程序，也正反映了建筑策划程序的开放性和逻辑性。

在项目规模确定的同时，项目性质的论证也在进行。一个建设项目是"商业性的还是文化性的"就是最常见的项目性质的论证问题，因为同一类建筑因性质不同，其内容和空间组成、风格造型将大相径庭。例如同样一个文化中心项目，在沿海经济特区和在历史文化名城，因两地地域特征不同，项目的性质也大不相同。沿海经济特区的开放政策往往更加注重经济效益。因此，建在那里的文化中心无疑受总体环境气氛的影响，通常经济效益的权重较大。它的设计内容、空间形式、风格造型等均以此为目标。但在一座历史文化名城，情况或许就大不相同了。由于历史文化名城的特性，使这一项目要求文化性为第一位，它的设计、造型、空间内容等自然应更多地从文化性这个角度出发。显然，最终后者的设计结果与前者不同。这就是建设项目在规模确定的同时要论证的一个重要内容——项目的性质。

项目的性质多是由建设投资者和城市规划师一起确定的。建筑师在建筑策划中只是对既定的建设项目的性质进行论证和调整（或是在未定性质时，提出性质论证的参考），其论证可以运用 SD 法、模拟法以及建筑策划的其他相关方法，对城市环境进行调查、模拟，以推断出建设项目的性质参量。但往往为方便起见，建筑师多直接引用城市总体策划和开发发展规划的有关文件，再通过必要的调查分析来验证其性质。但无论采取何种方式，建设项目的性质同规模一样，是决定建筑策划下步各个环节的关键，是建筑策划为建筑设计制定设计依据不可缺少的前提之一。所以，建筑师在进行建筑策划时一定要首先考虑这两点。至于项目的用途和目的，一般在规划立项时已作了规定。作为建筑策划的任务，这两点在前面规模、性质的论证和确定的研究中已然包含其中了。也就是说，在既定用途和目的下的项目规模、性质如果可行，则项目的目的和用途一定是成立的。反之，如果项目在既定用途和目的下的规模和性质不可行，则项目的用途也应重新加以论证修改。这一点必须引起建筑师的注意。

项目规模、性质确定以后，下一步就是对内外部条件进行调查、研究、分析，以反馈修正目标的规模、性质等，同时也为下一步空间构想作准备。

2.1.2 外部条件的调查与把握方法

建筑策划的外部条件主要包括地理条件、地域条件、社会条件、人文条件、景观条件、技术条件、经济条件、工业化标准化条件以及总体规划条件和城市设计、详细规划中所提出各种规划设计条件和现有的基础设施、地质资料直至该地区的有关历史文献资料等。对这些条件的调查和把握是对上一步所确定的项目规模及性质的印证和修改的客观依据，也为下一步把握内部条件提供了方向和范围。为了便于对方法的理解，我们首先对各条件的内涵加以解释，以掌握这些条件的纹理脉络。

地理条件，是指特别与建筑设计、建筑施工、建筑运营有关的地理条件。它包括：项目用地的地理位置是内地还是沿海，是南方还是北方；用地的地理特征，地形是山区还是平原；用地所处区域的地理气候，如年平均温度、最高与最低温度、风向、日照、雨季、风季、降水量、地下水位深度、霜冻期及地震等。

地域条件是指用地所处城市的行政区域的性质、行政区域的划分等级及与周围行政区的关系。还有用地性质的划分，在城市规划的区域划分中是属于哪种性质用地，如行政办公、商业、文化娱乐、住宅、工厂企业等。

社会条件，是指用地周围的社会生活环境的状况、城市配套设施的现状、各社会组成的比例分配、社会治安状况及社会秩序的现状。

人文条件，包括：用地区域内或附近人口构成的特征，所聚集人群的性质是属于科技文教类还是商业娱乐类，甚至涉外、旅游类等；人口文化素质的比例现状，年龄构成段划分职业构成等；还有城市及用地附近的历史文化背景；有哪些传统习俗，曾发生哪些重要的历史事件，该地区有哪些需珍视和保留的特色等。

景观与生态条件，是指用地本身在城市中的景观效应，用地周边的生态环境、生态特征以及景观资源和景观特征。如哪一方位的景观对市民最具吸引力，附近有哪些景观值得保留，规划中有无景观走廊穿过，城市设计对景观提出哪些要求，建筑在城市中应充当什么角色，用地周边有没有生态保护区，有没有湿地、森林、泉水、需保留的植被和自然地貌，有没有生物物种资源等。

技术条件，是指用地范围内大型现代技术机械的使用水平，周围道路状况、交通状况，一般技术手段的使用及效益，城市基础设施近期和远期的配备状况等。

经济条件，是指建设项目的总投资有多少，投资的各分配比例是多少，城市土地价值如何实现，此项目的建设对地区的经济发展有无促进和带头作用以及用地区域内公共资金的状况、经济结构的基本模式、用地规划后的经济合理性及经济效益等。

工业化标准化条件，是指用地与周围建筑材料加工厂及构件厂的关系，标准化生产的条件，大型建筑材料的生产能力以及大型建筑构件的运输能力与吊装能力等。

此外还有城市总体规划的文献资料，包括用地的性质、等级、使用意向、未来发展等方面的书面文件以及业主投资者的主观设想，经有关上级主管部门正式批准的立项计划任务书，还有各种设计规范资料集等。建筑策划的外部相关条件可概括为图 2-4 所示的网络图。

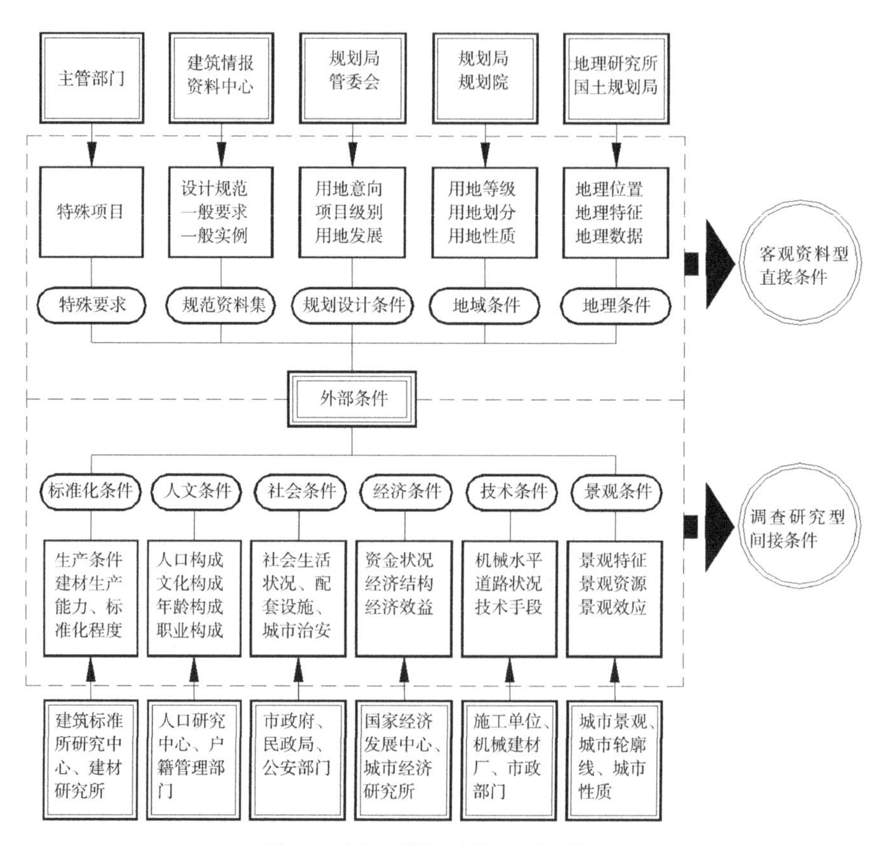

图 2-4 建筑策划外部条件的相关网络图

这些外部条件中，有一些是明显属于客观资料型的条件，如地理条件、地域条件、生态条件、总体规划条件和有关设计规范资料集等，以及项目明确提出的特殊要求。它们多属于其相对应部门和单位的特别研究的范畴，如国土规划局、经济地理研究所、城市开发研究所以至政府有关部门。这些部门的研究成果文件，即构成相对应的建筑策划的外部条件的资料文件。对于这些文件和资料，建筑策划可以直接进行引用，而无须再行调查和研究。我们将这些资料称为既存资料，由这些资料掌握的条件称为直接条件。

除直接条件之外，余下的就是间接条件了，如景观条件、人文条件、社会条件等。它们没有直接或明确的资料来源，需要建筑师去进行调查研究和分析把握。下面我们就来谈谈这些间接条件获得的方法。

考察这些间接条件，我们可以将它们分为客观条件和主观条件。客观条件即客观存在的、有普遍认同性的物质现实；主观条件即通过对主观心理判断的调查分析而获得的条件。客观条件通常可以通过建筑师直接地进行实地采访，拍摄照片、幻灯片、录像，汇集有关资料而获得。如在人文条件中，人口的年龄构成、职业构成等可以通过对当地户籍管理部门的采访而获得。而景观特征的资料则可以通过拍摄的照片、幻灯片、录像来获得并加以反映。调查的结果可以用表格图示方式表达出来，也可以建立起模型。

主观条件则不同于客观条件，它须通过对不同被验者的心理调查而综合获得。如对社会条件、生活状况、安乐度、社会治安、景观效应的心理反应等都要通过对社会成员的心理量的调查分析而获得。这一调查可以简单地通过民意测验，以直接问答形式获得调查结果，也可以通过模拟法（物理模拟、理论模拟）对项目外部条件进行模拟，建立相应的模型，分析、掌握其条件特征（图 2-5）。如对景观条件的把握，可以对用地及周围环境进行物理模拟，制作环境模型，按比例做出周围主要建筑的高度、体量以及周围的山脉、河流、湖泊等，再在模型上进行分析。在对未来发展条件的把握研究上，可以建立起城市用地发展模型、经济开发模型，在模型上进行理论的演绎和论证。

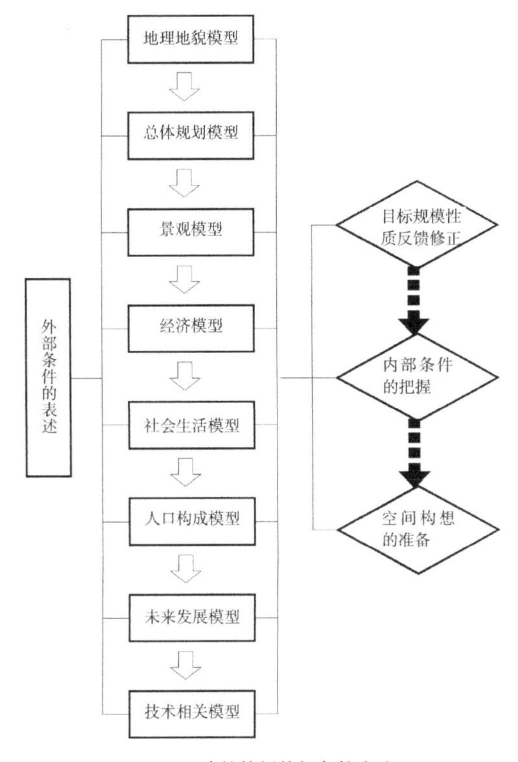

图 2-5　建筑策划外部条件表述

此外，心理主观条件的把握也可以运用SD法。建筑师对调查对象拟定出操作概念，列出描述性形容词，定出评价尺度，对被验者进行心理测定。将测定结果进行多因子变量分析，得到不同因子轴的因子得点图表，以此绘出调查对象的图像以及演变趋势，从而把握主观条件，并保证调查分析结果的科学性和逻辑性。

建筑策划外部条件的把握是一个复杂的多方位、多渠道、多手段的综合过程，对它进行单一的表述或简单方法的限定，显然是不明智的。我们这里只能论述其涉及的范围、主要内容和相关的部门以及提出几种方法，推荐几个模式。具体的外部条件的把握方法可以借鉴“3 方法与工具”一章，选取其中适宜的方法，还需在实际项目的研究中根据具体情况巧妙完善地加以运用，在此不再赘述。

外部条件调查和把握的一个主要职能还在于它具有对项目规模、性质、用途、目的等进行反馈修正及论证的作用。以外部条件的调查结果及建立的模式去衡量和验证前面所确定的项目的规模、性质、用途和目的，看其在定性方面是否可行，在定量方面是否恰当和精确，这一环节是建筑策划程序中不可缺少的。当外部条件的分析结果的反馈信息发出后，建筑策划的总程序即从项目规模性质构想开始重新进行，如此反复，直到规模和性质达到最佳、最实际为止，而后继续向下执行程序。这种前环节指导后环节，后环节又不断反馈修正前环节的逻辑运行特征正是建筑策划方法论的科学化的标志。外部条件的系统是一个开放的系统。随社会的发展、科学的进步，这一系统的内涵将越来越大，建筑师也应学会不断扩大对外部条件的信息交流，力求更全面地加以把握。

2.1.3 内部条件的调查与把握方法

建筑策划的内部条件，主要是指建设项目自身的条件。它包括建筑的功能要求、使用者的条件、使用方式、建设者的设计要求、管理条件、设备条件和基地内的地质、水、电、气，排污、交通、绿化等条件。内部条件中，以建筑的功能条件、使用者的要求条件以及使用者的使用方式为最重要的因素。

这些条件和要求的获得方法大约可分为三种，一种是直接由使用者听取，另一种是由代理人听取，再者就是通过预测的方法而获得。公共建筑和住宅大体上多采用第一和第三种方法，即对不特定的多数使用者的要求的听询和预测。对于不特定的多数使用者要求的预测，要调查使用者的人口学特征——年龄、家庭构成、职业、收入状况、居住行为特征、使用频率等，特别是要了解使用者对建筑的使用方式。

与建筑有关的人类活动，从单体到群体，其活动范围是非常广的。从公用电话亭、卫生间的利用到事务所、大学、展览中心的活动等，与建筑相关的人类的活动都是在建筑空间中进行的。人们在建筑空间中交往、交流，进行物品的交换，其活动的基本类型是由人与人的关系所决定的。尽管有各种各样的活动、各种各样的建筑空间，但在其中的人类活动不外乎两种，即人与人的活动和人与物的活动。如在电话亭中打电话的活动就是人与物的活动，而在商店里购物的活动则是人与人及物的活动。

在以人与人相关活动为主的建筑空间中，使用者是一个使用集团，它包括空间内的使用者和空间外的外来使用者。使用者又可分为服务者和被服务者，例如商店的使用者是顾客和店员以及经管者三类人。空间内的使用者是店员和经营者，而外来的使用者是顾客。如果将店员为经管者的工作和为顾客的工作都广义地称为服务的话，那么建筑空间的活动，又可分为对外来者的服务和内部使用者相互间的服务。但是在众多的建筑中，住宅是个例外。住宅内所进行的生活、活动不存在服务与被服务问题，这是由人类固有的家族形式所决定的。服务者和被服务者的关系是空间构成的基本因素，也表现出对其造型的影响。人与设备的活动形式，也可以把设备对人的关系模仿为人对人的关系。

对使用者的分类和特性的研究是把握建筑策划内部条件的关键。它决定空间主体的使用方式和空间的基本构成。通常的建筑空间的使用者的特征可以部分地概括为表 2-2。

建筑空间的使用者的使用特征 **表 2-2**

建筑	被服务的使用者	参与服务的使用者	使用特征
办公室	来访者	职员、管理者	有组织的活动
市政厅	来访者（个人团体）	公务员、向导、管理者	各种目的、随机的
商店	顾客	售货员、推销员、经理	随机的
教堂	教徒	主教、牧师、管理者	有组织、团体的
餐厅	顾客	厨师、服务员、经理	随机、定时的
中小学校	学生、家长	教师、职员、厨师	有组织、团体的
综合医院	院内外患者、家属	医生、护士、管理者	24 小时随机的
旅馆	旅客、来访者	服务员、经理、厨师	24 小时日常服务
大学	学生、研究者	教师、学长、职员	研究、授课、学习
少年之家	儿童、收容者家属	教师、管理者、厨师	日常服务、授课
美术馆	观众、听众	讲解员、职员、管理者	有组织、随机的
图书馆	读者、听众	管理员、出纳员、职员	有组织、随机的
旅客站	旅客	售票员、服务员、职员	24 小时服务的

（资料来源：[日]原广司等.新建筑学大系（23 建筑计画）[M].东京：彰国社刊，1981.）

根据不同空间不同使用者的使用特征，其空间的构成特征显然不同。与固定性、经常性活动有关的承载空间，要求具有一定的物理不变性及耐用性，即保证在经常不变的单一形式的活动中不会造成影响使用的问题。另一方面，根据使用的渐进变化特性，空间形式的调整也要加以考虑。如在居住建筑中，家庭成员的成长、活动范围的变化、居住空间的改变和调整是必须加以考虑的。

在建筑策划的内部条件中，对建筑空间功能的把握是另一项重要任务，即考察建筑的用途以及在此用途下的建筑空间中的活动性、经济性和文化性等。

建筑的用途是多种多样的。住宅是为了居住而用的，商店是为了出售商品而用的，医院是为了治疗疾病而用的等。建筑空间为实现这些目的，必须结合以下这三个空间的条件进行考虑：

（1）满足空间的功能条件；

（2）满足空间的心理感观条件；

（3）满足空间的文化条件。

条件（1）是构成满足空间中人类活动的要素，是形成建筑物的基本条件，如工厂的空间是为了供人们在其中进行物质生产活动的。条件（2）是使空间具有一定的心理舒适度的要求，如与休息、谈话、吃饭等有关的空间。条件（1）和条件（2）通常要求同时满足。例如餐厅中，用餐活动的功能要求与用餐时的环境气氛的心理感观相适应，并同时满足是很重要的。条件（2）还与空间中活动的效率有关。条件（3）是空间的文化要求，是关于社会形成的传统、习惯等文化模式的要求条件，以此来决定行为方式和空间形式。文化条件多在举行集体仪式的空间中如教堂、会堂内表现得比较充分，而在如旅客车站、医院等使用功能较强的空间中，由于使用功能的比重大大超出了文化的要求，往往被人忽略。然而空间的文化因素是在所有空间中,都存在的,是不容忽视的客观因素。正如E・霍尔关于“民族固有的空间感觉”的观点，认为尽管建筑各种各样，但都潜在有不被人们意识到的文化条件。特别是在现代建筑已有较长历史的今天，人们已开始对各种各样的文化条件的确定进行思考，已不局限于功能和心理感观的条件，而对传统、地域的交叉点也开始关心起来了。这种研究建筑文化条件的课题，也逐渐变得热门起来了，特别是在建筑策划领域当中，正如日本建筑计画研究家服部岑生所说：“现代的建筑创作已从以往继承了功能的合理方面，而自后现代开始，又承担起了另一方面的任务，即创造和丰富新文化。”

在内部条件的把握中，对建筑内部空间中的活动的把握需要我们对活动的特征进行调查和分析。把握空间中活动的特征是把握建筑策划内部条件的重要内容。居住小区、住宅的设计多为标准设计。由于标准设计的准则是建筑师们想象的居住生活的平均要求条件，所以生活实际往往与之有偏差。其他建筑也如此，标准设计带来某些不适宜的情形变得多了起来。因此，考虑与建筑空间场所相关的活动主体的个性特征就变得至关重要了。

与普遍的条件相适应是必要的。标准设计可以节约工程造价，但往往使建筑失去个性，使用者自由创造空间的机会被剥夺。回顾人类社会生活的发展，可以说我们的生活已变得更加丰富多彩，对使用者的活动已不再能够平均化地得出一个普遍适应的标准来了，而需考虑各种类型的分布，必须创造不同类型和具有个性差异的建筑空间的时代已经到来。

在如图 2-6 所示内部条件的相关因素中，对空间经济性的条件应加以重视。现代建筑不是从来就重视经济问题的。由于设计的民主化，使用者介入设计越来越多，对建筑物提出进行各种各样的改进和满足各种需求的要求也越来越多。可是对经济性的考虑又使业主希望大量性建造的建筑尽量整齐划一。尽量标准化可以提高建筑空间的经济效益，协调这两者间的矛盾仍是建筑策划的重要任务之一。

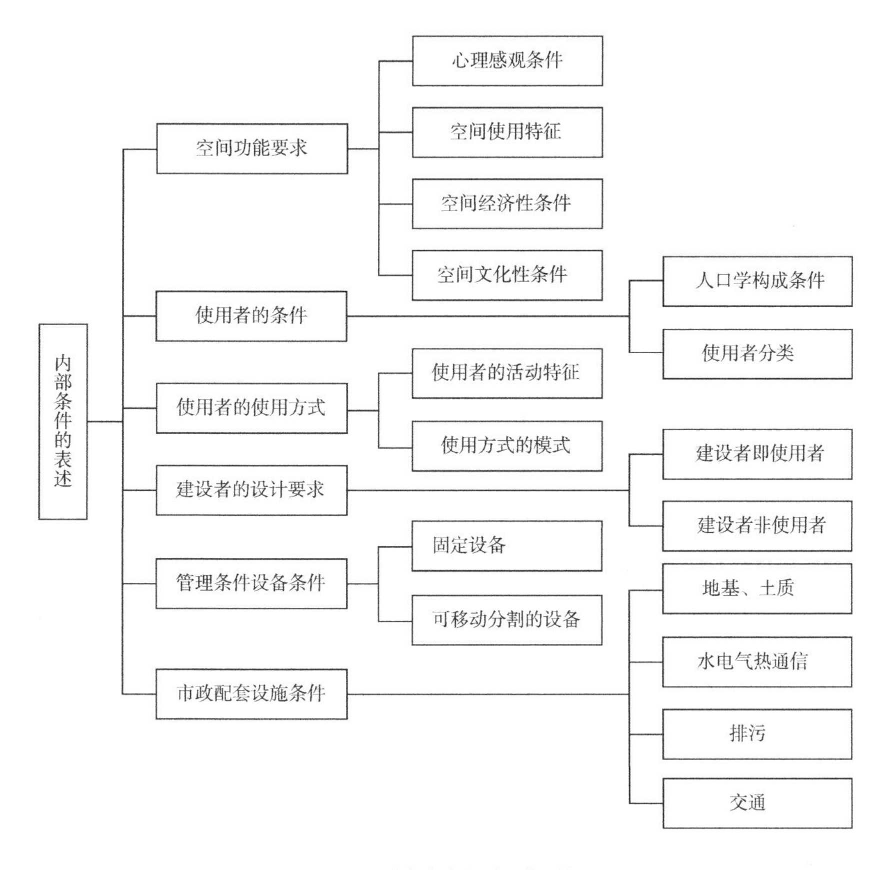

图 2-6　内部条件相关因素图式

空间的内部条件的经济性是与空间的使用效率有关的。对于空间经济性的把握，可以通过以下几点来解决：

（1）调查空间的使用方式；

（2）调查与此使用方式相对应的使用效率；

（3）比较不同使用方式下的空间特征；

（4）调查空间内部的运行费用；

（5）分析空间内部活动外移的可行性；

（6）调查与内部空间相关的外部运行费用；

（7）比较内部和外部运行费用的大小；

（8）建立空间“外部化”和“专门化”的概念。

以公共图书馆为例，对于居民区的公共图书馆使用效率低下的状况进行调查，可以发现常规图书馆的标准化设计中大阅览室的空间组合造成的读者使用模式的固定化，使空间使用效率低下。其原因是阅览室内读者的长时间滞留，单位时间内个人占有图书量增加，造成图书周转及借阅效率低下。为了提高利用率，在公共图书馆的建设中，使用者要求事先进行建筑策划。建筑策划的研究以原使用方式的调查为切入点，设想新的使用模式和影响新模式的空间组合，以最终提高建筑的使用效率。如在密集服务区分建小型分馆，而分馆的特征主要是以借阅出纳空间为中心，舍弃原馆的大规模阅览空间。考察新的使用空间中的使用效率，可以发现，以完善的出纳中心高效率地向外借阅，使读者借得图书后可以在图书馆以外的空间场所（如家中）进行阅读，避免了原阅览空间的超负荷运转和周转率下降的状况，同时提高了投资分配的合理性，可以使分馆的藏书量大大增加，改变了以往要想扩大藏书量就必须扩大图书馆面积的被动局面。这无疑可提高建设项目的经济效益。这种将阅览室面积缩小，把原图书馆的部分活动内容转移到外部的做法，是有其可行性的，且得到了社会的认可和赞同。通常这种内部活动的外移，可使内部空间的造价、运行费用大大降低。那么，外移后，相关的外部运行费用如何呢？这就要求我们对外部运行费用进行调查，并对内、外部运行费用进行比较。

一般来说，建筑空间中特定行为、设备和物件是否可以外移化，外移化的费用和因外移化而压缩的内部空间及节约的费用是否平衡是我们需要比较的关键（图 2-7）。

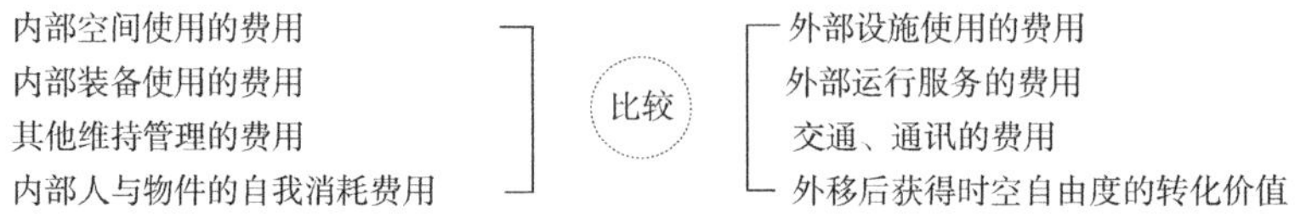

内部空间使用的费用
内部装备使用的费用
其他维持管理的费用
内部人与物件的自我消耗费用

外部设施使用的费用
外部运行服务的费用
交通、通讯的费用
外移后获得时空自由度的转化价值

图 2-7　空间活动经济性的比较

如果比较结果是平衡的，且在提高使用率的前提下，通过建筑策划的改进是有效的。反之则是无效的。有效的情况下就要求建筑策划在空间构想时一并考虑这种“外移化”的空间，以重新构想出与原传统模式不同的空间组合。如果无效，则建筑策划还需再一次对其内部条件进行更深入的分析，从其他途径研究内部空间功能外移化的可行性以及其使用特征和使用效率，为下一步建筑策划的空间构想准备条件。

建筑策划的内部条件除了建筑的功能要求、使用者条件、使用方式、设计要求之外，就是项目具体的物质条件了，即设备条件、地质条件及用地内水、电、气、排污、交通等。通常这些条件是直接由建设单位以书面报告的形式提供的。建筑师在进行建筑策划时，依据这些条件进行考察和论证，作为下一步建筑空间构想的依据。

至于对内部空间使用方式和使用者要求条件的把握，如果认为直接由业主、使用者提供的条件不甚完善和客观的话，则有必要运用 SD 法和模拟法进行空间行为方式的物理量、心理量的调查和分析。首先按照确定的空间目标，拟定出操作概念——空间（或使用方式等）的描述语言，设定出评价尺度，制成调查表，对各组成成分的使用者进行调查，而后用多因子变量分析法进行分析，得出目标空间使用方式的因子表述图像，推断出其使用方式的特征，加以把握。同样，采用模拟法，可以通过缩比模型，物理模拟目标空间的使用方式及使用者要求。亦可通过数学理论模拟，用公式和图像来表述空间的内部条件（SD 法等策划方法可参照本书 3.1.2 节内容）。

直接由建设单位、使用者、经营者获得内部条件，或是由建筑师本人通过 SD 法或模拟法以多因子变量分析而获得内部条件，其宗旨都是为了对目标空间进行全面客观的把握，所以通常，建筑师可以分段、分类、分目标地选择不同的方法，以求用高效经济的手段来完成空间构想前的这一准备工作。

如果说对外部条件的把握是为了使项目遵循总体规划思想，制定和修正项目的规模性质，把握项目建设的宏观方向，那么对内部条件的把握就是考虑项目的具体设计和方法的关键。它使项目有一个更科学、更逻辑、更符合客观实际、更经济适用的空间构想。

2.1.4 空间构想

空间构想又称空间策划，它是对应于内、外部条件的一个研究过程。这一过程将制定项目空间内容（list），进行总平面布局，分析空间动线，进行空间分隔，平、立、剖构想以及感观环境构想，最终将空间形式导入。这一过程的重点是对空间、环境、氛围等依据功能要求和心理量、物理量因素进行研究。

在进行空间构想前，我们有必要介绍几个空间概念。

建筑的空间是行为的场所，也是行为和行为相结合、联络的场所。这时，空间可以被称为“活动空间”（activity space）和“联系空间”（circulation space）。活动空间用 A 空间表示，一般是指人类在其中有明确行为内容的空间，多为具体的房间；联系空间用 C 空间表示，是指联络各 A 空间的流通过渡空间，多为过道、通廊、前厅等。通过对人类使用活动的构成的调查，可以确定这两类空间的存在。

考察建筑的历史可以发现，西方古典建筑多为砖石结构，各个房间多为六面体的闭合空间，相互设有通道。这些六面体的封闭空间就是包容特定活动内涵的A空间，A空间之间的连廊则是C空间（图2-8），而中国古典园林内相互流通渗透的空间和日本古典书院的和式空间则恰恰与其相反（图2-9、图2-10）。木构的框架结构取代了砖石结构，为自由灵活地分隔空间创造了条件。各部空间相互连通、贯穿、渗透，A空间与C空间已连成一个整体。尽管其中“活动空间”很明显，但从平面图上读出A空间和C空间来似乎并不那么容易。

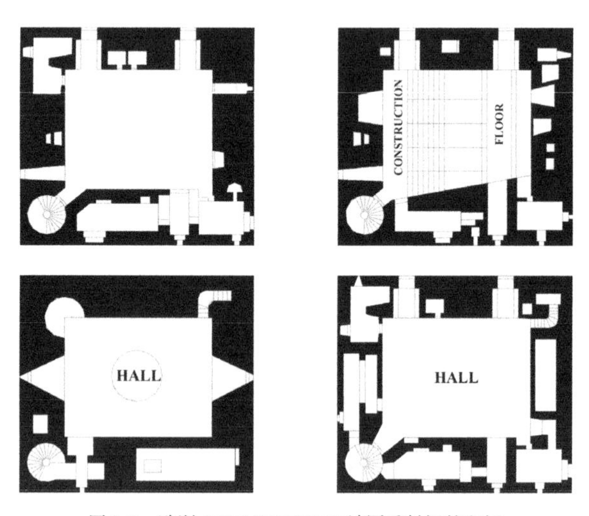

图2-8 欧洲CONMLUNGAN城厚重封闭的空间

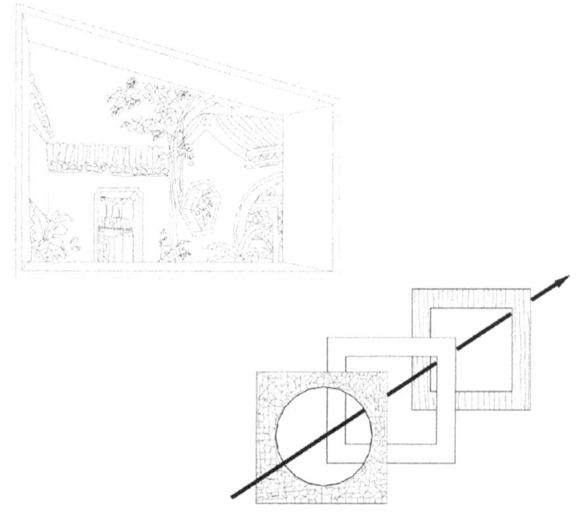

图2-9 苏州留园窗景多层次渗透A、C空间合一

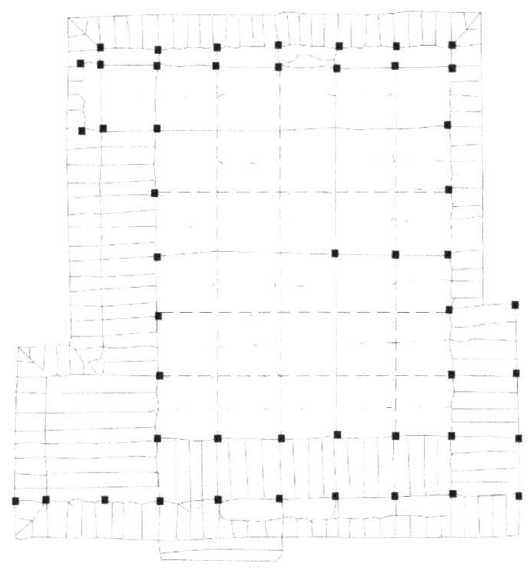

图 2-10　日本园城寺光净院客殿
（资料来源：太田博太郎 . 书院造 [M]. 东京：东京大学出版社，1966.）

这一差别，主要源于历史文化和主要建筑材料的不同。欧洲古典建筑的活动空间（A 空间）和联系空间（C 空间）相对独立，而中国和日本古典建筑的 A 空间和 C 空间则趋于一体化。这种文化的差异反映出了在传统方面各个不同地区的空间构成概念的不同。

随着建筑材料的更新发展以及人类空间活动意识和空间美学思想的改变和进步，欧美的近代建筑自现代主义之后也开始注意对活动空间与联系空间的重新研究和组合，以寻求两者相互渗透、更为丰富、更富于启发和促进人类活动的“组合空间”及“多功能空间”（图 2-11）。随之而来的就是空间美学原理的更新发展，出现了类似“沙漠别墅”式的 C 空间淡化了的“流通空间”，波特曼式的“共享空间”以及黑川纪章式的“灰空间”等。人类的文明发展促进了空间概念和空间构成的变化。

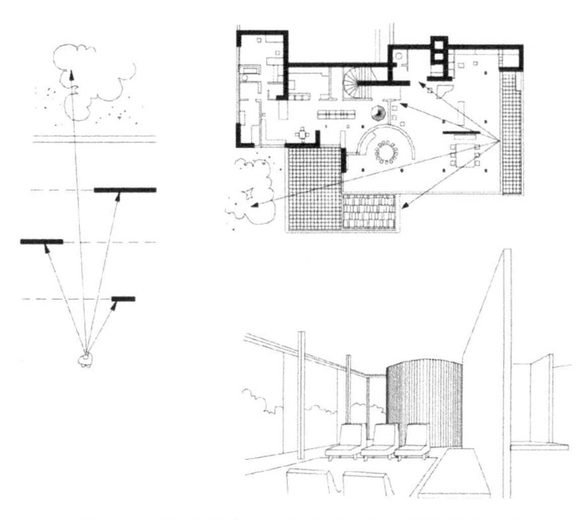

图 2-11　屠根达住宅 C 空间淡化了的多层次空间渗透
（资料来源：《中国大百科全书》“建筑分册”第 260 页。）

但是，如果我们考察一下空间对人类活动的反作用，我们也必须承认，空间是具有空间力的，这就是我们所要提出的另一个空间概念，即“空间力”的概念。概括地讲，空间与人类行为的互动有以下三种：

（1）启发行为（provoke）；

（2）促进行为（promote）；

（3）阻碍行为（prevent）。

如果行为的目的是有意识的，那么空间就反映促进或妨碍行动的程度。适当大小的空间，加上适宜的气候、环境条件，人类的行为会变得舒适且效率提高。反之，则使人在活动时感到烦闷而效率低下。这就是空间力的促进和阻碍作用。另一方面，如果行为的目的不明确，例如在空间中很自然地出现某种行为，则此空间可能存在诱发或是启发某种行为的因素。反之，则对这种行为有抑制作用。

在空间构想中，空间和行为的作用与反作用，就使得一方面人类的活动要求空间有合理的排列组合，另一方面，空间的有意识的排列组合又启发和影响人类的行为方式。空间构成的关键，就是人类活动方式的关键，而空间构成的过程也就折射了人在其间活动的行为序列。

在空间策划中，基于空间的使用所构成的相关要求和条件，基本上不存在对空间构想的制约。可是，空间的策划并非绝对完善，行为和活动不总是一成不变的，而是随着人类的价值观的变化而发生变化。因此，这就形成了空间和人类活动之间的一种动态关系。

以居住空间为例，尽管人们居住的个性各种各样，但在标准化设计的住宅中，生活方式却趋于同一。这就是空间对人类行为的作用结果。反之，如果人类不能忍受这一空间的规定性，那么新空间的创造就变得急不可耐了。人类的行为作用于空间，空间就一点点地发生了变化。对于这种基于人类行为作用所产生的新特性空间，人类生活自然也就随之而接受了。人类活动与空间相适应，调整自我的行为节律，或被空间所改变，形成新的自律，或将空间改变，形成新的空间条件，空间的构想正是由此诞生的。

建筑空间构想除了对 A 空间、C 空间的经营之外，还须考虑由同种活动和有连续关系的行为活动而形成的组群，即由 A 空间通过 C 空间相连而形成的带有领域性的空间——B 空间（block）（图 2-12）。B 空间的构想过程是 A 空间组团化的过程（grouping）。组团化的方法要考虑空间单元和人类群体活动两方面的条件。在空间单元方面，同种类、同形状、同规模的空间可以是一个组团；而在人类群体的活动方面，同系统、同管理制度的使用群体的使用空间可以构成一个组团。到底采用哪种组团方式以及如何确定组团的规模，都应该通过形成该组团的经济性和人类行为科学的原理来进行选择。B 空间的构成是现代建筑历史进程中建筑师普遍关注的焦点，也是建筑策划空间构想的重要内容之一。

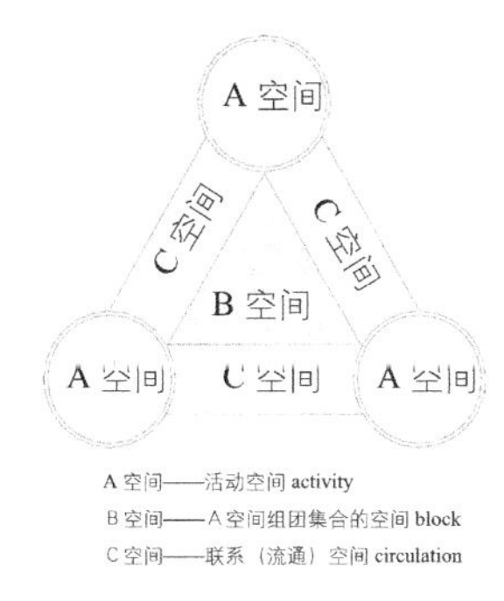

图 2-12　空间的分类及相互关系

前面简述了 A、B、C 空间的概念，下面我们就运用这些概念对空间构想的各环节进行论述。

1. 关于 A 空间

A 空间作为人类活动的承载空间，在建筑空间的构成中占有极其重要的地位。它作为行为的场所，有各种各样的形式。最原始的 A 空间是自然的空间，如凹地、洞穴、树木底下等。这些开敞或半开敞的自然空间，后来就发展为今天我们所常见的四壁围合、有地面和顶棚的封闭式的房屋了。这种由开敞到封闭的演变是由相应的行为方式以及该行为要求的环境条件所决定的。

一般来说，瞬间行为或自发行为，其空间设计多以开敞式为主；经常性的行为、有一定领域范围的行为，多设计为封闭式的，也就是房间。根据活动内容的性质还可以将 A 空间分为公共活动空间、特殊用途空间、辅助空间等。

对于 A 空间的构想，要注意以下几点：

（1）空间的充分利用性；

（2）使用者行为的流畅性；

（3）满足使用者潜在要求的视觉诱导性。

A 空间的策划是下一步进行建筑设计的关键。为了科学地提出空间设计的具体要求，应对 A 空间在将来设计中所遇到的各个环节进行构想策划。A 空间的构想不但要与其内部活动的性格相呼应，同时还应满足其他有关功能。它应研究其声、光、热等物理环境特征，还应对其模数、尺度、开口、间隔位置、材料质感、色彩等进行构想，进一步扩展到设备、家具，进而由单一空间扩展到整个建筑，囊括主空间、附属空间、联系空间（流通空间）直至组团化的全体空间集合，全方位地策划制定出空间的构想模型。

2. 关于 A 空间和使用者

A 空间的特性不能只根据物理属性来进行研究，同时也要根据使用的主体即使用者的使用属性及条件来考虑。单位的 A 空间，在使用属性上有以下两种类型：一是如住宅的卧室、学校的教室、事务所的各部门工作间、经理室、馆长室等，使用者主体特定的或使用集团特定的空间；另一种是如住宅的起居室、学校的综合活动室、图书馆的阅览室等，使用主体不是特定的人或集团的空间。前者称为“人系空间”,后者称为“目的系空间”(图 2-13)。

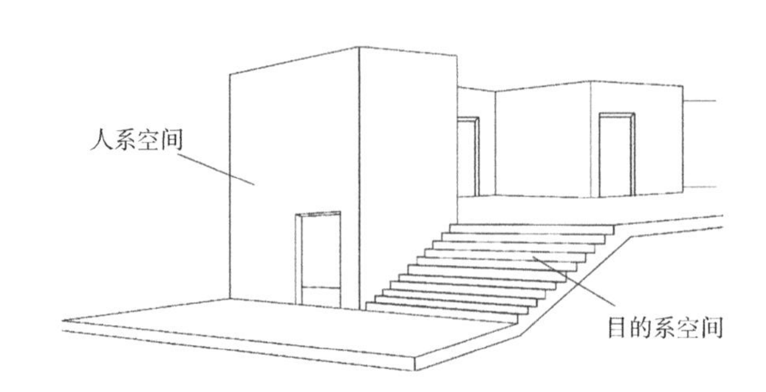

图 2-13　A 空间的人系空间和目的系空间
（资料来源：参考 [日] 山本理显作品石井邸。）

在人系空间中，所形成的空间、装置和设备等是由作为使用主体的个人或集团所决定的，至于空间状态，则不一定对外开敞。空间的内部则因使用者的不同、使用要求和爱好的不同，呈现出各种各样的灵活的要求和布置方式。

目的系空间，使用者不特定，空间的形式、装置和设备等都是由使用目的所决定的，是和使用目的紧密联系在一起的，它多为开放性的，且应满足多种使用者的使用要求。

可以看出，人系空间的构想偏于使用主体一侧，而目的系空间的构想则偏于不特定对象的共同活动的要求一侧（图 2-14）。

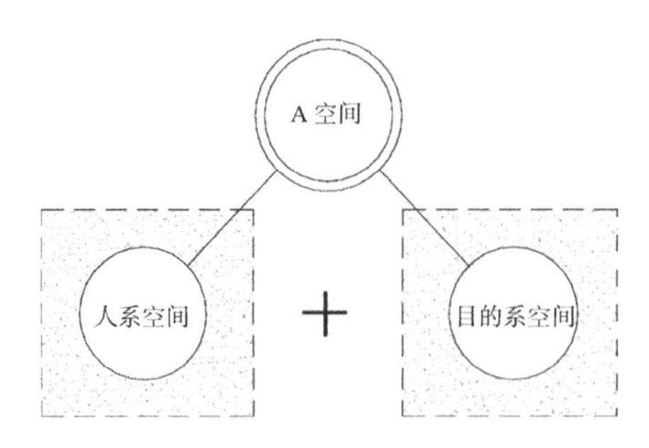

图 2-14　A 空间与使用者及使用方式的相关性

3. A、B、C 空间的联系

一个封闭的活动空间 A 是有出入口的。出入口与外部连接，与人和物相流通，与联系空间 C 相连接。这一出入口就是 A 空间与 C 空间连接的物质承载体。房间和通道相连，出入口起到了分割两个空间的作用。但 A 空间的组团 B 空间与 C 空间之间的联系则没有明显的“出入口”样的连接体，其连接多为抽象了的空间形式（图 2-15、图 2-16）。

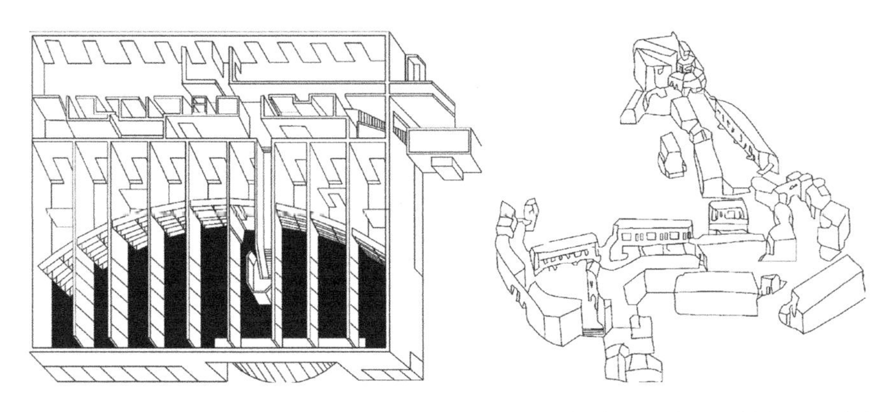

图 2-15　日本金泽市立图书馆上下贯通空间称为空间联系中心　　图 2-16　加利福尼亚大学校园步行区（局部）

一般来讲，B 空间的组合多先从外部开始进行，其次才是 B 空间内部。在这个组合过程中，C 空间系统是不可缺的，也就是说，在 A 空间与 B 空间两个实在空间之间，C 空间构成联系的系统。这一系统有平面形式，也有立面形式（图 2-17）。

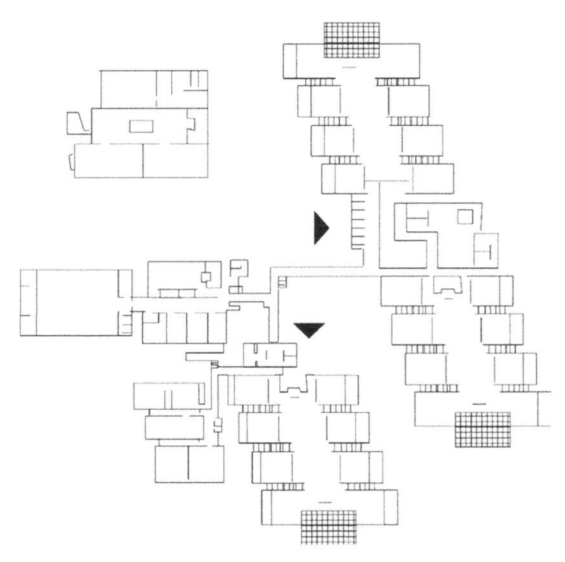

图 2-17　日本熊本县人吉市西小学平面

联系体系 C 空间的形式是多样的，可以是最普通的走廊、楼梯间、回廊，还可以是门厅、前厅以至多功能化了的上下贯通空间、共享大厅和室外平台、广场等，前者的意义无须解释，后者则由于建筑中加入了这些多功能化的联系空间，如上下贯通空间等，在视觉上加以诱导，使 C 空间体系及流线一目了然，同时还使单一功能的 C 空间的环境气氛上升到了一个新的高度。所以，在现代建筑中，这种多功能化的 C 空间经常被反复使用。

一般来说，单体建筑中的联系系统比较简单，而由几种用途空间复合而成的综合建筑的联系系统则复杂得多，这是因为综合建筑的各系统内部都存在 A、B、C 空间，而各系统之间又需要联系。由此可见，无论是单体建筑还是综合建筑，空间策划的首要问题都是对联系系统的研究。那种只追求 A 空间使用功能，而极力压缩 C 空间，一味强调建筑高使用系数的做法，势必使联系系统功能低下，造成使用者活动行为受阻不畅，反而抑制了 A 空间功能的发挥。所以，在进行空间策划的联系系统构想时，一定要充分考虑联系系统中一系列自发和人为的行为特征以及与其相应的空间环境，而且要与 A 空间内部活动相关考虑。

4. 空间的动线

空间的动线又称为流线，是使用者在 C 空间中活动的轨迹，所以动线系统就是 C 空间系统，也就是建筑空间的联系系统。

动线的目的在于提供使用者在建筑内连续活动以及物品的运送。因此，对应于这种连续变化的空间使用特征，空间动线的策划就应是一个动态策划过程（表 2-3）：

动线的一般条件 表 2-3

(1) 瞬间的事件，直进性； (2) 诱导性（分为决定性的、自由性的）； (3) 秩序和形式； (4) 相对独立性和合理性； (5) 个性和人情味； (6) 安全和防灾

最简单的动线策划是对两个空间进行联系。最基本且最关键的作用是使用者更好地利用空间，以便迅速地到达目的地。动线策划一定要简洁明了，力求选用距离短、直接的方式。为了使动线网络简洁明了，在总体策划上考虑其秩序和序列以及构图的均衡是必要的。

根据使用者的活动特征，建筑空间中的人类活动大致可分为三类：一是无特定目的的运动（如散步）；二是两地点间的往复运动（如由居室到卫生间的运动）；三是回复原地点的运动（如从展览室入口出发，又回到入口）。人类活动的特征和对建筑空间的使用方式千差万别，但基本上可以归纳为以上三点。因此，动线的策划就应结合考虑活动的类型来进行。

动线的一大特征就是要有外部接口，即有与外部开敞空间的联系出口（亦即疏散口）。动线接口的策划是形成 A 空间、B 空间的导向和关键。这些接口通常是以主出入口、次出入口、辅助出入口为物质形式的，其中主出入口的策划是建筑空间构想的最重要的环节。

动线的策划不单是人或物的通路的策划。通路是为了满足使用者在 C 空间中辅助的或自发的行为而存在的特殊空间，这是动线策划的基本要求。除此之外，还应考虑与 A 空间的整体协调问题，如小学校的走廊可以策划为孩子们的课余活动场所等。

动线的物化实体 C 空间也是人类各种动线活动的集结场所。对于不同种类的活动，要进行公用和专用的分类，即分析承载使用者活动的 C 空间所对应的是公共活动的公用空间还是专项活动（或专人活动）的专用空间。例如，展览馆中，观众观览的活动与馆员搬运展品的活动所对应的动线 C 空间就有公用空间和专用空间之分。由于人的活动，使动线的性质有了划分。反过来，动线的划分和规定性又支配了人的活动。此外，动线的策划还要考虑与活动的性质相适应的动线环境的氛围。这一点将在后面平、立、剖的构想中进行论述。

5. 关于建筑空间内容（list）的策划

不同目的的建筑是有不同空间组合内容的。一个建设项目的空间内容的确定是进行空间策划和设计的基本条件。没有空间内容的建设项目是盲目和虚空的。只有项目的大目标而没有具体的空间内容要求，建筑师则无疑充当了“无米巧妇”的角色。因此，作为建筑设计基本依据的空间内容的确定的确是建筑策划的重要任务之一。

建设项目的空间内容，又称为房间明细表，它是建设项目设计任务书的基本组成部分。以往的空间内容都是由业主提出书面的设计任务书，而通常设计任务书中空间内容明细表是由两部分组成的：一是房间的名称，二是房间的数量和大小。由于建筑策划的设计宗旨从来都是在科学合理的前提下满足建设者的要求，故建设项目的空间内容、各房间的大小及使用要求等自然首先由业主提供。但建筑策划不同于以往的设计程序——在接受任务书后只是依书进行设计，建筑策划首先要对所要求的空间内容和各空间规模大小进行细致的推敲研究，对各房间的用途、性质，使用者的使用特性，使用对象等结合前面所述的建筑策划的外部条件和内部条件进行可行性的论证。这也就是建筑空间内容的策划。它包括以下两个方面：

（1）各空间内容（名称）的确定；

（2）各空间规模的确定。

下面就从这两方面论述空间内容的策划。

首先是建设项目所要求的各空间内容的确定。这一方面的工作通常是全部由业主承担的。业主在建设项目立项初期就对其内容有了设想。如某业主要投资兴建一座剧场，其主要内容包括观众厅、舞台、前厅、休息厅、演员化妆室、后舞台、布景库、快餐厅、展廊等，这些内容就是后来提供给建筑师的设计任务书中的房间要求。

通常一个建设项目的空间内容又可分为两大类：一是满足建设项目立项功能的最少空间内容，又称基本内容。如剧场为满足观演功能要求，其最少空间内容是观众厅、休息厅、舞台、后台化妆室、布景库，以维持项目功能的最低要求。另一个是项目特定的补充空间内容。同是剧场，可以附加贵客休息厅、小卖部、快餐厅、艺术展览廊、排演厅、研究室、交谊厅等（图 2-18）。

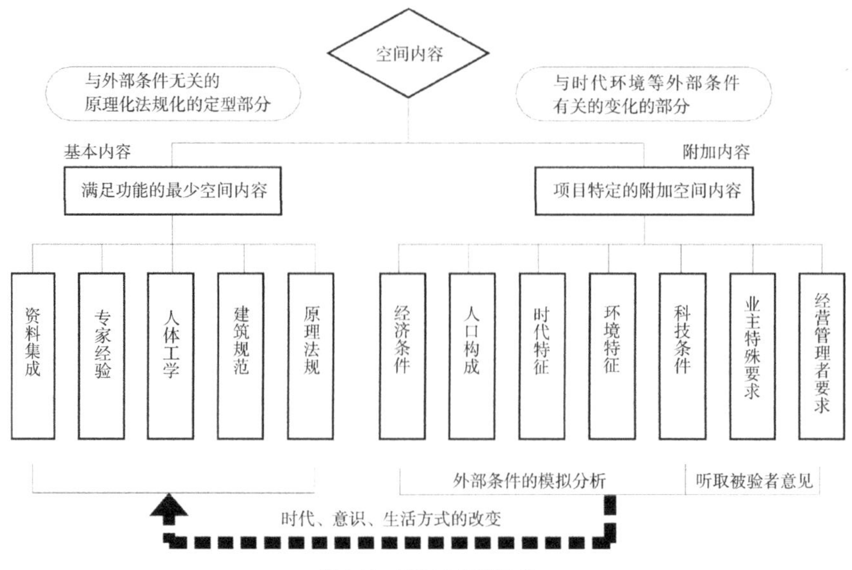

图 2-18　空间内容的组成

满足目标功能的最少空间内容（基本内容）是由建筑规范限定的。它的确定是经过长期建筑活动的实践，以人类从事各项活动的最基本的规律出发，根据人体工程学、行为科学及有关学科的基本原理而法则化了的规范，是具有普遍意义的。建筑资料集及规范中的原则条例就是各类建筑基本内容的总结。它们一般不受外部条件的影响，很少有变化，是原理化了的部分。业主和建筑师在项目立项确定设计内容时，在其基本内容上是无大分歧的。由于它明确地规定于书本规范中，比较容易获得理解和认同，它是业主立项、建筑策划和设计的基本法则。

但是，只达到功能的最低要求是远远不能使使用者、经营者满意的，也会使业主失去投资兴趣，而且建筑创作也会形同工厂复制机器零件，失去了建筑创作本身的价值。于是，这里就引出了规定空间内容的附加空间的确定问题。

在充分满足建筑基本功能的前提下进行附加空间的构想，往往是最能引起业主和未来经营者兴趣的焦点，也是现在时髦的民众参与设计的最好题目。对这些灵活空间内容的构想策划可以使建筑更具有特色，更具有民众性和趣味性，使建筑更接近生活。可以说，只满足基本功能的建筑不能称之为真正的民众的建筑，只有加入了活跃的社会生活，加入了反映时代特征的特定空间内容，建筑才能成为人类活动于其中的真正的建筑、时代的建筑。

在建筑策划的空间构想中，其空间内容的策划不同于以往的设计，它要对附加的各项内容进行可行性分析，根据分析结果，对附加空间内容进行增改。附加空间是明显受时代、社会、生活方式、科技水平等外部因素影响的。它的确定首先是听取业主、经营者、使用者的要求。通常，业主在提出任务书时，除规定了基本空间内容外，一般都有按自身要求提出的另一些附加空间。如投资剧场的业主多希望在满足观演功能之外还能更多地吸引民众，提高剧场的利用率，扩大剧场的影响，增加剧场的文化气氛，于是就提出还要增设艺术画廊、艺术品陈列厅、艺术品商店甚至要求增设舞厅、咖啡厅等。

建筑师在收到这样一份设计任务书后，如果不进行内容的再策划，则势必造成将来使用上的一系列问题，如内容设置不当或功能无法满足等。所以一定要在建筑设计之前对项目的基本功能内容和附加内容进行分析研究。以 1997 年建成的上海大剧院为例[①]，大剧院的基本功能内容为剧场的主体功能，包含观演部分、办公辅助部分，其附加内容是剧场作为公共建筑具有的公共服务功能，包括休闲、商业、宴会和停车等功能。在方案设计的初始阶段，设计师就进行了对建筑的功能及空间的构想（图 2-19、表 2-4）。设计师将剧场核心部分按照经典的十字形体块布局在中央，并抬起到 4.1m 标高处，布置剧场大堂并通过大台阶与外广场相连；在 ±0.00 处布置面向城市的公共服务功能，包括商场、餐厅和咖啡厅（图 2-20、图 2-21）。

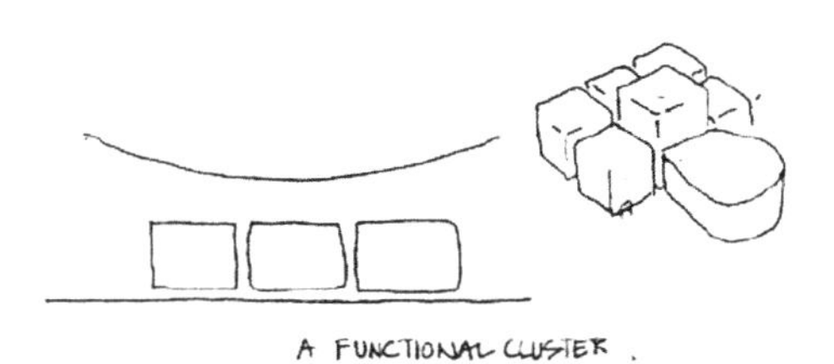

图 2-19　功能块的组合

建筑各功能空间面积分配　　　　表 2-4

· 观演部分（单位：m^2）　　合计 6666

观众厅	主舞台	左侧舞台	右侧舞台	后舞台	中剧场	小剧场
3791	768	330	330	380	687	380

· 辅助部分（单位：m^2）　　合计 15901.1

化妆间	乐队休息室	乐队排练厅	合唱排练厅	芭蕾排练厅
2164.6	405	252	188.5	188.5

布景车间	木工车间	钳工车间	机械车间	雕塑车间	服装车间
912	220	312	152	108	630

布景装卸	布景架存放	乐谱资料	服装库	灯具仓库	设备维修
384	375	180	690	83	730

办公室	档案室	职工餐厅	自行车库	建筑设备用房
2433.9	225.6	1080	315	3872

① 许瑾 . 上海大剧院使用后评析 [D]. 清华大学，2000. 指导教师李道增、章明。

续表

·公共部分（单位：m^2）					合计 18388	
大堂	观众休息厅	贵宾休息厅	咖啡厅	商场	宴会厅	公共车库
5700（各层叠加）	1352	510	584	2500	1600	6142

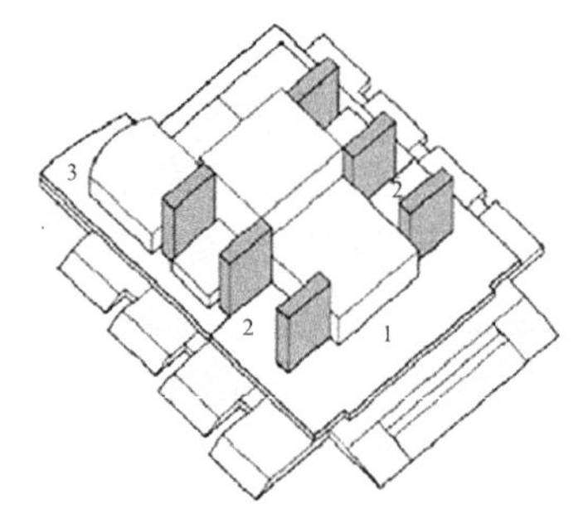

1- 大堂；2- 观众休息厅；3- 办公

图 2-20　上海大剧院 4.1m 标高平面

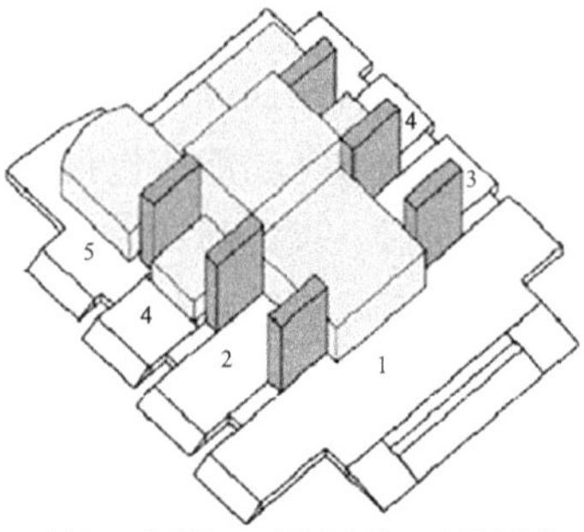

1- 商场；2- 咖啡厅；3- 贵宾休息厅；4- 主要演员化妆间；5- 管理用房

图 2-21　上海大剧院 ±0.00 标高平面

空间内容的策划可以分为两个阶段（图 2-22）。第一阶段是以业主的原始任务书为基准，听取使用者的要求，听取经营管理者的意见，这就是所谓民众听询。如北京东方艺术大厦项目是由酒店和剧场组成的综合体，原建设业主是政府文化部与香港亿邦发展有限公司组成的董事会，经营管理者是美国希尔顿（国际）酒店管理集团（酒店部分管理经营）和东方歌舞团（剧场部分管理经营），使用者是国际国内演出团体、文化交流旅游团体和观光者及市民。业主、使用者、经营管理者这三方构成了一个三元体系（图 2-23）。业主制定基本内容，使用者提出满足使用要求的空间内容，经营管理者提出满足经营管理的空间内容。在这个三元体系之中，经营管

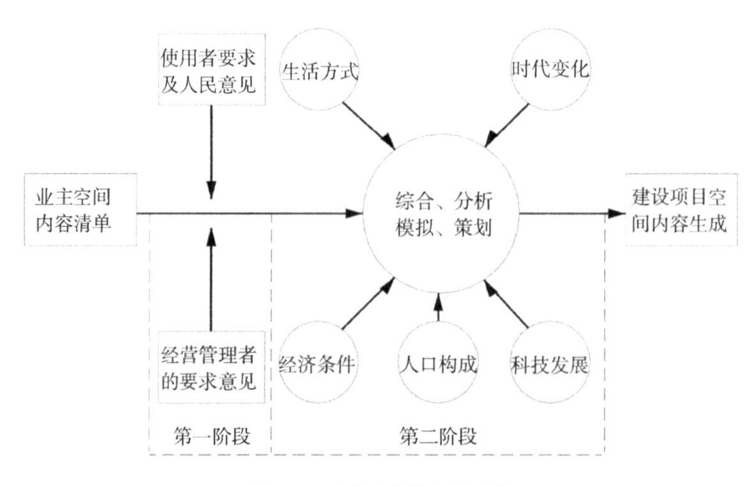

图 2-22　空间内容的生成过程

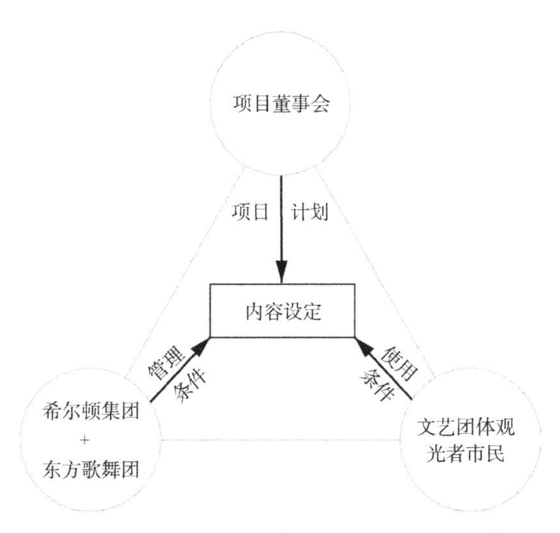

图 2-23　北京东方艺术大厦建设项目内容设定的三元体系

理者与使用者是紧密联系在一起的。他们要听取使用者的要求，研究使用者的使用方式及趋向，以确定经营管理的方法。同时，使用者也受制于经营管理者的管理要求。两者是相互作用的。空间内容策划的第一阶段就是协调、综合好这三方的要求，将它们的要求归纳、排列、分类。如对公众使用空间、管理空间、经营办公空间、内部使用空间等进行分类划分，为第二阶段提供依据。

第二阶段是通过对外部条件的研究分析，对第一阶段产生的空间内容的初稿进行考察和论证。这一阶段主要涉及社会生活方式、使用者使用模式、人口构成模式、经济条件和科技条件等。首先是对社会生活方式的考察。任何建筑都是不能脱离开社会环境的。社会对建筑的影响主要表现为社会生活方式对空间的影响。以为人类提供活动场所为目的的建筑，其成败与否的关键首先是看其能否满足社会生活的要求，适合社会生活的方式。这里，社会生活方式是一个较笼统的概念，它包括人的生活习惯、风俗习惯、生活节律、表达方式、交流方式、价值观、审美观等。不同种族、不同民族、不同文化圈内的人的社会生活方式是不同的，他们有各自的社会生活特征。如第二次世界大战以后一个时间段内美国和日本的建设就是一个很好的例子，美国国土辽阔、资源丰富、科技经济基础雄厚，加上美国的移民政策，使美国本身形成了一种全民族、全色彩、开放不羁、追求奢华的社会生活基调；而日本则由于地域狭窄，资源匮乏，战后经过几代人拼命努力才得以发展起来，所以民族危机感时时笼罩在头顶，形成了日本民族勤勉节约、极讲求经济效益的价值观，就是在社会物质极大丰富了的今天，日本人的生活方式仍是追求经济与高效，这与美国的社会生活方式是有很大差别的。因此，建筑创作的出发点也就大相径庭。同样的建筑在这两个不同民族之间就产生出了大不相同的理解和处理方法，显然，为满足不同社会生活方式所要求的基本空间以外的内容就大不相同了。这一点可以通过比较同类建筑的空间组成及分割的差异来了解。

社会生活方式的差异影响建筑空间的组成不仅在不同国家、民族之间，就是在一个国家的不同地区、不同区域内也有所反映。在我国沿海开放城市和特区，如深圳、广州、上海等地，开放政策使得与外界的交流扩大，海外的生活方式也不断被吸收和效仿，以追求工作环境的质量，提倡工作环境的多向空间为时尚，于是，办公楼中增设咖啡厅、茶室或将休息厅改为咖啡厅、茶室甚至交谊厅的做法很是普遍。这种在保证基本建筑空间功能之外，又要增加建筑空间内容的要求，正是源于社会生活方式的变革。显然，对社会生活方式的考察是论证建筑空间内容合理性、可行性的首要点。

其次是对建筑使用者、使用模式的考察，这一点是建筑策划理论的关键点之一。建筑的空间内容和形式与使用者的使用方式是直接相互作用的。使用者的使用模式不仅影响建筑空间内容的增减，还关系到对建筑空间使用质量的预测和评价，所以它是一个极其重要的相关因素。关于对空间使用质量的预测和评价，我们将在本章下一节中论述。这里我们只谈一下它对空间内容增减的作用。

前面谈到建筑空间的主体是活动空间 A 空间，它是用于满足人类活动的空间，并以人类的使用为目的。所以，空间的被使用是空间的自然属性，它的产生、成长、定形和衰亡是与其使用方式紧密关联的。不同的使用方式对应不同的空间内容，一定的使用模式就对应一定的模式化的建筑内容。这一点在住宅中有充分的反映。日本的和式住宅，地板铺以榻榻米，家庭成员在住宅中的活动大部分是在榻榻米上进行的，一般不穿鞋子，所以家庭成员在进入住宅时都要脱鞋（有时换上软拖鞋）。这一特殊的生活方式就给住宅的使用带来了特殊性。为满足这种使用模式，和式住宅的大门内通常增设一间门厅（日文称为“玄关”），它可以是一小间，包括外出鞋柜和拖鞋柜等家具，也可以是一块不铺榻榻米的开敞或半开敞的空间，这个“玄关”的空间内容显然是日本人对住宅的使用模式的特殊性所决定的。洋式住宅，包括我国的普通住宅，通常没有“玄关”这样一个概念，即使有门厅也并非必不可少。但近些年住宅的设计也越来越趋于人性化，满足进门换鞋、挂衣、放包的类似“玄关”的空间也逐渐成为住宅设计的必备空间，这也是由使用模式的转变所决定的。

既然使用模式对空间内容的影响如此之大，那么在确定空间内容之前对使用模式的考察就变得必不可少了。使用模式的调查可以利用我们前述的模拟法和 SD 法来进行。模拟法就是对使用者的典型使用状态进行物理模拟，拍摄使用过程的照片、幻灯片和录像等，而后对使用过程进行抽象，列出使用序列的框图，绘出空间使用频率图，这样就可以对使用方式所对应的空间的必要性有所了解，以此确定附加空间的内容。当所涉及的空间较复杂、使用者和使用模式也较复杂时，则多用SD法。首先，由建筑师拟定一系列与使用模式相关的建筑描述量，而后制定评定的尺度，制成调查表对使用者进行调查，将调查结果进行因子分析，根据分析的定量结果绘出空间使用频率图和使用趋向图，最后按使用频率大小列出使用空间的明细表。不论用何种方法，都可依照使用模式得出该模式下使用空间的状况图表，以此来对照原设计任务书中的空间内容进行增减和修改。

第三阶段是对人口构成模式的考察。不同年龄、性别的人对建筑空间的理解和使用是不同的，这一点实际上可以归结为使用方式的不同。由于年龄、性别、职业等的不同，使用者的特征化带来了使用方式的特征化。所以，进行使用者人口构成的调查，实际上是掌握特定使用模式的过程。研究人口构成的模式通常是人类学家、社会学家和规划师的工作范畴。在进行城市规划和区域规划时，人口构成的研究是一项重要的工作。建筑师在这里不妨借用规划师的成果，在了解了人口构成模式后，根据人口构成的特征，寻找出使用模式的特征，以此得出该人口构成特征下的附加使用空间的内容。

第四阶段是对经济和科技条件的考察。这一点在以往的建筑创作中似乎不大受到重视，但是由于时代的进步、科技的迅猛发展、经济的高度成长，人类生活的环境已因此而发生了不可想象的变化，人们越来越重视科技和经济对建筑设计的影响。看似同样的博览建筑，在沿海开放城市、经济特区和内地文化古城内，其空间内容的衍变是有很大区别的。经济特区的高速发展，使得对外贸易量扩大，会展中心的需求变得极为迫切，其经济效益的体现也成为最重要的因素之一，所以特区的博览、会展项目的内容设置和设计建造以及建成后的使用管理都要强调开放性和经济性。在空间内容上，除必要的展示空间外，还应考虑大量的会议、展销、洽谈、谈判、推展演示等空间的设置。由于此类会展中心主要用于产品的展销，要强调经济效益，加快展品的周转，所以库房的面积可以相对压缩，而扩大展销、洽谈、交谊面积。相反，内地的文化古城有浓厚和深远的文化影响，其博览项目的性质也多为文物、古物等藏品的展示及研究，它的宗旨是宣传和弘扬本土的文化、历史和艺术，而经济因素则相对放在第二位。这样的博览建筑显然以文物、艺术品的大展厅为主，而销售部分则只限于复制品、图册和照片等。由于文物、艺术品等较长期固定展览，要求库房在藏品保存等方面有很高的标准，所以高要求的库房也是主要的空间内容之一。显然两者在空间内容上是有很大差别的，也正说明了经济模式和科技条件对建筑空间内容的影响。

当然，除以上所说的诸多外部条件外，还有其他影响因素，但上述几点是关键。对其他因素的研究和考察可以采用同样的方法进行，直到完成对建筑空间附加内容的全面论证和修订。而后与基本空间内容相结合，这就形成了一套完整、全面且适应时代和场所特征的空间内容明细表。

接下来就是对空间内容大小、规模的研究了。这里要补充说明的一点就是，前面所讲的空间基本内容和附加内容的概念是相对的。虽然基本内容一直变化不大，如火车客站，基本内容一直是进站口大厅、出站口大厅、售票厅、候车室、检票厅、站台等空间，但近年来由于社会生活方式的变化、科技手段的更新，铁路客运在一些国家已成为同地下铁和地面公共交通等一样的普通交通工具。高铁和航空业的迅猛发展，也使空港、铁路、城际快轨、地铁、汽车等的联合客运达到了很高的效率，乘坐火车变成极为方便和快捷的手段，在行李托运、候车等方面都大大简化，候车室与商业空间等城市公共服务空间相结合，营造出了城市交通枢纽综合体的新模式。这种基本空间内容的变化或许是缓慢的，但必须要引起建筑师的注意。

关于空间内容的大小和规模问题，实际上我们已在“2.1.1 目标规模的构想方法”一节中论述过了。对建筑各空间内容大小的构想和限定与目标规模的构想方法是一致的，仍是通过三个步骤来完成。

（1）以抽象单位元法求得各使用空间的单位尺寸；

（2）对使用方式进行静态和动态的考察，求得最大负荷周期和最大负荷人数及空间特征；

（3）空间的运转荷载。

所不尽相同的是，第一步是考察使用空间单体内各部分面积的人均单位参数。以剧场为例，存衣间内每人对应的存衣面积及存衣柜台长度、公共卫生间的人均面积及其厕位的单位参数等，首先考察确定空间内容中的单位尺寸参量，如人均面积、人均容积、人均长度、人均占有设备的比例等，这些参量通常可以通过资料集和设计规范来获得。第二步是对各空间的使用者、使用状况进行分析，这一点与项目规模的确定中使用方式和最大负荷参量的考察方法是一样的。第三步是对空间的运转荷载的考察，它主要是指对象空间自身的设备、能源、环境条件，即建筑主体所能提供的正常运营的最大荷载参数，如电源、水源、气源等的最大许可极限，设备的最大运转荷载等。其考察及结论应结合项目总体规模构想来进行，它以项目总体规模构想为依据，而不得超越项目总体规模的宏观控制范围。

对各空间内容的大小、规模的确定工作从属于项目的规模构想，但它可以反馈修正项目总体规模的前期输入，通过各组成空间规模大小的确定和更改来修正总体规模的大小。它的下一环节——平、立、剖的构想及环境构想和预测评价也将不断地提供反馈信息，分段地对前两步进行修正。这也是建筑策划理论开放体系的一大特征。项目的各内部空间的大小经过不断地制约、导向、反馈、修正，逐步趋于合理、科学和严密，这样，一份完整的项目空间内容的表格就产生了。

接下来就是依据这一既定的空间内容进行平、立、剖面以及空间成长的构想和环境的构想，最终导入空间形式，以其结果制成项目的设计任务书，为具体设计工作制定科学的依据。

6. 关于空间配列的模式

所谓空间配列的模式，就是指建筑空间的位置和关系的构成。以往我们都或多或少地对这一命题进行过探讨，但原理和配列的模式却只潜在于日常的设计之中，而没有加以理论化。目前这一研究在国外开始盛行，下面就对这一问题结合国外的研究成果进行论述。

在研究空间的配列模式之前，首先对建筑空间的表记方法进行一些说明。对空间进行抽象表记的最有效的方法是相关矩阵法，即以二阶尺度（连续、不连续）、顺序尺度（强、中、弱）、间隔尺度以及比例尺度等，列出空间关系时相关矩阵。对配列方法的研究国外已有许多尝试，大致可归纳为两类，一是决定论方法，二是组合论方法。

决定论方法中最普及的是通过初期条件将相关矩阵展开而求得配列模式的方法。用“集束分析法”（cluster）① 或“多元尺度法”（MDS）② 对相关矩阵进行分析，以得出平面构成或区域规划模式。此外还有线性计划法和非线性计划法，以研究建筑空间的尺寸和面积、体积。决定论方法中以英国的 P.Tabor 的“Analysing Communication Pattern”（Cambridge Univ. Press，1976）和日本的川崎清的“建筑空间の论理构成”（建筑杂志，1973）最具代表性。

组合论方法中，分割法和附加法最为普遍。分割法是以平面的等级模式为基础，以模数空间为分割单位，并将其对应于制约条件，以空间相关系数的大小来进行分割的方法。分割法以 J.M.Seehof 和 W.O.Evans 的 ALDEP 法最具代表性。通过计算机对空间相关系数进行大量的迭代计算从而提高了研究的精度（图 2-24）。

与分割法的思考程序相反，附加法是以基本空间为核心，依建筑策划的制约条件为限制条件，逐次附加而完成空间配列的方法。

上述空间配列的方法都是以电脑人工智能的研究成果为手段进行的，其方法原理是抽象的、普遍的。它不仅可用于建筑空间的研究，还可用于设备、装置、资源等的分析处理。

观察国外的研究成果可以发现，近代方法论、电脑智能的应用是建筑空间分析的关键，而这些方法和手段又都是建立在近代数学理论之上的。建筑师要想在当今的信息时代高效率地进行建筑的创作和研究，不掌握和了解电子计算机、系统论以及多因子变量分析和多变量解析法及大数据等近代数学手段是不可能取得成功的。这里介绍的国外的理论方法，由于应用条件的差异而不可能简单地照搬，需要进行国产化处理，而这项研究工作又是异常艰巨的，只靠建筑师本身是不可能完成的。本书暂不对此进行深入论述，

---

① 集束分析法是多变量解析理论的概念。它指对复杂的现象以适当的类似度和相违度逐次进行定义而求得等级束的算法。

② 多元尺度法是指对对象空间的类似程度进行测试，将对象在多元空间内以点表示，观测点的距离，以确定类似点的布置方案的方法。

序号	面积（平方英尺）	面积 10^2 模数
01	0610	06
02	1537	15
03	2532	25
04	2417	24
05	1721	17
06	3321	33
07	1630	16
08	3239	32
09	2014	20
10	2024	20
11	2210	22

（a）不同空间所需面积

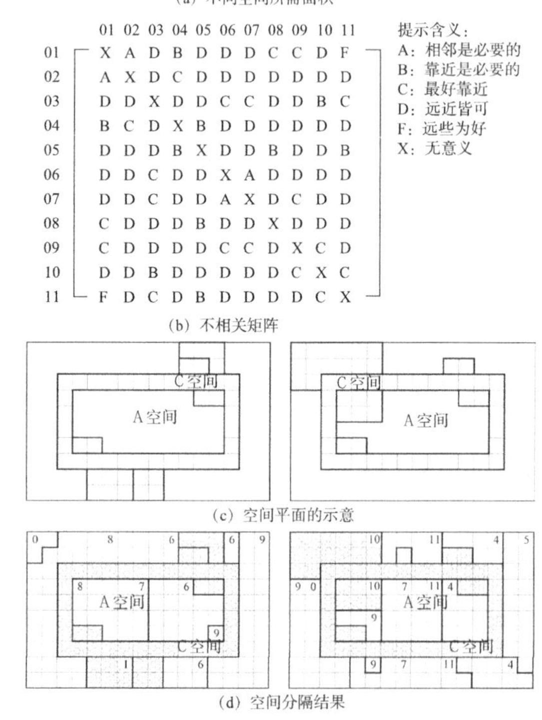

	01	02	03	04	05	06	07	08	09	10	11
01	X	A	D	B	D	D	D	C	C	D	F
02	A	X	D	C	D	D	D	D	D	D	D
03	D	D	X	D	D	C	C	D	D	B	C
04	B	C	D	X	B	D	D	D	D	D	D
05	D	D	D	B	X	D	D	B	D	D	B
06	D	D	C	D	D	X	A	D	D	D	D
07	D	D	C	D	D	A	X	D	C	D	D
08	C	D	D	D	B	D	D	X	D	D	D
09	C	D	D	D	D	C	C	D	X	C	D
10	D	D	B	D	D	D	D	D	C	X	C
11	F	D	C	D	B	D	D	D	D	C	X

提示含义：
A：相邻是必要的
B：靠近是必要的
C：最好靠近
D：远近皆可
F：远些为好
X：无意义

（b）不相关矩阵

（c）空间平面的示意

（d）空间分隔结果

图 2-24 ALDEP 模式图

（资料来源：J.M.Seehof，W. O. Evans. Automated Layout Design Program[J].Journal of Industrial Engineering，1976，18（12）.）

而是集中力量对与建筑师关系更密切的、更建筑化的问题进行探讨。

7. 关于平面的构想方法

当项目的空间内容确定以后，依据 A 空间和 C 空间的设定条件，进行平面（包括多层建筑的竖向剖面）的构想。其方法有两个：“树型”构想法；“格型”（lattice）构想法。

1）“树型”构想法

它是以 C 空间的动线为主线，从主入口到达建筑各部分的树状的构成方式。对于 B 空间，同样是由主 B 空间开始，以 C 空间的动线为主线，到达各次 B 空间的构成方式。这一构成法的关键是动线系统的构成。通常这种构成要考虑全体的动线系统，包括使用者、管理者、货物、服务等的动线。B 空间、C 空间构成以后，A 空间的位置也就确定了。由于基地条件的不同，C 空间的“树型”要作必要的变形，但基本原理保持不变，大多数建筑空间的构想均是采用这种办法（图 2-25）。

2）“格型”（lattice）构想法

当建筑为多系统综合体时，如果它是多系统同格动线，即动线关系是由若干并列的相同的动线束集合而成的，如公共住宅、学校等，那么动线系统的构成就可以用“格型”均质空间构想法来完成（图 2-26）。“格型”构想法是“树型”构想法的变形方法，实质上是将各不相同规律的动线的树型构成合为一个连续系统的树型集束的构想法。正如我们前面所说的，平面的构想实际上是 C 空间系统网络的构想。只要将这个与使用空间的行为活动相联系的连续空间的平面位置设定好，那么 A 空间的确定就水到渠成了。C 空间的动线构想在建筑中被具象为走廊、楼梯、电梯、过厅、门厅等，它既包括水平系统，又包括垂直系统，是一个全立体的网络。平面构想的实际过程就是 C 系统立体网络的构想过程。

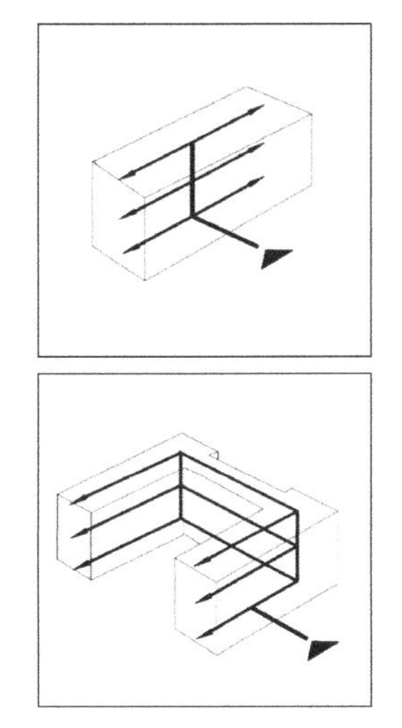

图 2-25　小学校的实态树型构想
（资料来源：参考［日］原广司等 . 新建筑学大系（23 建筑计画）[M]. 东京：彰国社刊，1981.）

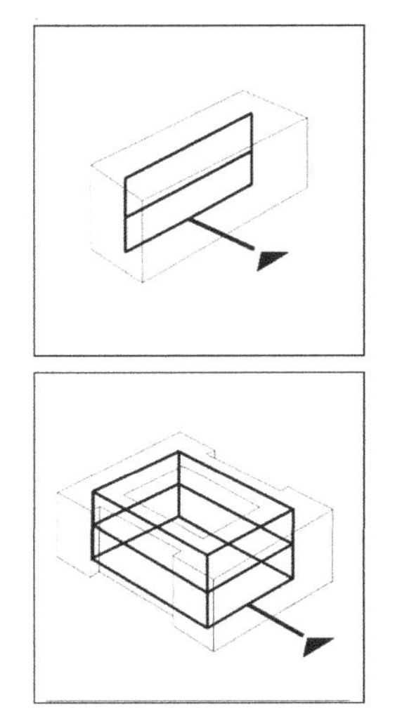

图 2-26　小学校的实态的格型构想
（资料来源：参考［日］原广司等 . 新建筑学大系（23 建筑计画）[M]. 东京：彰国社刊，1981.）

8. 空间成长的构想

为避免建筑空间在建成之后因空间的老化而无法满足日后的社会生活和使用的新要求，造成老化建筑空间对新需求的禁锢，在建筑策划进行空间构想阶段就要提出空间“成长”的概念，并加以研究。

空间成长的概念，大致有以下几点：

（1）空间中同样目的的活动方式的改变；

（2）空间中同样目的的使用方式的改变；

（3）空间中活动和使用的速率的改变；

（4）空间构成材料的耐久性和寿命的改变。

（1）、（2）点对应的是住宅中人们生活方式的变更及公共建筑中使用和服务方式的变更。（3）点是关于现代科技手段的运用对空间中的各项活动和使用速度的影响。（4）点是考虑建筑的使用寿命和不同使用空间的耐久要求及选材问题。空间成长的构想，通常可以从以下三方面来进行：

（1）对活动内容和用途变化的构想；

（2）分段空间构想的形成；

（3）空间的增加或修改可行性的构想。

首先是活动内容和用途变化的构想，这是空间成长构想的原发点和依据。其次是根据预算的制约对空间活动的内容进行时间上的划分，分段地对基本功能要求的活动进行先期构想，而对未来设想的活动内容则进行预留。最后是对建筑由于活动规模的增加、设备的更新等引起的增建和改建的物质和技术条件的预测和研究。空间成长的构想，通常要完成以下三方面的内容：①空间可变性保证；②成长变化对应空间的设定；③备用空间的设定。其中，①要求完成建筑空间在规模上的充裕量及内部空间分割的可能性；②要求空间构想在初期（或一期）阶段就要确定可能成长的空间位置及内容、用途的改变；③要求在未来增建或成长空间实施之际有足够的备用空间的提供。

空间成长的构想是建筑策划理论中的一个关键点，尽管其原理和内容十分简单，但它确是建筑设计理论的科学化、现代化的标志，也是建筑策划理论的重要原理之一。

9. 感观环境构想

空间的感观环境是指空间环境中对人的感官构成影响的环境物理量的集合，如光、空气、热、声音等。它们的作用使空间中的人类的感观具有一些特定的心理指向性，如空间居住性的感觉、温暖的感觉、快适的感觉、压抑的感觉等。这些能引起和影响人对空间环境心理反应的物理量就是感观环境的条件。

在空间中，人眼可以观察到的是空间的形态，如透过窗射入的光线、人工的照明、墙壁材料的质感和色彩以及家具装置等。它们同时对视觉产生刺激，形成空间感观的综合效应。通常我们对这些感观环境物理量进行整理，可以分为以下四点：

（1）空间的感觉；

（2）光、色彩的感觉；

（3）密度和尺度的感觉；

（4）时间的感觉。

空间的感觉是我们以前所熟知的，如顶棚高的空间给人以开敞和向上开放的感觉，顶棚低的空间给人以压抑和向下封闭的感觉，平面进深大的空间给人以纵向方向性的感觉，而圆形或正方形的均质空间则给人以向心性的感觉。不同的空间都保持各自的空间感觉。这是空间的自然属性，任何空间的构想都要与这些属性发生关系（图 2-27）。

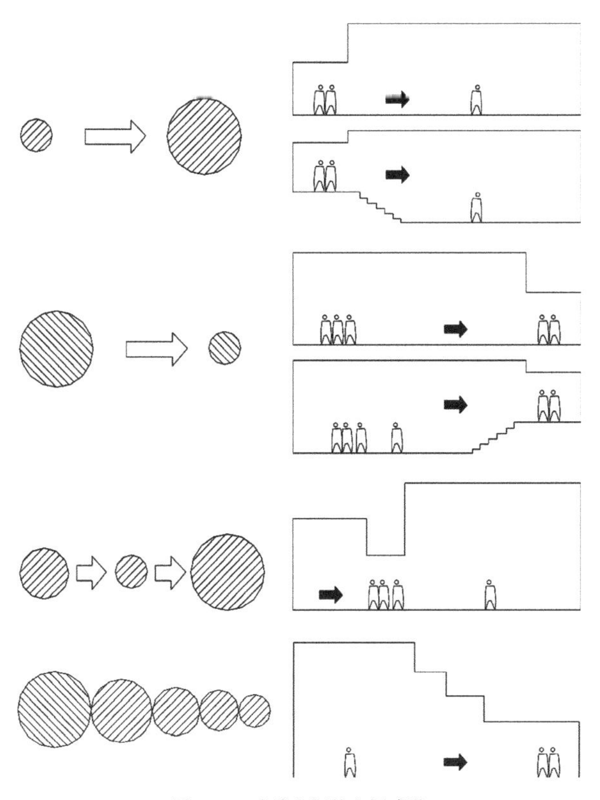

图 2-27　连续空间的空间感觉
（资料来源：参考 [日] 原广司等 . 新建筑学大系（23 建筑计画）[M]. 东京：彰国社刊，1981.）

光和色彩的感觉，不仅指明度和颜色等纯技术化领域的物理现象，而且关系到光和色彩的心理效应。从对外部的日光、天光等通过窗子进行控制，到对人工采光的照明灯具的位置和大小、明暗、色彩及光影等的设计，都是建筑策划中空间构想环节所应考虑和研究的问题。由于光、色的明暗变化，空间亦呈现出开放、封闭与方向性，它们可以强化空间的感觉。此外，除去空间中这些固有的光、色因素外，使用者本身也是光和色的动的感觉源。人的服饰在光色、灯色的照明下，反射在墙壁、顶棚等空间材质上，与光、色的静环境形成一种多变的感观效果。

对于密度和尺度的感觉，是研究单位面积人口密度和家具、设备密度给空间带来的尺度上的变化的问题。高密度往往与生理学上的不快感和压抑等恶劣感觉相联系。空间构筑物尺寸上的变化往往引起空间尺度上的改变而加剧空间密度的感觉。

最后一点是时间的感觉，空间物理量对人体产生作用，反映为心理量表现出来，若被感知是需要有一个时间过程的，那么这一时间的过程就包含着心理感觉的产生、定位、变化与消亡的互动关系。中国古典园林设计手法中的“步移景异”就是对于时间因素对感观环境影响的最好诠释。另外，时间还可以通过窗户的天光变化、周围人的活动来感觉。这种与时间相关的感观环境的构想就是我们常用的一个术语“建筑空间的序列”。同样在建筑策划中的空间构想阶段，这种空间序列的构想是感观环境策划的重要内容之一。

对感观环境的描述，多引用心理学的术语。以往我们总是认为心理量是感性的，不像空间大小、材质、容重等物理量能够通过定量的方法加以控制，但运用建筑策划方法论中提出的 SD 法和模拟法，这个问题就可以迎刃而解了。心理量可以同物理量一样进行定量地评价与构想，这为建筑策划理论的严密性和全面性提供了关键的方法。

当我们在空间构想中研究了空间动线、平面构想、平面成长及感观环境以后，构想的物态化就跟着到来了，即开始导入空间形式。

10. 空间形式的导入

空间形式的导入，形象地讲是为动线构想形成的骨骼填充以血肉的过程，这也是建筑策划导向实际建筑设计的关键。空间形式的导入通常没有定法，且空间形式也是变化多端的。根据构想的框架形式对空间形式进行探究，我们可以总结出以下几种空间导入的形式。

1）加、减法形式

根据空间的要求，沿动线及 C 空间形成的骨骼网络，运用加法（又称为拼贴法）或减法的原则使 A 空间导入。图 2-28 所示为最典型的幼儿园指形平面的形成，就是以加法原则实现空间导入的。勒·柯布西耶的萨伏依别墅就是典型的减法原则的空间导入实例（图 2-29），在一个方形的几何平面内，将空间沿动线的骨骼网络进行划分，分出室内和室外空间，室外空间（包括平台）在图中以方格网表示，仿佛从正方形几何平面内减去了若干的空间，而形成了各层同处于方形几何体内的由室内和室外空间组成的空间图式。

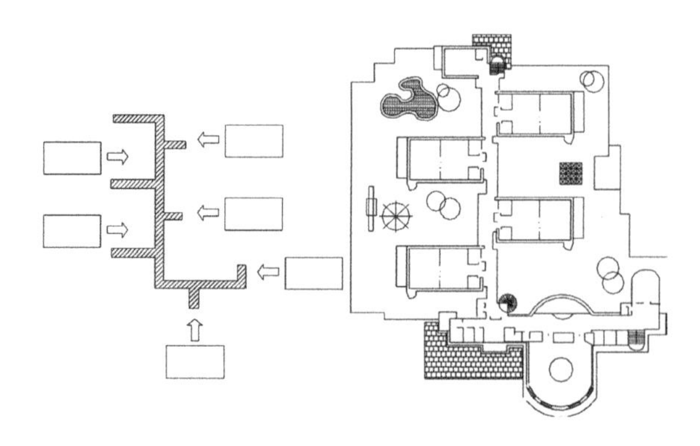

图 2-28　典型的幼儿园指形平面

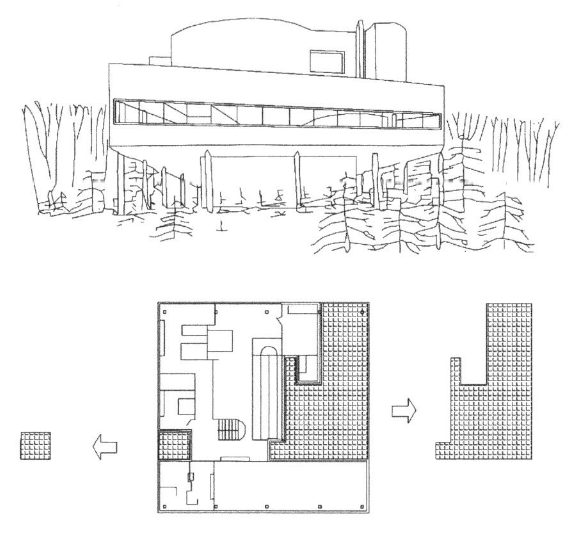

图 2-29　萨伏依别墅

此外，还有一种引申了的加减法原则，即将 C 空间与 A 空间相融合，A 空间由扩大了的、功能化了的 C 空间所包容，而形成一种简洁明了的空间形式。如赖特的古根海姆美术馆即为一例，它将展示室 A 空间附加到参观动线 C 空间之上，形成了一个从上到下的螺旋形的空间，这个空间既是 A 空间又是 C 空间，它是 A 空间和 C 空间的相加融合，我们又称其为空间的异化。这种空间导入的方式，对于那些既强调动线方向而又需顺序使用各 A 空间的建筑如美术馆、展览馆等尤为适合（图 2-30）。

图 2-30　古根海姆美术馆

2）副空间体系诱导形式

如果将 A 空间称为主要使用空间或主空间，那么 C 空间如疏散楼梯、电梯、上下水管道井、电缆井、煤气管道、空调竖井等则可称为副空间。副空间由于功能的要求，必须上下沟通连成网络，因此在满足使用要求的前提下自然形成体系。它们多为均衡、对称的集中或分散式的竖向构筑空间。A 空间随 C 空间网络走向分布。这种由设备交通等副空间诱导的空间形式在平面和立面上往往给人以功能明确、逻辑性强的感觉。它多用于科教、医院、办公等类型的多层或高层建筑中，因为它们的主空间由许多使用空间组合形成并且其疏散、上下水、电、煤气、空调等设备辅助空间又相对重要。路易斯·康的理查德医学研究所（图 2-31）和丹下健三的山梨县文化馆（图 2-32）都是很好的例子。

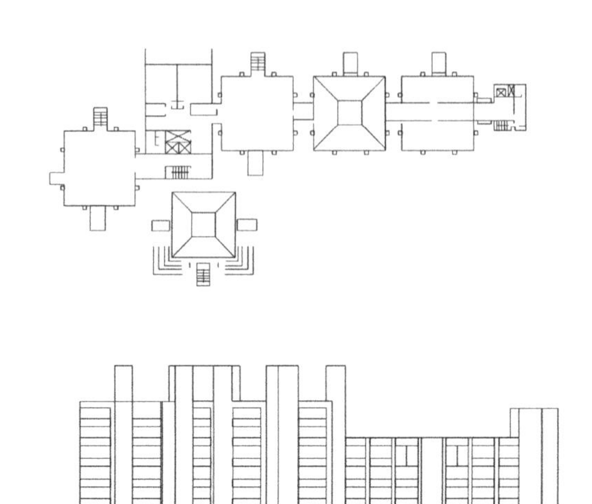

图 2-31　理查德医学研究所辅助空间和主空间的分布构成法

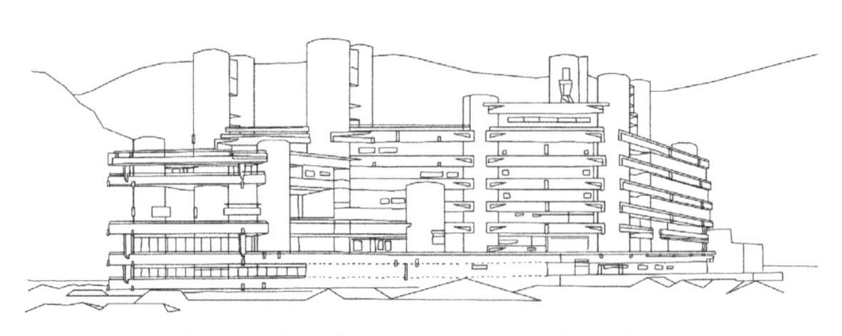

图 2-32　日本山梨县文化馆辅助空间的诱导构成法

3）C·摩尔（C.Moore）的住宅空间模式法

如图 2-33 所示将住宅空间分为使用空间（A 空间）和设备辅助空间（C 空间）。A 空间的构成有连续型、集合型、围合型、分栋型、大空间分割型和大空间围合型六种；辅助 C 空间的构成有房间围合型、中心型、附加粘贴型、空间连接型四种。因此对于住宅有 4 × 6=24 种空间导入形式。图中纵轴方向表示使用空间（A 空间）的构成方法，横轴方向表示设备和辅助空间（C 空间）的构成方法。

以上三种空间导入的形式反映了空间构想的最终环节、内容和特征。空间形式的导入标志着空间软构想的完成，且使这一构想从对空间的认知开始，经过动线分析、空间内容的确定、平面构想、成长构想、感观环境构想直到空间的导入，始终保持逻辑性和因果互动相关性，同时使各个环节具有开放的反馈修正功能。这为下一步对构想的预测、评价提供了具象

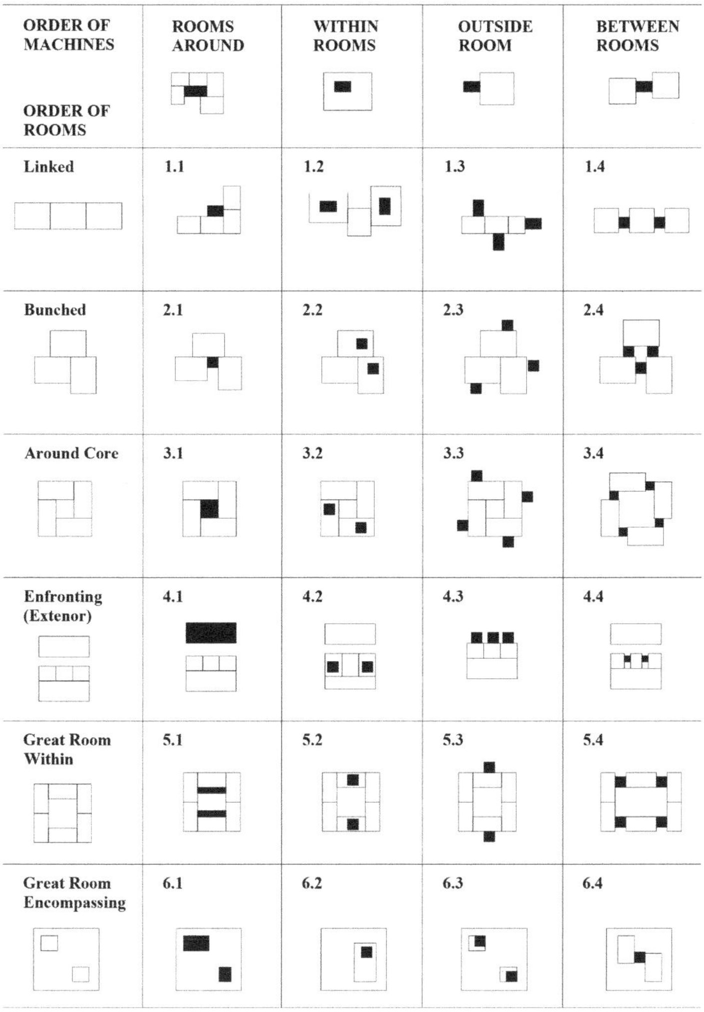

ORDER OF MACHINES / ORDER OF ROOMS	ROOMS AROUND	WITHIN ROOMS	OUTSIDE ROOM	BETWEEN ROOMS
Linked	1.1	1.2	1.3	1.4
Bunched	2.1	2.2	2.3	2.4
Around Core	3.1	3.2	3.3	3.4
Enfronting (Extenor)	4.1	4.2	4.3	4.4
Great Room Within	5.1	5.2	5.3	5.4
Great Room Encompassing	6.1	6.2	6.3	6.4

图 2-33 C.Moore 的住宅空间模式

（资料来源：Moore，C.，Allen，G.and Lyndon，D.. The place of houses[M].Oakland，CA：University of California Press，1974.）

的目标。空间的构想不是对建筑空间进行具体设计，而是对建筑空间依据其外部、内部的条件进行理性的研究，从而得出指导性、规律性的东西。所以，建筑策划中，空间的构想不是设计的结果，而是设计的指导，同时由于建筑策划方法论的结构特征，其构想的结果还需被预测和评价，这就引出了本章的下一节。

2.1.5 空间构想的预测和评价

"预测"一词表示对未来进行预计和推测。它是根据过去的实际资料，运用已有的科学知识手段，来探索事物在今后可能发展的趋势，并作出估计和评价，以指导和调节行动或发展的方向。预测成为一门方法论，从 20

世纪 40 年代开始形成直到 20 世纪末的几十年间得到了迅速发展。它研究的对象是带有不确定性的事物，如经济模式、城市空间构成等。其方法因其多元性和随机性的特征而又要求运用统计学和概率论的方法来解决，因而预测的结果带有概率性。计算机的运用使预测和评价的可靠性和精度大大提高，但仍改变不了其结果的概率性。预测的方法有许多种，但常用的可归结为以下三种：

（1）定性预测；

（2）定量预测；

（3）预测评价。

其中定性预测法包括专家调查法、主观概率法、相互影响分析法等；定量预测法包括时间序列法、因果分析法、经济计量模型法等。对其基本方法的介绍，谢文慧的《建筑技术经济概论》中有详细论述，我们在这里只对建筑策划中与空间构想有关的预测进行论述。

预测和评价是建筑策划方法论的重要环节，是开放、反馈、逻辑方法的重要体现。预测和评价也正是建筑策划区别于建筑设计和其他方法的关键所在。它通过对构想的目标建筑的内外环境模式以及空间模式进行使用（生活）方式的预测评价、空间质量的预测评价、经济模式的预测评价，用多元多变量因子对其进行描述和解析，进而再对这些变量因子进行相关性的分析，最终得出定量的评价修正建议。它是建筑策划理论的重要组成部分。

建筑策划方法论中，预测包括三个问题：①策划对象即目标建筑的空间内容与对应的现代生活的预测；②构想结果对未来使用的影响、效果的变化的预测；③使用者人口特征动向和生活要求动向的预测。前两点是基于建筑策划的构想结果，后一点则是研究构想的前提条件。

首先我们来讨论目标建筑对应的现代生活的预测，它有以下三个相关方面：

（1）复杂生活的相关预测；

（2）特殊生活的相关预测；

（3）空间变化的相关预测。

对生活的相关预测，其方法又可分为间接法和直接法。间接法是先将复杂的生活表象简化，而后进行处理的方法，它与生活、空间表象的记述法紧密相关，通过将复杂空间的复杂生活形式以不同的表象方法进行记录来简化研究对象的复杂性，如运用相关矩阵法等。直接法是指用数理手段建立数学模型，通过电算对多元多次方程式进行解析的方法。简单的例子是医院病床使用状况的预测：

$$B=P \times D/U$$

其中 B 是床位数，P 是一天中新入院患者数，D 是平均入院天数，U 是病床平均利用率。利用电脑对此数学模型中的四个变量进行分析。

这种分析方法用途极广，它可以用来对建筑在灾害情况下的避难时间进行预测（如体育馆的人流疏散公式等），可以用来对使用者等待电梯的时间进行实态分析以及对建筑使用的经济效益进行多元方程式的建立和分析等。

不论是直接法还是间接法，都有与之相对应的操作过程。间接法，通常是建筑师运用 SD 法，首先选定与预测生活相关的目标空间，而后设定空间及生活的描述量，确定评价的尺度（见 3.1.2），制定调查表，令被验者回答问题，而后对回答结果进行分析，建立起各描述量相关因子的相关矩阵，对矩阵进行分析，抽出各表述因子，建立因子轴，绘出相关因子图像，进而对目标空间的活动进行描述和预测。

直接法则是通过对目标空间中使用者活动的物理模拟，建立起数学模型，运用电算完成数学方程的运算，以数学的结果反映和预测目标空间中的活动特征。但是，往往与建筑空间相关的生活及活动是极其复杂的，不可能一次性地数学模型化。例如对复杂平面构成中各种人的活动的预测，需设定多方参量的数学模型，如在上一例中加入时间参量，沿时间流和以各种人的出发点、目的地进行模拟，则可以建立起空间中人活动的多元复合数学模型。依照直接法（物理模拟法、数学模拟法）和间接法（SD 法、相关矩阵法、多因子变量法），可以对空间相关的复杂生活、特殊生活和空间变化进行预测，其方法和原理是相同的。目标空间中生活和使用方式的预测是对已进行的空间构想的反馈修正，研究其空间性质的把握是否准确。空间中使用和活动方式的调查在空间构想以前的内部条件的调查中作为空间构想的依据进行过分析，而在空间构想之后对空间生活方式的预测则是作为对空间构想的检验（图 2-34）。

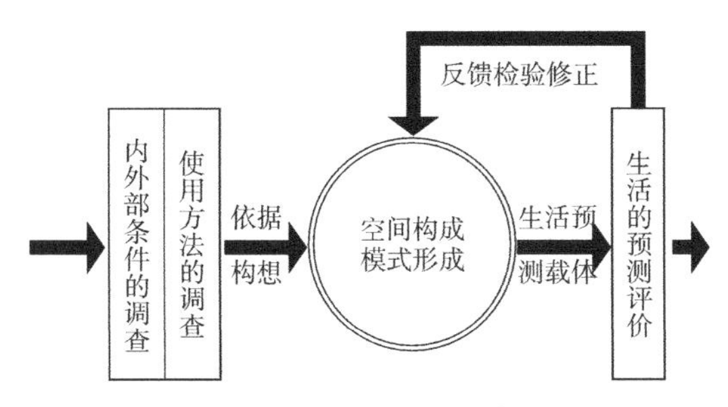

图 2-34　空间构想的程序

除了对使用方式和生活内容的预测外，我们不能忽略其使用主体——人。使用者种类、人数的增加以及使用特性的复杂化等，都是使用者方面的因素。我们这里研究的使用者并非是个别的人，而是一个群体，亦即使用者的特性参数是一个变量，在生活预测中应对其特性参数同时进行考虑。

接下来我们讨论构想结果对未来使用的影响、效果的变化的预测。它有以下两个相关方面：

（1）对使用区域变化的预测；

（2）对周边影响相关性的预测。

所谓对未来使用的影响、效果的变化多指横跨其他领域的广义的影响和效果，如投资效果、经济效果等，单纯的对影响和效果的研究是没有的。构想空间对未来使用的影响和效果的预测是与使用区域的变化相关的。在建筑策划的初期阶段，使用区域的划分是根据建设目标项目的外部和内容条件划定的。其区域的大小与总体规划和投资立项有关。当把握了内外部条件以后，完成了空间的构想，在构想的空间中使用及生活方式因构想的新空间的出现而形成了新的格局，亦即在空间—使用方式的相互作用下新的动态平衡体系建立起来了（图 2-35）。由于空间使用和生活方式的变化，相应使得使用区域发生连带变化。这种变化可以是显性的，也可以是隐性的，但它都对构想的空间构成了新的要求。在这种新的使用方式和空间的新平衡维持一段时间以后（通常可以是几十年甚至几百年），就会发生下一次空间的再构想，于是建筑的更新和改造就出现了。这种空间和使用方式相互作用、不断发展的特性，就推动了建筑不断向前发展，而促成这一发展也正是建筑策划理论的宗旨，其中对使用区域变化的预测又是关键。

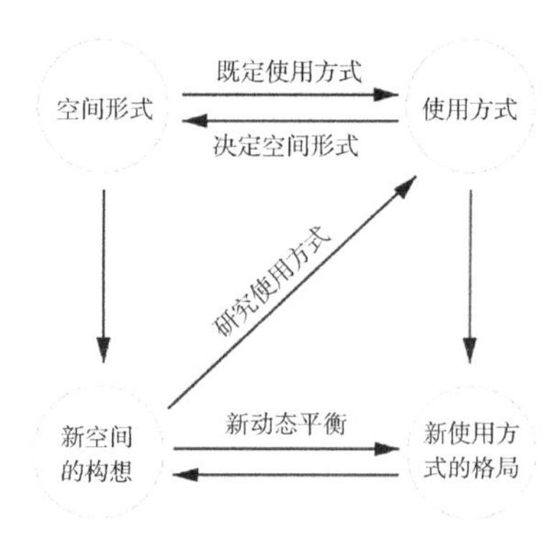

图 2-35　空间形式和使用方式的互相作用

使用区域变化预测的另一种表述方式就是对区域影响相关性的预测。由于构想空间对使用及内在生活的新的规定性以及与周围环境的物理相关性，研究其对周边的影响是必要的。如果说对使用区域变化的预测是研究目标的内部条件，那么对周边影响相关性的预测就是研究目标的外部条件。

这两个预测都涉及领域学、环境学的概念和方法，单凭建筑师往往是力所不能及的。但以往我们所进行的邻里相关性的分析、环境行为分析等都可以作为我们进行预测的方法手段，如 SD 法和模拟法仍适用，只是调查和描述的对象发生了变化。如此通过对以上两点的预测就可以掌握空间构想对未来使用的影响及效果和变化。

关于预测，我们来讨论最后一点：对使用者人口特征动向和生活要求动向的预测。这一点不同于构想前期的对使用者人口构成的分析和实态调查，而是对其动向进行预测，它包括以下两方面：

（1）对使用者人口的确定及变化的预测；

（2）对使用要求动向的预测。

使用者人口的确定又称使用人口的确定，它是空间构想的依据。而使用者人口变化的预测则是对人口构成的变化以及这种变化将给空间带来的影响的相关预测。预测的方法除前述的多因子变量分析法和模拟法之外，日本建筑师吉武、土肥、船越辙等也对其进行了深入的研究。这方面的论著包括《地域人口推计の精密化に关する研究——相关矩阵法》、《时间变动的回归方程式法》等。这里我们只论述预测的原则和内容特征，对方法的介绍，读者可以参照上述两本专著。

对于使用要求动向的预测，我们可结合相关学科进行，如近代数理统计学、计算机学、大数据等。已经运用的方法包括因子分析法、多变量解析法、指数平滑法、Adaptive Fitting 法、GMDH 法（Group Method of Data Handibook）等，但建筑师运用的方法仍以建筑领域中的 SD 模拟分析法为主。建筑师运用建筑语言，根据 SD 法的原则制定出反映使用要求动向的调查表，确定评价尺度，进行调查，对调查结果进行多因子变量分析和因子相关矩阵的模拟分析，绘出相关因子的坐标图和动向变化图，以此来对使用者人口特征和生活要求的动向进行预测。

前面已经提到，预测的意义在于反馈修正和指导空间构想，它是建筑策划方法论科学性和逻辑性的表现。对于预测的内容我们虽然已经明了，但是预测的方法仍是一个课题。这一点在建筑领域往往不太被重视，建筑师对近代数学手段知之甚少，近年来计算机和近代数学理论及方法的运用，尤其是大数据时代的到来，使建筑学的方法论向前跨进了一大步。

前面谈了预测，预测是构想的辅助环节，它是对构想的结果和未来进行分析判断的过程。而对构想结果的质量以及可行性的判断却是构想的另一个辅助环节，即我们接下来所要谈的评价。

评价和预测一样都是构想方法的辅助环节。为了决定构想结果的采用与否，除了根据构想进行预测之外，对构想结果进行评价也是必要的。构想的空间对于使用者的使用活动的容纳性以及使用者在空间环境中的物理、心理反应，空间构想系统的环境特性等都是评价的课题。

现代建筑策划论的预测和评价也是达到其客观合理性的关键。设计条件的多元化使评价变得越来越复杂，因此，对评价的方法也就期望很高。另外，要求建筑技术的独创性、合理性及社会立场和价值观的多样化更使评价变得复杂和困难。建筑策划的评价与预测方法是两相呼应的。它有两个要点：一是对所预测生活的空间构想的评价，另一个是根据构想的影响和效果对构想进行评价。G. T. Moore 在“Emerging Methods in Environmental Design and Planning”[①] 中将评价的内容归纳为以下三点：

① G. T. Moore.Emerging Methods in Environmental Design and Planning[M].Cambridge，MA：MIT Press，1970.

（1）实态的评价；

（2）构想方案的事前评价；

（3）构想成功与否的评价。

对于评价方法的考察最好从对方法成立的原发点的考察开始。现代建筑策划论的评价思想源于建筑策划的基本思想，即“合理性”的思想。以合理性为原则是建筑策划评价方法成立的原发点。对评价方法的研究关系到多元评价指标的综合化问题、评价尺度和基准的客观化问题以及相关者评价意识组合的个别化问题。

最简单的评价法，即所谓的测验法（test），它研究评价对象、对象的构成要素、合计点、评价基准和评价的内容五个部分。对每一项进行精细的回答显然是不可能的，用现代科学的辩证观点来看，刻意追求全面精细反而可能僵化，而对现象规律性的揭示却往往可以把握其全局和要害。因此，评价中把握上述综合化、客观化、个别化就变得很必要了。

综合化，是评价尺度确定的基础和条件。它揭示建筑空间各性能要求的条件以及对各性能要素的评价的可能性。

客观化，是评价在同一制约条件下和设计条件下，保证其有共同衡量尺度的条件。建筑策划的开放性决定了多元的评价以共同的宏观尺度为基准，以揭示评价对象的普遍性。通常这一客观共同尺度的选择可以是单位面积或是单位造价。

个别化，是与客观化相对应的。它是研究使用者使用条件所对应的个别性，分析和组织评价主体的评价意识。它揭示使用主体的使用意识和态度。通常在住宅区公共设施的评价中使用。

通过这三种方法的结合运用，评价的可行性和准确率将大大提高。至于具体的方法，则非常之多，难以一一列举，除前述的 SD 法和模拟法之外，尚有平面理解法（Plan Understanding）、主客对应评价法等。居住空间构想的评价中，平面理解法占有重要的地位，运用这一方法，日本的杉山茂一提出了“关于居住模拟的平面评价——居住性相关评价法及测定法”①，P. Taber 提出了“典型平面型的特性与人活动发生概率的评价法”②，此外还有 T. Willonghby 提出的“平面特性分析法”③。

方法的创造和摸索是无止境的，但基本原理是不会改变的。评价不是最终的目的而是手段，它旨在对构想的空间进行科学化、逻辑化、完善化的处理。它通过对目标空间的实态调查的评价、构想方案的评价以及构想之后成功与否的评价，来达到修正和改进构想方案的目的。这是建筑师在

---

① ［日］杉山茂一. 住みるシミュレ-ションにみる平面评价——居住性に关する评价法及び测定法の开发 [R]. 建设省，建筑研究所，1978.

② Tabor.P. “Analysing Communication Patterns” and “Analysing Route Patterns” [M]//March，L.eds.The Architecture of Form.Cambridge University Press，London.1975.

③ Willoughby. T. Understanding building plans with computer aids[J].Models and Systems in Architecture and Building，1975（2）：46.

建筑策划方法论中需着重掌握的一点。

2.1.6 规模的经济预测和评价

关于项目规模的确立，对于一般建筑项目的规模的预测和评价，我们在 2.1.1 节中进行了论述，但对于商业建筑而言，其经济效益的预测和评价却是决定项目规模的重要依据。

商业建筑以营利为目的，其规模的确定除了 2.1.1 节中所论述的运用建筑学的相关概念进行设定之外，经济的预测和评价变得至关重要。由于项目的规模主要取决于投资情况，而投资的活动关系到经济效益和经济模式，所以经济预测和评价就是反馈修正项目规模构想的重要环节。

在我国以往的基础设施建设运作模式中，工程项目的投资包括在基本建设经济活动的范围之内。基本建设投资的来源、具体运作的过程和最终的结果可由基本建设投资运动流程图表示（图 2-36）。项目的投资，无论采取何种投资渠道，都是求在最短的时间内创造出最大的经济效益。项目的规模，决定投资控制数，而反过来投资又规定规模的大小。经济的指标始终贯穿于整个项目进行的过程中，我国现行基建程序图（图 2-37）就说明了这一点。如何在现有的投资下确定适当的建设规模？ 如此构想的建设规模的经济损益如何？按其经济效益的分析结果如何修正建设规模？对这些问题的回答就是建筑策划进行规模经济预测和评价的目的。

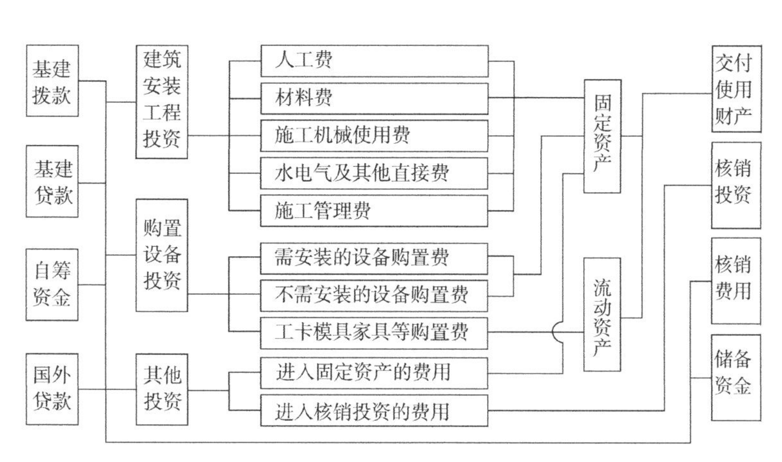

图 2-36 基本建设投资运行流程图

（资料来源：谢文慧 . 建筑技术经济概论 . 北京：中国建筑工业出版社 .1982.）

预测和评价的方法很多，在前一节我们已作了简单的论述。这里我们只对投资与经济损益进行预测分析，来确定规模构想的可行性。在进行规模经济预测之前，我们有必要对投资的有关概念进行一些了解。

我国目前的投资方式大致可分为四种，如图 2-38 所示，其中无偿投资是由国家财政预算拨款的，一般用于非生产性建设项目的投资，它们无法

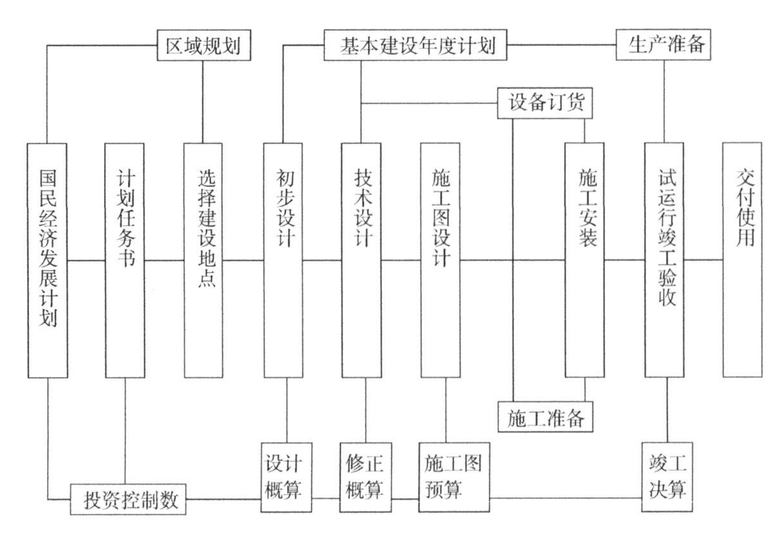

图 2-37　中国现行基建程序图

（资料来源：谢文慧 . 建筑技术经济概论 [M]. 中国建筑工业出版社，1982.）

从项目本身得到偿还。无息投资一般也是由国家财政预算拨款的，只需偿还本金，但不计利息。单息投资是指由银行贷款，计息偿还的投资方式，其利息按单息计算，不再生息。复利计息投资多是由国外银行贷款或国外财团投资，它不仅本金要付息，利息到期不付也要计息，利息又转化为本金。当工程建设的计划投资额相同，而资金占用的时间不同时，无论采用不计息、单息还是复息的计息方法，都会使实际投资额有较大的差异。而在投资额一定的情况下，则规模的大小必将依不同的投资方式而改变。表 2-5 为三种投资方式的比较。

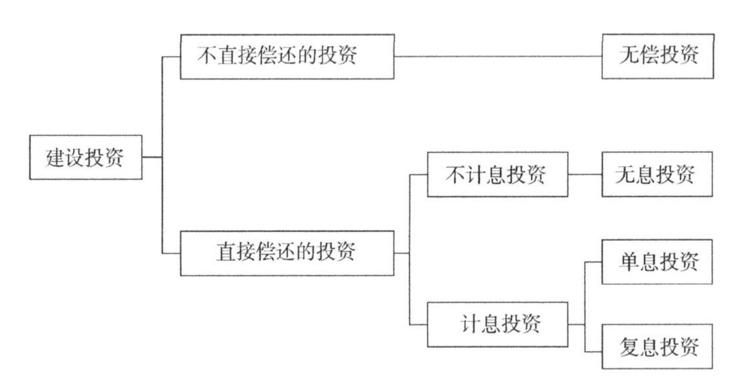

图 2-38　投资方式示意

由表 2-5 可看出，无息贷款与资金占用时间无关，资金从借到还，数值不变，称为“静态计算”。单息贷款的资金，其利息额与时间成等差级数增值，称为“半静态计算”。复息贷款的资金，其利息额与时间成等比级数增值，称为“动态计算”。可见资金占用时间与资金的偿还是有重大关系的。

三种投资方式的比较　　表 2-5

计息类别	贷款额（万元）	年利率	资金占用期 3 年		资金占用期 5 年	
			利息和	本利和	利息总和	本利总和
无息	100	/	0	100	0	100
单息	100	5%	15	115	25	125
复息	100	5%	15.76	115.76	27.63	127.63

（资料来源：谢文慧 . 建筑技术经济概论 [M]. 中国建筑工业出版社，1982.）

因此，项目建设周期的长短，必然影响资金的周转，影响投资的偿还及经济效益。而项目规模的大小又与建设周期相关，因此规模的构想在项目总投资和资金占用周期两方面对经济效益有双重的相关性（图 2-39）。

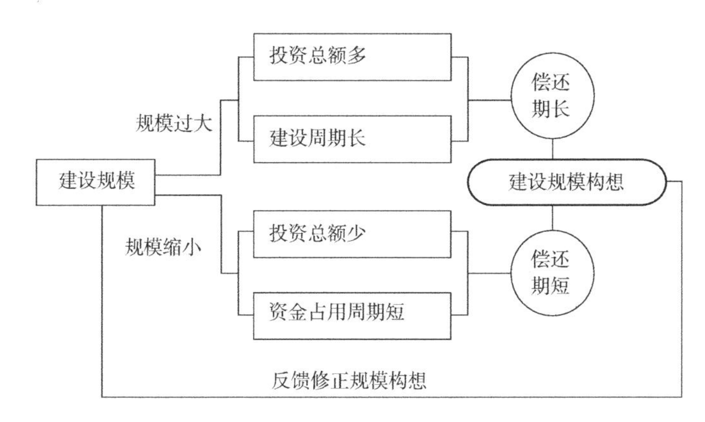

图 2-39　投资与规模的相关性

对项目规模进行经济预测和评价，通常要进行如下必要的程序：

（1）投资计划的明确；

（2）设定规模下的盈利参数；

（3）项目的盈亏计算表；

（4）经济评价分析。

为便于理解，我们以中美国际工程公司和清华大学建筑系于 1985 年对北京华侨国际大厦 ① 项目合作进行的经济测算为例进行论述说明。

北京华侨国际大厦是由一座 570 间客房的五星级酒店、300 套公寓的公寓楼、30000m^2 的写字楼和 15000m^2 的商业购物中心及文体娱乐服务设施组成的综合体。

① 北京华侨国际大厦是首都华侨服务公司委托中美国际工程公司（CAIEI）实行总承包，并邀请清华大学建筑系专家合作设计研究的项目。该项目于 1985 年 3 月完成项目实施初步设想和可行性研究。作者作为其中一员参与了其研究工作。该项目后因资金原因下马。

1. 大厦的投资计划

（1）总投资，包括拆迁费、平整场地和市政工程费、建筑施工费、设备家具装修费、不可预见费、通货膨胀费、技术服务费、组织管理设计费、应使用者要求的改动费以及开办费。

其中：不可预见费，考虑施工、清场、装修、设备的费用的可能变化而综合决定，约为5%。通货膨胀率，考虑在施工过程中国内的通胀率和国际市场通胀率，约为8%。投资中80%为贷款，年利率平均为12%，20%为自筹资金，须先期支出。

大厦的投资总金额共计189791（千美元），分项总投资见表2-6。

总投资计划 **表2-6**

项目	酒店570间	公寓300套	写字楼 $30000m^2$	购物娱乐 $15000m^2$	金额（千美元）
拆迁	5123	4947	3730	1920	15720
清场	1750	450	400	500	3100
建筑施工	37600	33251	20000	11320	102171
设备安装	11000	150	150	600	11900
不可预见	2460	1692	1020	620	5792
通货膨胀	3950	2720	1632	992	9294
技术服务	5300	3440	2204	1900	12844
组织管理	1000	400	250	380	2030
改动费	—	9	2640	4700	7340
开办费	2000	450	200	450	3100
合计	70183	47500	32226	23382	173291
贷款利息	6700	4500	3100	2200	16500
总计	76883	52000	35326	25582	189791

（2）自有资金和借贷的比例20 ： 80。自有资金先期支出。

（3）贷款是按混合借贷形式估算的，平均年利率为12%，15年还清。

（4）贷款将从中国国内和国外筹集，既可是买方信贷也可以商业贷款。

（5）税前收入列在收入预测表格中。

2. 设定规模下的盈利参数

按原计划项，目的可行性分析于1985年初开始，1989年实现全面开业，其盈利预测如下：

（1）酒店部分（表2-7）

这些盈利数据是在进行了市场调查，并与北京其他各大宾馆酒店进行比较分析以后得出的。其中客房租金和毛收入，考虑到高档酒店的运转费用较高，采取较低测算值，以提高酒店的竞争力。

酒店部分盈利预测 **表 2-7**

相关因素		经济参数
可租房间		546 套
1985 年平均租金		100 美元 / 客房・日
1989 年平均租金		134 美元 / 客房・日
通货膨胀率		5%(固定)
客房使用率	1989 年	65%
	1990 年	70%
	1991 年	75%
	1992 年	80%
	1993 年	80%
	1994 年	85% 从 1994 年起稳定在 85%
营业毛收入		37%(总毛收入)
餐饮百货毛收入		78%(总毛收入)
固定费用 (管理、税、折旧)		5%(总毛收入)

（2）公寓部分（表 2-8）

公寓部分盈利预测 **表 2-8**

相关因素	经济参数
1985 年平均租金	23.0 美元 /m^2・月
1989 年平均租金	26.9 美元 /m^2・月
小间 (47m^2) 租金	27.0 美元 /m^2・月
单间 (93m^2) 租金	25.0 美元 /m^2・月
双间 (130m^2) 租金	22.0 美元 /m^2・月
三间 (185m^2) 租金	19.0 美元 /m^2・月
平均金额	22.7 美元 /m^2・月
停车场 (1985 年 210 个车位) 租金	50.0 美元 / 车位・月
空闲面积率	5%(固定)
可出租净面积	35750m^2(300 套)
实际出租净面积	34913m^2
毛收入来源	出租面积和停车场
通货膨胀率	4%(每年)
日常经常支出	10%(毛收入)

注：① 全面开业的第一年为 1989 年；② 毛收入不包括工商税、房产税、土地使用税、保险费等。

（3）写字楼部分（表 2-9）

写字楼部分盈利预测 **表 2-9**

相关因素		经济参数
可出租净面积		26400m^2
停车场		250 个车位 (200 位可出租)
空闲面积率		10%(固定)
1985 年平均租金		37.66 美元 /m^2·月
1989 年平均租金		25.70 美元 /m^2·月
动力费用		由承租者负担
工商税（另测）		由承租者负担
停车场租金		50.0 美元 / 车位·月
毛收入来源		租费和出租停车场
通货膨胀率		4%(每年)
日常消耗费		10%(毛收入)
折旧年限	建筑	20 年（每年等量）
	设备	10 年（每年等量）
	装修、家具	7 年（每年等量）
	前期研究摊销	3 年（每年等量）
	开办费用摊销	3 年（每年等量）

注：①毛收入不包括工商税、房产税、土地使用税、保险费等；②减少可租率和调低租金主要是考虑到未来市场的竞争。

（4）购物娱乐中心（表 2-10）

购物娱乐中心盈利预测 **表 2-10**

相关因素		经济参数
可出租建筑面积		9750m^2
停车场		140 个车位（免费）
出租率	1989 年	70%
	1990 年	75%
	1991 年	85%
	1992 年	90%
	1993 年	95%
1989 年平均租金		36.50 美元 /m^2·月
日常经营支出		10%(毛收入)
商品工商税		由承租者负担
动力费用		由承租者负担

注：① 从 1993 年起出租率将稳定在 95%；② 最初几年有关租金的测算因缺少北京方面的数据，故算得较低；③ 毛收入不包括工商税、房产税、土地使用费和保险费。

3. 项目的盈亏计算

北京华侨国际大厦建筑群各部分的盈亏计算按 15 年损益分别进行，计算公式如下：

年营业额 = 平均租金 ×（1+ 通货膨胀率）×（客房数 / 出租面积 / 车位数）× 出租率 ×365

年总营业额 = 出租面积年营业额 + 其他部分收入
固定支出前毛利 = 总营业额 – 经常费支出
贷款利息 =（总贷款额 – 偿还贷款额）×12%
所得税前毛利 = 固定支出前毛利 – 固定支出费
纯利润 = 所得税前毛利 – 所得税
纯利润现金流 = 纯利润 – 自有资金偿还
偿还贷款前现金流 =（折旧费利用 + 开业费利用）+ 纯利润现金流
偿还贷款前现金流累计 = 本年偿还贷款前现金流 + 上年偿还贷款前现金流累计
净现金流 = 偿还贷款前的现金流 – 偿还贷款 – 维修保养预留费
净现金流累计 = 本年度净现金流 + 前一年净现金流累计

净现金流累计

净收入与总投资之比 = $\frac{净现金流累计}{总投资额}$%

总投资额

---

4. 经济评价分析

由盈亏计算表可知：

（1）大厦总体运营后，占总投资 20% 的自有资金于第一年（1989 年）开始到第十年（1998 年）的 10 年间还清。

（2）占总投资 80% 的贷款（当年付息，单息计算，12% 利息率）于第三年（1991 年）开始到第十二年（2000 年）的 10 年间还清。

（3）五星级豪华酒店理论盈利时间从第七年开始；公寓理论盈利时间从第一年开始；写字楼理论盈利时间从第一年开始；购物娱乐服务设施理论盈利时间从第十四年开始。

由此可见公寓部分和写字楼部分初期投资低于酒店部分，且都是在开业当年就获得净利润，贷款偿还能力远远高于酒店和购物娱乐服务部分，因此经济效益较高。酒店部分初期投资最高，从第七年开始获得净利润，投资效益较低。购物娱乐服务设施尽管初期投资最少，但从第十四年才开始净盈利，所以综合投资效益最低。

因此，理论上讲，公寓和写字楼所确定的规模和标准是可行的，而酒店则由于标准较高，初期投资较大，运营费用较高，所以应考虑适当压缩规模，调整客房的标准。购物娱乐服务部分投资为酒店的三分之一、为公寓部分的二分之一，由于投资效益过低，理论上应压缩规模，但考虑到建筑使用及与酒店、公寓、写字楼功能上的配套关系，规模压缩又不可过大，应以满足前三者的功能要求为前提。

实际上，酒店和购物娱乐服务设施在初期的经济效益的低下是由写字楼和公寓共同负担的。总体来看，全大厦净盈利实际是从第七年开始，而偿还贷款则须到第十二年全部完成，这还只是个理论的推测，因此，大厦在规模上有压缩的必要性。减少一次性投资贷款，维持投资效益高的写字楼和公寓，缩小酒店的规模，适当减少购物娱乐设施的规模，以此提高整个大厦的经济效益和投资效益。

当然，如果在资金筹划上加大自筹资金的比例，在设计和施工组织上计划得更加周密，那么贷款偿还周期也会得到缩短，大厦的经济活力会更大。这个例子说明了经济预测和评价对规模设定、构想及反馈修正的作用。这种经济预测和评价方法主要是验证建筑规模在既定的投资情况、贷款偿还协议及贷款现状下的可行性。当然，除了调整规模之外，改善贷款方式、改变投资渠道也是提高经济效益的有效办法。但建设规模却是影响建筑活动及今后市场经营效益的重要因素，所以，对于生产性和商业性的建筑，其规模的设定一定要经过经济的预测和评价，不断地反馈修正，才能保证建设规模的恰当。当我们设定了一个建设项目的规模并根据掌握的外部、内部条件完成了空间构想，而且对规模和构想进行了科学而严密的预测和评价，最终得到修正和肯定之后，我们就要以这些软构想为前提，进一步对软构想进行技术化和物质化的处理，亦即进行空间的技术构想。这就是我们下一节要讨论的内容。

2.1.7 技术构想

技术构想又称为技术策划，是以空间构想为前提条件，研究构想空间中的结构选型、构造、环境装置以及材料等技术条件和因素的过程，涉及空间中的结构构造、设备材料等技术及硬件装备。

下面我们就技术构想的各个环节进行论述。

1. 结构选型、构造的构想

结构选型与构造的构想是研究与构想空间相关联的最普遍的结构方式，以及特殊场合的结构选型和结构的开发条件。其构想多是对如何利用和组合已知的结构形式以及根据空间软构想对结构技术条件进行认识的过程。

首先，由于已经进行了空间构想，即完成了平面的构想，A、B、C 空间的划分，各空间的边界线、交点等已经构想完毕，因而结构支点、位置等的构想就已水到渠成，结构的柱网、平面构图的对称均衡性、连续性等就很容易被确定下来。通常结构构想是由软构想的要求（制约条件）出发，通过结构的构成法则，经过变换、筛选，最后确定出构想方案（图 2-40）。

结构的构成通常有木构、混凝土、钢、钢筋混凝土和混合结构五大类。

诞生结构方式的空间多种多样，如房间、通路、开敞空间等，其结构方式和种类也各不相同。不同性质的空间选择相对应的结构方式，并且满足该空间的生活使用需要是结构选型的关键。如供体育比赛及表演的体育馆，文艺及音乐会表演的剧场、音乐厅，大型集体活动的会场，候机大厅等大跨度空间，其结构形式以无柱大跨度结构为宜。又如在抗震设防地区，高层或超高层建筑多选用钢结构或钢筋混凝土结构以增大其整体刚度。这些相关的构想方法的掌握属丁建筑师的基本职能，他们应在一丌始的空间构想、确定空间平面和立面的形式时就一并确定出来。因为在空间构想中，对空间内活动的研究应该明确其活动的特征是什么，对应的结构形式又是什么，如前面谈到的体育馆的表演场地中不能有柱子和剪力墙，贵宾休息厅及会议厅内也最好没有柱子等。这又引出了空间构想中的一个问题，那就是建筑师对空间中各种活动和使用特性的把握问题：何种空间形式对应何种活动及活动主体对空间形式的要求。

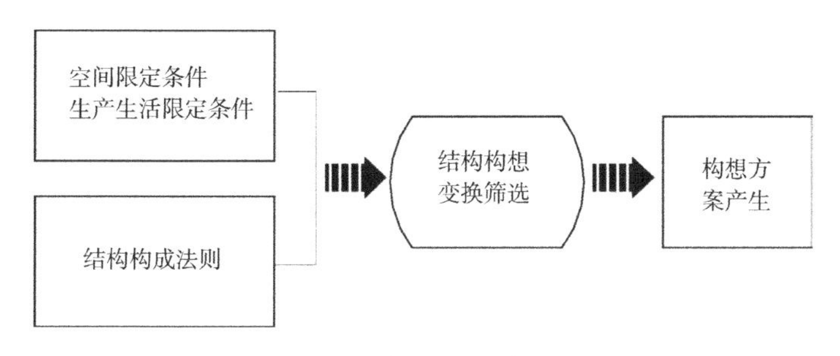

图 2-40　结构构想的程序框图

尽管我们把技术构想中的结构研究放在这里进行论述，但事实上它是与空间软构想一并开始的，而且不应游离于空间形式的构想之外而单独进行。

2. 环境装置的构想

建筑空间一经构想完成，其屋顶顶棚、地面、四壁及门窗等建筑元素就构成了一个立体形态的建筑空间环境。房间的形态、开口部位的采光条件、墙壁的围合方式及保温隔热等特性的控制就是对建筑环境、装置的构想。其中保证建筑空间在经济可行的前提下保持良好的环境特性是环境装置构想的目的。

环境是指空间的热、光、声等物质和文化环境，它是由空间本身的建筑元素和设备与空间外部的各种刺激达成动态平衡的一种物质形态。它包括自然因素如雨、风、雪、露、尘、阳光、声等的影响，也包括人文的因素如装修、小品、雕塑、装饰壁画、陈设等的影响（图 2-41、图 2-42）。

空间中用以达成内外环境动态平衡的设备就是我们所说的环境装置。它不仅包括我们所熟悉的换气扇、保温隔热层、冷暖气空调、电气电信设备、上下水设备、卫生设备、消防防灾设备，还包括空间环境中的标语牌、指示牌、固定家具等。建筑空间的质量、品质以及实用性的高低就在于对其环境装置的全面而巧妙的构想设计。

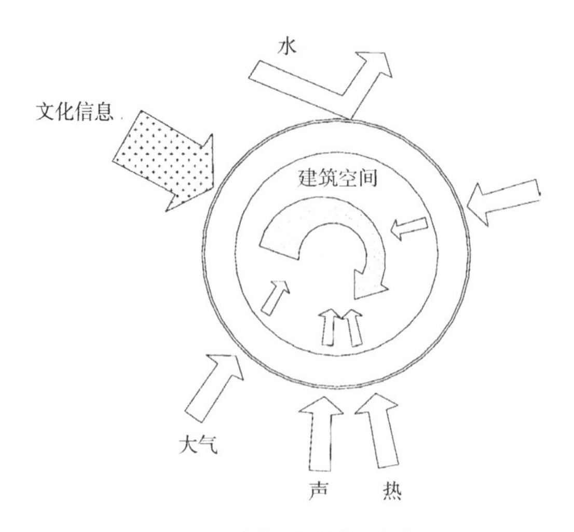

图 2-41　建筑空间的外界刺激

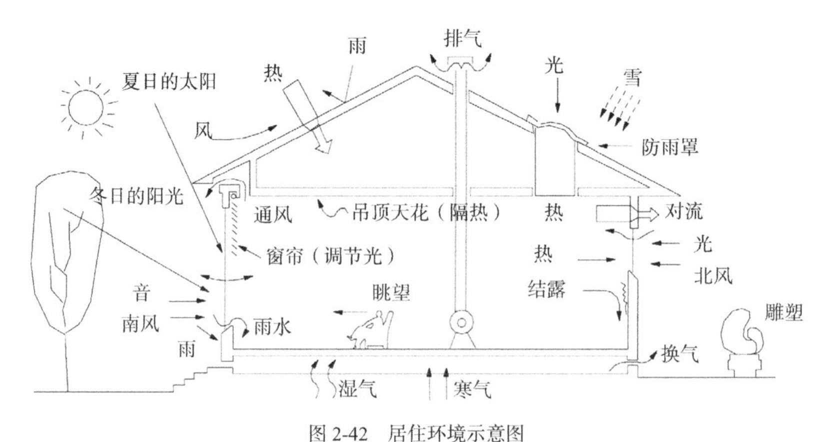

图 2-42　居住环境示意图
（资料来源：[日] 原广司等 . 新建筑学大系（23 建筑计画）[M]. 东京：彰国社刊，1981.）

现代社会的建筑环境在满足使用的前提下，更强调舒适和其精神作用，即强调环境的气氛和情调。越来越强调人文环境因素、要求越来越高正是现代建筑环境的一大特征。在空间满足了人类使用的声、光、热等基本物理要求之外，要更高一层地满足人类使用的心理和精神要求，这也是现代建筑策划中的一个重要任务。强调人文环境的质量应成为建筑师创造环境时不可忽略的部分。

人文环境的气氛因素是与建筑空间的内在使用及功能要求紧紧地联系在一起的。不同使用目的的建筑空间，要求有不同的环境气氛，甚至不同使用对象也要求有不同的环境气氛。如政府办公会议空间，应表现出庄重、权威、宏伟等气氛；而舞厅、酒吧则以轻松、热烈、欢快为主要基调。老年人活动空间宜恬静、优雅、质朴、静穆；而少年儿童活动空间则宜明亮、鲜艳、丰富、变化。这种对环境气氛的构想是环境构想的准备，它与建筑设计阶段的环境设计的目标相同，但范围和深度略有差异，它具有设计指导的意义。

建筑策划阶段的环境构想，是对空间环境进行指导性的研究，它不涉及环境细部的处理问题，只强调环境的构想对空间的使用、气氛的形成、空间感观的改变的作用。因此，对于建筑策划既定的建设目标，必将对应有空间构想和环境装置的构想，以确定出项目目标在下一步设计阶段中的空间内容、形式、动线网络以及环境气氛特征和固定装置。正因为环境和装置的构想在设计前期即建筑策划中进行，所以这一研究工作可以较宏观地在研究空间内容及构成的同时与外部和内部环境一同发生关系。这样能更准确地把握建筑空间的环境和装置的构想，以使下一步设计工作不致偏离方向。

随着社会生活质量的不断提高，环境和装置的研究将变得越来越重要。照明设备、高龄者使用的电梯、残疾人使用的辅助设备、高密度城市空间的防灾诱导疏散系统等，多种高技术装置的开发都是建筑策划中环境和装置构想的研究对象（图 2-43）。

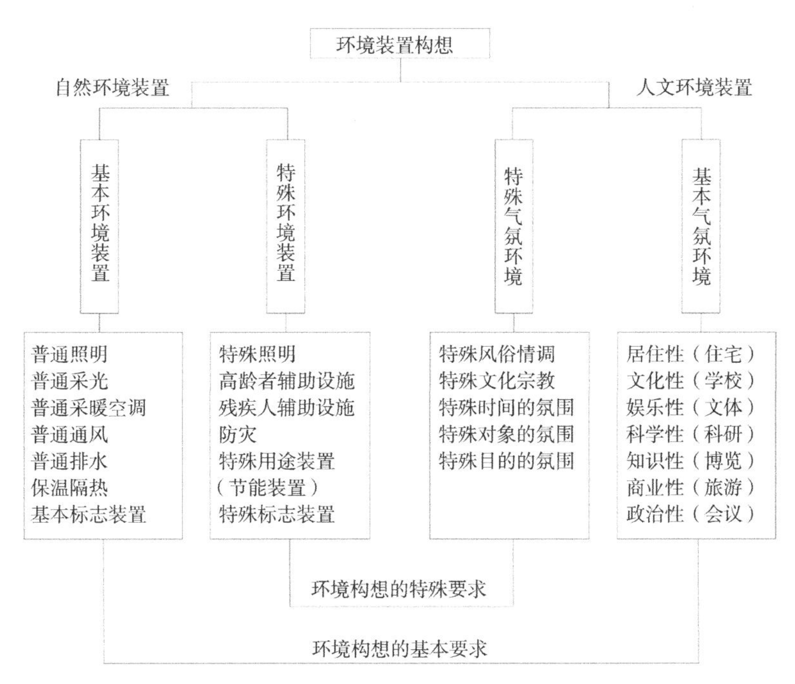

图 2-43　环境构想的范围及涉及内容

从图 2-43 中可以看出，建筑环境和装置的构想可分为基本环境装置构想和特殊环境装置构想，对它们的区分和构想是决定下一步建筑设计的关键。特别是其中特殊要求的环境装置构想，如节能建筑（被动式和主动式太阳能建筑）的环境和装置构想是进行空间构想和设计的必要条件。因为其功能和使用要求的特殊性就决定了其环境和装置的首要性。

环境和装置的构想，通常并不是和空间的构想前后进行的，大多是同时加以考虑研究的。这是由空间形态和环境装置的密切相关性所决定的。所以建筑师在进行建筑策划时应当对这一点予以重视。

3. 材料的构想

区别于建筑设计阶段的材料的选定工作，建筑策划阶段对材料的构想是指关系和影响到空间构想和环境装置构想，并通过材料的选定来实现上述空间环境的基本和特殊要求，及创造环境气氛的研究工作。根据空间的构想是半开敞或开敞的形式，选择墙壁、地面、顶棚的装修材料；根据空间开口部位的性能选择材料，解决采光、隔声、保温、隔热等要求。另外，通过选用材料来创造空间环境的气氛，结合环境装置的构想，满足建筑环境的物质与精神要求。

此外，材料的选择还需考虑到施工的简洁方便和经济效益等，是一个由多项因素决定的工作（图 2-44）。

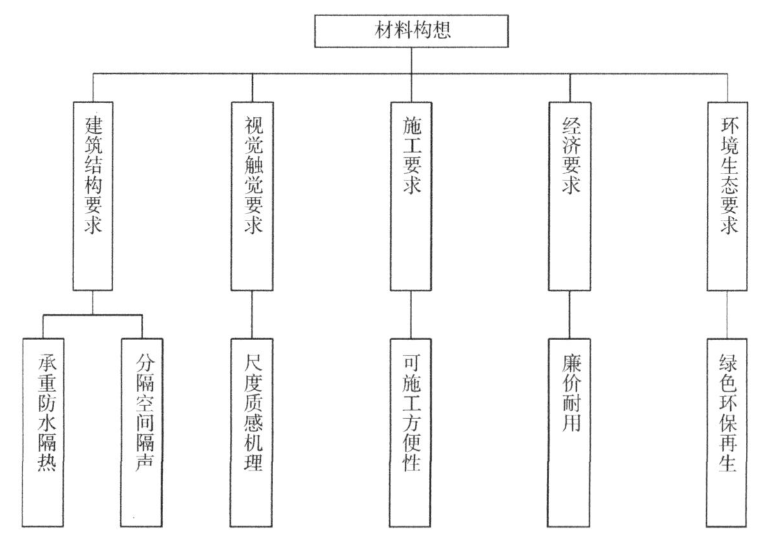

图 2-44　材料构想的相关关系

材料的构想在策划阶段不是最终的和决定性的，它只是为配合空间和环境的构想而进行的辅助和说明性的工作。它的结论首先是完善空间和环境的构想，其次是为下一步设计阶段材料的选择制定大方向（图 2-45）。这个阶段的材料构想只考虑其使用目的、使用位置和施工、经济等因素，而对其色彩、肌理、质感等视觉细部上的要求只能在设计阶段进行深入的研究。

至此，建筑策划的各部分构想全部完成。由外部、内部条件的调查分析开始到预测评价反馈修正，已经形成了一套逻辑完整的程序，其结论既是对总体规划立项的解析和反馈修正，又是对建筑设计的指导和参考。为了得出一个完整清楚的结论，我们在这里将各个环节的结论归纳起来。

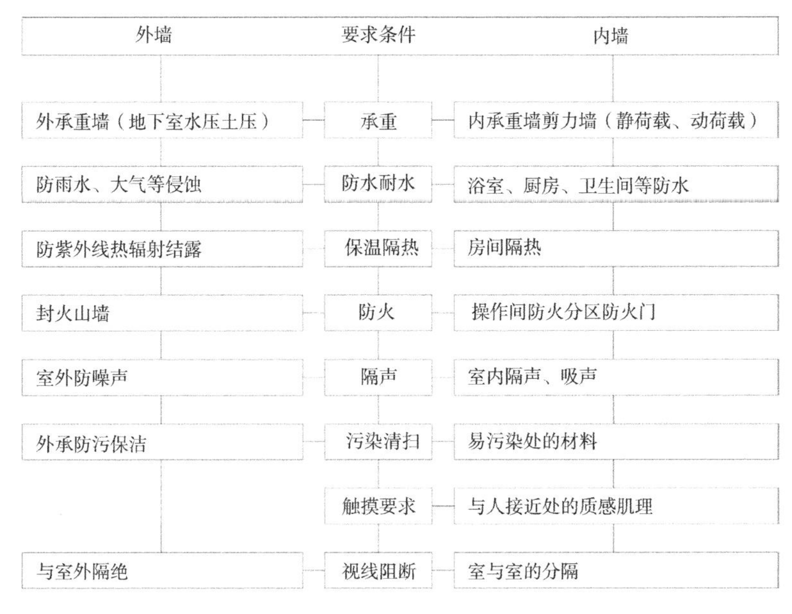

图 2-45　一般墙壁的要求

2.1.8　结论的归纳及报告拟定

建筑策划各环节的结论可以归纳为两种形式，一是模式框图，二是文字表格（图 2-46）。

图 2-46　建筑策划结论报告的组成

框图部分，用来归纳和说明项目外部条件如经济、人口、地理、环境等以及部条件如空间功能、设备系统、使用方式和预测、评价等。将上述研究结果以框图表示，可以提高其逻辑性，有利于电脑进行多因子变量分析和数理统计的演绎，也便于与城市总体规划的准则和结论相比较。文字表格部分用来归纳和说明项目规模、性质、用途、房间内容、面积分配、造价、建设周期、结构选型、材料构想等。

也就是说，建筑策划的结论是由框图和文字表格两部分组成的。各部分的内容如图 2-46 所示，形成了一个完整、科学、逻辑、开放的体系。围绕建筑创作活动的各个因素都体现在框图或是表格中。换句话说，各种因素的影响都可以从框图和表格中寻出其机制和相关关系，同时得出相应的要求。文字表格部分可作为建筑师按照以往的习惯进行下一步设计的依据。

这一由框图和表格文字组成的建筑策划的结论报告，正是建筑设计的科学的依据。由于它自上而下、由外向内地系统分析和把握了建筑创作的相关因素，继而又由内向外、自下而上地进行预测、评价、反馈修正，同时还运用了近代数学和电子计算机技术手段，使得研究全面、细致且论证、定量分析与评价也具有一定的精确度。这就使建筑设计可以完全摆脱以往那种建筑师只按照以业主个人或个别专家的意志拟就的设计任务书，埋头设计的被动局面，使建筑创作的科学性和逻辑性大大提高。它的意义还不仅在于此，由于运用了近代数理原理和方法，运用了计算机等近代手段，使建筑创作增添了新的活力，增加了现代化的内容，使建筑设计的理论有了重大发展，并因之提出了许多相关的新课题，使建筑创作的理论和实践变得更加活跃。

2.1.9 建筑设计任务书的生成模板

《建筑学名词》对“设计任务书”(design assignment statement)定义是“关于工程项目设计要求的综合性文件。是工程设计的主要依据。”[①] 作为设计任务书制定的依据，建筑策划文件的基本内容包括而不限于以上内容。如果说设计任务书是规定了设计的基本动作。策划报告可以相当于自选动作，可作为设计任务书的完善和补充，作为附件与设计任务书一并提交。策划内容可以是对人口构成模式、使用模式、空间功能组合模式、设备系统模式、结构选型和材料选择的分析，及对预测评价的图示等等。这里我们提出一个设计任务书的基础模板（图 2-47），建筑工程项目的设计任务书可以根据工程项目的实际情况进行增减。

① 全国科学技术名词审定委员会 . 建筑学名词 [M]. 北京：科学出版社，2014：132.

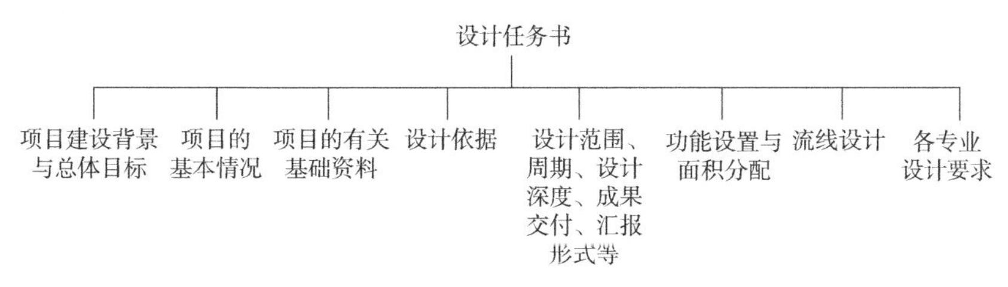

图 2-47　设计任务书的基础模板

一个建筑工程项目的设计任务书基本内容应包括以下几个方面：

（1）项目建设的背景与总体目标。

（2）项目的基本情况：工程名称、类型、性质（新建 / 改建 / 扩建）、投资单位、建设单位、建设地点、用地规模、建设规模、投资规模、资金来源等；

（3）项目的有关基础资料：可供参考的工程地质、水文地质、工程测量等建设场地勘察成果报告；供水、供电、供气、供热、电力、电讯、环保、市政道路等方面的基础资料等。

（4）设计依据：包括国家及地方现行相关法律、法规、规章、规范及工程建设强制性条件；城市规划管理部门确定的总体规划控制条件和用地红线图，规划管理部门审批通过对控制性详细规划或修建性详细规划；相关行政及行业主管部门的批复文件，会议纪要及公函等；带红线坐标的地籍图及设计条件的土地出让合同（或划拨土地的选址意见书）；按有关要求前置的人防、消防、交通、园林、市政等主管部门对本项目的意见；其他控制性要求。

（5）设计范围、周期、设计深度、成果交付、汇报形式等：

设计范围：界定是工程设计的哪一个阶段，如是否包含方案设计、初步设计、施工图设计等。如果是设计总包，还需要界定设计总包中包含的专项设计的范围。

设计周期：根据不同的设计范围，规定设计成果提交的时候。

设计深度：规定应满足《工程设计深度规定》（2016 年版）要求，还有建设单位可能的其他深度要求。

成果交付：规定成果交付的具体形式，如图纸、说明、文本、计算书、模型、展板、动画、多媒体等等。

汇报形式：规定用何种形式进行设计汇报、汇报次数、汇报方式等。

（6）功能设置与面积分配

各个功能部分的设置及面积分配是空间设计最基本的依据之一，如有特殊要求在其他中予以说明。表 2-11 是最常见的功能设置与面积分配形式。不同项目的其他要求的内容往往不尽相同，可以是从工艺或规程上需要考虑的要点（表 2-12），可以是与运营密切相关的技术参数（表 2-13），还可以是建筑内部空间的具体布置要求（表 2-14），需要根据项目类型特点进行编制。

某教学科研楼建筑功能设置与面积分配表　　表 2-11

序号	功能名称	建筑面积（m^2）	使用面积（m^2）	其他
1	教室	3362	2185	
1.1	一合班		1275	17 个，每间面积 75m^2
1.2	二合班		630	6 个，每间面积 105 m^2
1.3	绘图教室		280	2 个，每间面积 140 m^2
2	行政用房	646	420	
2.1	主任及系办公室		70	2 个，每间面积 35 m^2
2.2	学籍档案室		70	2 个，每间面积 35 m^2
2.3	党团办公室		70	2 个，每间面积 35 m^2
2.4	会议会客室		70	2 个，每间面积 35 m^2
2.5	教研活动室		140	2 个，每间面积 70 m^2
3	实验室	3892	2530	
3.1	模型室		250	1 个
3.2	供应室、休息室		105	各 1 个
3.3	教授工作室		350	5 个，每间面积 70 m^2
3.4	教师研究空间		525	15 个，每间面积 35 m^2
3.5	资料室		500	1 个
3.6	展览空间		800	若干
4	特殊空间	2015	1310	
4.1	专属纪念空间		300	1 个
4.2	多功能厅		230	1 个
4.3	报告厅		230	1 个
4.4	卫生间及附属用房		550	若干
总计		9915	6445	

某医学院实验楼功能设置与面积分配表

表 2-12

	面积（m^2）	实验室名称	实验性质（项目类型）	使用人数（人）	是否需要排风（若需要应注明通风柜数量、排风量 m^3/h）	排放气体（注明腐蚀性/毒性，尤其 HCl、H_2S）	是否需要在首层或顶层	特殊器械要求	备注
中药临床系	500	硕士研究室、博士研究室、重点学科实验室	中药提取、化学实验	40	全面通风，每间实验室设通风柜	有机试剂	否	人工气候箱，用电量 24kW，重量 230kg，高度 1.8m	
中药资源系	300	硕士研究室、博士研究室、工程中心	植物培养、中药提取、化学实验等	25	全面通风，每间实验室设通风柜	有机试剂	否	人工气候室，常规 220V 电源同时，需配有 380V 动力电源，对于层高按常规即可	
中药鉴定系	700	硕士研究室、博士研究室、重点学科实验室、三级实验室	中药提取、化学实验	65	全面通风，每间实验室设通风柜	有机试剂	否	超低温冰箱	
中药分析系	500	硕士研究室、博士研究室、重点学科实验室、三级实验室	药物分析实验、化学实验	45	全面通风，每间实验室设通风柜	有机试剂	否	无	
生物制药系	800	硕士研究室、博士研究室、生科基地	无菌培养、细胞培养、生化实验	90	全面通风，换气次数 15 次/h；每间实验室设局部通风柜：1.5m 通风柜 1000 ~ 1400m^3/h	无	无特殊要求	1. 超速离心机，用电量 6.6kW，重量 500kg，因重量较重请尽量安排 1 层； 2. 通风柜，重量 300kg，高度 3 m； 3. 低温冰箱，用电量 2.3kW，重量 286kg，高度 2.2m； 4. 恒温振荡器（摇床）：保证插座在墙面，接线板电压不稳，且需要将此仪器安排在恒温恒湿实验室，条件见 5； 5. 恒温恒湿实验室：±2℃的恒温室，换气次数约 10 ~ 15 次/h； 6. 发酵罐：用电量 12kW	
中药炮制系	100	硕士研究室	中药饮片不同炮制品种提取、化学实验	15	全面通风（最好可调控），每间实验室设通风柜需要多通路、独立控制的通风管道	有机试剂	二层及以上		1. 上水应有纯净水管道； 2. 下水管道应能耐酸碱和热水

	面积（m^2）	实验室名称	实验性质（项目类型）	使用人数（人）	是否需要排风（若需要应注明通风柜数量、排风量 m^3/h）	排放气体（注明腐蚀性/毒性，尤其 HCl、H_2S）	是否需要在首层或顶层	特殊器械要求	备注
中药化学系	1800	硕士研究室、博士研究室、重点学科实验室；创新团队实验室、三级实验室	中药提取、化学实验	150	1. 通风及空调系统应能够保证化学实验室内气流（设全面通风的同时，每间实验室设局部通风柜）、噪声等要求； 2. 通风系统（包括排风与补风）需采用变风量技术，通过对排风量和补风量的自动调节使实验室内部处于微负压； 3. 相关风管材质应能长期耐受排放气体的侵蚀； 4. 送排风系统响应时间小于等于1s控制效果；排风柜的操作面开启区域，平均面风速不低于 $0.5m^3/min$，且具备应急加量设施；以烟雾实验过程中，开启排风柜调节门时，没有烟雾泄漏为评价依据； 5. 具备排风系统应具有可伸缩的抽风罩	有机试剂、有毒、腐蚀性气体	三层	30L 级旋转蒸发仪、烘箱、真空干燥箱、真空冻干机、制冰机，等，用电量 6 kW，重量 300 kg，高度 2.5 m，因高度较高和重量较重请尽量安排三层	
		质量控制工程中心							
		中药经典名方有效物质发现重点实验室							
中药药理系	500	硕士研究室、博士研究室、重点学科实验室、三级实验室	药理学动物实验	40	全面通风，每间实验室设局部通风柜	无	无特殊要求	特殊仪器设备包括：低温箱用电量 1200 kW，重量 301 kg，高度 2 m； 人工气候箱，用电量 2000 W，重量 300 kg，高度 1.8 m，应放在动物房； 高速离心机，重量 260kg，额定电压 220V，额定电流 30A； 冰冻切片机，用电量 2000 W，重量 250 kg； 鼓风干燥箱，用电量 3000 W，额定电流 9A； 高压消毒锅，用电量 3500（细胞室）W； 空调：用电量 3000 W，额定电流 15A。教学、科研实验室均配备	3 间实验室不要窗户（两间动物行为实验室，一间细胞室（里外套间，外间带上下水）。3 间 $50m^2$ 以上的综合实验室。1 间公共仪器室（冰箱、离心机、分光光度计等），1 间精密仪器室，3 间功能实验室
		动物室，$300m^2$，为满足教学、科研实验需要，需 4 间动物室（$50m^2$ 以上，大动物 1 间，兔 1 间，小动物 2 间），配备中央空调，保证温湿度，并全面通风。配备清洗间（大口径上下水）、储物间 2 间（储存饲料、垫料、备用笼具）、污物间（放存动物尸体的冰柜和粪便污物）、更衣间。各屋配地漏，各房间无死角（防止动物逃逸）							

续表

	面积（m^2）	实验室名称	实验性质（项目类型）	使用人数（人）	是否需要排风（若需要应注明通风柜数量、排风量 m^3/h）	排放气体（注明腐蚀性/毒性，尤其 HCl、H_2S）	是否需要在首层或顶层	特殊器械要求	备注
中药制药系	1400	硕士研究室、博士研究室、创新团队研究室、三级实验室	中药提取、化学实验	140	全面通风，每间实验室设局部通风柜，12～16 次每小时风量 $1600m^3$ 整体通风橱	有机试剂	无特殊要求	液相室每台仪器上有单独通风口	
基础教学部	100	硕士研究室	化学实验、物理及物化实验	10	化学实验：在全面通风的同时，每间实验室设局部通风柜。其风速 >0.4m/s 或通风量 >3000m^3/h。通风柜应防腐，内部设有电源插座、上下水、小水池及用于安装仪器的铁架子（其铁棍的直径 10mm）；物理实验：全面通风	化学实验：有毒有害及有腐蚀性的气体 物理实验：无	考虑顶层	应备有 380 V 电源。另因使用烘箱、油泵等耗电量较大的仪器，电源插座的电流应 >10A	
科技发展部	500	硕士研究室、博士研究室 制药工程中心	中药提取、化学、制剂成型实验	40	全面通风及通风柜	有机试剂及少量腐蚀性气体	首层	部分大型设备	
中药信息工程研究室	200	中医药管理局重点学科、重点研究室	信息科学研究	20	全面通风		二层及以上		

某展览中心展厅功能设置与面积分配表　　表 2-13

	面积	其他						
		高度	柱跨	展位数量	货门	荷载	展沟尺寸	吊点
大型展厅	25107m^2	最低点 18.35m；最高点 21.5m	东西跨度 144m，南北跨度 105m	不少于 828	4 个 5.5m × 5.0m，4 个 4.0m × 5.0m	金刚砂地面，50kN/m^2	主展沟：1.8m × 2.0m；次展沟：1.0m × 1.0m	6m × 6m 或 6m × 9m 一个，200kg
标准展厅	11036m^2	最低点 12.85m；最高点 18.0m	东西跨度 72m，南北跨度 110.45m	不少于 428	6 个高 5.5m × 5.0m	细石钢纤混凝土面层，30kN/m^2	主展沟：1.8m × 2.0m；次展沟：1.0m × 1.0m	6m × 6m 或 6m × 9m 一个，200kg

某文化设施文物展陈　　表 2-14

文物	尺寸规格	面积	温度（℃）	湿度（%）
黄花梨五屏风式凤纹镜台	高 77cm，宽 49.5cm，纵 35cm	7m^2	20	50~60
黄花梨月洞门架子床	高 227cm，宽 247.5cm，纵 187.5cm	19m^2	20	50~60
黑漆嵌螺钿花蝶纹架子床	高 212cm，宽 207cm，纵 112cm	19m^2	20	50~60
黄花梨卷草纹藤心罗汉床	高 88cm，宽 218cm，纵 100cm	9.5m^2	20	50~60
陶酱黄釉牛车	高 41.5cm，长 53cm	4.5m^2	20	40~50
三彩湖人骑驼俑	高 74cm，长 55cm	4.5m^2	20	40~50
顺治帝锁子锦盔甲	上衣长 73cm，下裳长 71cm，盔高 32cm，直径 22cm	14m^2	20	0~40
邬扎亚那手持金刚菩萨唐卡	通长 127cm，宽 76cm，画心纵 66cm，横 44cm	5m^2	20	50~60
玉牒	长 90m^2，宽 50m^2 左右，厚 50 ~ 80m^2	3m^2	20	50~60
金沙江图	全长达 76m	300m^2	20	50~60
大明混一图	高 453cm 宽 347cm	50m^2	20	50~60
龙柜	柜高 2.55m，宽 1.2m	6m^2	20	50~60
历史黑白照片	各边不大于 21cm	3m^2	15	40~50

（7）流线的设计要求：对于不同的人行流线和交通工具流线提出具体要求，如以某医院总图布置为例（表 2-15）。

某医院流线设计要求　　表 2-15

	要求
医院总体布局	场地功能分区应合理，交通便捷，管理方便。洁污分开，线路清楚，避免或减少交叉干扰； 医院的出入口不应少于两处，人员出入口和尸体和废物出入口应分开。最好为 3 处，将供应出入口和废弃物出入口分开
医疗、医技区、门诊部、急诊部	门诊、急诊部应面对城市主要交通干道且位于大门入口处。门诊部、急诊部入口附近应有足够的车辆停放场地或地下停车场； 医疗、医技区应位于场地的中心位置，医技科室宜采用近端布局方式，各科室自成一区。直接为患者服务的部门考虑医患分区、分流设计
感染疾病门诊	单独设置出入口，以避免交叉感染
儿科出入口	门诊部有条件时优先考虑设置
妇产科出入口	门诊部有条件时优先考虑设置
行政办公及服务建筑	行政办公及服务建筑与医疗区保持一定的距离，线路互不交叉干扰，同时又便于为医疗、医技区服务
住院部	出入院处一般应位于住院部的首层，应具备良好的室外交通条件，便于患者快捷到达与离院。出入院处与护理单元应设有直接便捷的交通联系，且要有较宽裕的空间便于陪同人员接送患者，并提供必要的等候、休息空间与书写条件。应具备良好的通风采光条件
职工住宅	职工住宅不得建在医院场地内，如用地毗邻时，必须分隔并另设出入口

（8）各专业设计的要求：包括但不限于建筑、结构、给排水、电气、暖通、经济等专业（根据设计总包的范围还可以包括对幕墙、绿色、智能化二次深化、室内、泛光照明、厨房、燃气、市政外网、环境景观、交通、建筑信息模型、基坑支护、人防工程、消防性能化等专项设计要求）。

2.2 后评估的内容与步骤

2.2.1 后评估的类型与内容

基于评估的时间、资源、特性、深度和广度等方面，与建筑使用评估的短期、中期和长期价值相对应的是三种不同类型的使用后评估：描述式使用后评估、调查式使用后评估和诊断式使用后评估。由于目标的不同，其操作过程和周期也不相同。[1]

描述式使用后评估用于快速反映建筑的得失，为使用单位和组织提供

① PREISER W.F.E., RABINOWITZ H.Z., and WHITE E.T. Post-Occupancy Evaluation [M]. London: Routledge, 2015.

及时改进的依据，主要目的是揭示建筑设施存在的主要问题，是一个短期的评价行动；调查式使用后评估的目标是为建筑性能方面更细节的问题提供深入调查，为建筑师、业主和相关组织提供更加具体和详细的改进建议，它所研究问题的范围较广、内容较深，是在得知建筑设施的主要问题后对细节问题的进一步研究，是一个中期的评价行动；诊断式使用后评估是对建筑性能提供全面综合的评价，它不仅为建筑师、业主和相关机构提供改进建筑设施的建议，而且为改进现存的建筑标准提供数据和理论支持。它研究问题的范围更广，并提供建筑规划、策划、设计、建造和使用指南，是一个长期的评价行动，花费也最大，往往需要通过政府机构进行组织。

这三种评估系统不是逐一进行，而是针对不同的需求水平而各自独立进行。比如调查式使用后评估的评估内容和方法不包括描述式评估在内。下文就三种类型的使用后评估逐一进行介绍。

1. 描述式使用后评估

描述式使用后评估正如它的名字所代表的那样，它主要是对所评估的建筑物的性能的优劣的陈述，这种类型的评估方式通常需要的时间很短，一般是 2、3 个小时到一两天，当然，前提是评估系统对于建筑物的性能和其建造过程方式，以及所要评估的方面比较熟悉。一般来说，描述式使用后评估中有四种基本的数据收集方法：

（1）档案和文件记录的评估。在评估的过程中，应该尽可能地收集分析建筑物的施工图纸，此外，最好还需要空间利用时间表、安全记录和事故记录以及其他任何相关的历史建筑图纸如设计图、现状图、修缮记录等。

（2）有关建筑性能问题的问卷。在参观实际建筑之前，评估机构向建筑管理机构提交一个关于建筑性能各方面评估的问卷，通常这些设备管理者和建设方都是空间设计和建筑性能的操作者，他们的回答也能够反馈建筑性能的一定的问题。问卷一般会包括从技术到环境等方面的问题，此外，还有包括功能构成，行为模式，心理感受等对建筑性能主观臆想的评估。通过问卷调查不仅仅是为了发现建筑性能中存在的问题，同时也能够了解建筑建设过程以及投入使用后的满意之处并吸取它们的成功的经验。

（3）观察式评估。在完成管理部门对关于建筑性能的问卷调查反馈之后，下一步要进行的则是观察式评估，即评估者需要通过直接的观察建筑物，或者至少通过照片来评价建筑物的性能中一些不易发现却是十分重要的信息。通常要完成对一个建筑物的全面的观察式评估大概需要几个小时的时间。

（4）深度访问。通过对建筑负责的相关人员的访问，以及听取客户代表的汇报，是对实地调查的一个总结。随后，评估者向建筑设备管理者和建设方，以及用户提交一份关于建筑优劣性能评估的总结，作为证明和今后的反馈参考。

2. 调查式使用后评估

当描述式使用后评估确定出建筑的物理性能或者使用者反馈的某一部

分需要进行深一步地调查时，通常需要进行调查式使用后评估。相比起描述式使用后评估，调查式使用后评估需要更多的时间和更多的资料。前者结果强调的是对主要问题的鉴定，而调查式使用后评估则是在更广范围的建筑性能方面给出了更深层次并且更加可信赖的分析和评价。

调查式使用后评估花更多的时间在实态调查上，而且所搜集的数据资料更加丰富复杂,应用的分析技术手段也更加先进。在描述式使用后评估中，评判建筑性能好坏的标准有相当大的一部分是基于评估者或者评估机构自身的经验，但是在调查式使用后评估中，评估机构进行评判性能的标准更多是基于客观而且明晰的相关规范准则。在进行评估实地工作之前，评估机构需要明确所要评估的建筑的性能标准和内容（比如物理性能方面的声学、能源、安全性能、照明、环境心理方面的意向、感观、环境感知、行为模式等等）。这种评判性能的标准的建立通常需要至少两种方法：一种是对当前建筑类型的相关理论文献的阅读了解和评价，另一种是同当前相似类型的建筑设备性能的评估。通常来说，进行调查式评估需要的时间约为三到四周的时间，此外还需要考虑额外的留给团队筹备评估准备工作的时间。

3. 诊断式使用后评估

诊断式使用后评估是三种评估类型中最为综合、复杂、深入的调查评估，由此产生的意义也是最深远的。通常来说，诊断式使用后评估的策略是由多种方法组成的，其中包括了问卷调查、民意调查、深度访谈、介入式观察、物理性能测量、大数据分析等等。这些不同的方法分别适用于对不同建筑性能方面的衡量上。诊断式使用后评估的作用和意义不仅是为了提高某个建筑的性能，而是为了长期的某种建筑类型的规范和标准的需要，所以它需要的时间也最长，大概为几个月到一年的时间来完成完整的评估鉴定，它的操作方法和传统的科学案例研究的方法十分类似。

一般来说，诊断式使用后评估的对象都是大尺度的公共建筑工程项目，它包括了很多复杂可变的部分在内，而诊断式使用后评估的目的之一，便是了解并分析不同复杂可变的部分之间的关联和联系。因此，诊断式使用后评估在搜集数据资料和分析技术等方面采用的方法都比描述式使用后评估和调查式使用后评估更加先进和复杂。

2.2.2 后评估的操作流程

使用后评估是一个具体的多步骤的操作过程，目前已发展出高度实用的具有可操作性的步骤流程（图 2-48）。具体可分为计划阶段—实施阶段—应用阶段三个环节。[①] 其中，计划阶段的主要任务是为使用后评估的启动

① PREISER W.F.E., RABINOWITZ H.Z., and WHITE E.T. Post-Occupancy Evaluation [M]. Van Nostrand Reinhold Company, 1988.

和组织提供指导（表2-16）；实施阶段的任务是收集数据并展开分析（表2-17）；应用阶段负责发现问题、判识结论、提出建议并最终回顾所采取的行动（表2-18）。

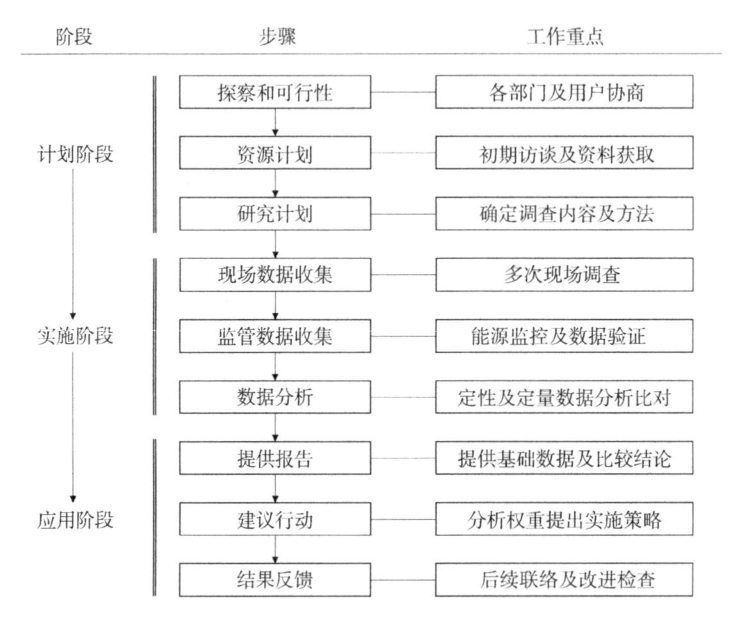

图2-48　使用后评估的步骤及工作重点

使用后评估的计划阶段　　表2-16

	步骤一：探察和可行性	步骤二：资源计划	步骤三：研究计划
目的	启动使用后评估项目，为客户希望的评价建立符合实际的参数，决定项目行动的范围和成本，并制定合同协议	为了有效实施评价，组织必要的资源，这些资源包括报告结果和应用结果，并与客户在各个层面上展开沟通	制订一个研究计划以确保获得合适的和可信赖的使用后评估结果，为建筑建立性能标准，确定数据收集和分析方法，选择适用的使用仪器，为特殊任务分工，并设计质量控制程序
要点	清晰地理解一个使用后评估的发展过程、信息要求和客户责任，在评价者和客户之间建立一种合作研究的关系。对建筑和业主的信息进行把关，并协助决定评估的范围和获得必要的资源	制定管理计划，包括人员、时间和资金的分配，以确保及时获得研究结果。同时，从各层客户群体获得支持，并建立共同运作的机制，以求目标能达成一致，保证评估结果得到认同和支持	保证连接项目资源以及使用后评估过程结果的质量及有效性。通过在实际建筑测量数据和所要求的条件之间进行比较，进而制订出性能因素的标准。探察出来的初步数据被用于发展整体的研究计划，包括数据收集、取样和分析方法
行动（工作内容）	发展与客户的接触； 讨论可供选择的使用后评估操作层次； 确认所要联络的人员； 了解客户组织结构； 探察要被评价的建筑； 决策建筑文件的可用性； 确认建筑的重要变化和修缮状况； 访谈各重要人物； 提交公认的使用后评估建议； 执行合同协议	从参与使用后评估实践的建筑使用者那里获得一致意见； 确定项目变量参数； 发展工作计划、组织计划和财政预算； 向客户组织提出资源计划； 组成使用后评估项目队伍； 发展最终报告的初步概要	确认各种客户组织文件的档案资源； 确认预期参与者或被访者； 与客户组织中潜在的被采访者进行接触； 授权拍照和调查； 给客户提供研究计划概要； 为研究任务和人员制定计划； 开发研究所使用的仪器； 持续发展评价报告概要； 分类和制订评价服务的性能标准

续表

	步骤一：探察和可行性	步骤二：资源计划	步骤三：研究计划
资源	陈述使用后评估过程； 找到可用的先例，如在特殊建筑类型上的研究标准； 相关评价经验； 使用中的建筑状况； 组织结构； 关键人员的信息； 建筑设计文件； 使用后评估合同文本	建筑类型的使用后评估资料； 各种建筑文件、计划和规范； 客户代表 / 预期的访谈者； 客户组织的行政管理程序； 合同方过去的各种使用后评估资料或报告； 项目人员名单； 使用后评估方法和使用的仪器； 最新的文献资料检索	基于计算机的信息资源； 与振幅机构和大型建筑组织相关的设计指南和标准； 数据收集和数据分析以及使用的仪器和方法； 目前使用后评估项目资料； 确认研究建筑的相关人员信息； 客户组织以及与项目相关的资料和文件
成果	项目建议； 使用后评估合同协议； 启动资源计划	使用后评估项目的组织计划； 财政预算的细目分类； 最终报告的逐级概要； 对所要访谈人员进行的访谈主题的认可； 启动研究计划	建筑历史描述； 记录数据设备； 记录数据表格； 现场数据收集的初步组织计划； 最终研究计划； 建筑类型的性能标准 建筑图册标注； 技术功能和行为性能标准； 受访客户列表； 对项目人员的任务分配； 确定分析方法； 启动现场评价

使用后评估的实施阶段 表 2-17

	步骤一：启动现场数据收集过程	步骤二：监督和管理数据收集程序	步骤三：数据分析
目的	为现场使用后评估的行动组织评价团队和客户；调整使用后评估的时间和位置	确保适宜、可靠的数据收集	分析数据，为确保可靠的结果，监督数据分析行动
要点	使用后评估的启动包括对后评估的人员、使用设备和场地的确定，以及与使用者联络两个方面	确保数据的有用和可靠。实际的建筑性能测量主要依赖于数据收集和记录的认真程度，因此要求对数据的收集进行持续监控	数据收集的可靠性是关键。完成数据分析后，主要任务是整合离散的结果，将它们翻译成有用的数据模式，并指出其中各个要素之间的关系
行动（工作内容）	协调管理者和使用者 使用后评估队伍的建筑定位； 实际运作数据收集程序； 对在与数据收集相关的观察者中进行可靠性检查； 设定使用后评估的工作范围； 准备分发数据收集表格； 准备和校准数据收集设备和要使用的仪器	与客户组织保持联系； 分发数据收集的使用仪器，如调查表； 收集和整理数据记录表； 监控收集程序； 文件化使用后评估过程	数据登录和整合； 数据处理； 检验数据分析结果； 解释数据； 深化已有的发现； 构成分析结果； 完成数据分析
资源	供给和材料的准备 设备和使用仪器； 确认建筑中的被访者	建筑管理和维护人员； 客户组织中的被访者； 研究人员； 顾问	数据分析程序和设备执行标准； 数据分析顾问； 研究人员； 辅助数据解释工具
成果	最终修正数据收集计划和程序 通知使用者进行现场数据收集 启动现场数据收集	粗数据测量	数据分析 数据解释

使用后评估的应用阶段　表 2-18

	步骤一：报告发现	步骤二：建议行动	步骤三：回顾结果
目的	报告使用后评估的发现和结论，应对客户的需求和期望	为实时反馈和前馈而制定建议，引出使用后评估的发现和结论	在建筑的全生命周期中监督相关建议的执行情况
要点	为客户提供报告以及使用后评估的结论，以便客户理解使用后评估的各种结果	要求与客户继续讨论和分析所提建议的发展和权重问题；发展可选择的战略，并检测每一个使用后评估的成本和效益；这一步确保为客户启动最恰当的行动	监督这个建筑的性能标准以确认使用后评估过程的完整性，并对客户的直接效益进行检查
行动（工作内容）	对所获得的发现与客户进行初步讨论； 进一步把所要陈述的内容格式化； 准备报告内容和其他的陈述； 由客户组织对发现进行正式的回馈；	与客户和建筑使用者回顾项目的发现和需求； 选择分析策略； 各种建议的权重； 执行建议的行动	与客户组织联络； 不断地回顾和监督所执行的建议； 报告所评价建筑和随后的建筑变化的操作结果
资源	客户和联络人员； 最近的使用后评估项目资料； 以前的使用后评估资料和报告； 研究人员信息； 设计的图解设备和供给； 编辑以及图形方面的顾问	客户组织的设施、运行和管理； 确定建议权重的技术； 研究人员的信息； 最后的项目报告	联络客户； 当前的使用后评估项目文件； 最终的使用后评估报告； 使用仪器和调查
成果	文件化使用后评估的信息； 由客户正式批准最终的报告； 出版最终的报告； 贯彻执行使用后评估提出的建议	确定优先战略和建议； 建议的实施； 确认在某一范围内所需要的附加研究	完成项目文件； 为客户、建筑师、业主以及物业管理者分发基于使用后评估设计的研究成果

2.2.3　后评估的阶段及工具

1. 计划准备阶段的方法和工具

在开展公共建筑工程后评估工作前，需要作好充分的计划准备。在这个阶段中，要界定公共建筑相关的边界条件，并明确评估的内容和范围，以便于进行下一步的信息收集和数据分析比较工作。虽然工程后评估的实施主体通常为建筑设计师团队，但是从准备阶段一开始，便需要各方面专家和团队的介入。公共建筑后评估的目的是为了对比业主和使用者的满意度同任务书最初目标的响应度，如果单是进行空间性能的评价，那么“前策划—后评估”的闭环也就难以充分体现原有的价值和意义。因此，沟通和联系是计划准备阶段的重点工作。通过访谈，评估团队能够更好地和业主交流，了解业主和建设方等所希望评估的内容及关心的重点，以便于有的放矢地确定评估的内容。

其次，对于文献的了解和对于实况的初步调查是计划准备工作的前提。在进行边界条件的确定时，为了确认和核对在任务书阶段提出的特殊要求，需要对建筑项目的基地和背景展开调查。比如，通过调查发现项目所在地形存在特殊性，那么应该在后评估内容中加入这一点。通常而言，实态调查的内容在前期策划和可行性研究部分已有较为全面的成果，可直接采用。此外，评估团队还需要通过文献检索初步了解同等建筑性能通常的优劣方面，以便有根据地展开计划的准备工作。另外，在后面的信息收集和数据分析过程中，如果发现了其他计划所没有考虑到的评价内容，同样需要反过来对计划的评价内容和范围进行相应的修改和订正。

1）文献来源

对建筑师有用的、可获得的文献种类和印刷材料是多种多样的，而不仅仅局限于书籍和期刊。评估团队可以从以下来源获取资料：建筑和规划标准、历史文献和档案材料、企业出版物、研究性文献、专业出版物、法规和条例、政府文件、生产商出版物、大众刊物、互联网等。

2）资料查找程序

赫什伯格在《Architectural Programming and Predesign Manager》一书中详细叙述了一套系统的查找资料的程序。① 首先决定查找哪些关键的信息，进而借助图书和期刊资料展开分类检索。另外，项目背景资料通常还要借助城市规划部门、建设部门和管理部门的帮助，在这里更需要了解该类文件的归档系统，如上位规划的相关层次等等。生产商的目录一般在建筑图书馆里可以找到，也可以直接联系厂商索取。此外，业主企业的出版物也许能提供相当重要的信息，这时就需要向业主提出此类要求。

3）文献整理程序

对收集到的文献进行整理和分类十分重要，以便于以后的随时查阅。评估的重要性排序，则首选评估内容的专项参考资料，如绿色建筑评估标准、满意度调查要素集合、消防或交通安全规范、上位规划相关要求等。

4）表格总结

在文献查阅的过程中，应该制定专门的表格用来记录文献的重点，以便于同矩阵表格进行对比分析。

2. 信息收集阶段的方法和工具

1）诊断式访谈

在对公共建筑工程后评估的信息收集过程中，访谈是最常用的方法。根据项目规模的大小，策划者将要面临的信息量也是不同的。如果项目复杂巨大，那么制定相当广泛的一系列访谈就非常必要，以便于便捷发现建筑的特殊性能和要点。这一过程类似于医生的问诊，因此在赫什伯格的专著中被称为诊断式访谈。诊断式访谈的主要目的是发现业主、使用者等利益群体的主要建筑价值倾向，以及他们对建筑性能的满意度。这将帮助策划者理解用户目标，并进一步安排对重要价值的评估方法。访谈之前周密的计划安排有助于大大节约收集信息和分析的时间和精力。访谈计划通常包括几个步骤：提出问题、本质分类、取样计划、考虑细节、事先准备、

① ［美］罗伯特·赫什伯格．建筑策划与前期管理[M].汪芳，李天骄译．北京：中国建筑工业出版社，2005.

制作文本。在不同的评估方法中有不同的访谈重点。每个项目评估均是从确定受其影响的利益群体，或受评估建筑内的管理人员开始的。相关的利益群体包括：政府部门、投资商、客户、管理团队、建设团队、使用者、社会公众。在界定了利益群体之后，需要按照一定比例的人口进行访谈安排，在每一类别的人群中找到代表样本。通常，将兴趣相近的人进行分组，每组的人数不超过 7 人，以便于可以在小范围里每个个体都充分表达意见和看法。总而言之，访谈的目的是通过最少的样本来占有最完整和可靠的信息。

在访谈技术方面，首先，第一次访谈应只涉及关键问题，时间最好控制在一小时以内；其次，集中注意力从不同参与者中获得清晰的价值和目标轮廓；第三，要避免访谈造成的疲劳，为后面的进一步跟进调查打下基础。在访谈前最好让受访者对访谈的目的有事先的了解，这需要一个提前沟通关于访谈范围的提纲，可激发受访者进行自由思考。在访谈结束后，需要及时对访谈记录进行整理和分类，便于事后查阅和参照，否则大量信息堆积会由于时间和财力的限制而难以整理，从而失去访谈的效力。

在访谈之前，评估团队必须对项目现场和现有同类建筑进行调查，以便于发现访谈时受访者没有说出的真实情况。可以说，观察和访谈是两种互补的方法，二者的共同使用可以帮助评估团队发现真正的问题，以作为进行将来同类建筑策划时的参考和借鉴。无论访谈还是观察，都会收集到大量描述性信息，只有通过诊断式的技巧才能够获得深入的了解。

2）诊断式观测

在这里我们同样借鉴赫什伯格对深入观察的称呼：诊断式观测。其重点一样很明确，即突出重要信息，提高评估过程的效率。观测的方法有很多种，如常规观测、现场观测、空间观测、迹象观测、行为地图和系统性观测等，每一种类型的使用都根据特定的评估任务而定。

常规观测最为简便，也无须特意安排。但是它能通过敏锐的感觉发现一些现象，对于简单的信息收集比较实用。但由于在观测时通常带有偏见，倾向于观测自己感兴趣的事物而忽略不感兴趣的事物，常规观测也容易存在误区。因此，需要在开始观测前明确关注重点和评价的内容。

现场观测顾名思义，是在建筑物的现场场地进行调研，一般伴随现场测绘的会是有建设方或设计师的介绍。同时，同一类型的其他建筑的建成后环境和建筑性能进行调研也十分重要。参观同类型、同规模的项目以及听取使用者的意见和评论，将会对评估建筑的性能和表现提供重要的比较参考。在现场观测中，需要训练快速简洁记录发言，以及做好场地笔记的技巧。简明扼要的记录有助于下一步深入的研究调查。

空间观测安排在现场观测之后，评估团队再次回到观测过的建筑室内，进行空间、家具和设备的观测，并测量记录区域的尺寸，记录空间图片。空间观测的内容包括：带尺寸的空间平面图、按比例在平面图上标出家具和设备、对立面图或透视图进行注释、标明空间使用和不正确使用的地方、明确关键问题。空间观测是对其他信息收集的重要补充。

迹象观测是通过使用者的使用痕迹来发现问题，一般通过照片表明建筑在投入使用后，用户的使用倾向，或者通过痕迹来证明设计存在的问题。行为地图是社会学家用来研究人们如何使用不同公共空间的方法，包括使用地图和空间的平面图来进行绘制。这种方法帮助人们研究发生在特定环境中的行为。观测者把地图带到特定的场所，记录人们停留路径以及行为，并且长期持续记录。比如，人们最经常使用和最少利用的区域是哪些，交通的路径，滞留的地点等等。为了用图形来解释人们如何使用空间，可以在地图上或者平面图上记录数据，并且对这些数据和空间的对应关系进行分析。最终观测者可以用一张地图来解释使用者的行为模式。行为地图对于评估团队了解人们在同类建筑中的行为模式非常有效。

社会地图是一种探寻人和环境之间存在的社会性关系的方法，它能够表达人们在群体中和其他人的关系，并通过人们之间的物理距离来对空间组织加以观察。社会地图是一个图表性工具，用来描述友情和人际关系模式，并通过提问的方式获取社会信息。这个表格能够提供组织成员间的一些数据，以反映出这群人中的信息流动方向和交流方式。其获取信息的具体方法是在图表上提出一系列问题，同时需要人们根据问题的重要性排序，比如他们最经常和谁合作、和谁打交道、最愿意和谁工作、对他们最有影响的人，谁是决策者等。社会地图对每个问题进行排序，并且使用表格来明确将要研究的问题。通过社会地图，可以了解被访者的社会网构成，进而了解空间对社会关系网络的影响。

系统性观测是最为全面的观察方法，它通过问题定位、多重聚焦、时间和规模取样、统计学分析等方法来收集建筑之间的关系、有关人的内容、物理环境及建筑物自身的元素等信息，同时，并把偏差和观测者的偏见降低到最小，确保观测者能够全面考虑对环境产生特定影响的各种因素。通常来说，系统性观测会用到专门的调查和追踪设备，以及性能数据记录和监视软件。系统性观测是对其他观测形式的重要补充。

3）问卷法

在文献检索、诊断式访谈、诊断式观测完成之后，某些信息如果还无法获得，就该考虑使用问卷调查来收集信息。问卷调查的方法最早来源于社会学研究，是实态调查最常用的方法之一，在社会学领域广泛地应用于信息的统计和判断，而这些信息的收集过程正是对应于建筑评估需要面对的问题搜寻与界定过程。问卷调查的目的是为了获得一些起支持作用的证据，它有助于进一步理解同类建筑的相关性能和建成环境的评价等。问卷法通过前期针对特定人群设计问卷、发放回收问卷、统计问卷而得出有价值的问题和数据，一份有针对性的构思缜密的问卷起到至关重要的作用。在问卷制定过程中，不仅需要考虑问卷所包含的内容——需要问哪些问题、得到哪些数据，而且要考虑问卷的发放对象和发放方式，得以从正确的人群那里得到正确的数据。例如，通过对使用者和业主的调查问卷，可以有效地反映出现有空间使用人员身份、喜好、空间需求及车辆需求，通过将所得数据按类汇总分析，可以得到相应的空间需求及存在问题。和文献调查以及考察访谈不同，问卷调查更具有针对性，它事先设计好具有很强相关性的问题，并且给出有限的可选择的选项答案，相对于开放式发问的访谈来说，问卷调查对于获得具体消息具有更高的效率。

对问卷调查的结果的检验十分必要，因为各方面的偏差都有可能导致调查结果的谬误，比如抽样不具有代表性，问题设计具有倾向性，答案选择不够全面，问问题的技巧使用不当等等，避免这些偏差的一个办法是尽可能地充分做好准备工作，其次就是严格控制问卷的过程，以及对问卷的结果进行反复检验。

在问卷设计的问题中，过去有很多评估团队往往只关注建筑本身的性能和使用，却忽视了建筑对于外部城市空间和环境的影响。在 2004 年克里斯・沃森团队第一次尝试通过问卷了解每个利益团体在使用后评估中的环境影响，在访谈和问卷中，他们问到一系列和环境影响的问题，比如，如何在建筑空间和设备的使用中减少对环境的影响，包括能源、水、废水、空气污染、材料等。自 2005 年以来，越来越多的评估团队在评估内容中加入了关于环境影响的评价，这一行为也大力推动了建筑策划和设计阶段对环境的重视。

3. 数据分析阶段的方法和工具

基于信息收集，评估团队得到了系列数据，如对于建筑性能状况等方面的描述，场地的物理性、社会性;环境的舒适性、安全性;活动的制约性、可变性；文化的自然观、造型观；时间上的历史性等等。将定性的描述转化成定量的数据后进行相关的分析考察，有助于确立较为客观普适的评价标准，以作为指导同类建筑建筑策划概念构想的参考依据。

随着计算机辅助计算的发展，数据分析的各种工具和软件层出不穷。基于对建筑性能、空间功能以及使用者满意度的分析，下文选取了 9 大类目前在建筑性能评价领域应用较为广泛的分析评估方法进行介绍和比较（表 2-19）。借助计算机软件，评估团队已经可以大大简化许多繁琐的计算过程。然而，仍然有必要了解各类评价方法的评价原理及其适用的范围，以便根据不同的评估内容和评估需求，选择相应的数据分析方法和工具。

1）探寻问题逻辑——失败树分析法（FCTA 法）

构建“失败学”的想法，首先是由日本东京大学工学院系研究所教授烟村洋太郎在 2000 年提出的，他呼吁将失败情报知识化、共有化，在科学技术、工程、生活领域灵活运用失败知识，以避免失败。据日本科技厅介绍，“失败学”数据库及其检索系统在 2002 年度已开始建立，失败学研究涉及多门学科领域，必须借助于各种科学手段，建立失败知识库和进行失败形成机制的仿真分析。“失败树分析法”（Failure Cause Tree Analysis，简称 FCTA）是根据可靠性工程中的故障树分析法而提出的，故障树分析法（Fault Tree Analysis，简称 FTA）是一种特殊的树状逻辑因果关系图，它首先要确定一个顶事件（故障），然后逐层向下追溯所有可能的原因，直至到达底事件（引起故障的最直接原因），根据故障路径上各种可能性的风险因素，运用布尔代数的方法，推算顶事件的发生概率及主要路径和关键源因素。[①] 在运用失败树分析法时，如何建立建筑物的失败树，是系统的一个关键点。同时，失败树的建立与现有的检测技术有关，建立科学合理的建筑物失败树，具有一定的挑战性。

若干数据分析方法比较　　　　表 2-19

分析方法	适用范围	优点	局限
失败树分析法	通过评估发现问题，并寻求问题之间的关联逻辑	从失败实际案例中追溯原因和风险概率，有可信度	案例不够具有普遍的意义，缺乏相应的规范和标准
对比评定法	比较同类建筑确定性能水平	有灵活的对比基准，切合评估同类建筑的实际情况	固定规范比较单一，同类比较缺乏统一标准
清单列表法	便捷获取可量化的评估内容及总体表现	方便使用，评估时间较短，评估所花的人力、物力较少	未考虑质化原则
语义学解析法	将主观感受转化为可量化比较的数据	直观易懂，用途广，将描述性语言转化为量化分析	因子判识主观性强，选择范围不够科学
多因子变量分析法	了解多个因素之间的共性和相互关系	原理基本易懂，可提取不明确表达的偏好	基于大量研究数据，工作量较大
社会网分析法	了解空间环境对人的社会行为的影响	关注社会属性和空间属性关联	对空间因素的影响度研究有待深入
生命周期评估法	从全生命可持续环节分析建筑性能	定量化的基于软件系统，信息精度高	专业程度强，普及率不高
质化分析法	深入观察及关注建筑的特殊功能或表现	适合处理无法量化的评估问题，有针对性	没有较多客观的数量指标，推广性低

2）参考比较——对比评定法

采用“对比评定法”评价建筑物的性能，是指将评估建筑物的性能，如空调能耗等，和相应的参照建筑物的对应性能对比，根据对比结果来判定所设计的建筑物是否符合要求。其中参照建筑是对比评定法中一个非常重要的概念。参照建筑是一个假想建筑，它与评估对象在大小、形状等方面完全一致，比如其围护结构的热工性能满足《夏热冬冷地区居住建筑节能设计标准》（以下简称《标准》）中规定性指标的要求，因此参照建筑是

① 李惠强，吴贤国．失败学与工程失败预警 [J]. 土木工程学报，2003，36（9）：91-95.

符合节能要求的建筑。将评估建筑与参照建筑进行能耗的计算对比，如果评估建筑的能耗不高于参照建筑的能耗，则认为它满足节能标准的要求；如果评估建筑的能耗高于参照建筑的能耗，则认为该建筑达不到节能要求，必须调整该建筑的热工性能，然后再进行对比计算，直到不高于参照建筑的能耗。采用对比评定法评价建筑的性能关键在于参照建筑客观性能参数的正确选取。目前，"对比评定法"已被《夏热冬暖地区居住建筑节能设计标准》、上海市《公共建筑节能设计标准》以及国外许多建筑节能标准所广泛采用。

"对比评定法"是一种灵活、切实的节能评估方法，适用于不同建筑类型的节能评估。但是对比评定法是通过可变不定的参照物进行评估，在某种程度上缺乏统一的标准。因此，目前在后评估的过程中，对于缺乏固定统一标准的建筑性能，采取同类型的建筑性能均值进行比较，也能得到较为直观的效果。

3）简单加权——清单列表法

对于短期评估，如果只需要对建筑的功能和性能进行大致了解和认识，而不必作过于细致深入的评析，则可采用简单加权的办法。具体做法为：评价前，根据经验或原始数据，拟定相关清单指标，进而对指标体系中各项指标给定权重，然后由专家对建筑性能的各项指标打分，进而计算汇总。此方法较简单易行，但因权重事先人为给定，比较主观，不够准确。[①] 因此，逐步发展为根据既有的清单和权重，进行打分和统计的办法。

随着建筑性能评估的逐步专门化，发达国家从 20 世纪 90 年代开始，相继开发了绿色建筑评价体系，通过具体的评估计数可以定量客观地描述绿色建筑的节能效果、节水率、减少二氧化碳等温室气体对环境的影响、"3R" 材料的生态环境性能评价以及绿色建筑的经济性能等指标，从而指导设计，为决策者和规划者提供依据和参考标准。清单列表法（Checklist Methods）成为目前使用最为广泛的建筑环境评估工具，它主要针对一些带有标记的问题和标准进行提问，这些问题和标准被分配了不同的权重值，然后根据提问计算出最后的结果。[②] 应用最为广泛的有美国的 LEED 体系，通过六个分类对建筑进行评估，包括可持续场地、节水、能源与环境、室内空气品质、材料和设计创新，每个分类都有一些子分类得分点以及相关标准，整体的认证等级将根据获得的积分进行确定。

清单列表法是一种较直接的方法，它的优点是提高了实际操作性，但是同时又要求使用者对项目有详细的了解。清单列表法允许不同方面的列表互相补充，比如一个建筑可能在某个方面打分不太高，而在另一个方面

① 杜栋，周娟．企业信息化的评价指标体系与评价方法研究 [J]. 科技管理研究，2005（1）.

② 卜震，陆善后，范宏武，曹毅然．两种住宅建筑节能评估方法的比较 [J]. 墙材革新与建筑节能．2004（10）.

却得到满分。但是它在应用中最大的问题是对于操作者来说权重值并不是一个固定值，而且统一的清单难以反映地域的特殊情况和特色。

4）量化感受——语义学解析法（SD 法）

SD 法是 Semantic Differential 法的略称，是 C・E・奥斯顾德 1957 年作为一种心理测定的方法而提出的。[①] 从字面上讲，SD 法是指语义学的解析方法，即运用语义学中“言语”为尺度进行心理实验，通过对各既定尺度的分析，定量地描述研究对象的概念和构造。这本书刚一出版就引起了人们的关注，SD 法在短短的时间内得到了普及。可是，目前 SD 法在心理学等相关领域却慢慢被人们忽略了，而在建筑领域、室内工程、商品开发、市场调查等领域却倍受青睐。在日本，以小木曽定彰和乾正雄的《SD 意味微分法による建筑物の色彩效果の测定》为例，运用 SD 法研究建筑空间和色彩等课题已发展到了炉火纯青的地步。[②] 但是，以建筑空间为对象进行心理评定的 SD 法与前述的实验心理学的 SD 法却有若干差异，这是由于对不同的对象进行心理评定的相关因子不同而造成的，两个领域尽管研究对象不同，但方法的本质相同。SD 法已成为建筑和城市空间环境相关心理量主观评价（如偏好性等）定量分析和评定的基本方法之一。

对于建筑和城市空间为对象的 SD 法，可以概括为：研究空间中的被验者对该目标空间的各环境氛围特征的心理反应（如偏好性），对这些心理反应拟定出“建筑语义”上的尺度，而后对所有尺度的描述参量进行评定分析，定量地描述出目标空间的概念和构造。SD 法研究人对空间的体验并对体验的心理和生理反应加以测定，其研究的对象可以是空间的全体，也可以是空间的一部分。一般说来，这种行为到平面、意识到空间的相对应的心理和生理反应，仅从外部进行客观的观察是困难的。通常我们可以通过直接采访或询问被验者而获得。这种信息的摄取方法可以有许多种，可依据调查研究的目的来选择。

5）变量处理——多因子变量分析法

这一方法主要是对应于 SD 法，是对 SD 法中的相关因子进行数据处理分析的补充方法。因子分析法是现代统计数学的基本方法之一。它的应用范围极广，在经济预算、商品销售、工业数据处理等方面都占有重要的位置。尽管所表述的目的不同，但原理和基本方法是相同的。因子分析法的目的是从大量的现象数据中，抽出潜在的共通因子即特性因子，通过对这些特性因子加以分析，从而得出全体数据所具有的结构，为以数据作为实态表述来反映目标空间的调查手段提供理论的依据。SD 法中

---

① Osgood，C.E. et al.The Measurement of Meaning[M].Illinois University Press，1975.

② 小木曽定彰，乾正雄 . Semantic Differential（意味微分）法による建筑物の色彩效果の测定 [M]. 鹿岛出版会，1972.

多数的“语汇尺度”的评定值是变量，从这些变量中抽出若干潜在的特性因子，为下一步寻找并抽出明确目标及概念结构的因子轴作准备。因子的数据化法就是将因子的特性项目（catalog）分类，将对这些特性项目的调查取样（sample）加以收集，这一收集过程是按照“同类反应模式”（pattern）进行的。而后在最小次元空间坐标系中求得因子的分布图，以此来研究数据的结构。

在后评估的研究中，通过各阶段、各方法获得的数据需进行分类处理，才能寻找出其间的联系，并正确反映实态空间及事件。因此研究多因子变量在数量和值域上潜在的个性、共性和相互关系是使用后评估方法论的关键。一般说来少量的数据，在说明和解析空间及事件时很难全面、准确地反映出实态的全貌，因而多因子变量的数据处理多是大量的成组的操作。因子分析法正是研究大量相关数据、寻求其内在联系和规律性的逻辑法则，通过从大量的数据中抽取出潜在的、不直观的主要的影响因素，可以将不明确表达的主观偏好提取出来，亦可将复杂得多变量降维为几个综合因子。但这里所说的“大量数据”仍然不是我们今天所说的大数据，它依旧是以统计学为理论基础，以有限样本统计为前提，通过统计学的数理分析，寻找普适性结论的一种方法。

6）社会资本衡量——社会网分析法

社会网络分析的兴起是应对现代都市生活网络化的趋势。其发展最早可追溯到 20 世纪 30 年代人类学家拉德克利夫 • 布朗（A. R. Racliffe Brown）和社会心理学家莫雷诺（J. Moreno）等人的开创性研究，20 世纪 70 年代在格兰诺维特（M. Granovetter）等人关于“关系网络”的研究推动下迅速发展壮大，并逐步成为社会学的一个重要新兴分支，为研究社会结构提供了一种全新的社会科学研究范式。[①] 整体网络分析通常关注一个相对闭合的群体或组织的关系结构，分析具有整体意义的关系的各种特征，如强度、密度、互惠性、关系的传递性等。[②] 传统的网络分析基于二方、三方关系，利用密度、距离、中心性以及派系等概念对网络结构进行研究。[③④]

7）可持续判识——生命周期评估法

生命周期评估方法是一种用于评价建筑在其整个生命周期中对环境产生的影响的技术和方法，包括原材料的获取、建筑的生产与使用直至使用后的处置过程。生命周期评估方法通常是基于软件系统的，并且需要一个涉及建筑过程、管理的材料和资源的详细目录。这个详细目录将

---

① 肖鸿 . 试析当代社会网研究的若干进展 [J]. 社会学研究，1999（3）: 1-11.

② 罗家德 . 社会网分析讲义 [M]. 北京：社会科学文献出版社，2005.

③ 刘军 . 社会网络分析导论 [M]. 北京：社会科学文献出版社，2004.

④ WASSERMAN S，FAUST K. Social Network Analysis：Methods and Applications[M].Cambridge：Cambridge University Press，1994.

通过各种方法和分类指标显示建筑的环境影响。目前，这种环境评估系统的使用在建筑领域内呈上升趋势。比如美国的BEES工具，这是用来评估建筑的环境与经济可持续性的评估工具，它的生命周期评估数据来源于美国的制造厂商、市场、环境立法机构等。BEES的目的是开发与实施一个用于进行建筑产品选择的方法，尽可能使建筑产品达到环境与经济性能的平衡。①

8）针对特殊性——质化分析法

相对于量化研究的各种方法而言，质化研究强调的是在自然状态下进行的情况评价。通常情况下不对研究情境进行操纵和干预，具有一定的灵活性、自动性。在问题选择上，与量化研究强调研究对象可数量化不同，质化研究的选题往往具有特殊性、意外性、意义性、模糊性、陌生性、深层性等特点。在资料收集上，量化研究的资料收集主要采用调查、实验、测量等方法，而质化研究资料的收集主要采用观察、开放式访谈、档案分析、视听材料四种主要手段。在成果表达上，量化研究讲求精确、形式化、可操作化、数量化，如行为主义者的操作化定义，变量的形式化表达，心理物理学的函数式数量表达，而质化研究则强调现象的理解、意义、发现，叙述是质化研究报告的关键，质化研究报告需要对研究方法和研究过程作详细的叙述。在研究评估上，量化研究有一整套较客观的评估指标体系，而质化研究的信度和效度的评估就没有较多客观的数量指标。

比较而言，质化研究能对微观的、深层的、特殊的心理现象和问题进行深入细致的描述与分析，能了解被试复杂的、深层的心理生活经验，适合于探究问题的意义，但不适合于宏观研究，也不能发现某一现象趋势性、群体性的变化特定；质化研究适合于对陌生的、异文化的、不熟悉的、模糊的心理现象进行探索性研究，为以后建立明确的理论假设基础，但不适合对现象进行数量的因果关系和相关分析，不利于发现现象之间趋势性的因果规律；质化研究更适合于动态性研究，对心理事件的整个脉络，进行详细的动态描述，因而研究的结果更切合人们的生活实际。②

综上所述，对建筑性能、空间环境以及使用者需求和满意度的评估，究其根源是基于评价学的学科范畴，因而很多评价方法都适用于使用后评估。近年来，随着计算机辅助设计和大数据的发展，SPSS，GIS，YAAHP等图像地理和数据分析软件在评价领域发挥出越来越大的作用，各种定性定量方法均能够在后评估的研究和实践工作中得到有针对性的应用。

---

① 丁勇，李百战，刘猛，姚润明．绿色建筑评估方法概述及实例介绍 [J]. 城市建筑，2006（7）.

② 向敏，王忠军．论心理学量化研究与质化研究的对立与整合 [J]. 福建医科大学学报（社会科学版），2006（6）.

2.2.4 后评估的步骤概述

本节以英国建筑及工程使用后评估为例，逐步介绍使用后评估的操作步骤。英国建筑及工程使用后评估（Post-occupancy Review of Buildings and their Engineering，简称 Probe），是由英国政府（环境、交通和区域发展部）联合出版社和研究团队共同组成的独特的联合团队。这个团队的创建始于 1994 年英国环境部（现环境、交通和区域发展部）推出的工业合作伙伴倡议，政府资助八个最近完成的有特色的建筑物的使用后评估，鼓励研究团队对其进行技术、能源、业主及管理满意度的调查。这一合作组织建立后，它着手对一些备受瞩目的新商业和公共建筑进行了 2 ~ 3 年后的使用后评估，并将评估结果发表在期刊《建筑服务》（Building Services Journal）上，有助于保障今后类似建筑行业的质量及发展。至今共发表了 18 次调查报告。其目的是提供关于设计、施工、使用以及对过程中存在问题的反馈，总结成功经验和失败教训。结果证明，该研究具有广泛的价值，不仅有助于设计师和委托人对建筑情况有简要的了解，分辨出需要跟进和改进的内容，并且也帮助建筑使用者深入了解问题及改进措施。①

在 Probe 项目的一期和二期中，共调查了 16 座建筑物，包括 7 栋办公楼、5 栋教育建筑，4 栋其他公共类建筑。Probe1 调查了 8 座建筑物，其中 4 座建筑采用空调系统、3 座采用先进自然通风系统，还有 1 座是低能耗医疗建筑。Probe2 包括了另外 8 座建筑，其中包括 3 个办公建筑（分别采用空调系统、自然通风系统、和混合模式）、2 个采用混合通风模式的教育建筑、1 个部分采用先进自然通风模式的教育建筑、1 个混合模式法院以及 1 个采用自然通风系统的仓库。层层选拔基于如下标准：性能特点、投入使用 2 ~ 5 年、空间类型、通风系统类型等。对于每一个建筑都进行了详尽的关于技术、能源和用户调查的研究。

归纳而言，使用后评估的流程展开可以分为“确定评估重点—选择调查方法—制定评估流程—反馈评估重点”若干步骤。

1. 确定评估重点

对于公共建筑，Probe 项目主要展开三个方面的全面评估：空间性能、能耗表现、用户满意度。这三个方面的评估基本涵盖了物质空间环境性能及使用者的行为需求。需要指出的是，对于投资、预算以及建造的评估属于项目评估的范畴，在这里不作为专门的内容展开。并且，对于消防、安全、交通、施工建造等方面的评估也属于专项评估及过程评估的内容。这里着重关注的是公共建筑投入使用 2 ~ 3 年后的使用表现，其最终目标是为了

---

① COHEN R，STANDEVEN M，BORDASS B，and LEAMAN A. Assessing Building Performance in Use 1：the Probe Process[J].Building Research & Information，2001，29（2）：85–102.

使得以后同类建筑的测试常规化，并通过设施管理、使用后管理等日常机制形成持续的信息流反馈，促进更好的建筑设计和使用。

其中，对建筑物的空间性能调查集中在以下三大类：①被动技术，主要包括建筑表皮、结构、窗户设计和高级自然通风系统；②设备装置，包括供暖、热水、空调和混合模式系统；③电气控制，包括照明、控制和运营、信息和通信技术。

在能耗性能方面，评估团队对 16 栋建筑评测的主要内容集中在能源绩效和碳排放两个方面，主要包括建筑物的气体排放、耗电量以及二氧化碳排放量。在数据统计上，团队并未采用人均指标，而是用每个建筑单体的能耗总量以及平方米指标来进行比较。这是基于几个方面的考虑：首先，每个建筑的实际使用者数量各个时段均不同，人数难以精确；其次，每个建筑物的人均使用面积的衡量精确度远低于建筑物的客观物理面积；最后，建筑能耗通常和环境设备及空间布局紧密相关，和人的具体使用方式关联度较少。

最后，项目团队对建筑用户的调查旨在探索如何根据用户的需求和居住状况来更好地改进建筑策划、设计甚至管理。因此，用户满意度调查不仅仅包括对空间环境舒适度的判断，同样也包括对建筑维护、管理以及软性服务的满意程度。

2. 择取调查方法

出于可信度和精确度的需求，Probe 项目所采用的调查方法需要被标准化，并充分采用先进技术和标准。使用后评估有两大核心方法：①使用者调查，由建筑使用研究公司（Building Use Studies Ltd，简称 BUS）开发用于获取用户对建筑及室内空间环境满意度的研究方法；②能源评估报告方法（Energy Assessment and Reporting Method，简称 EARM）和办公建筑评估方法（Office Assessment Method，简称 OAM），用于评价能源使用情况。此外，在开展评估之前，Probe 项目还纳入了一份有 5 页纸内容的综合前期调查问卷（pre-visit questionnaire，简称 PVQ），用于在正式评估之前，提前对建筑进行服务、使用、用户和管理等方面的信息收集及调查，这有助于提高正式调查的效率，以及提前发现问题，便于评估团队在正式调查中更有针对性。

1）使用者调查方法

使用者调查方法始于 20 世纪 80 年代由 BUS 公司进行的一项针对建筑病症的综合性调查，随后被英国建筑研究院（BRE）进一步开发并采纳。Probe 采用的自填问卷需要尽可能地简单、清晰和易于填写，同时也要满足后期数据收集和分析的需要。因此，问卷从原来的 12 页 A4 纸浓缩为只有 2 页的容量，但是其所包含的问题被过去经验和数据统计证明为是最为重要的问题。在实际运用中，该问卷取得了很大的成功，因为它有效避免了收集信息的超载，同时也避免了工作人员的疲劳。问卷内容包括基础信息、建筑整体、个体控制、管理响应、温度、空气质量、照明、噪声、整体舒适度、健康、工作效率等若干方面。

通常，问卷调查以抽样样本的形式发放给 100 ~ 125 名工作人员，当建筑物内的人员少于 100 名时，则需要发放问卷给每一个使用者。另外，当建筑有专门的一类类型的使用者时，还会针对该类用户发放第二次问卷，比如教学楼的学生等。如果发现了一些核心问题，工作人员还会与管理层小组召开专门的会议进行深度访谈。

BUS 公司的使用者调查方法是在各个要素之间的一个平衡产物。这些要素包括受访者的需求、数据管理、数据分析、统计有效性和问题回答能力等。这种平衡所产成的“克制”的调查实际上节省了后续过于冗余的数据分析。经验表明，如果研究团队沉迷于收集庞杂海量的信息数据，最后反而会迷失其中，没有足够的时间分析信息的准确度及其背后的原因。此外，所有的建筑物采用的是同一份问卷，这样信息数据才具有可比性。因此，除非是重大情况，否则不允许改变问卷问题。

需要指出的是，在调查问卷的回答偏好性中，空间设计问题和人力管理问题是密不可分的。换句话说，完全独立的问题和影响因素是不存在的。比如，许多居民喜欢喝咖啡的私密空间，那么独处空间平面就比开放式的功能布局更容易获得高分；再比如，很多居民容易将有关空间环境的不满投射到对物业管理和运营维护的不满之上等。

2）能源调查方法

通常来说，建筑物的能耗性能数据需要通过综合的检测得到。最初使用后评估是采用环境交通和区域发展部门的能源调查法，这是基于用电量估算数据，以及伦敦的电力信息报表。随着探测器的广泛使用，环境交通和区域发展部采用 EARM 能源评估报告方法对建筑物进行调查。其中，基于 EARM 的办公室评估方法（Office Assessment Method，简称 OAM）是一种迭代技术，可以将能耗与建筑物的类型、布局、系统和使用运营情况相结合，以最直观和最切中肯綮的方式展现出建筑物的能耗性能表现。

许多现有的方法要么不够精确，没有足够的相关性，要么过于冗余而且耗时。因此，OAM 采用了逐步详细评估的步骤，并帮助用户判断生成的结论是否与预期的目标相吻合，以及下一步需要采取的工作。另外，OAM 用以分析的数据可以在其他阶段被借用并展开新的分析。OAM 实际上是从 20 世纪 90 年代的能耗统计方法中演变而来，它允许识别各类不同的能耗数据，因此有助于评估团队既进行横向比较，又同统一的标准基准相比对。

下面以 OAM 对建筑物燃煤性能数据的收集统计举例。首先，根据年度消费指数等报告和统计年报收集目标建筑物每平方米的燃煤量；进而进行第一步检测，将其进行细节分析比对，探寻是否有特殊的状况或者用户群体，使得每平方米燃煤量可能出现偏差。若无，则直接给出检测统计的燃煤量；若有偏差，则进入第二步运算，即通过折中天气、使用者等特殊原因，给出折中后的数据报表；进而开始第二步的检测，反思是否完全掌握了建筑物各处的信息，若是则完成统计，若无则进入第三步运算，即在建筑的各个子环节分析细节燃煤量，进而继续自校、自验，直至通过，完成报表。尽管调查时间十分有限，但16个Probe项目调查的建筑均经过了至少三个步骤的检验，最终建立起收集和分析数据的电力模型。

3. 制定评估流程

一个正式的Probe项目调查程序通常需要三个月，约12 ~ 14周，共有10个步骤，包括评估协商阶段、预访问、第一次现场调查、初期分析和报告草案、第二次现场调查、BUS用户调查、能源调查、压力测试、Probe终期报告、期刊报告发表。

（1）评估协商阶段（第1周）：咨询房东，公司管理，及物业、维修及维修部门，得到初步接触的机会。通常来说，现场调查不需要安排设计者跟随，以避免在观察过程中受到设计师的倾向性引导。

（2）问卷试调查（第2 ~ 3周）：基于背景描述，进行数据采集和情况调查。通过第一次访谈，初步发现用户需求和存在的一些问题。

（3）第一次现场调查（第4周）：通常需要和大楼项目经理、管理团队进行深入访谈和调查问卷填写，与工作人员进行座谈，调出具体的日常运营维护手册进行查看，记录监控设备的记录数据，携带必要的检测工具（如电能表、测光表、温/湿度表、烟雾笔、照相机、录音笔等）随时随地进行测量。

（4）初期分析和报告草案（第4 ~ 7周）：收集参观和访谈结束后的所有数据及信息，转译为可比较分析的数据格式文件，形成初步的数据库平台。在第二次调查之前，团队需要起草一份较为全面的调查报告，通常需要4周时间完成。

（5）第二次现场调查（第8周）：基于初期数据分析和调查报告，列出需要采取行动的问题清单和行动列表，并进一步同建筑物的甲方进行预约。这一步开始需要更多设备商的介入，比如请电工全程监督保障仪表读取的安全操作，或者请承包商回答关于设备功能的一些问题。

（6）BUS用户调查（ 第7 ~ 9周）：一方面，对长期使用者进行问卷发放和调查；另一方面针对特定人群展开二次调查，如专家、学生等。通常需要获得至少90%以上的回收率，因此，需要充分做好调查的前期工作，如告知员工调查的日期，获得同使用者接触的许可批准等。数据录入通常在调查后一周内进行，并对统计结果的样本有效性进行检验。

（7）能源调查（第3 ~ 12周）：能源调查贯穿整个使用后评估的始终，通常在两次现场调查之间的能源监测最为密集。完善的能耗数据来源于多个方面，比如每月或每季度的发票、手动和现场仪表读数或者年报和统计报表等。

（8）压力测试（第 9 ~ 11 周）：主要针对建筑物的某些专门性能的测试，如漏风实验等。通常这些测试需要花费较多的时间，也会对用户形成干扰，所以对于公共建筑的压力测试一般选择在周日进行。

（9）Probe 终期报告（第 8 ~ 11 周）：最终形成的 Probe 报告一般有上万字的主报告和一系列附件部分，包括建筑在性能、能耗和用户需求方面的评价，同时有能耗性能的可视化表达、综合住户调查报告以及压力测试报告等。报告目的在于提供基础数据信息、提供比较验证和检查以及记录信息和意见。

（10）期刊报告发表（第 12 ~ 14 周）：每一篇单独建筑物的使用后评估报告发表不少于 4000 字，并在期刊公开发表。这可能会造成一些横向比较的紧张气氛，但是反过来也吸引了社会公众对于使用后评估的兴趣和认知。Probe 是英国首次将建筑评估报告及建筑物名称发表在技术期刊的研究项目，在这之前，对知名建筑进行评估十分困难，并且具有相当多的风险。Probe 项目的开创性贡献在于提供了一个更加公平而开放的平台，政府、行业和客户在了解了反馈的益处之后，逐步认可、接受并大力推广这一研究课题，以持续改进建筑设计及工业管理的相关内容。①

4. 评估重点及反馈

1）空间性能表现

被调查建筑显示出各自在空间性能设计上独特的成功经验，但是也暴露出不少在性能使用上的通病，有些问题和后期的管理维护紧密相关。因此，项目团队根据初期反映出的内容，展开进一步程序化分析，包括明确调查内容、发现问题通病、评价成功经验三个方面。研究显示，与建筑使用后性能紧密相关的空间使用的问题可以从以下几个主要方面展开反思。②

（1）多用途使用与常规化空间设置的矛盾。当前建筑使用不仅是朝九晚五的规律，而是包含了越来越广和多样的活动功能与灵活的使用方式。然而，建筑设计通常默认的是常规化的空间使用。这导致了建筑空间设施难以实时作出变更，以服务灵活性和多样性的需要。因此，在公共建筑中，空间性能的设施和技术需要充分考虑各种临时调整和负载的加大，以便能够在后台进行良好的服务。

（2）建筑设计中需要重视设备的易管理性。大型商务办公楼往往需要物业和建筑设备管理人员能够对设施进行及时的检查，并对出现的问题进行即时反馈。但是在大多数建筑中，建筑设备服务和环境控制系统的设置和布局往往欠缺对后期管理维护便捷性的考虑。比如植物位于偏僻狭窄的

① Construction Task Force of DETR.Rethinking Construction（The Egan Report）[EB/OL].http://constructingexcellence.org.uk/wp-content/uploads/2014/10/rethinking_construction_report.pdf，1998.

② BORDASS B，COHEN R，STANDEVEN M，and LEAMAN A. Assessing Building Performance in Use 2：Technical Performance of The Probe Buildings [J].Building Research & Information，2001，29（2）：103-113.

空间、终端和控制设备隐藏在非常不易操作的面板后面、电动车窗无法进入、灯具和传感探测器质量过低且不便维修等等。而管理不善又容易导致居住者的不满和额外消耗的资源。因此建筑师和工程师在策划和设计中就需要考虑设备的运营管理，并在系统集成设计和空间布局安排时给予充分重视，使之便于管理。

（3）设计施工需重视精细化建造。设计和施工过程中往往重视空间布局和内容，而忽略了精细化的品质。比如，建筑外墙和外窗的密闭性能在几乎所有被调查的建筑中都没有得到足够的重视。但是在用户的反馈和使用后调查中，这却是影响空间性能和使用感受的一大要素。

（4）试运行周期短，需提供自校余地。很多实际项目在建成后的试运行周期过短，来不及发现问题并及时进行修正和调整，也是建筑在正式投入使用后出现状况的一大原因。由于工期和诸多不可控的因素，试运行周期过短是很难避免的情况。因此，在策划和设计时，需要为建筑空间留出一定的供自调整和自校正的余地，以便及时应对可能出现的问题。

2）能耗性能表现

能源绩效评估是调查的重要组成部分，几乎所有的被调查建筑都宣称能源效率高。然而，调查研究显示，在策划、设计、施工和管理方面，能源方面的情况都远差于预期。其中虽有少数建筑的能耗表现较好，但是也并不均衡，如在照明和能源控制方面仍然有所欠缺。研究显示，大多数建筑，特别是对于设施水平要求较高的建筑，其能耗都比预期的要高出许多。并且，电脑房、餐厅和办公设备用房，能耗量比平均建筑空间高出了四分之一。[①]

（1）通过分时分区提高能耗管理绩效。由于技术、管理和与控制相关的倾向，供暖、冷却、泵、风扇和照明的运行时间比设计者预期的要长得多。要提高绩效、效率、控制和管理，特别是在机械条件的建筑方面，需要采取主动式通风空调系统。而在很多节能建筑中，往往过于强调被动式通风，将空调系统妖魔化。实际上，通过良好的运营管理，一样可以达到节约能耗的目的。为此，需要提高分时分区的精细化管理水平，全面展开性能提升、质量控制和机制管理。

（2）将能耗要求纳入策划阶段。尽管后评估的目标是通过监测反馈和有效报告促进改进，但来自于第三方物业管理的反馈表明，即使后评估调查结果显示出建筑的能耗水平较高，建筑物的业主也很少对此进行改进。在更多情况下，建筑业主和地方政府更偏向于将使用后评估调查作为可信的数据来源，只有非常少的建筑根据评测结果作出了调整。由此可以看出，基于经济成本、人力成本和时间成本等因素，指望通过使

---

① BORDASS B，COHEN R，STANDEVEN M，and LEAMAN A. Assessing Building Performance in Use 3：Energy Performance of the Probe Buildings[J]. Building Research & Information，2001，29（2）：114-128.

用后评估来改进当前建筑的性能是很难的，更加需要在前期策划和设计阶段就将使用后评估的经验纳入考虑。然而，通过比较使用后性能和策划初期阶段的指标，发现在策划和设计阶段中很少见到关于能耗要求的明确说明。而实际上，在策划期间设定一个相对能耗标准，能够为设计团队提供指导，并构建各方利益主体对话和沟通的平台。因此，在策划和设计阶段,需要进一步改进关于能源性能方面定性及定量的要求。当然，标准的制定也并非简单依据现行规范或者普通水平，而是要根据建筑物的使用情况和特殊性能进行决策。比如，教学楼的直接照明需求超过办公类建筑，办公楼的持续照明时间往往长于其他类建筑。因此，对于照明能耗的指标也应当有所调整。

3）用户满意度表现

关于用户满意度的关注首先出现于20世纪80年代，当时发现一些慢性病与建筑空间相关（如嗜睡、头痛、干眼和干嗓在白天出现，但在离开大楼后的一段时间便有所改善等）。这些慢性症状群体最常见于封闭式的空气调节系统所在处，所以人们将空调与健康紧密地联系一起。随着技术的进步，这些健康表征相关的环境问题已经在建筑物内部得到了很大的改善，但是，更多的能耗、管理、用户行为心理等方面的因素则往往并不被普通的用户调查所熟知。

建筑使用后评估中的用户调查区别于以往传统的用户调查。首先，每个建筑物都是针对更广泛的数据集进行基准测试，以提供与其他数据集进行比较的机会；其次，用户需求调查和技术能源研究相结合，以探讨设计和管理背景下建筑对于使用者行为的影响；第三，通过期刊发布每一栋建筑的翔实报告，以便于后续查阅和进一步比较验证。

面向用户的调查内容集中在两个方面：舒适度（夏季与冬季的温度和空气质量、照明、噪声和整体舒适度评分）和满意度（基于设计、需求、生产力和健康的评级）。每项调查涵盖43个变量，调查报告包括基本统计测试的基准和信息，并且可以根据需要对于单个建筑物或建筑群体进行性能的图示化表达。

在调查内容的精细化设置方面，团队采取了“异常报告”法，即关注那些让建筑空间满意度产生巨大差别的方面，而不是泛泛而谈建筑物的各个方面的表现。这样可以更加便于后期的数据分析操作，也避免了调查者填写过于冗长的问卷带来的抗拒心理。比如，问卷不会提问“空间环境是否需要干净整洁”这样的众所周知答案的问题，但是会增加关于健康和居住质量相关的问题。

研究指出，舒适度、健康和居住质量紧密相关，但却也很容易被十分细微的一些瑕疵破坏。因此，对空间环境品质的改善并不一定非要通过全面提升建筑性能标准，而是在和用户感受紧密相关联的某些方面进行恰当的管理，如近些年来越来越多的噪声控制、机动车影响等。对于用户而言，让他们“满意”的重要程度超过了对环境的“优化”行为；而简单地改变不满意的地方，其起到的作用也大于花费巨大的设备性能提升工作。此外，调查发现，用户对于建筑物最不满意的地方往往源于其操作和设备的复杂性，因此可以看出，一个清晰、简单、明了的管理以及信息反馈，能够让用户和业主最大限度地感受到尊重。这也正是使用后评估从目标到方法程序，以及到评估重点内容等所一贯坚持的核心。①

综上所述，和其他制造业以及工业产品类似，建筑在完工后再进行调整的余地已然很少。这要求在前期策划时作更多完善而深入的考虑。使用后评估的意义不仅仅在于反馈当前建筑的问题，更多是为同类的建筑未来在策划设计时提供有价值的参考。为此，在策划设计之初，需要结合已有的使用后评估经验，对构想方案作出适当的预评价和多情景比较。用户满意度、经济绩效和可持续性的改善三者之间不是相互冲突的，而是可以通过相互支持的，形成“三重底线”，使得建筑在“前策划、后评估”的良性循环中不断完善。

2.2.5 预评价——建筑策划与后评估的结合

1. 预评价的需求与定位

建筑策划在建筑创作和建造过程中承担着承上启下的作用，其研究领域具有双向的渗透性。一方面，它向上渗透于城市规划与设计的立项环节，需要将社会、环境、经济等宏观因素对实体空间的要求在设计中得到体现，并以此分析设计项目的定位、目标、规模和性质；同时它又直接指导建筑设计的环节，在空间规模、内容、基调等方面进行研究和概念设计。赫什伯格认为，“建筑策划是对一个客户机构、设施使用者以及周边社区内在相互关联的价值、目标、事实、需求全面而系统的评价”。这句话简明扼要地阐述了“策划”与“评价”工作之间的联系。

伴随着我国经济的快速发展和城市社会的不断转型，建筑策划需要依托越来越多的社会经济实态调查，以及对同类建成空间进行分析，以此来反馈修正策划过程中对空间的预测。过去的十几年，在国内各种项目的建筑策划研究过程中，内外部条件调查和对空间构想的评价反馈均有体现，但由于缺乏明晰的导向和操作框架，调查和评价工作往往容易出现重复劳动以及对信息的分析得不到良好应用等情况。面对这些问题，需要在制定任务书的过程中，强化对其所策划空间的预估评价这一环节，并对其定位、评价内容、具体操作程序和方法等方面进行完善，以此提高建筑策划的工作效率、科学性和准确性。

---

① LEAMAN A and BORDASS B. Assessing Building Performance in Use 4：the Probe Occupant Surveys and Their Implications [J]. Building Research & Information，2001，29（2）：129-143.

在建筑策划中对同类信息进行收集、分析和评价，并以此反馈和预测策划信息生成环节，是一个循环的过程，可以称之为在策划中的空间“预评价”。建筑策划的预评价过程涵盖了两个领域范围（图 2-49）。第一个领域同建筑策划中的外部条件和内部条件实态调查环节相关联，通过对建设项目目标展开调查初步确定建设项目的规模、定位、性质等和社会相关的宏观因素，比如医院设计策划，需要从医疗市场、医院定位、目标客户、空间指标、学科发展、选址、投资、分期等多个方面综合调查医院的条件，并且需要通过对已有的各种医院建筑的相应方面进行分析，为下一步的构想提供评估参考。经过初步定位，在同类建筑使用后评估参考下，需要结合各方面的因素得出初步的空间和技术构想，因此，第二个领域则关注对构想的结果与可行性进行的预测和检验。

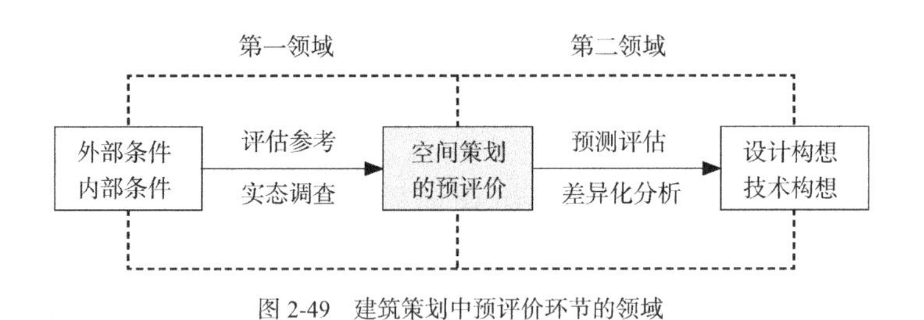

图 2-49　建筑策划中预评价环节的领域

笔者在专著《建筑策划导论》一书中提出建筑策划的两个基本思想，一是对建筑环境的实态调查，取得相关的物理量、心理量；二是依据建筑师自身的经验将调查资料建筑语言化。应对于此，建筑策划中的预评价环节也具有不同的作用。如图 2-50 所示，预评价环节实际上是一个“评价—预测—再评价”的反馈和修正过程。传统的使用后评估程序为建筑策划提供了同类相关建筑的基本参考信息，但是作为输入，并不是完全的照抄照搬，其关键点是对同类建筑的评价结论同建筑策划目标之间进行的差异化分析，通过差异化分析，对已有的建筑的评价结果进行提炼和修正，在此基础上对建筑策划的项目构想进行预测和再评价。

《礼记·中庸》中提到，“凡事预则立，不预则废”，这是对策划程序中的“预于先、谋于前”这一环节的最佳注解。在实际应用中，回顾建筑策划程序的种种环节，如外部条件调查、内部空间调查、空间构想、技术构想等，都是在不断的循环反复修正直至时间允许范围内的最佳效果。在这一过程中，建筑策划中的预评价需要从这个步骤中独立开来，以便于能够随时反馈到任一环节;但是同时，又需要和各个环节进行紧密的配合（图 2-51）。可以看出，建筑策划中的预评价是在建筑策划的程序中生活预测、空间评价、空间改良的基础上的整合和深化，它直接对应于条件调查和空间技术构想等几个主要环节，但是同时，它由建设项目的目标所决定，并且影响到对经济策划的预测和评价。

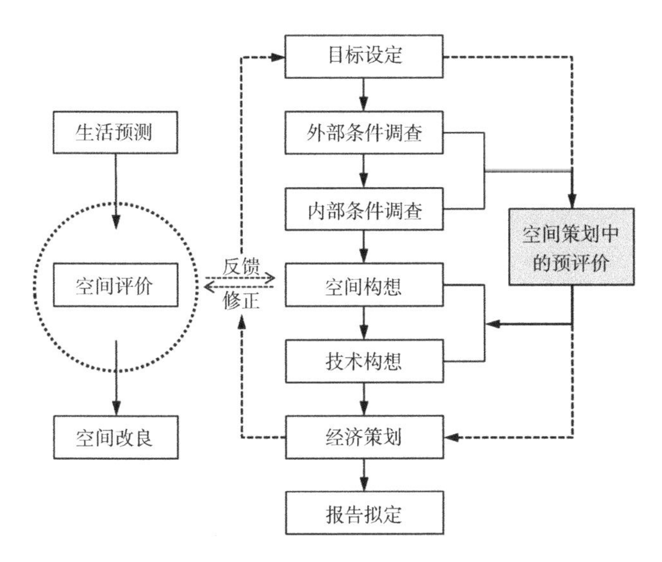

图 2-50 预评价对建筑策划环节的反馈

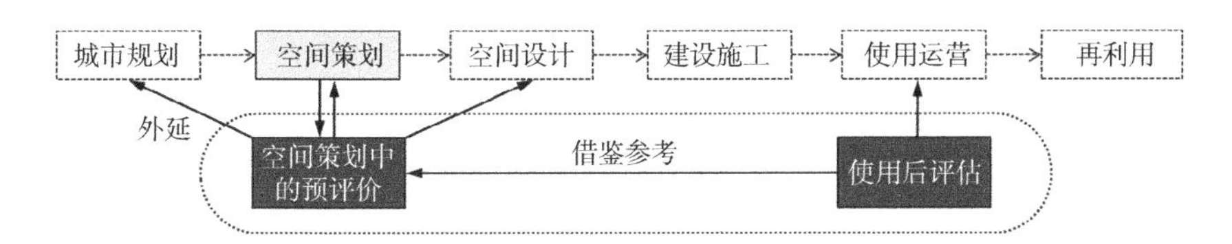

图 2-51 使用后评估及建筑策划中的预评价的定位比较

因此，通过作用于建筑策划这一过程的种种环节，预评价对实态调查、空间评价等过程进行梳理和明晰，能够提高各个环节工作的效率，进而通过反馈修正提高建筑策划的合理性。与此同时，建筑策划正日益成为建筑全生命周期中和其他环节紧密相连并互相渗透的一环，在这种情况下，建筑策划中的预评价的研究成果不仅能在建筑策划环节内部起到很大的作用，并且对建筑全生命周期的各个环节都将产生巨大的推动作用。对于城市规划和项目立项，建筑策划中的预评价同时也是对城市设计的目标和模型的一个反馈修正；对于下一步的建筑设计过程，建筑策划中的预评价能够更好地明确建筑设计的方向，指导其趋利避害，以尽可能地保证合理和人性化的设计。

2. 预评价与使用后评估的比较

随着设计事业的发展，使用后评估逐渐成为专门针对建筑使用后的空间等各方面性能进行评价的一个程序。从建筑全生命周期的角度来看，使用后评估是作为和建筑策划并列的环节存在的，主要关注经营运营的效果。而建筑策划中的预评价是策划的子环节，两者在操作的过程中分属不同的周期，并应对于不同阶段，操作对象也截然不同。使用后评估的操作对象是已经建成投入使用了一段时间后的建筑物，是一个真实的存在，可以通过实态调查等方法手段来获得建筑物性能的各个方面的有效信息；而预评价的操作对象则是当前建筑策划环节中的策划构想，通常是概念构想或设计方案，因此需要参考此前已有的同类建筑的使用后评估的结果，对方案进行预测模拟与评价。

策划中的预评价和使用后评估在作用和程序上具有类似性：建筑策划中的预评价的基础来源于以往同类建筑的使用后评估，并依次对建筑策划的构想进行预测评价；而使用后评估的功能之一也是为今后的同类建筑的策划设计提供依据。但是这两者又有各自独立的不同点：建筑策划中的预评价更侧重于对建筑策划的概念构想的修正和反馈，同时外延扩展到城市规划和建筑设计的预测评估；使用后评估重在反馈，而非预测，评估的结果除了为策划提供参考之外，还有反馈当前建筑问题，以及远景的规范资料修编等。可以说，在建筑策划中，使用后评估起到了提供参考依据的作用，而预评价则是将这些参考依据和构想模型联系起来的纽带。

由于定位不同，使用后评估和建筑策划中的预评价环节的功能和目的也有差异。表 2-20 对二者的不同点进行了梳理和比较。从内容上看，由于二者从本质上来说都是对建筑使用后情况（无论是真实的还是模拟的）的评价分析，预评价的内容借鉴了使用后评估的分类，即包括使用者、建筑性能、设备装置三大方面。然而，后者的目的不仅反馈于建筑领域，同样还反馈于经济、设备、管理等方面，因而评价内容广。相比之下，预评价环节的研究内容更具针对性。因而在其具体内容中，结合策划中的外部条件调查，增加了社会文化一项，主要考虑城市规划的政策目标需求；在空间构想的预评价中加强了空间、功能、行为、感观等方面的分析；在技术构想方面则主要偏重于技术策略的采用，对于具体工具和系统的运行性能则不在策划的范畴之内。

建筑策划中的预评价与使用后评估环节比较　　表 2-20

	建筑策划中的预评价	使用后评估（POE）
定位	建筑策划过程中的一个环节	建筑物投入使用之后
对象	建筑策划的构想模型	当前投入使用的建筑
目的	对当前的建筑策划的空间构想进行反馈修正	反映现有问题，为下一步策划提供参考，完善建筑规范标准
内容	参考同类建筑的使用后评估结果，针对策划构想的空间性能	针对已建成建筑的建设、经济、社会、管理等各方面进行评估分析
操作者	建筑师和策划师为主	使用后评估机构

因而，虽然使用后评估为建筑策划中的预评价提供了内容和技术方法的参考借鉴，其分析成果也是保证预评价合理客观的必要条件之一，我们仍要看到预评价在建筑策划日益重要的当下所具有的独特性。只有在不同的定位范围内，二者各司其职，才能够不仅让建筑策划运行顺利，还能保

证建筑全生命周期从城市规划到最后投入使用运营和再回收利用的这个循环过程的良性发展。

3. 预评价在中国建筑策划实践的意义与应用

数往知来，建筑策划在我国经历了数十年的发展，经过学术研究、专家探索和市场实践，已经取得了令人瞩目的成果。但是，建筑策划领域不论是在理论还是实践领域都还发展得不够完全成熟，有待更多的研究和思考对其进行补充和完善。建筑策划中的预评价的提出不仅影响建筑策划内部的构想修正，同时它的通过预测和评价来反馈原有构想的主导思想也同样适用于对城市设计、经济评价、建筑设计等不同领域的反馈和自我修正，进而有利于建筑的全生命循环周期朝着良性的方向发展。

与此同时，在跨学科领域发展的影响下，建筑策划中的预评价也变得更加社会化和综合化，具有更加广泛的外延领域，涉及包括建筑物理、心理、社会、经济、政治等等性能在内的各个层面，所以，和使用后评估一样，能够完成并且操控预评价的操作者也不是局限在建筑师这个有限的专业团队里面。在使用后评估领域，目前国外不少城市均成立了使用后评估机构，从更为专业并且广泛的角度对建筑使用后性能进行分析，并将其成果转化为各个环节的专业人员所用。建筑策划领域也需要对其内核预测环节进一步加强，通过建立专家咨询平台，将实地调研所得与社会经验相结合，切实有效地进一步完善对建筑策划概念构想及程序的反馈与修正。

3　方法与工具

建筑策划作为国际化职业建筑师的基本业务之一[①]，其相关理论知识已成为建筑学理论的基本组成部分，多学科融合的建筑策划方法的掌握也将成为当今职业建筑师的一项基本技能。[②]经历了几十年的实践与发展，传统策划方法已经逐渐走向成熟。同时，随着信息时代的深入发展，大量的数据资源以及信息的共享，使得建筑策划方法在结合建筑工作自身特点的基础上与其他有关学科的发展也始终保持着密切的联系。一方面，在建筑策划的工具层面，自计量制图迅速转变成计算机辅助协同设计以来，调查问卷从人工现场随机采集手工录入逐渐被在线调查数据库所取代，问题搜寻的“棕色纸幕墙”也正在被各种可视化工具所代替，传统的单个文件数据库逐步变成了集成建筑策划信息模型系统；另一方面，模糊数学的发展以及大数据技术的兴起，使得传统的建筑策划方法的理念发生了转变。原本刻意追求精准的决策理念由于模糊决策理论的出现和引入，使得传统决策方法事实上不可能精准的风险得以降低。小数据时代以有限样本数和低纬度数据寻求对问题和信息的简化进而追求精准统计的方法瓶颈被大数据全样本论证方法所突破，方法更新使得建筑策划对问题的界定和信息条件的认知更加准确，使效能大幅度提高。在这个转变的过程中，建筑策划采用融合其他多学科的研究方法，从策划方法理念和策划技术等方面探索出了新的研究视角。

建筑策划研究解决的是建筑设计的底线问题，在决策这些边界条件的过程中会涉及较多定量和定性的分析方法，而这些方法融合了管理、数学、计算机等相关学科领域的知识。因此，从建筑学整体学科体系来看，建筑策划是最适宜多学科交叉研究的焦点之一，是一个追求科学理性的阶段，实现了一个从“混沌”到“清晰”的过程。相对于设计过程的感性与创造力而言，建筑策划更加追求客观全面的决策认知、科学理性的决策过程与均衡全面的决策结果。

实践总结得出，建筑策划的方法模式为：从事实学的实态调查入手，获取第一手的关于人们使用空间的行为特征及要求，进而，以规范学的既有经验、资料为参考依据，对实态调查的数据进行比较分析和统计，然后，运用现代技术手段及跨学科方法进行综合分析论证，最终实现建筑策划的方法结论，并在此基础上进行空间构想、预测和评价（图 3-1）。

因此，本章从“基础调查”、“项目分析”、“决策评价”三个方面展开方法的解析和探讨。其中，基础调查侧重于基于后评估的现状调查及资料分析；项目研究分析主要关注项目本身的潜力、问题及需求分析；决策评

① 美国国家建筑科学研究所（NIBS）编写的《建筑整体设计导则》（WBDG）中将设计学科分为14个部分，建筑策划是其中一个独立的环节。

② 截至2014年，《国际建筑师协会关于建筑实践中职业主义的推荐国际标准》的17项政策之一“实践范围”一项中明确了“建筑策划”是建筑师需提供的7项专业核心服务之一。这7项专业核心服务分别是项目管理、建筑策划、施工成本控制、设计、采购、合同管理、维护和运行计划等。

价则侧重于建筑策划的决策生成过程，并对初步形成的任务书或空间构想展开预评价。

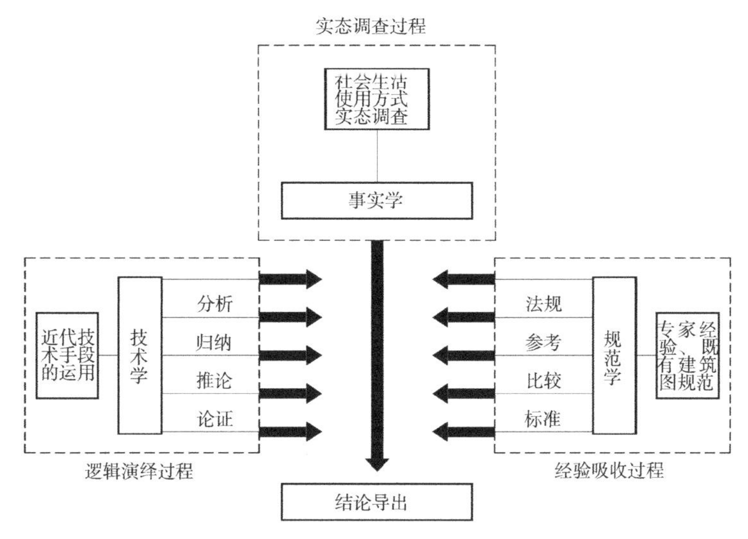

图 3-1 建筑策划的方法模式

3.1 基础调查

3.1.1 空间矩阵

建筑策划流程中的一个重要方面是收集和分析业主或使用者的组织结构、理念、工作流程和它们对应的空间功能关系，其目的是确定业主或使用者内部不同使用群体的相邻条件。矩阵法是一种对建筑空间功能关系进行分析的方法，通过构造相邻关系图、相关系数矩阵进而生成空间关系矩阵，以清晰明确地表达出各功能空间之间的紧密程度。

在进行建筑策划时，设计师可以使用问卷调查法对不同的群体进行调查，以了解不同群体和不同功能之间的相邻关系。相邻关系可以用相邻关系图记载，并以不同程度的描述（例如重要、想要、可要、无所谓）来衡量。

相关分析是测度事物间统计关系强弱的一种方法，旨在衡量变量之间相关程度的强弱，例如血压与年龄、子女身高与父母身高、高层建筑核心筒面积与标准层面积、建筑设备所占面积与总面积等。在建筑策划中，通过对相邻关系的统计和数据处理，可以得出不同功能空间的相关系数。相关系数的绝对值越接近 1，表明两个要素之间相关性越大。相关系数的计算可以使用 SPSSStatistics 数据统计与分析软件，表 3-1 为对多个高层写字楼的各项空间指标进行调查后统计分析形成的各项功能空间的相关系数表，如实地反映了不同指标之间的线性关系。在“3.1.3 多因子变量分析”中也将应用到相关系数的计算。

高层写字楼标准层各功能空间相关系数 表 3-1

相关系数	标准层建筑面积	净高	层高	客梯数	标准层进深	标准层男厕数大	标准层女厕数大	核心筒面积	核心筒和走道建筑面积
标准层建筑面积	—	0.1630(93)	-0.0400(20)	0.2863(100)	0.6545(12)	0.5231(14)	0.5039(13)	0.7406(14)	0.8351(12)
净高	0.1630(93)	—	0.4497(15)	-0.026(112)	0.4842(11)	0.1592(12)	0.1628(10)	0.2241(11)	0.5238(9)
层高	-0.0400(20)	0.4497(15)	—	-0.0102(19)	0.2681(12)	0.6321(13)	0.5166(13)	0.4118(14)	0.4284(12)
客梯数	0.2863(100)	-0.026(112)	-0.0102(19)	—	-0.4189(13)	-0.1548(15)	-0.1748(13)	0.1513(14)	-0.0005(12)
标准层进深	0.6545(12)	0.4842(11)	0.2681(12)	-0.4189(13)	—	0.3921(12)	0.2624(11)	0.2063(12)	0.4219(10)
标准层男厕数大	0.5231(14)	0.1592(12)	0.6321(13)	-0.1548(15)	0.3921(12)	—	0.9124(13)	0.6146(13)	0.5571(11)
标准层女厕数大	0.5039(13)	0.1628(10)	0.5166(13)	-0.1748(13)	0.2624(11)	0.9124(13)	—	0.4817(13)	0.4503(11)
核心筒面积	0.7406(14)	0.2241(11)	0.4118(14)	0.1513(14)	0.2063(12)	0.6146(13)	0.4817(13)	—	0.9835(12)
核心筒和走道建筑面积	0.8351(12)	0.5238(9)	0.4284(12)	-0.0005(12)	0.4219(10)	0.5571(11)	0.4503(11)	0.9835(12)	—

（资料来源：清华建筑设计研究院有限公司对清华科技园高层写字楼项目的策划报告）

为了更清晰地表示出不同功能空间的相互关系，可以将问卷分析结果进一步表示为互动关系的矩阵。在矩阵中以不同的符号表示不同人群或具体规划设计区域之间的相邻关系。图 3-2 为清华科技园区的空间关系矩阵，利用这种方法可清晰地呈现空间的功能联系，以便于建筑师在之后的空间布局中做进一步的设计，避免功能不合理造成的使用上的缺陷。

3.1.2 SD 法——语义学解析法

SD 法的概念在第二章的后评估阶段与工具中有所提及，本节重点结合案例阐述其方法及应用。简而言之，SD 法通过拟定对建筑空间在语义学上的尺度，通过调查获得空间氛围特征的心理、物理参量后，运用数学和统计学的多因子变量分析法进行整理。

1. SD 法的操作要点

1）基本程序。

如图 3-3 所示，包括实验准备及实验运行两部分。其中，实验准备包括空间环境信息量、相关因子轴的设定以及因子轴构成的代表尺度的设定；实验的运行包括寻求代表尺度的评价值，以及确定各因子轴的对应数值。

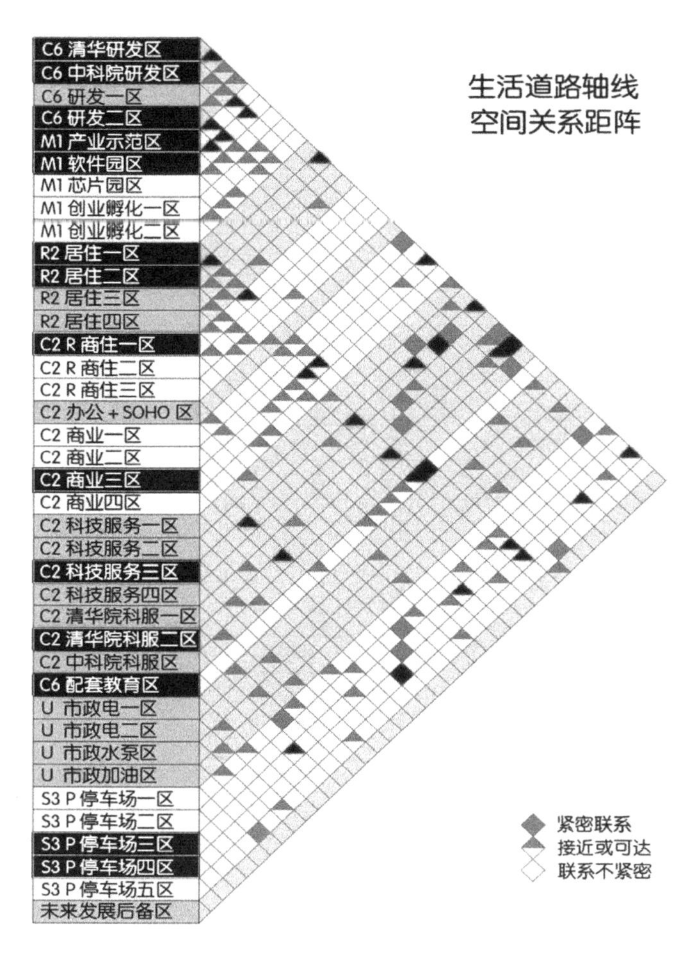

图 3-2　嘉兴科技园空间关系矩阵

2）评定尺度设定

通俗地讲，SD 法相关因子轴的设定和评价尺度的设定就是建筑师根据空间环境的特征和研究目标，运用建筑学的概念和语汇对空间环境的相关信息进行语义学的描述和修辞的过程，即描述空间环境“形容词”的设定过程。比如，这一过程可以从《意大利游记》、《欧洲游记》对建筑空间的生动描述中获得灵感，将研究对象或空间的照片展示给人们，以收集人们由此而联想到的描述空间的形容词。显而易见，对于不同的人，不同的联想甚至截然相反的联想是必然存在的。因此，形容词的设定一般为正义、反义成对地进行，如图 3-4 所示即为评定尺度设定的模式。评定尺度的设定是根据“二级性”（bi-polar）原理进行的，在这一过程中要注意避免那些过于牵强的形容词对的选择和不常用语汇的使用。一般经验认为评定尺度以 5 ～ 7 级，形容词对以 20 ～ 40 对为宜，这样基本上可以对目标空间进行较为全面、客观且可操作的描述和评价了。随着大数据方法和计算机统计工具的发展，通过互联网大数据检索提取海量形容词进行语义评定已经应用于建筑策划领域，但本质上仍然是 SD 法的发展。

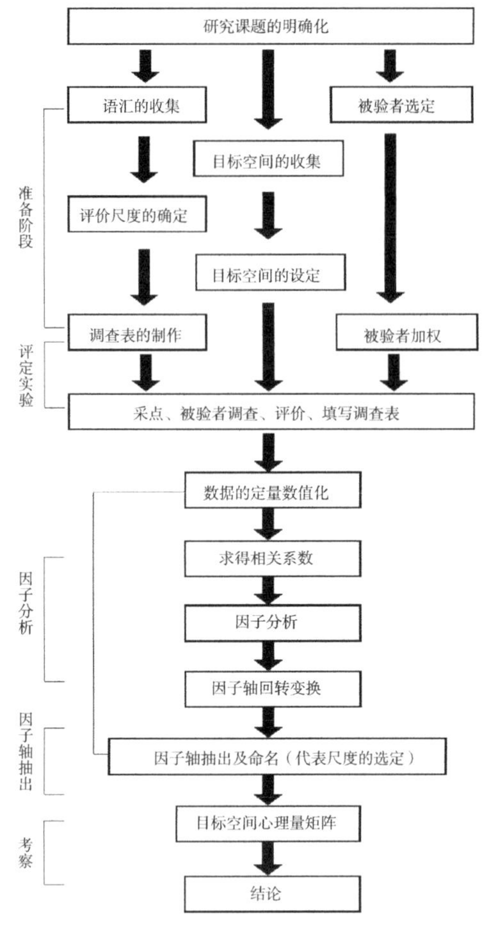

图 3-3　SD 法的基本程序

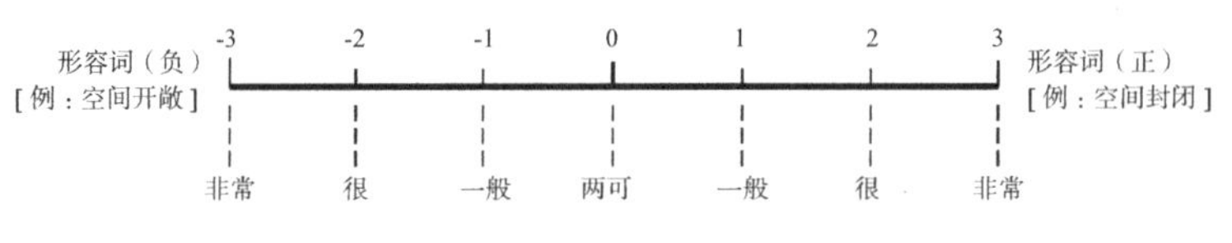

图 3-4　SD 法评定尺度的设定

3）展开评定实验

考虑到加权及概率分布规律，通常选取 20 ~ 50 人展开评定调查为宜。为了便于数据的处理和结果的分析，一般又将被验人群分为年龄组、性别组、专家组及非专家组等。对于一般非建筑专业的被验者而言，需要着重考虑正确引导被验者对目标空间进行体验和描述。建筑师在这里要指导被验者掌握评定尺度，向被验者解释描述目标空间的各物理量、心理量的含义及完成调查表的方法。调查表完成之后，要将各调查表中偏差最大的值去掉，而后将所有表格绘出曲线，排列在一起，求出它们的平均值，如图 3-5 中的粗线，这条曲线即是该目标空间的物理量、心理量评价的平均变化曲线。此后，就可以以此对所收集的数据进行因子分析了。

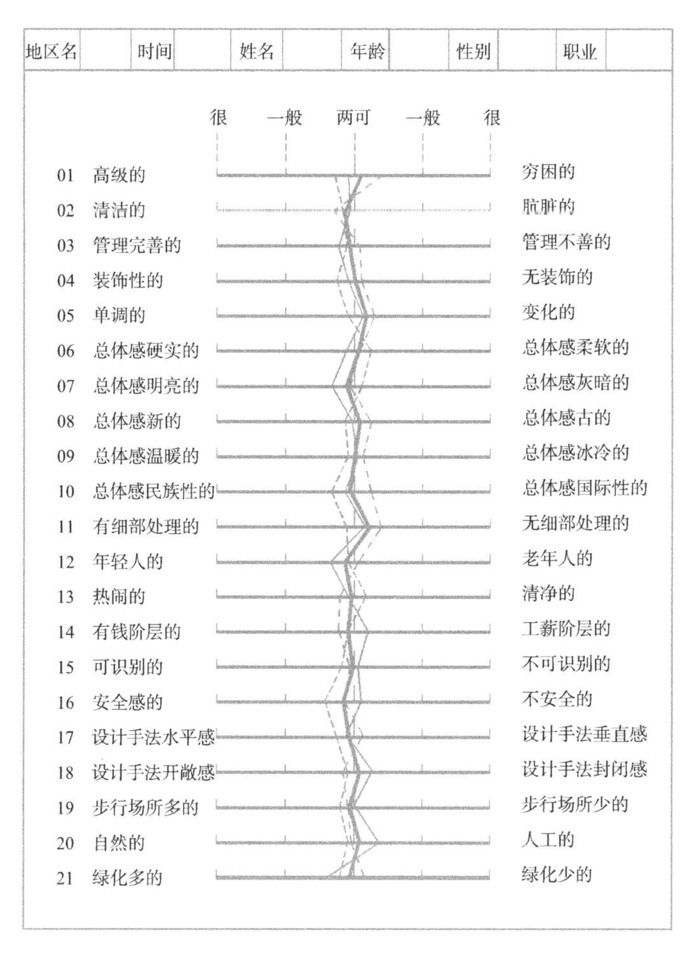

图 3-5　SD 法调查表例

4）因子分析及因子轴输出

运用统计软件，可以对调查表的数据进行多因子变量分析，对目标空间的尺度设定量进行全方位的分析和读解。进一步还可列出因子负荷量表。以因子负荷量的大小顺序排列，而后考察因子轴构成的尺度，并加以命名，选定代表尺度。横轴代表目标空间，将代表尺度的各因子值记入，即可得到空间环境的心理量和物理量的相关矩阵。根据矩阵的分布可以对目标空间的 n 次元心理量、物理量进行评价。

SD 法在建筑策划中用于目标的确定，性质规模（广义空间概念）的确定，内外部条件的调查——社会环境、自然环境、景观、空间的物理量、心理量的分析，空间的构想——动线、空间比例、空间形式等环节的设定，为最终建筑策划报告书的制成作理论和技术的准备。

2. SD 法的调查程序

下面以笔者在日本国立千叶大学留学时参与的住宅区策划研究中对居住空间品质进行策划研究的部分成果为例，展示运用 SD 法进行空间评价策划的全过程分析。

1）调查对象及尺度拟定

该调查以住宅室内空间构想的 23 个样本为基础，对住宅室内空间有关方面的物理量进行的考察和分析。样本共性为公共住宅（标准家庭 50 ~ 60m^2、单身住宅 30 ~ 40m^2），包括 10 个不同室内空间风格的样本及 13 个不同空间结构形制的样本。

评价设定了 7 个尺度，包括：

（1）宽裕度：宽松的—紧迫的；

（2）量感：简洁的—复杂的；

（3）开敞度：开敞的—封闭的；

（4）设计感：可感的—不可感的；

（5）时间感：新的—旧的；

（6）都市感：都市感的—乡村感的；

（7）好感度：喜欢—厌恶。

2）定量评价

以上述 23 个样本为对象，对应于上述 SD 尺度的各项进行 5 级式评定实验。由对被验者的调查获得数据，每个样本在每个尺度上的得分可通过平均值计算得出（表 3-2）。根据综合平均值表，可以得出全体被验者对这 23 个样本的综合评价实态图像，如图 3-6 所示。

每个样本的调查结果平均值表 **表 3-2**

项目 因子	样本											
	1	2	3	4	5	6	7	8	9	10	11	12
宽松感	−0.57	1.05	1.03	0.51	−0.38	−0.72	−1.34	−0.81	−0.46	−0.51	0.19	−0.27
简洁感	−0.59	−1.00	0.28	0.89	−0.30	−1.47	−1.34	0.49	−0.54	0.70	0.14	0.54
开敞感	0.24	−0.19	−0.49	0.22	−0.92	−0.81	−0.82	−0.38	−0.86	−0.86	0.73	−0.68
可感度	−0.11	−0.54	−0.22	0.19	−0.49	0.89	−0.80	0.05	−0.68	0.03	0.24	−0.62
新旧度	−0.03	−1.05	−0.87	−0.03	−0.32	0.78	−0.31	0.41	−0.32	0.54	0.49	−0.51
都市感	−0.62	−1.11	−0.84	−0.38	−0.51	−0.89	−0.17	0.27	0.00	0.70	0.41	−0.51
好感度	−0.46	0.24	0.76	0.68	−0.32	−0.56	−0.94	−0.27	−0.49	−0.11	0.43	−0.41

项目 因子	样本											综合平均值
	13	14	15	16	17	18	19	20	21	22	23	
宽松感	0.19	0.27	−0.49	−0.78	0.38	0.78	0.05	0.19	0.30	0.24	−0.30	−0.06
简洁感	−1.27	0.19	−1.03	−0.84	0.75	1.03	−0.32	−0.46	−0.16	−0.03	−0.35	−0.25
开敞感	−1.16	0.41	−0.81	−1.24	1.03	1.04	−0.54	−0.51	−0.05	−0.57	−0.78	−0.35
可感度	−0.38	−0.32	−0.92	−0.51	0.59	0.43	−0.68	−0.32	−0.19	−0.54	−0.30	−0.30
新旧度	−0.78	−0.51	−0.73	−0.32	0.38	0.17	−0.86	−0.24	−0.46	−0.51	−0.19	−0.30
都市感	−0.70	−0.59	−0.73	−0.19	0.30	0.24	−0.76	−0.62	−0.70	−0.76	−0.16	−0.36
好感度	−0.03	0.32	−0.65	−0.68	0.81	0.73	−0.32	0.08	0.19	−0.08	−0.22	−0.05

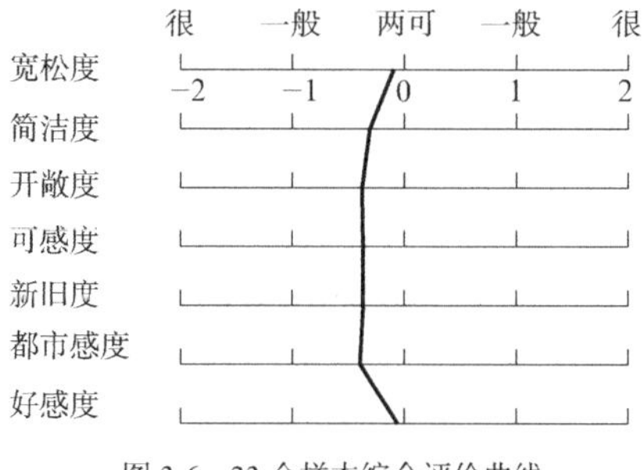

图 3-6　23 个样本综合评价曲线

下文列出了23个样本各自的评价曲线及解析（因子名称略）（图3-7 ~图 3-29）。

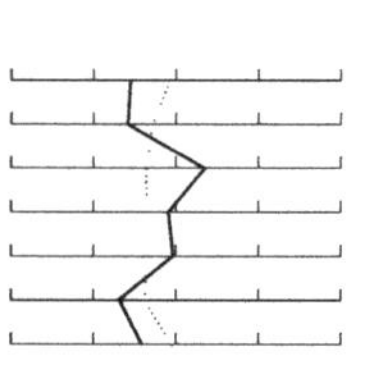

都市旅馆式的室内空间。
都市的、简洁的、封闭的、可感度低的室内空间印象。

图 3-7　样本 1：都市旅馆式

功能主义的、表现主义的室内空间。
都市的、简洁的、略紧迫且不够开敞的室内空间印象。

图 3-8　样本 2：功能美式

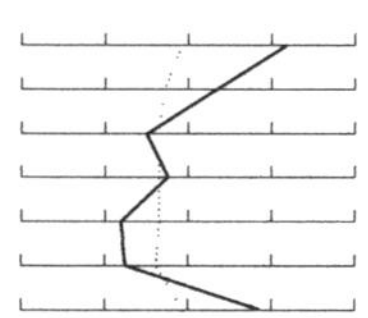

现代与通俗艺术的室内空间。
都市的、新潮的、紧迫的、复杂的室内空间印象。

图 3-9　样本 3：现代通俗艺术式

艺术品、作品陈列的室内空间。
都市的、复杂的、封闭且不够新潮的室内印象。

图 3-10　样本 4：艺术博览式

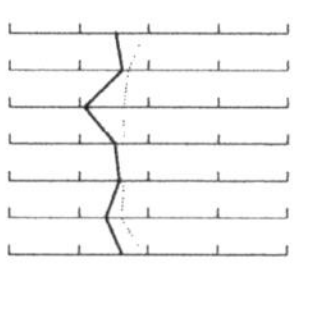

立体自由的、陈列式的室内空间。
开放的室内空间印象。

图 3-11　样本 5：阁楼风格式

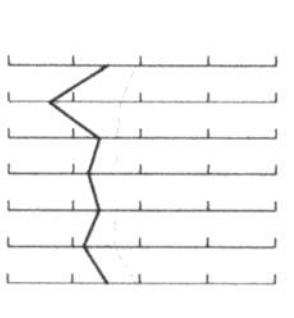

简洁的、冷色调的室内空间。
都市的、简洁的、开敞的、宽松的室内印象。

图 3-12　样本 6：冷色调式

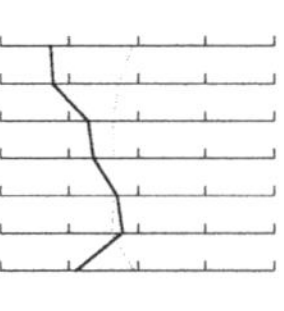

简洁的、暖色调的室内空间。
特别宽松的、简洁的、开敞且有一定可感度的室内印象。

图 3-13　样本 7：暖色调式

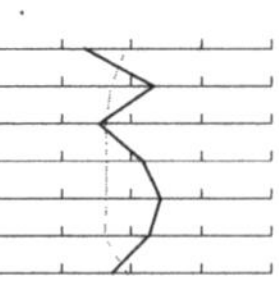

将自然携入生活的、宽松的室内空间。
宽松的、开敞的、复杂而有生机的室内印象。

图 3-14　样本 8：绿色自然式

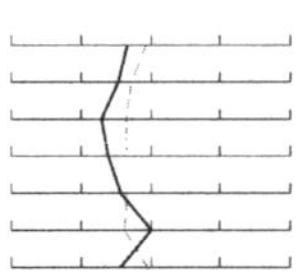

白墙蓝天的遐想、干燥气氛的室内空间。
开敞的、可感的、简洁而宽松的室内印象。

图 3-15　样本 9：地中海式

异国情调的室内空间。
开敞的、宽松的、无都市感的、传统复杂的空间印象。

图 3-16　样本 10：异国情调式

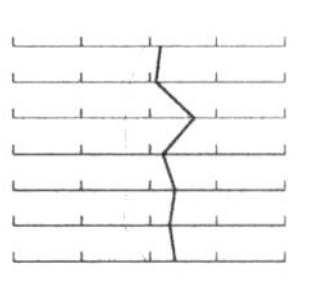

规整的室内空间。
封闭的、传统的、都市感弱的室内印象。

图 3-17　样本 11：容器状围合空间 I

单柱式规整的室内空间。
较开敞的、复杂的室内空间印象。

图 3-18　样本 12：容器状围合空间 II

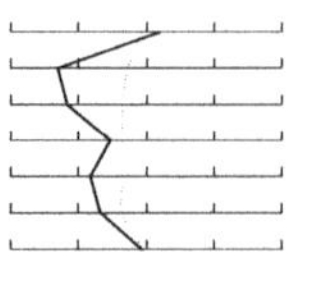

形状鲜明的立柱式大空间。
简洁的、开敞的空间印象

图 3-19　样本 13：容器状围合空间 III

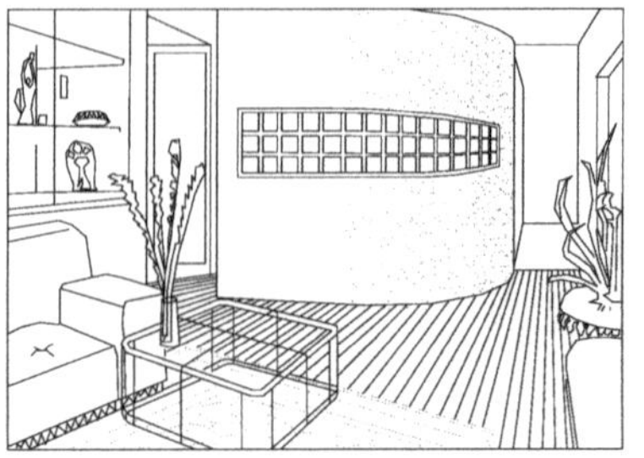

曲面围合的室内空间。
封闭的、复杂的室内空间印象。

图 3-20　样本 14：曲面状分区空间

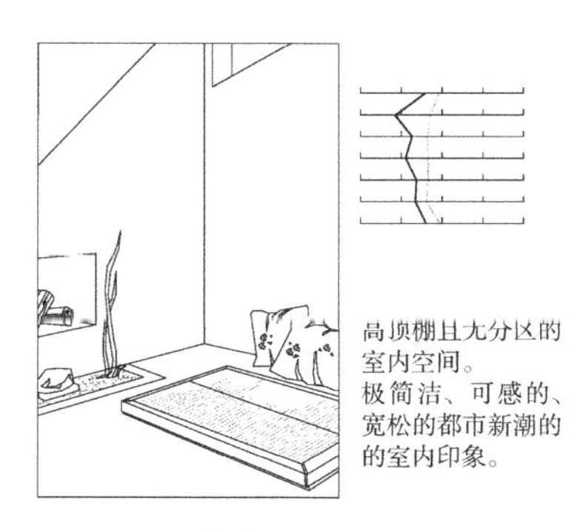

高顶棚且无分区的室内空间。
极简洁、可感的、宽松的都市新潮的的室内印象。

图 3-21　样本 15：高顶棚空间

明朗的、开敞的室内空间。
开敞、宽松而简洁的室内空间印象。

图 3-22　样本 16：地坪高差变化的空间

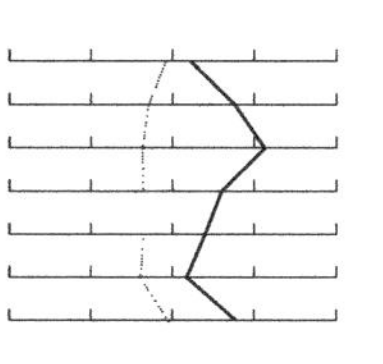

地坪不规则变化的室内空间。
极封闭的、紧迫而复杂的室内空间印象。

图 3-22　样本 17：形状不明确的空间 I

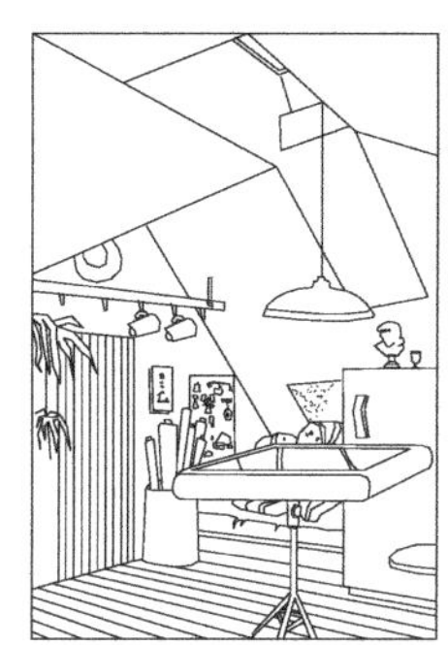

顶棚变化的、不规则的室内空间。
封闭的、复杂的、紧迫的室内空间印象。

图 3-23　样本 18：形状不明确的空间 II

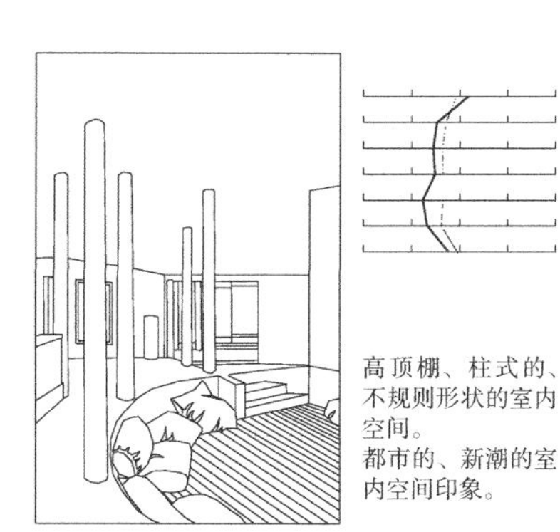

高顶棚、柱式的、不规则形状的室内空间。
都市的、新潮的室内空间印象。

图 3-25　样本 19：形状不明确的空间 III

单柱式、不规则的室内空间。
都市感的、开敞的的室内空间印象。

图 3-26　样本 20：形状不明确的空间 IV

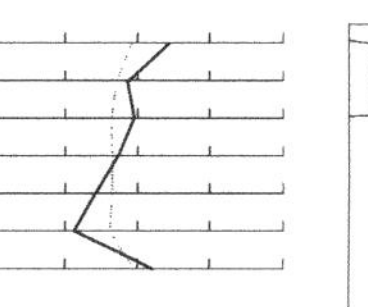

短墙分隔的、流通的室内空间。
都市的、开敞新潮的室内空间印象。

图 3-27　样本 21：短墙分隔的空间

较大地坪高差、形状不规则的室内空间。
都市的、开敞新潮的室内空间印象。

图 3-28　样本 22：大地坪差的空间

图 3-29　样本 23：无地坪差的高大空间

3）多因子变量分析

通过统计软件可得出因子相关矩阵表（表 3-3）和因子负荷量表（表 3-4）。在相关矩阵表中，相关度的高低反映在表中相关系数上，系数越高，相关度越大。因此可以看出，①宽松感和好感度的相关系数较高，是一组相关因子，标记为 1 因子组；②都市感、新旧度和可感度是一组相关因子，标记为 2 因子组；③开敞感与简洁感也是一组相关因子，标记为 3 因子组。

在因子负荷量表中找出 1 因子组、2 因子组、3 因子组的最大值对应的 SD 因子项（通常选超过 0.5 的值项），而后与因子相关矩阵表相比较，可知“宽松感”和“好感度”在 1 因子组下负荷量最大，可感度、新旧度和都市感在 2 因子组下最大，而简洁感和开敞感在 3 因子组下最大。故可将宽松感和好感度这组相关因子命名为第Ⅰ因子组——宽松好感因子组；将都市感、新旧度和可感度这组相关因子命名为第Ⅱ因子组——都市性因子组；而将开敞感和简洁感这组因子命名为第Ⅲ因子组——开敞性因子组。根据前一因子负荷量表，将它们按负荷量大小重新排列后，可得到调整顺序后的因子负荷量表（表 3-5）。

因子相关矩阵表　　表 3-3

项目因子	宽松感	简洁感	开敞感	可感度	新旧度	都市感	好感度
宽松感	1.000	0.3753	0.3063	0.3561	0.0762	0.0952	0.6671
简洁感	0.3753	1.000	0.4752	0.4394	0.3425	0.3114	0.4674
开敞感	0.3063	0.4752	1.000	0.3049	0.4238	0.3167	0.4425
可感度	0.3561	0.4394	0.3049	1.000	0.5351	0.5180	0.4262
新旧度	0.0762	0.3425	0.4238	0.5351	1.000	0.7330	0.3249
都市感	0.0952	0.3114	0.3167	0.5180	0.7330	1.000	0.3549
好感度	0.6671	0.4674	0.4425	0.4262	0.3249	0.3549	1.000

因子负荷量表 **表 3-4**

项目因子	1 因子组	2 因子组	3 因子组
1. 宽松感	0.819725	-0.010139	0.110233
2. 简洁感	0.397883	0.253691	0.501273
3. 开敞感	0.298792	0.305135	0.569501
4. 可感度	0.434399	0.504972	0.360446
5. 新旧度	0.066597	0.826050	0.239746
6. 都市感	0.125375	0.847981	0.059089
7. 好感度	0.754646	0.273317	0.2355491

调整顺序后的因子负荷量表 **表 3-5**

	因子组名	评价项目	I	II	III
I	宽松好感因子	宽松的—紧迫的	0.819725	-0.010139	0.110233
		喜欢的—厌恶的	0.754646	0.273317	0.2355491
II	都市性因子	都市感—乡村感	0.125375	0.847981	0.059089
		新的—旧的	0.066597	0.826050	0.239746
		可感的—不可感的	0.434399	0.504972	0.360446
III	开敞性因子	开敞的—封闭的	0.298792	0.305135	0.569501
		简洁的—复杂的	0.397883	0.253691	0.501273

4）室内空间的认知图式及样本组合分类

依据调整顺序后的因子负荷量表，可以抽出Ⅰ、Ⅱ、Ⅲ三个心理因子轴，来对目标空间进行评价和分析。在此基础上，可得出每个室内空间样本对于所抽出的因子轴的因子得点表。因子得点表表示各室内空间（样本）对于各个因子轴的倾向程度。得点高，倾向度大，反之，倾向度小。以两两因子轴作为横纵坐标所绘制的空间认知坐标图以得点的分布直观地描绘出了各室内空间（样本）的倾向性（图 3-30 ~ 图 3-32）（为适应一般规定，坐标图中描点的正负恰与因子得点表中的值相反）。

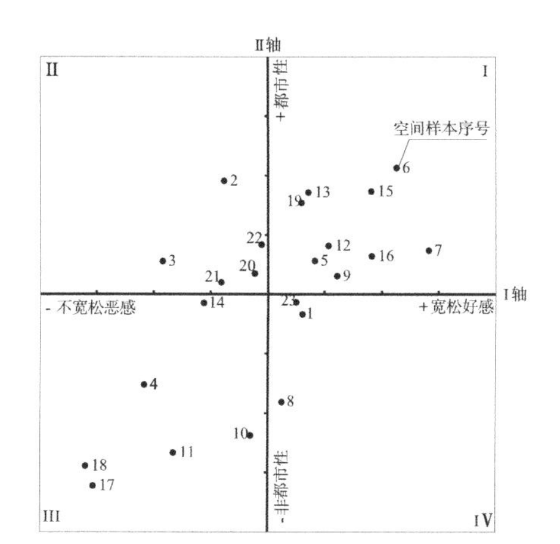

图 3-30　I-II 轴空间认知坐标图

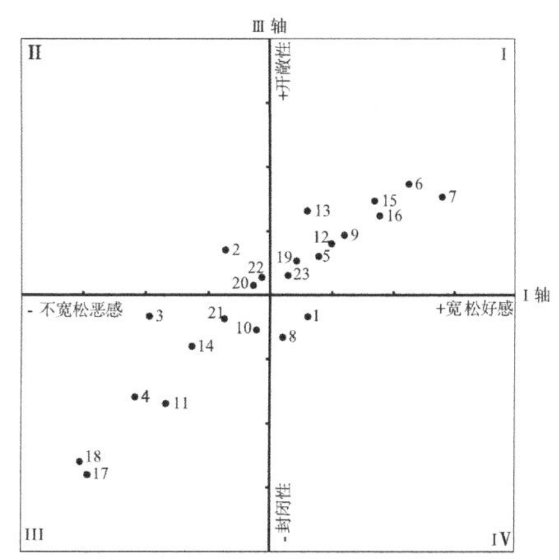

图 3-31　I-III 轴空间认知坐标图

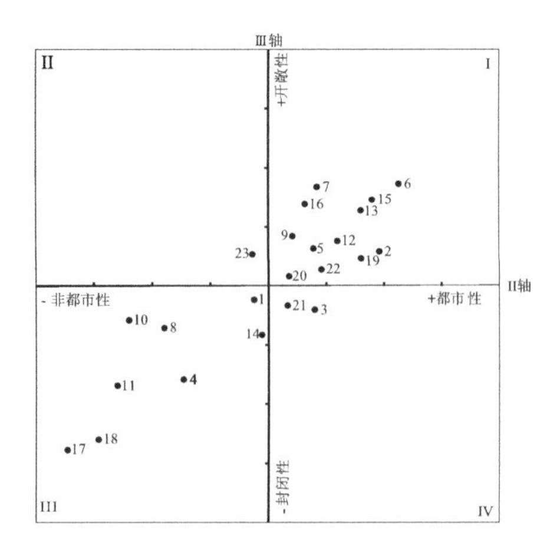

图 3-32 II-III 轴空间认知坐标图

从图中可以看出，都市感低且宽松好感度高的室内空间几乎不存在，开敞性与宽松好感度成正比，开敞性与都市性成正比关系。根据空间认知坐标图，按各空间样本得点的分布距离的远近进行组合化，可以对 23 个样本进行进一步的归纳组合（图 3-33）。组合化后分析可知：

I 组（6，15），最具都市感和开敞性，好感度最高；

II 组（7，16），最具开敞性，好感度较高；

III 组（2，13，19），最具都市性，好感度适中；

IV 组（5，9，12），兼具都市性和开敞性，好感度适中；

V 组（3），具有都市性，但封闭、复杂，好感度低；

VI 组（1，23），都市性和开敞性较弱，好感度较低；

VII 组（20，22），较具都市性，好感度一般；

VIII 组（14，21），具有都市性，但封闭紧迫，好感度较低；

IX 组（8，10），具有开敞宽松感，好感度一般；

X 组（4，11，17，18），平均指标及好感度最低。

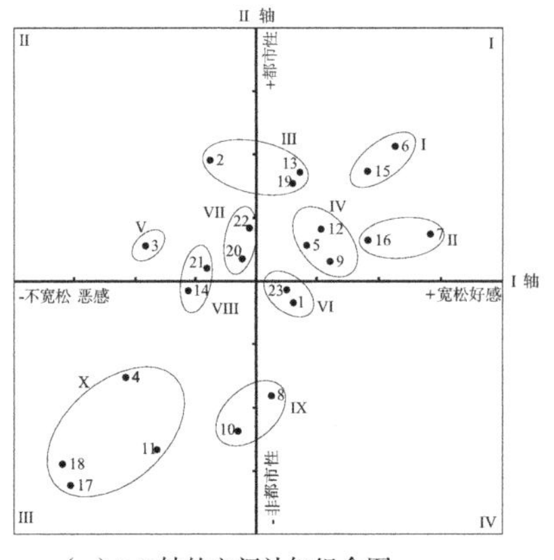

（a）I-II 轴的空间认知组合图

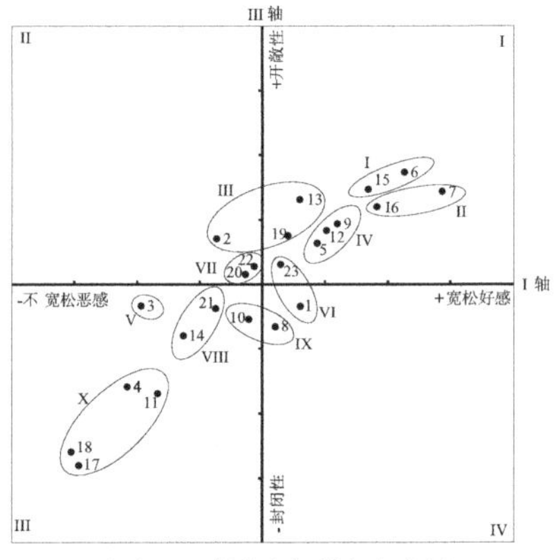

（b）I-III 轴的空间认知组合图

图 3-33 样本的组合分类（1）

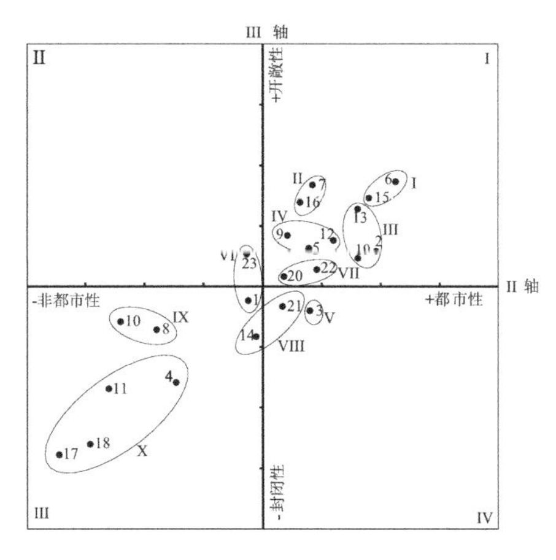

（c）II-III 轴的空间认知组合图

图 3-33　样本的组合分类（2）

3.1.3　多因子变量分析及数据化

多因子变量分析及数据化法主要对应于上一节 SD 法，其原理在第二章的后评估阶段工具中已有阐述。这类方法在建筑及其他相关领域的运用已经有很长的时间，但随着大数据的出现，人们开始对数据分析方法又有了新的认识。

为了更加直观地了解和掌握这一方法，我们下面引用某中学初中二年级 23 名学生期末考试成绩的因子分析研究案例来对其基本方法加以论述。

以某中学初中二年级某班为例，该班级学生 23 名，在期末考试后，对他们的语文、数学、英语、政治、物理、地理、历史和生物共八门课程，以满分为 100 分来进行成绩的因子分析并进行数据的评价。选用的分析工具为 SPSS。首先，将 23 名学生视为调查样本个体从 1 ~ 23 进行编号，将八门课程的成绩录入 SPSS。这些数据直观上看不出规律，我们可以通过多因子变量分析对其八门学科变量进行分析。生成的分析结果首先包含相关矩阵（表 3-6），是对八门学科相关性的分析。

从表中可以看出，数学和物理、历史和语文、历史和地理课程之间的成绩相关性较高。但是仅从相关系数并不能得出学生成绩的影响因子及其比重。通常，如果所有变量之间的相关性都很低（例如都低于 0.3），就不适合进行因子分析。因子分析可行性还可以用 KMO 和 Bartlett 检验（表 3-7）。通常，如果同时满足取样足够度大于最低标准 0.5，球形检验 Sig. 值小于 0.001，说明该组数据适合进行多因子变量分析。本案例中上述条件均可满足，可以进行因子分析。

接下来，我们可以对数据展开主成分分析。主成分分析是将多个指标化为少数几个不相关的综合指标，并对综合指标按照一定的规则进行分类的一种多元统计分析方法。这种分析方法能够降低指标维数，浓缩指标信

相关矩阵表 表 3-6

		CHINESE	MATH	ENGLISH	POLITICS	PHYSICS	GEOGRAPHY	HISTORY	BIOLOGY
相关	CHINESE	1.000	-0.016	0.296	0.354	0.117	0.313	0.572	0.179
	MATH	-0.016	1.000	0.330	0.031	0.590	0.480	0.245	0.361
	ENGLISH	0.296	0.330	1.000	0.349	0.480	0.148	0.291	0.203
	POLITICS	0.354	0.031	0.349	1.000	0.016	0.485	0.473	-0.098
	PHYSICS	0.117	0.590	0.480	0.016	1.000	0.462	0.100	0.389
	GEOGRAPHY	0.313	0.480	0.148	0.485	0.462	1.000	0.593	0.157
	HISTORY	0.572	0.245	0.291	0.473	0.100	0.593	1.000	0.367
	BIOLOGY	0.179	0.361	0.203	-0.098	0.389	0.157	0.367	1.000

KMO 和 Bartlett 球形检验结果 表 3-7

取样足够度的 Kaiser-Meyer-Olkin 度量		0.506
Bartlett 的球形度检验	近似卡方	65.325
	df	28
	Sig.	0.000

息，将复杂的问题简化，从而使问题分析更加直观有效。在例子中，我们可以看到由于八门学科只有八个变量，因而最多需要八个因子即可 100% 地表征原变量，但是当因子更多且相互关联时，主成分提取因子可以更好地进行归纳和区分。在实际应用中，通常我们选择特征根值大于 1 的主成分作为公共因子，这可以通过 SPSS 软件运行提取。

本例中提取两个公共因子（因子 1 和因子 2），累计贡献率达到 60%。下一步，展开研究不同的原始变量在该因子上的载荷分析，载荷相似的变量可以归为一类。通过因子载荷矩阵（表 3-9）可以解释各项因子的意义。在本例中，旋转前的载荷在因子上的解释不明显，因而对其进行了旋转，得到旋转因子载荷矩阵（表 3-10）。在旋转因子载荷矩阵中，历史、政治和语文在因子 1 上有较大的载荷而在因子 2 上载荷较小，物理、数学、生物在因子 2 上载荷较大而在因子 1 上载荷小，因而结合对学科的理解，我们可以将因子 1 称为“人文因子”，将因子 2 称为“科学因子”。地理和英语两门学科在这两个因子上的载荷相当，这也符合我们对学科属性的认知。

我们可以进一步将八个学科变量在旋转空间的因子载荷坐标系中绘出，更加直观地看到不同学科变量与因子的关系（图 3-34）。

主成分列表 表 3-8

成分	初始特征值			提取平方和载入			旋转平方和载入		
	合计	方差的 %	累积 %	合计	方差的 %	累积 %	合计	方差的 %	累积 %
1	3.124	39.055	39.055	3.124	39.055	39.055	2.407	30.092	30.092
2	1.646	20.569	59.624	1.646	20.569	59.624	2.363	29.533	59.624
3	0.989	12.362	71.987						
4	0.918	11.472	83.458						
5	0.548	6.849	90.307						
6	0.405	5.061	95.369						
7	0.263	3.287	98.656						
8	0.108	1.344	100.000						

提取方法：主成分分析。

因子载荷矩阵 表 3-9

成分矩阵 a		
	成分	
	1	2
GEOGRAPHY	0.767	-0.104
HISTORY	0.749	-0.403
PHYSICS	0.634	0.593
MATH	0.616	0.569
ENGLISH	0.606	0.094
CHINESE	0.558	-0.496
BIOLOGY	0.488	0.406
POLITICS	0.526	-0.614

提取方法：主成分。
a. 已提取了 2 个成分。

旋转因子载荷矩阵 表 3-10

旋转成分矩阵 a		
	成分	
	1	2
HISTORY	0.819	0.232
POLITICS	0.805	-0.075
CHINESE	0.746	0.033
GEOGRAPHY	0.623	0.459
PHYSICS	0.042	0.867
MATH	0.046	0.838
BIOLOGY	0.067	0.631
ENGLISH	0.369	0.489

提取方法：主成分。
旋转法：具有 Kaiser 标准化的正交旋转法。
a. 旋转在 3 次迭代后收敛。

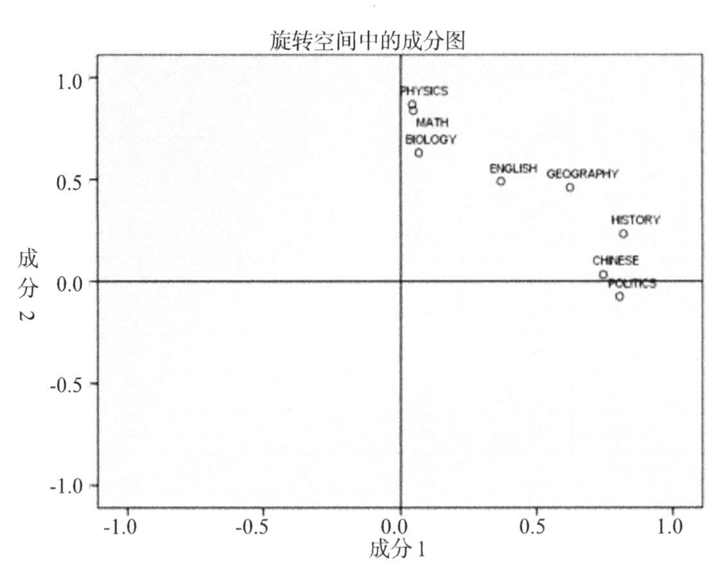

图 3-34 旋转空间因子载荷坐标图

提取出人文因子和科学因子后，可以得到不同学科对不同因子的贡献值，用因子得分系数来表示（表 3-11）。借助此表我们可以将每一个学生的八门课程成绩分别与课程对应的得分系数相乘求得学生成绩因子得数，对每一个学生在人文因子和科学因子方面进行评估。SPSS 在因子成分解析中已经自动生成了因子得分系数，我们将其绘制在因子坐标系中，可以得到每一个学生的成绩因子坐标图（图 3-35）。在图中可以看出，每一个学生在人文与科学方面的擅长程度不同，这一结果对学生未来专业的选择具有一定的帮助。

因子得分系数表 **表 3-11**

成分得分系数矩阵		
	成分	
	1	2
CHINESE	0.338	-0.092
MATH	-0.099	0.385
ENGLISH	0.099	0.176
POLITICS	0.381	-0.151
PHYSICS	-0.105	0.400
GEOGRAPHY	0.220	0.125
HISTORY	0.343	-0.009
BIOLOGY	-0.060	0.286

提取方法：主成分。
旋转法：具有 Kaiser 标准化的正交旋转法。
构成得分。

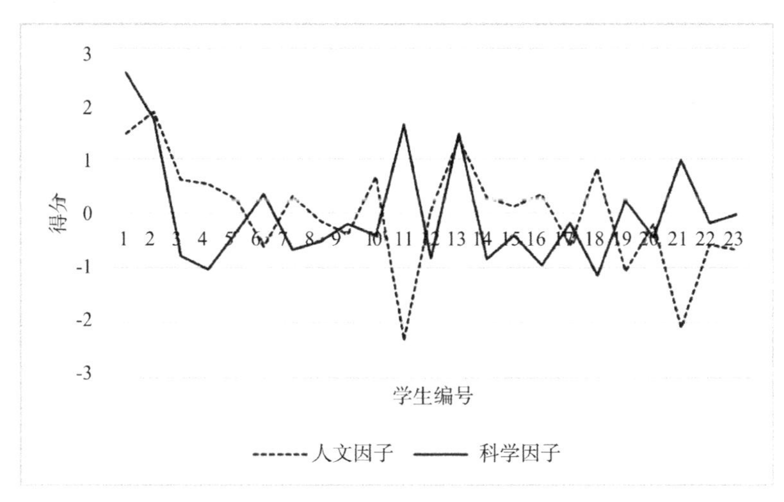

图 3-35　每个学生成绩因子得分坐标图

上述只是为了说明因子分析的方法而举的一个分析实例。对于建筑策划中各环节的构想、预测和评价，均可以通过对由 SD 法而获得的数据进行同样的多因子变量分析而得到。通过这个实例可以看出，多因子变量的分析可以为建筑策划的方法论提供直观且逻辑的数据分析和判断，它是建筑策划方法论中重要的实验手段之一。

3.1.4　多元数据环境及集成数字分析方法

传统的调查研究方法在建筑策划和后评估的研究中对于研究使用者的行为模式都发挥了非常重要的作用。其优势在于调查人员能够直观地掌握第一手的资料和信息，但同时也存在一定的局限性，如样本采集耗费工时过长、调研环节监控难、调研信息结果难以二次验证等。

当前城市发展已进入了信息和新技术革命时代。从信息论的观点来看，信息性是客观世界的物质属性、能量属性之外的第三种属性，它是物质的普遍属性。任何物质都载有信息并发出信息。如果说建筑策划是对建筑相关的信息进行收集、处理、认知与利用的过程，而信息是指世界中事物的特性、状态、变化规律与相互关系，那么数据则是指可被计算机识别或者运算的信息。多源数据平台将为建筑设计和建筑策划过程中对空间及其他相关信息的认知、关联及规律发掘提供重要的手段。

大数据的四大特征可以用 4V——Volume 大量性、Velocity 快速、Variety 多样性和 Value 价值来表示。[①] 表 3-12 对比了在这四个方面传统的数据和大数据的差别。大数据技术的战略意义并不是掌握庞大的数据信息

① LANEY D.3D Data Management：Controlling Data Volume，Velocity and Variety[EB/OL].[2001-02-06]. http：//zh. scribd.com/document/362987683/.

本身，而是在于对这些含有意义的数据进行专业化处理，通过数据的加工处理发现数据的意义，实现数据的应用。

传统数据与大数据差异比较 **表 3-12**

	传统数据	大数据
数据体量 Volume	GB，TB 量级	TB，PB 以上
速度 Velocity	数据量相对稳定，增长不快	持续，实时产生数据，增长量高
多样性 Variety	结构化数据为主，数据源不多	结构化、非结构化、音频视频、多维多元数据
价值 Value	统计价值，报表的形成	数据挖掘、分析预测、决策

传统的数据分析建立在目标和结果的假定之上，对所选样本和获得的数据要进行预处理，通过少量有代表性的数据以证实目标，这就导致了样本可能偏颇性强，一些重要信息和发现可能被遗漏。大数据则通过接收混杂性数据避免了原始分类错误带来的影响，不需要在数据收集之前将分析建立在预先设定的少量假设的基础上，而是通过大量数据本身得出结果。

基于多源数据平台的大数据收集在使用后评估领域对于信息的获取与处理、环境和建筑问题的搜寻发现、问题相关性的研究以及预测都具有重大的应用价值。由于大数据是对总体数据进行全样本分析，相比于传统调查的随机样本，大数据能够获得更加完整全面的数据（例如特定使用人群的特征、需求和使用规律），通过增加数据量从而提高了分析的准确性，能够发现抽样分析无法实现的更加客观的关联发现，帮助建筑师更准确地了解和把握空间与建筑和环境的演变机制，提高设计的价值和效率。

下面通过中关村科学城典型地区公共空间的研究案例，分析如何使用计算机语言对多源数据进行语义学的统计分析，并借助开源网站数据可视化途径，分析使用者的空间认知及行为。

中关村国家自主创新示范区核心区属于城市存量空间资源。其公共空间规划与利用受到现状条件及周边用地功能布局的极大制约，具有任务多线、主体多元、机制复杂的特点，需要对现状情况及未来需求进行充分摸底。因此，本研究采用基于“大数据空间意象分析 + 创新实体需求调查 + 公共空间现象学实证调查”相结合的方法对中关村科学城公共空间展开详尽调查（图 3-36）。

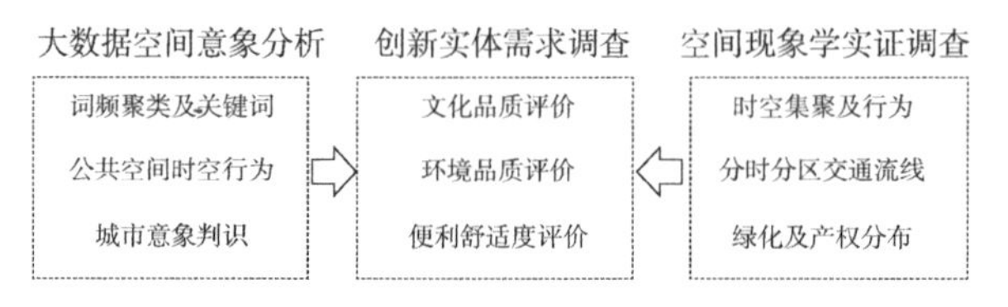

图 3-36 基于多源数据平台的公共空间分析模式

（1）“大数据空间意象分析”。以4万条与中关村科学城相关的点评及微博数据为基础，通过层次聚类和词频分析，整理使用者在中关村科学城典型地段公共空间的时空行为及城市意象。本章节利用R进行数据搜集处理。R是一种计算机语言，也是用于数据分析和统计的软件环境，由R处理得到外部空间描述的词云，并对相关词语进行聚类分析（图3-37 ~图3-39）。

图3-37　界面代码运行截图

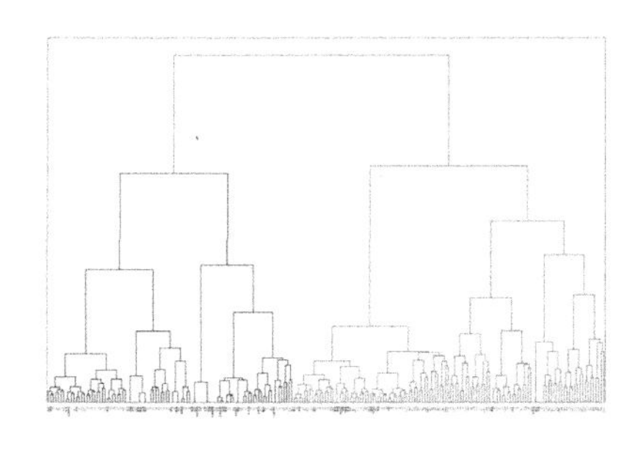

图3-38　词频分析

图3-39　关键词词云

（2）“创新实体需求调查”。依托开源热力地图、POI兴趣点分布以及挖掘企业注册数据，基于统计学方法构建使用者行为特征模型。通过网络平台大数据，基于统计学方法，可获得中关村大街和中关村西区等中关村大街典型外部空间的主要行为类型，并可尝试建立相关行为的特征模型进一步研究（图3-40 ~图3-42）。

在此基础上，对中关村创业大街和中关村西区的创新企业团体展开调查，归纳整理出公共空间的文化形象、地区识别性、绿化空间、交通评价、环境设施等因子的品质等级研究，进而和传统SD法相结合，生成大数据基础上的空间认知图示。

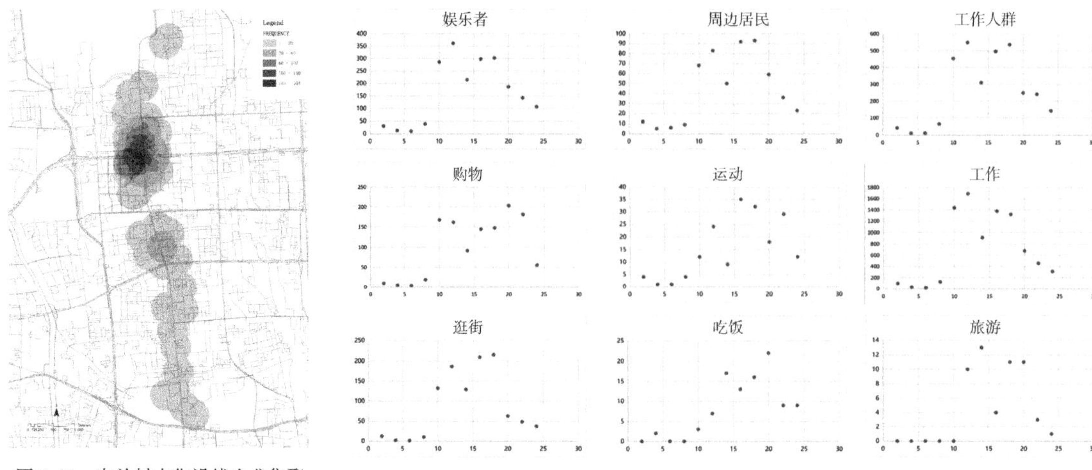

图 3-40　中关村大街沿线企业集聚情况

图 3-41　典型地区人群行为分析（不同人群不同类别人数分布）

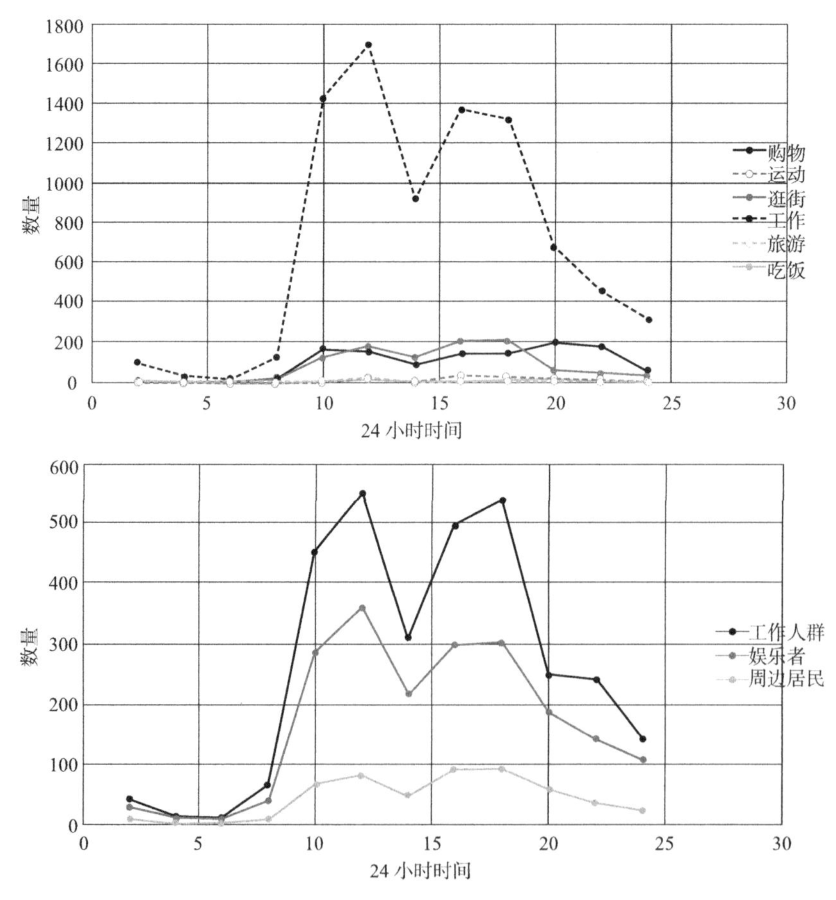

图 3-42　典型地区人群行为分析（不同人群不同类别时间分布）

（3）“公共空间现象学实证调查”。对中关村大街及中关村创业大街六个节点分工作日早晚高峰和周末三个时段进行实地踏勘，获取公共空间资源品质评价的第一手资料，梳理重要街道及公共广场的人群集聚、绿化、人流集散、车流、机动车和共享单车停车等情况（图 3-43）。

图 3-43　开放空间人群集聚情况

3.2　项目研究与分析

3.2.1　问题搜寻法

威廉・佩纳（William M. Peña）是西方第一代建筑策划理论的最主要代表人物，他的“问题搜寻法”是建筑策划作为一个完整的体系出现的第一种方法。“问题搜寻法”是历史上第一个完整系统的建筑策划方法。佩纳撰写的《建筑策划：问题搜寻法》从1969年开始迄今已经出版了第五版。

威廉・佩纳主张把策划工作与设计工作明确分开，策划是对问题的搜寻和陈述，而设计是解决问题。根据设计的两个阶段——方案设计阶段和初步设计阶段，佩纳还把策划相应地分为两个阶段——方案策划（Schematic Programming）和初步策划（Programming Development）。他认为在不同的设计阶段，策划所提供的信息应该是不同的。方案设计阶段，设计人员需要的仅仅是对主要设计问题的了解，以帮助他们决定关键的设计方向和取舍。因此，这一阶段的策划书就不需要包括设计后期才涉及的细节内容，如结构形式、设备类型等。

佩纳将与某个项目有关的所有信息和资料划分为功能、形式、经济和时间4大类，每一类都分别按照目标、现状、概念、需要和问题5个步骤来整理资料，最后一个步骤就是策划的目的——找出并陈述“问题”。“功能、形式、经济和时间”又各自包括了几个方面的内容。功能包括了人、活动和空间关系；形式包括场地、物理的或心理的环境以及空间和建造的质量；经济包括对预算、运行成本和生命周期成本的考察；时间包含了对历史的影响、现在不可避免的变化和对未来的设想。将这些因素与策划过程的 5 个步骤排列成矩阵，即策划矩阵，就可以形成一个研究计划框架（表 3-13）。

威廉·佩纳的问题搜寻法策划矩阵 表 3-13

	目标	现状	概念	需要	问题
功能					
形式					
经济					
时间					

（资料来源：William M. Peña & Steven A Parshall. Problem Seeking：An Architecture Primer [M]. John Wiley& Sons Inc，2001：38.）

事实上，威廉·佩纳的这种将策划与设计严格分离的做法，在后来几代建筑策划学者的研究中被逐渐修正与更新，策划与设计的交接变得越来越紧密，直至互相咬合、互相渗透。《问题搜寻》一书中包含的方法均由建筑策划团队在实践中总结发展而来，一些方法至今仍然在建筑策划过程中被广泛使用，例如棕色纸幕墙方法（Preparation of Brown Sheets）、调查问卷方法（Questionnaires）、卡片分析方法（The Analysis Card Technique）等。书中其他的一些策划方法，如数据管理（Data Management）和评估（Evaluation），今天已经发展为在计算机技术的辅助下完成。

棕色纸幕墙法：棕色纸幕墙法由于最早使用传统棕色纸悬挂粘贴在墙上作为背景而得名。建筑策划师将棕色纸挂在墙上，在纸上用不同大小的白色方块图形表示各个功能所需要的面积大小，以此方式反映建筑项目的空间需求，其目的是在建筑策划师与业主的交流过程中实时反映面积要求并按照预定原则进行空间分配。棕色纸幕墙上的每一块面积都表示该建筑项目已确定下来的、有明确功能用途的面积需求，通过建筑策划师的引导使业主客观地表达对功能问题的构想。棕色纸幕墙使得业主、使用者及公众可以最直观形象地了解到不同功能空间的面积比例，是建筑策划师与业主进行沟通的有效手段。另外，建筑策划师还可以在工作和讨论中利用棕色纸幕墙上不断修正的白色方块商讨面积的分配方式。

在计算机技术尚未普及的年代，利用棕色纸幕墙法能够实现不同部门、不同机构及不同项目相关者的沟通，建筑策划师以棕色纸幕墙的可视化对复杂项目的面积分配进行反复梳理和修正，通过对棕色纸幕墙上的内容定期复制，也可供建筑策划团队进行展示和讨论使用。今天，建筑策划师在计算机上通过框图和分析图进行面积分配过程的梳理，生成可视化的面积分配图，与同项目相关者沟通，追本溯源，都可以回到棕色纸幕墙法上。

棕色纸幕墙法可以认为是可视化的面积分析方法系统地应用于建筑策划领域的最早方法之一。在可视化方面，棕色纸幕墙法将众多调研信息在图面上建立起简洁、高效的关联，从而协助建筑师对客观条件进行认知，梳理思维过程和决策过程。同时，棕色纸幕墙法作为最早构建起的建筑策划信息模型，协助策划过程中多主体的协作与沟通，即使在今天，依然具有重要的借鉴价值。

卡片分析法：卡片分析法被用于记录项目信息，在小卡片上以图形的方式记录与项目相关的目标、事实、概念、需求及问题等。卡片采用较小的尺寸，方便整理，每张卡片只表达一个想法或概念并采用图形的方式，以便人们理解，卡片的比例与幻灯片相同，以便于之后转化为投影向更大范围的人群汇报展示。卡片分析法的优势在于能够利用标题卡片、子标题卡片和内容卡片，以任意编组、分类、排序的方式在墙面上展示，加之图像信息的直观，方便与项目相关的人群迅速浏览并进行判断和决策，亦可随时根据需要增加或减少卡片。卡片分析法是棕色纸幕墙法之外的另一个认知信息关联与构建建筑策划信息模型的方法。威廉·佩纳以“信息全面、直观图形、最少文字、易于理解、便于展示、卡片分类、鼓励制作、预先准备”概括总结了卡片制作的八点要求。

以棕色纸幕墙法和卡片分析法等为代表的早期建筑策划方法——问题搜寻，对今天的建筑策划工作仍有指导意义。时至今日，问卷调查、图表绘制、面积需求框图分析等仍然是建筑策划实践中最常使用的手段之一。另一方面，随着建筑项目规模的不断扩大、现代生活的进步，使得建筑的功能进一步复杂化，越来越多新的功能和需求的出现，加之建筑设计方法的发展与建筑技术的进步，使得早期的建筑策划方法已不适应今天的建筑策划工作。于是，近些年建筑策划学者不断探索，结合计算机技术的普及、数学工具的发展、决策理论的引入和大数据思想与方法的兴起，使得建筑策划方法有了更多的发展。

3.2.2 HECTTEAS（Test Each）法

罗伯特·赫什伯格先后担任亚利桑那州立大学教授和亚利桑那大学建筑学院院长。赫什伯格在宾夕法尼亚大学博士论文就与建筑策划研究密切相关。1985 年 EDRA 年会论文集的上他发表的《价值：策划建筑环境时建筑策划的理论基础》的论文提出了以价值为基础的策划方法，但直到 1999 年他才出版著名的《建筑策划与前期管理》一书。随后在 2001 年的《美国建筑师学会（AIA）建筑师职业实践手册》中建筑策划部分等一系列关于建筑策划的文章出版，对其方法的推广有一定推动作用。

赫什伯格提出的矩阵（表 3-14）横向包括价值、目标、事实、需要和理念五个方面的内容，纵向包括策划中重要的价值领域，一般情况下为八个价值领域。他的方法也以八个价值领域的英文开头字母缩写组合来命名，简称为 HECTTEAS 或 Test Each 法。[①]

赫什伯格的基于价值的策划矩阵 **表 3-14**

价值	目标	事实	需要	理念
人文				
环境				
文化				
技术				
时间				
经济				
美学				
安全				

（资料来源：R.Hershberger. Architectural programming & pre-design manager[M].New York：McGraw-Hill Professional Publishing，1999：217.）

赫什伯格认为，以价值为基础的建筑策划重点在于发掘关键的价值评估方法，并以此来作为设计师进行创作的线索。赫什伯格的价值领域可由 Test Each 这八个方面来概括。它们是：

人文因素（Human）：功能的、社会的、身体的、生理的、心理的；

环境因素（Environment）：场地（包括景观）、气候、文脉、资源、废物；

文化因素（Culture）：历史的、机构的、政策的、法律的；

技术因素（Technology）：材料、体系、过程；

时间因素（Time）：生长、变化、永久；

经济因素（Economy）：资金、建造、运行、维护、能源；

美学因素（Aesthetics）：形式、空间、意义；

安全因素（Safety）：结构的、防火的、化学的、个人的、犯罪的。

但是实际上，他认为在策划中并不一定要严格地坚守某种表格和框架的限制，而应根据具体情况增加或删减某些价值领域，或者改变它们的称呼。但是，这八个领域涵盖了建筑问题的所有基本方面，策划者必须检查是否有某些重要方面被遗漏。

横向的分析维度则分为：目标、事实、需求和理念四个部分。

1）目标

指那些可以形成策划方案和设计方案重点的各种希望、意图和目的。

① ［美］罗伯特·G·赫什伯格．建筑策划与前期管理 [M]. 汪芳，李天骄译．北京：中国建筑工业出版社，2005.

每个价值领域都存在至少一个方案目标，如果没有目标，那么该价值领域很可能就是毫无意义的。同时，针对某一个价值取向可能会有不止一个目标，因为价值所体现的要素可能存在着分项价值和分项要素。

2）事实

指与设计方案的现状和将来有关的各种可靠信息。通常来讲，使适于可能对设计方案产生影响的各种特定条件、限制和机会相关。某些事实也许会与先前确定的每个价值领域都有关。在业主 / 用户工作会议中，策划者更有可能挖掘与业主 / 用户的运作和活动有关的各种事实信息，特别是发现现存设施的价值和缺陷。事实信息可以与目标和需求很容易地区分开，因为它们与业主或用户的意愿无关，而仅仅是一些表达或显示现存事物或有关未来情况的陈述和图表。

3）需求

一旦确认了重要的价值领域、目标和相关事实，策划者就要与业主和用户就项目的需求达成共识。需求就是必须在方案设计中得到满足的各种需要。需求类似于目标，而不是事实信息，它是与未来的设施信息相关联，而不是简单地考虑这些设施的目前或未来的使用情况。

4）理念

指的是讨论设计问题可以被如何解决的方面，理念不一定需要对实体设计进行强烈的暗示，它们常常是用概念图解来表示的。策划构思和设计构思都需要收集起来，这是因为两种构思都是在策划过程中产生的，业主、用户和策划师都是带着预想参与到策划过程中来的，把它们记录下来将会对设计师有所启发。在策划过程中，业主和用户提出的所有想法都应该被记录下来，并在工作会议中通过关系矩阵来表述，策划团队应该就这些理念是否适合于特定设计问题而进行评估、选择。

总体而言，该表格是在问题搜寻法基础上增加了价值导向的策划思考，有助于建筑师对设计项目展开综合性的理解，而非陷入单一的理性分析策划之中。另外需要注明的是，这些价值不仅可调整和增删，还应该根据它们对于每个项目的重要性来进行确定优先顺序。价值领域的确定对设计决定具有重大的潜在影响，它们可以被视为是建筑的首要设计问题。①

3.2.3 模拟法及数值解析法

建筑策划在确定复杂的前提条件、评价建筑设计构想等方面，由于涉及的范围和因素越来越广，所以建筑策划的实际工作也就越来越繁重和复杂，现实中逐一进行详尽的、直接的调查已变得越来越不可行，而且如此

---

① Duerk，Donna P. Architectural Programming：Information Management for Design [M]. New York：Van Norstrand Reinhold，1993.

庞大的工作量，其经费问题也会令建筑师和业主挠头。鉴于这种情形，以与现实目标相仿的模拟空间作为研究对象，模拟实态环境、进行实验和数据分析的“模拟法”应运而生。模拟法是用模型对实态事象、环境、空间进行模拟，并通过对模拟环境空间的分析来演绎和归纳现实环境和空间的方法。模拟的方法可以分为物理模型模拟法和理论模型模拟法。

物理模型模拟法可分为两种：一是运用简单材料，对环境空间的物理形态按比例缩小而建立起来的在特定方位上类似于真实目标的具象模型；二是运用计算机进行虚拟空间（cybers pace）的描述，在屏幕上显示目标的三维虚拟图像，对这些小比例尺模型或计算机虚拟的空间图像进行分析研究。这种方法比较感性且直观，但逻辑性和说明性较差。

理论模型模拟法是模拟法的核心。它是运用数学公式、流程图、框图等逻辑数理模型对实态环境、空间进行描述和分析的方法。理论模拟法的关键是将目标空间及环境“数式化”的过程，对数式进行解析而获得的一般解即为理论模型的模拟分析结果。尽管理论模拟法具有抽象性和普遍性，但由于建筑条件的复杂性，其中人文、自然等因素的交错盘结，非一般数学公式所能模拟，所以数式的模拟是有特定范围的。

很久以来已为建筑师们广泛运用的流程图和框图是另一种理论模拟的方式。它将人、物、环境的特性变化、运动流线、活动的前后顺序抽象出来，以框图、符号等通过图像加以模型化。这种图式的模型对建筑设计前期条件的分析，目标确定的研究，空间环境各物理量、心理量的相互制约关系及特性进行逻辑的表述有其独到的优越性，在建筑策划中有广泛的使用前景（图 3-44）。

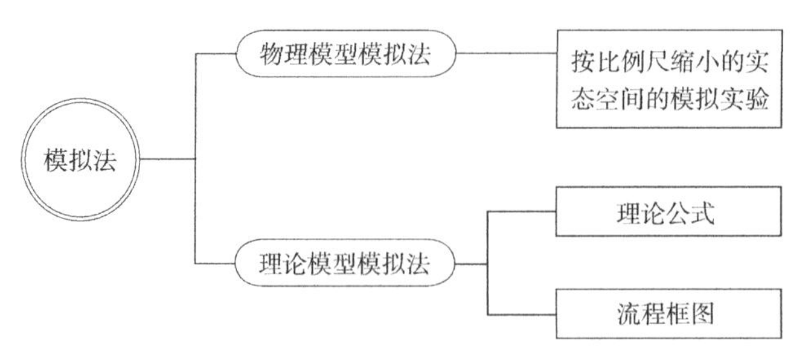

图 3-44　模拟法的分解示意

理论模拟的运用在解析过程中会产生许多离散的解，对这些离散解的处理方法就是我们所说的数值解析法。计算机的运用使处理巨大而庞杂的理论模拟的离散现象成为可能，这也为建筑策划达到目标做好了技术准备。

作为技术手段，模拟法运用于建筑策划中主要是用来对建筑策划的相关情报、空间构想中的空间评价及空间品质进行预测。这种预测又分为静态预测作业和动态预测作业。所谓静态预测，是指在以某一实态空间环境为目标的理论模拟的模型中，标量（scalar）或矢量（vector）能够被确定，在此基础上进行的预测；所谓动态预测，是指在上述过程中再加入时间变量和场所变量，而形成的全方位的预测。模拟法是实现对现象的模拟，现象不仅是静态的，大部分是动态的，这种动态的模拟预测对建筑策划的内外部条件的确定、建筑策划空间构想的评价等有重要的意义。

首先，对于建筑策划的内外部条件的确定。以公共建筑为例，调查确定目标空间中非特定的多数使用者，预测其人口规模、特性、使用方式等，动态的模拟预测是基本的方法。此外，用地环境的条件、由潜在使用者到具体使用者发展的推测若干年后的变化预测等，各种各样的外因和人口学等一系列复杂因素也只有通过动态预测才能进行正确的分析。另外，在城市建筑环境的调查中理论模拟法也经常被采用，而且往往是数学表达式和框图法同时并用。

对于建筑策划案中的评价环节，使用者行为的预测是一个重大的课题。其涉及的范围从活动方式、对各类家具设施和设备的使用行为到使用区域中使用者的分布状态，亦即从家具、室内空间、建筑单体直至城市空间广阔的领域。对于建筑空间中家具、设备等的策划构想和评价，是与行为科学相联系并以行为科学为依据的。为进行这一评价，首先要对使用者的使用行为进行模拟，而这个模拟过程则应运用行为科学的原理进行模型的组建，为使用行为的预测评价提供资料。

在建筑空间的构想方面，对动线的策划评价是最普通的。对平常及非常时交通工具器械的使用及人类的运动方式特征加以模拟，通过与人的活动相关的动态资料进行动线策划和评价。通常所说的“与人的活动相关的动态资料”的获得，是由对建成环境中人的活动以及人与建筑的各相关量的调查而得来的。这是由于待策划的建设项目尚不具有具象形态作实态调查的条件，这对物理和理论模型的建立造成了一定的盲目性。与建成环境的既有建筑相对应，则有利于较直观地建立起模型，而且其品质的评价也可以在对应目标环境的条件下，不断反馈、修正而使其愈发逼近真实的目标空间。因此，对实态空间的调查和模拟在模拟法中占有举足轻重的地位。模拟法进行空间实态的模拟，并通过模拟对建筑策划的空间构想进行评价，其关系框图如图 3-45 所示。

在这里我们可以举下面的例子来对理论模拟法的数学模型和框图的建立加以论述。在建筑策划外部条件的确定中，人口的预测是一项重要的工作。与人口动态有关的“来源变量”、“层次变量”、“职业变量”、“比率变量”的相关量是模型建立的相关因子。“来源变量”是指人口的来源构成，“层次变量”是指某一参考标准时刻，男、女、儿童、青年、中年、老年等依性别或年龄划分的人口构成,“职业变量”是指以职业划分的人口构成，而“比率变量”则是指出生率与死亡率比值的变化量。图 3-46 反映了人口预测相关系统动态的模式。

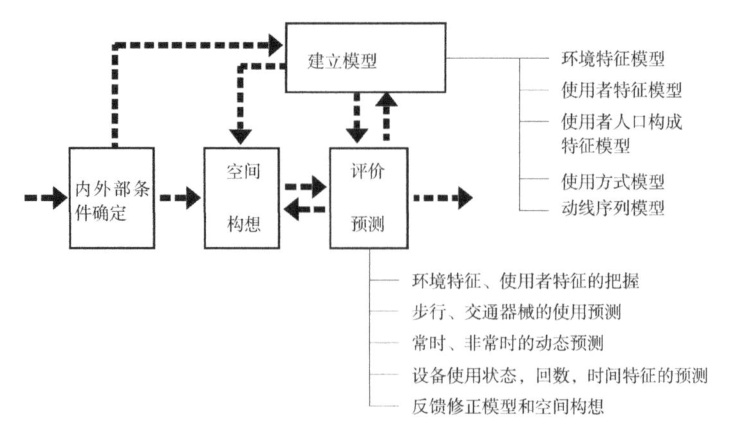

图 3-45　模拟法的关系框图

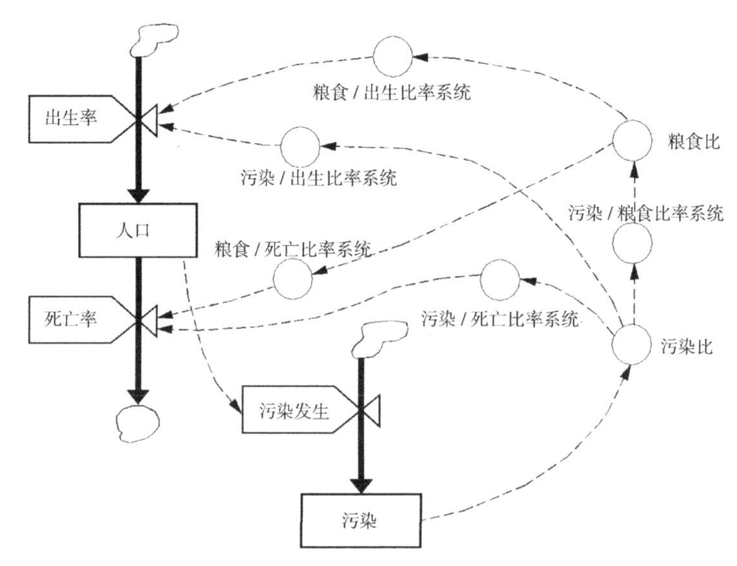

图 3-46　人口预测相关系统动态模式 []
（资料来源：[日] 茅阳一，森俊介 . 社会システムの方法 [M]. オ - ム社，1985：46.）

在住宅区域内多元的因素中，从地域人工化开发、自然破坏的因素开始到住宅区域内人口的死亡，各项因素间通过实态调查分析可得出相关图式，加入时间参考量即可得到整个系统按时间变化的相关轨迹，人口变化的预测即一目了然了。

其次就是通过对区域内设施使用状态的模拟预测，以此辅助建筑策划方案的评价。下面是以建筑空间内的卫生设备的使用状况目标进行模拟预测的一个例子。假设使用设备为一只盥洗盆和两只恭桶。模拟分析的相关数据包括使用时间的间隔分布，使用者到达时间的间隔分布。这两个数据即可描述设备使用纯过程（所谓纯过程，是指使用者从到达、等待设备腾空到使用完毕的过程）的全方位状态特征。

首先，按被验使用者的序号，利用计算机对使用者到达时间和使用时间进行随机的记录，通过对既往实态的纯过程的观察和测定，使用时间的理论分布很容易推算出来（图 3-47）。将使用时间的理论分布用转迹线的圆盘刻度表示。使用频率高密集的段，刻度间隔较大，反之，使用频率低密集的段，刻度间隔较小（图 3-48）。这个转迹线，对于每一个使用者当指针旋转一次，指针停止的位置即为该使用者使用时间的刻度。转迹线全周与指针随机停止的刻度成对应关系。可见，其转迹线的刻度的疏密与图 3-47 所示坐标系的曲线是完全吻合的。

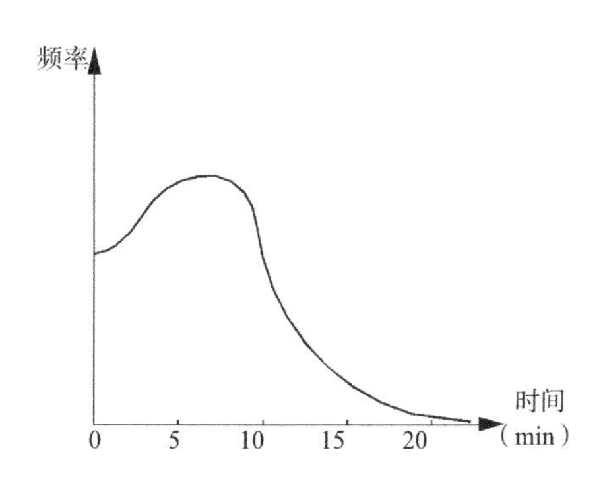

图 3-47　使用时间的坐标理论分布

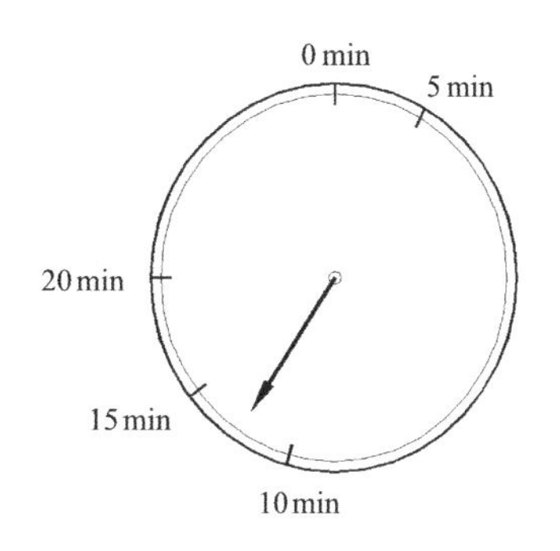

图 3-48　使用时间的转迹线表示
（资料来源：[日] 服部 岑生等 . 建築デザイン計画—新しい建築計画のために（シリーズ建築工学）[M]. 朝倉書店 . 2002.）

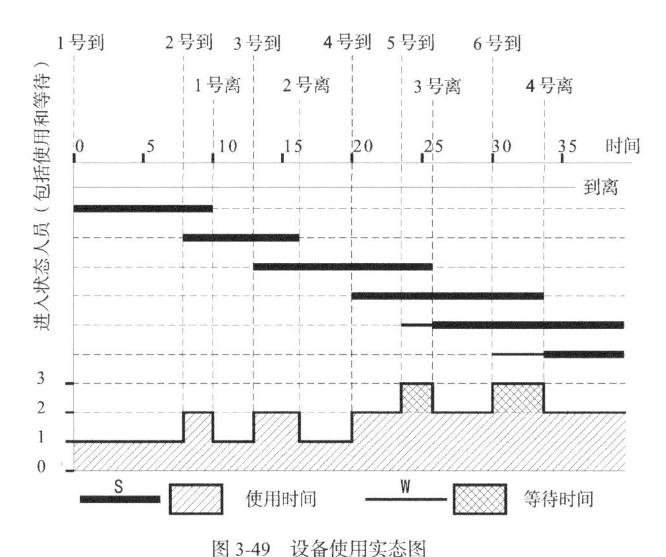

图 3-49　设备使用实态图
（资料来源：[日] 服部 岑生等 . 建築デザイン計画—新しい建築計画のために（シリーズ建築工学）[M]. 朝倉書店 . 2002.）

如果将使用者顺序编号的话，根据这一结果，可以顺次求得 1 号使用者的到达时间、使用时间，2 号使用者的到达时间和使用时间……将这些数据理论化地全程相连，即可得到如图 3-49 所示的设备（两台）使用状况实态图。图 3-46 的实态图反映了设施使用的纯过程的理论模型。这是一个随时间推进的连续的离散型模型，是对设施使用的单一事件的记录。这种按时间的单位间隔连续记载而建立起来的模型称为连续型模型。这种连续型模型，可以用来模拟随时间推进的事件的顺序起落、关系复杂的不特定的多数使用者的使用状况以及包含设施性能发生变化时各相关因素变化的比率等实态，是设施和设备使用状态理论模拟的重要方法，也是建筑规范中设备设置标准的依据。

一般在单位时间内对事件、使用者、设施等要素的运行状态进行随机确定，并描述全过程的连续型模拟法，对其模拟精度要进行必要的考证。将模型中的数据与既往数据加以对照，寻出不同数据点所对应的条件的差异，再反馈回来，对建立起的模型加以修正。此外，还要尽可能提高模型的抽象性和理论指导性。这也就指出了模拟法的两个对立面：一是对实态高感度的追求，二是对实态理论表述抽象性的追求。

寻求模拟法的高感度，模型对实态的内外条件、前后相关关系、流程及因果关系越直观、越形象地表达越好，全程全方位地模拟以求得近似于实态的模型。另一方面，寻求抽象理论表述则要求强调模型的指导性，抓住主要矛盾，力求突出模型的特性，使模型更抽象，更具有普遍指导意义。一般来讲，模型越是抽象就越具有理论价值。一个优秀模型的建立，正是巧妙而完美地解决了这两个对立面的矛盾。

模拟法的意义在建筑策划中不可低估，它不仅在建筑策划的操作过程中提供了技术的手段，而且还为建筑创作的一般方法提供了一种抽象概括的模式，它是建筑策划和设计方法论的重要组成之一。

3.2.4 AHP 层级分析法[①]

层级分析法（Analytic Hierarchy Process），简称 AHP，是一种通过将定性与定量相结合确定因子权重以进行科学决策的方法。层级分析法将与决策目标有关的因素分解成目标、准则、方案等层次，在此基础之上进行定性和定量分析。该方法是美国运筹学家——匹茨堡大学教授萨蒂于 20 世纪 70 年代初，在为美国国防部研究“根据各个工业部门对国家福利的贡献大小而进行电力分配”课题时，应用网络系统理论和多目标综合评价方法提出的一种层次权重决策分析方法。这种方法的特点是在对复杂的决策问题的本质、影响因素及其内在关系等进行深入分析的基础上，利用较少的定量信息使决策的思维过程数学化，从而为多目标、多准则或无结构特性的复杂决策问题提供简便的决策方法。层级分析法的基本思路与复杂决策问题的思维

① 此章节参考：郑凌 . 高层写字楼建筑策划 [M]. 北京：机械工业出版社，2003；清华大学建筑设计研究院有限公司的清华科技园建筑策划案例。

判断过程大体一致，尤其适合于对决策结果难以直接准确计量的场合。

层级分析法将决策问题包含的因素分层：最高层（解决问题的目标）、中间层（实现总目标而采取的各种措施，必须考虑的准则等，也可称策略层、约束层、准则层等）、最低层（用于解决问题的各种措施、方案等）。把各种所要考虑的因素放在适当的层次内，用层次结构图清晰地表达这些因素的关系。层次分析法不仅适用于存在不确定性和主观信息的情况，还允许以合乎逻辑的方式运用经验、洞察力和直觉。这些优点使得其能够应用于建筑策划的方案评价中（图 3-50）。

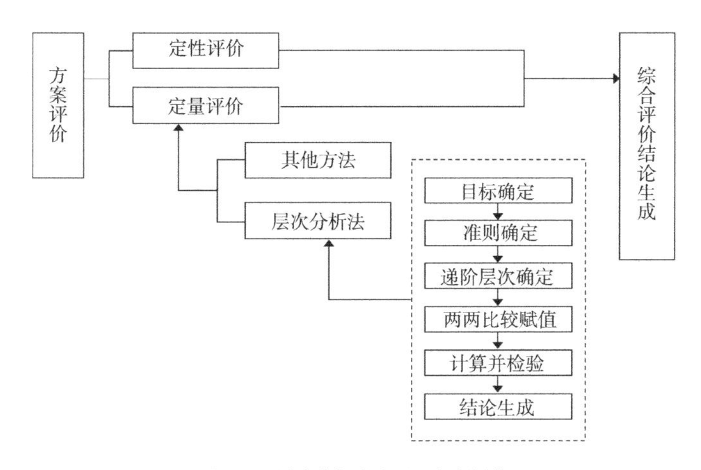

图 3-50　层次分析法应用于方案评价

层级分析法通常可以分为四个步骤。首先建立层次结构模型。在深入分析实际问题的基础上，将有关的各个因素按照不同属性自上而下地分解成若干层次，同一层的诸因素从属于上一层的因素或对上层因素有影响，同时又支配下一层的因素或受到下层因素的作用。最上层为目标层，通常只有 1 个因素，是评价的核心目标或需要解决的问题。最下层通常为方案层或对象层，中间可以有 1 个或几个层次，通常为准则层或指标层。当准则过多时（如多于 9 个），应进一步分解出子准则层。第二步是构造成对比较矩阵。从层次结构模型的第二层开始，对于从属于（或影响）上一层每个因素的同一层诸因素，用成对比较法和 1 ～ 9 比较尺度构造成对比较矩阵，直到最下层。其次进行权向量的计算并做一致性检验。对于每一个成对比较矩阵，计算最大特征根及对应特征向量，利用一致性指标、随机一致性指标和一致性比率作一致性检验。若检验通过，特征向量（归一化后）即为权向量；若不通过，需重新构造成对比较矩阵。最后计算组合权向量并作组合一致性检验。计算最下层对目标的组合权向量，并根据公式作组合一致性检验，若检验通过，则可按照组合权向量表示的结果进行决策，否则需要重新考虑模型或重新构造那些一致性比率较大的成对比较矩阵。

层级分析法在建筑策划中通常用来对不同的方案进行定量评价，下面以某建筑项目的方案综合评价层级分析为例，说明其具体的计算方法。首先建立层次结构模型。由于该研究旨在对不同的设计方案进行综合评价，以进行最优项目的选择与决策，因此其目标层即为“方案的综合评价”，而方案层为不同的三个设计方案。根据经验可知，一个设计方案的优劣不仅与建筑设计有关，同时与经济性和技术性有关（经济、适用、美观的原则），因此，我们从建筑设计、经济和技术三个方面对方案进行综合评价，每一个方面都对方案的综合评价产生影响。在每一个方面中，又有诸多因素对其产生影响，在此将这些因素构建为子准则层。最终的层次结构模型如图 3-51 所示。

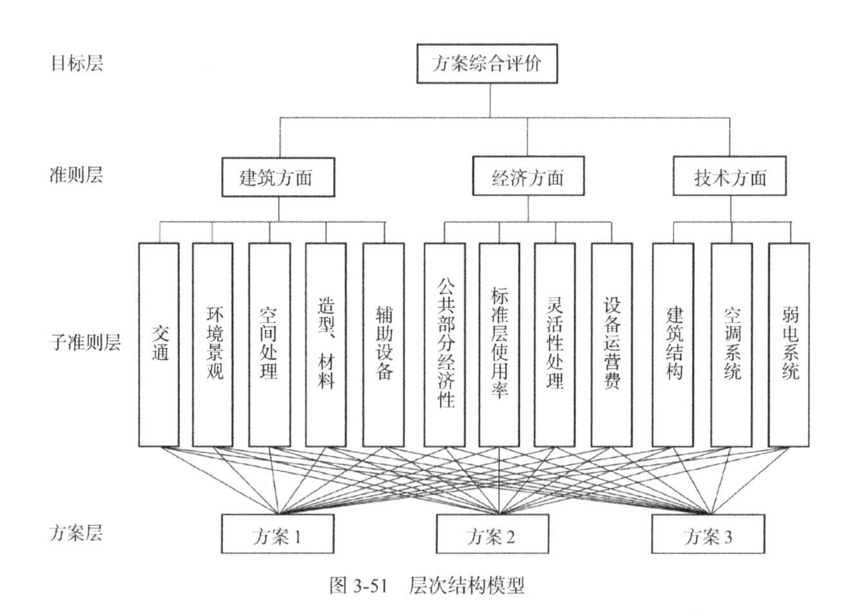

图 3-51 层次结构模型

之后构造成对比较矩阵。以建筑方面的子准则层为例，采用成对比较法和 1 ~ 9 比较尺度（表 3-15），依次比较第 i 个元素与第 j 个元素相对上一层某个因素的重要性，并使用数量化的相对权 A_{ij} 来描述。例如在表 3-16 中，交通与造型材料之间的相对权为 3，意为该建筑项目的交通设计比造型材料稍微重要。标度为介于上述值之间的偶数值时，表示重要性介于二者之间。

层级分析比较标度值 **表 3-15**

标度值	标度的含义
1	两个元素相比，具有同样的重要性
3	两个元素相比，一个元素比另一个元素稍微重要
5	两个元素相比，一个元素比另一个元素明显重要
7	两个元素相比，一个元素比另一个元素强烈重要
9	两个元素相比，一个元素比另一个元素极端重要

建筑方面子准则层比较 **表 3-16**

	交通	环境景观	空间处理	造型材料	辅助设备
交通	1	2	1/2	3	1
环境景观	1/2	1	1/3	2	1/2
空间处理	2	3	1	5	2
造型材料	1/3	1/2	1/5	1	1/3
辅助设备	1	2	1/2	3	1

之后对矩阵进行最大特征根判断和对应特征向量的计算，按照矩阵每列归一化—归一化矩阵按行求和—向量归一化—计算最大特征根的步骤进行。

$$A=(A_{ij})_{5\times5}=\begin{bmatrix}1 & 2 & 0.5 & 3 & 1\\ 0.5 & 1 & 0.333 & 2 & 0.5\\ 2 & 3 & 1 & 5 & 2\\ 0.333 & 0.5 & 0.2 & 1 & 0.333\\ 1 & 2 & 0.5 & 3 & 1\end{bmatrix}\xrightarrow{\text{元素按列归一化}}$$

$$\begin{bmatrix}0.207 & 0.235 & 0.197 & 0.214 & 0.207\\ 0.103 & 0.118 & 0.132 & 0.143 & 0.103\\ 0.414 & 0.353 & 0.395 & 0.357 & 0.414\\ 0.069 & 0.059 & 0.079 & 0.072 & 0.069\\ 0.207 & 0.235 & 0.197 & 0.214 & 0.207\end{bmatrix}\xrightarrow{\text{按行求和}}\begin{bmatrix}1.06\\ 0.599\\ 1.933\\ 0.348\\ 1.06\end{bmatrix}\xrightarrow{\text{归一化}}\begin{bmatrix}0.212\\ 0.120\\ 0.387\\ 0.069\\ 0.212\end{bmatrix}=\omega$$

$$\lambda_{max}=\frac{1}{n}\sum_{i=1}^{n}\frac{(A\omega)_i}{\omega_i}=\frac{1}{5}\sum_{i=1}^{n}\frac{(A\omega)_i}{\omega_i}$$

$$(A\omega)=(1.065\quad 0.599\quad 1.940\quad 0.348\quad 1.065)^{T}$$

$$\lambda_{max}=\frac{1}{5}\left(\frac{1.065}{0.212}+\frac{0.599}{0.120}+\frac{1.940}{0.387}+\frac{0.348}{0.069}+\frac{1.065}{0.212}\right)=5.019$$

对生成的矩阵需要进行一致性检验。所谓一致性，是指判断思维的逻辑一致性。例如本案例中，空间处理与环境景观的相对重要性为 3，而环境景观与造型材料的相对重要性为 2，那么显然可以推断出空间处理与造型材料之间的相对重要性为 2 × 3=6，此时为绝对一致。实际情况中很难得出绝对一致的矩阵，例如本例中空间处理与造型材料间的相对重要性为 5。因此，通过对矩阵进行一致性检验以判断是否符合逻辑，就是判断思维的逻辑一致性，否则判断就会有矛盾。判断的方法为计算成对比较矩阵的不一致程度指标 C.I.，并与一致性标准 R.I. 进行对比。

在本例中：

C.I.=（λ_{max}-n）/（n-1）=（5.019-5）/（5-1）=0.00475

查表，n=5 时，R.I.=1.12

C.R.=C.I./R.I.=0.00475/1.12=0.0042 ＜ 0.1

因此矩阵 A 的一致性可以接受，故有：

A=（0.212 0.120 0.387 0.069 0.212）

即对于建筑方面而言，各子准则的权重值为：

交通占 21.1%；

环境景观占 12%；

空间处理占 38.7%；

造型材料占 6.9%；

辅助设备占 21.2%。

通过上述方法求得各子准则层的权重值后，对方案层中的不同方案的每一项子准则进行两两比较并计算矩阵，以方案 1 和方案 2 的交通为例。

交通	方案 1	方案 2	方案 3
方案 1	1	5	3
方案 2	1/5	1	2
方案 3	1/3	1/2	1

$$C=(C_{ij})_{3\times3}=\begin{bmatrix}1 & 5 & 3\\ 0.2 & 1 & 2\\ 0.333 & 0.5 & 1\end{bmatrix}\xrightarrow{\text{元素按行相乘}}\begin{bmatrix}15\\ 0.4\\ 0.1667\end{bmatrix}\xrightarrow{\text{元素开 } n \text{ 次方（此时 } n=3\text{）}}$$

$$\begin{bmatrix}2.47\\ 0.74\\ 0.55\end{bmatrix}\xrightarrow{\text{归一化}}\begin{bmatrix}0.657\\ 0.197\\ 0.146\end{bmatrix}$$

即在交通问题上：

方案 1 得分 65.7%；

方案 2 得分 19.7%；

方案 3 得分 14.6%。

最后根据不同方案在不同（子）准则层的得分及不同（子）准则层所占权重计算出不同方案的总权重，并进行综合方案比较。本例中，方案 1 的交通在方案综合评价中的总权重为 50%（建筑方面占综合评价的权重）×21.1%（交通占建筑方面的权重）×65.7%（方案 1 交通相对得分）=7%。

层级分析法在建筑策划中主要用于对多方案进行定量比较，在建筑策划评价中的位置如图 3-52 所示。

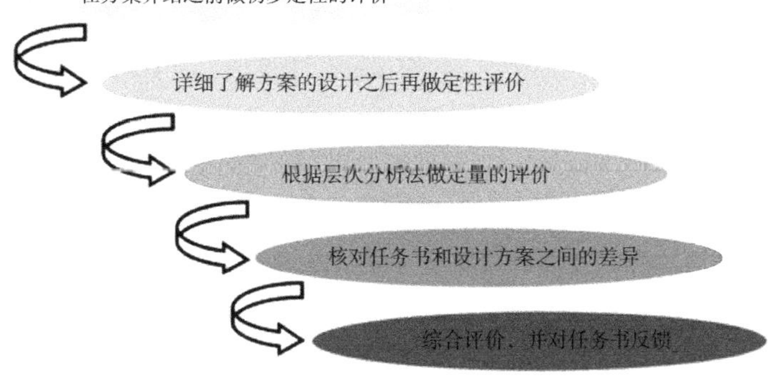

图 3-52 层级分析法在建筑策划评价中的位置

3.3 决策与评价

3.3.1 模糊决策

从不同的思考维度出发，决策问题可以分为系统化决策分析、多属性决策分析、不确定状况下的决策分析、数字决策等。其中“不确定状况下的决策分析”是决策领域的难点，常用的决策理论有完全不确定状况下的决策、风险下的决策、贝叶斯决策理论、风险偏好与效用理论以及模糊决策理论等。[①] 模糊决策是以模糊数学基本方法为基础，与管理科学的决策分析理论相结合的一套决策方法，其操作是利用模糊集合所构建出来的隶属函数（membership function）进行量化处理。例如从一个严肃的空间到一个温馨的空间，没有一个明确的分界线。隶属函数可以描述当室内空间尺度和装饰程度达到什么程度时可能是“较温馨”的归属程度（隶属度，membership）。[②]

模糊决策模型，最初是在多目标决策的基础上提出的。在该模型中，凡决策者不能精确定义的参数、概念和事件等，都被处理成某种适当的模糊集合，蕴涵着一系列具有不同置信水平的可能选择。这种柔性的数据结构与灵活的选择方式大大增强了模型的表现力和适应性。

模糊逻辑指导下的模糊数学，包含着极其广泛的应用工具，如模糊控制方法、模糊综合评判、模糊方程组等。其中模糊控制在工程领域应用广泛，模糊综合评判在管理科学领域应用较多。结合建筑策划过程中的决策特点，模糊控制与模糊综合评判也适用于这一过程。

建筑策划与模糊决策的融合前提是将建筑策划的整个工作过程抽象成为一个完整的决策过程。在这个决策过程中，决策要素（全部或部分）具

① 苗东升 . 模糊学导引 [M]. 北京：中国人民大学出版社，1986.
② 孔峰 . 模糊多属性决策理论、方法及其应用 [M]. 北京：中国农业科学技术出版社，2008.

有明显的模糊性，适合运用模糊决策方法进行决策分析。同时，模糊决策分析要以模糊逻辑为基础。一个建设项目的整体流程中，从开始的项目立项、可行性研究，到建筑策划、建筑设计、建设施工，直至使用运营阶段，是一个将问题和研究对象逐渐梳理清晰，寻找解决方法，经过反复修正和改进，最终解决问题的过程。这个流程中，与设计紧密相关的建筑策划环节，是一个提出问题的过程，需要考虑委托方的需求、城市空间环境的整体性、使用者的行为特征以及低碳可持续发展策略等。因此，建筑策划过程中面临的模糊问题较多，在一些大型城市公益性建筑中，这些模糊问题又异常复杂。在建筑策划的研究中，需要进一步提升策划理论研究，相应地（同时）弱化对操作方法的关注。每一个建设项目均有其特点，世界上不应该出现完全相同的设计任务书，即每一份设计任务书都是为一个建设项目量身定做的；同样，也不应该存在万能的设计方案可以解决不同的建筑问题，即每个设计方案也应该是针对特定问题生成的结果。

1. 建筑策划中的模糊问题

讨论建筑策划中的模糊问题，首先需要建立在复杂系统的大背景下，以模糊认识论来判断项目决策对象是否具有模糊性以及模糊的程度。为了分析和梳理决策中那些亦此亦彼（both this and that）的非典型现象，需要引入模糊逻辑与模糊集合的数学分析理论。建筑策划中决策的模糊性，主要体现在决策主体和决策对象、决策目标和决策准则等方面（图 3-53）。

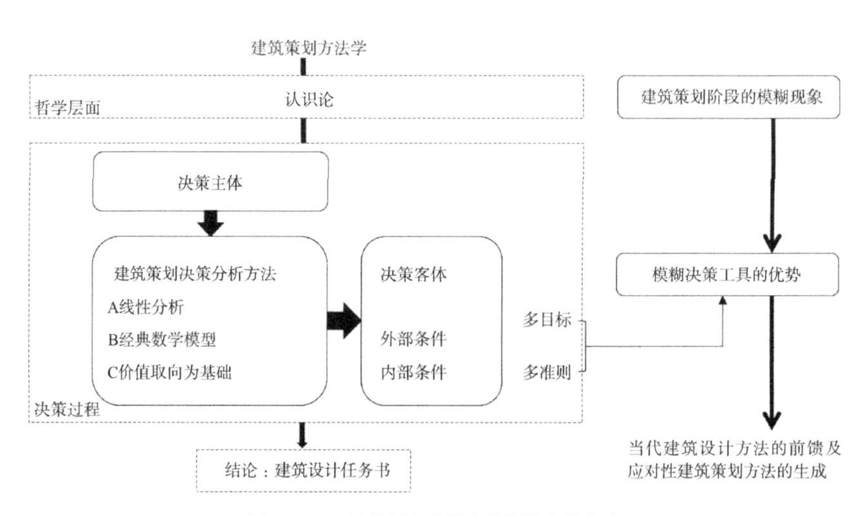

图 3-53　建筑策划方法学中的模糊决策方法

2. 决策主体和决策对象的模糊性

建筑策划中决策主体是由委托方、建筑师和专家共同组成的决策团队（decision making team）。由于决策主体是人，因此不可避免地会将个人的主观意志带入决策过程，甚至影响决策结果。为了在上述情况下，最大限度地保持决策的客观性和准确性，需要对建筑策划中决策主体和决策对象的模糊性加以认识。决策主体的模糊性是由决策者自身的特点决定的，通常可以选择群体决策的方式来规避单方意志的过度强化。

决策对象是设计前期需要确定并影响建筑设计的所有要素。其中一个主要的内容是“空间评价”，在空间评价的过程中包含目标设定、外部条件调查、内部条件调查、空间构想、技术构想、经济策划和报告拟定等七个环节。每个环节中均有模糊性问题，例如其中的“空间构想”环节，如何判断空间的边界，引导使用者的行为，评价使用者对现有空间的满意度等问题不能简单地用非此即彼的标准来严格区分，而应该建立一个评价域，用一个空间开敞或封闭的程度来判断空间属性。

3. 决策目标和决策准则的模糊性

决策目标和决策准则是一套决策系统的操作核心。建筑策划中的决策大多是多准则决策，即在相互冲突、不可共度的方案中进行选择的决策，如经济投资与社会价值之间的不可共度性，高技术与绿色低碳节约能源之间的不可共度性。同时，不可共度的原因，除了不能用统一的标准去衡量与判断之外，还因为有的要素无法找到明确的度量标准和划分优劣的清晰界限。此时，即具有模糊性。

建筑策划的目的是将一个大致的模糊的目标逐渐清晰化，对技术性要素予以限定，减少对于建筑形式、风格甚至外立面局部的过多限制。梳理清楚社会文化目标、技术目标、使用需求等各维度的目标，指明建筑师的设计目标。

4. 传统建筑策划方法线性思维的局限

我们在研究和了解建筑策划基本方法的同时，也必须承认，传统的建筑策划法贯穿始终的仍然是强调因果结论的线性思维。面对当代建筑设计及其理论的发展，设计前期涉及的问题越来越多，越来越复杂。这样的现实情况下，单纯的线性思维已经不能解决所有问题，需要开辟新的方法作为补充。

面对复杂的建筑设计行为，线性思维方式使得目前建筑策划将建筑活动还原为简单的、部分的子系统来研究，然后把各部分的性质、规律加起来就得到了整体的性质、规律，认为整体等于部分之和。这样容易忽略子系统之间的相互作用。即使认识到了子系统间的相互作用对整体性质的贡献，但仍然是将部分与部分间的相互作用分离，是在线性叠加原理的框架下考虑非线性的问题，除了得出整体不等于部分之和的认识之外，在处理从部分到整体的具体过渡时仍存在缺陷。更需要思考的是，线性思维方式导致建筑策划预先假定了具体的目标，并在此目标下进行量化的分析以期达到一个理性的结果，显然，这种线性思维方式有使建筑策划陷入绝对理性的误区的危险。

目前，建筑策划方法学仍然是以经验为重要分析依据的，但同时我们也要看到，来自决策者和专家的经验是有限的，因此它是一种相对较为主观和随机的参考标准。经验的这些缺点存在，阻碍了建筑策划方法向科学理性发展。在决策理论研究领域，从经验走向科学是其一直的发展诉求。

此外，对未确知问题的判断和选择是决策过程中的难点。建筑策划中的未确知问题主要是复杂的建筑功能与空间环境之间的影响、使用者对空间的需求和行为引导、大型公益性建筑对城市空间的综合效益等。这些问题不是现有经验和线性思维推理可以完成的。由此看来，随着人类的进步，社会生活的世象日趋复杂，建筑策划方法的发展与更新就变成了建筑领域一项重要的任务，建筑策划的模糊决策理论的提出与研究也就成了必然。

5. 建筑策划模糊决策工具的发展

科学方法论作为自然科学研究与发展的基础，在 20 世纪 30 ~ 40 年代产生了系统论、控制论和信息论（SCI）；到了 70 年代前后又产生了耗散结构论、协同论与突变论（DSC）等。模糊逻辑就是在 SCI 产生之后，DSC 即将产生之时出现的数学新理论和方法，它否认传统数学的二值逻辑，承认人类社会中模糊的现象是绝对多数，用隶属函数作为衡量模糊程度的标准。[①] 模糊数学的产生不仅丰富了数学与控制科学的学科理论体系，更加重要的是拉近了自然科学与社会科学的距离。在社会科学研究中，存在大量模糊问题却一直难以用精确的自然科学来研究是一个困扰社会科学研究的难题。

当代建筑策划方法以大数据、模型、仿真和控制系统等技术为基础发展成为了更加科学化的实用技术方法。模糊决策方法可以在建筑策划决策的不同环节使用，例如在确定决策目标阶段，提出“建一个什么样的建筑”的总体要求，这个过程中就会有许多的模糊目标，这些目标较难确切描述，却很重要，如感觉、美观等，此时，可以用模糊的语言描述，之后用模糊方法赋予其一个隶属度；分析问题、制定方案和选择方案的环节也是模糊决策工具最常用的阶段（图 3-54）。

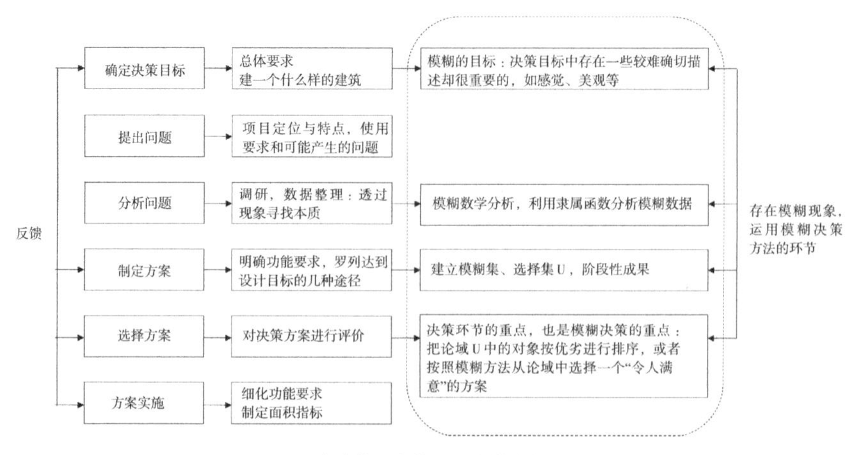

图 3-54　建筑策划决策过程中模糊方法的引入

① 刘贵利等 . 城市规划决策学 [M]. 南京：东南大学出版社，2010.

模糊决策工具解决的是建筑策划过程中的不确定性问题。模糊决策模型，最初是在多目标决策的基础上提出的。通过模糊集合的构建以及柔性数据结构与灵活的选择方式，使得模糊决策工具具有两方面优于传统决策方法的特点。一是在处理超出经验范畴的建筑策划问题方面，在建筑策划中，规模大、多种功能相结合的建筑综合体较难找到大量案例作为参考经验。此时，可以用预测的方式对项目情况进行判断。模糊决策中的预测，通过相关数据的收集，进行较为简单的运算即可得到较为真实的预测，为决策者提供判断依据。二是在需要模糊控制方法限定的问题上，对于带有模糊性的问题，较难找到用来限定的边界条件。此时，模糊控制方法可以有效限定，并保证数据在控制域内增加或减少。

模糊决策理论在建筑学中的应用是建筑策划方法乃至建筑设计理论中的新课题，其研究具有较大的难度。建筑策划是建设项目全过程中必不可少的环节，其核心是决策；当代建筑设计的领域范围已经扩大，模糊决策理论作为建筑师在设计和策划中的一种方法，具有很强的现实意义和价值。

3.3.2 钻石法评价

威廉·佩纳十分关注建筑策划操作的实用性和完整性，自评机制也是其中重要一环。他不但提出了建筑策划自评的概念，创造出一套切实可行的策划阶段自评方法，还将其应用于实际当中。佩纳认为，质量评估应该是针对产品而不是程序，对产品的评估应该从功能、形式、经济和时间四个方面进行测量。针对如何对质量的品质进行量化的问题，佩纳列举了一个包含 3 个元素的方法：

（1）按照评价标准来设定问题；

（2）在整个问题的基础上进行打分，而不仅限于功能；

（3）获得一个称为“质量系数”的数字，它承认功能、形式、经济、时间和四者平衡的力量。

这四个方面中，每个方面力量的大小可以通过测量表进行评分（表 3-17），并设定从 1 分的“完全失败”到 10 分的“完美”。

例如，图 3-55 所示的四边形由以下的价值形成：功能（8 分）、形式（5 分）、经济（6 分）以及时间（3 分），四边形的面积由下面的公式决定：

面积 =0.5（功能 + 时间）（形式 + 经济）=0.5（8+3）（5+6）=60.5

通过这种方法，对质量（品质）进行了量化，得到了质量系数，进而进行横向对比。

此外，建筑策划的自评一定要具有可操作性。这是因为太过于细化的权重因子设定，可能过于琐碎和关注细节，往往会忽略整体。另一方面是自评的人往往也是建筑师，太过于复杂很可能会导致建筑师掌控不了，在实际项目工程领域没有可操作性。钻石法评价的自评方法简单明了易于操作，不仅在 CRS 和 HOK 的策划项目评价中得到了应用，其他策划学者如德克和切丽等人的评价方法实际上也是根源于这一方法。

作为评价标准的问题表　　表 3-17

功能	经济
A. 机构的概念（大的功能理念） B. 功能目标和关系（方便和有效的运作） C. 形式塑造者 VS 细节（避免信息阻塞） D. 实际的空间要求（统计预测、客户需求、建筑效率） E. 使用者的特征和需求（实体的、社会的、情感的、精神的）	K. 经济的目标（预算限制） L. 当地消费数据（当地价格索引和劳动力市场） M. 维护、运行费用（气候因素和活动） N. 投资估算分析（平衡的初始预算） O. 经济概念（多功能和最大效果）
形式	时间
F. 客户的形式目标（态度、政策、偏好和连续性的评价） G. 与质量的关系（质量 VS 空间、质量 VS 每平方英尺造价） H. 场地和气候数据（物理的和法律的分析） I. 周围邻里（社会的、历史的、美学的提示） J. 心理环境（秩序、统一、变化、方位、比例）	P. 历史保护和文化价值（对重要性和禁忌） Q. 静止的和动态的活动（固定的合适的空间或者灵活的可协商的空间） R. 可以预见的变化和成长（时间的影响） S. 投资的增加 / 分期（时间对于投资和建设的影响） T. 项目进度（实际的交付）

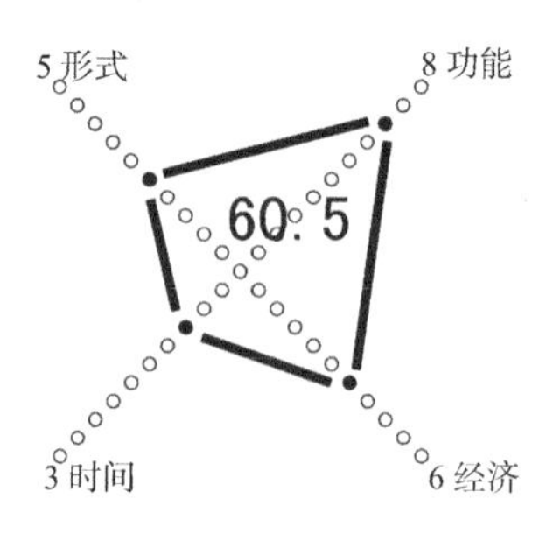

图 3-55　对质量品质量化的四边形
（资料来源：William M Peña，Steven A Parshall. Problem Seeking：An Architectural Programming Primer[M]. John Wiley & Sons Inc，2001：209.）

3.3.3　任务书全信息评价[①]

1. 以任务书为对象的建筑策划预评价环节

策划书与设计任务书有着高度的相似性和同质性，在具体条目的设置上，具有很高的重合率。事实上，建筑策划就是一门研究如何科学地制定任务书的学问，其结论报告向下游的建筑设计环节输出，便自然呈现为设计任务书的形式。因此，对设计任务书的评价进行研究，是建筑策划的一

① 编写自刘佳凝 . 基于建筑策划理论的建设项目任务书评价及应用探究 [D]. 清华大学，2017.（指导教师：庄惟敏）

个发展方向和着力点（图 3-56）。

任务书是建筑策划的产物，针对任务书进行评价，可以实现策划的自评，是建筑策划评价的核心问题。本章节以此为切入点，采集了 112 份真实的任务书作为样本，并基于任务书样本的数据类型，借鉴利用相应的数据处理与挖掘技术，剖析任务书的内容构成与特征，为建立任务书的评价体系进行物质准备和技术尝试。在收集和拆解任务书样本的过程中，研究关注到现实中自发性质的任务书评价活动是以风险为导向的，因而提出为任务书评价的研究引入风险评估的概念。这在既有理论中有类似先例证明其适用性，且能够依照系统评价学对策划评价的解释（图 3-57）。

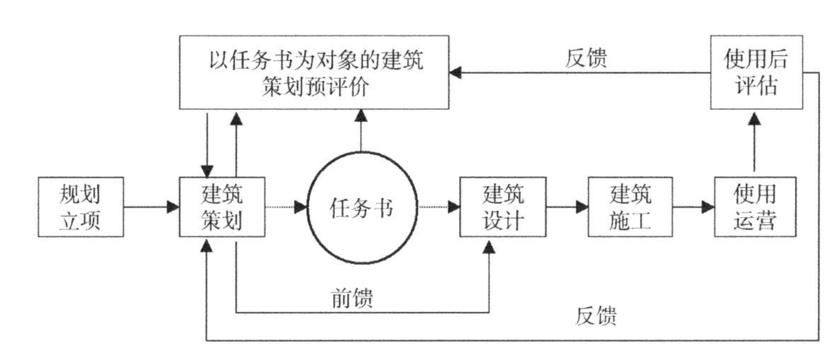

图 3-56　任务书评价环节

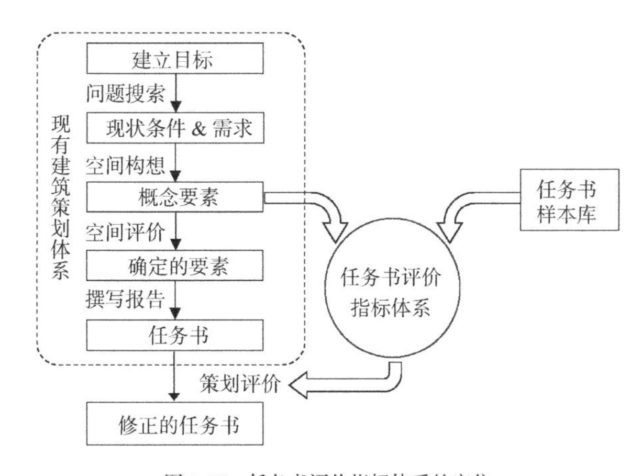

图 3-57　任务书评价指标体系的定位

2. 全样本任务书词库建立及分析方法

1）任务书拆解

本书作者研究团队通过系列调研方式，采集了上百份建设项目设计任务书样本，以此为基础初步建立了任务书样本库[①]，主要集中在由政府主导

① 任务书样本的调研和采集主要通过以下五种方式：a. 从书籍、著作、方案集和论文等文献检索；b. 城市建设档案馆、科技档案馆、机构单位基建处借阅相关文件存档；c. 向建设项目的设计单位或建设单位申请索取相关文件；d. 向招标代理机构购买建设项目的招标文件或方案征集文件；e. 通过各级公共资源交易网站、建设项目招投标网站等平台检索。

建设的文化、教育、办公、医疗、会展、体育、交通和公共综合服务等建设项目上。

任务书样本来源纷杂、形式各异，需要进行一定的整理和处理，以便在后续的研究中能够在相对等同的物理层次和技术平台上对其进行讨论。整理工作包括任务书文档的记录与归档，电子化、标准化处理，以及文档信息的分割与抽取。而考虑到任务书样本数量较大，每个样本的内容更使信息量呈指数型增长，已经超过人脑与人工快速处理的优势范围，借助各种计算机数据挖掘技术无疑更为明智。因此对任务书样本中的信息和数据，需针对具体的挖掘技术和数据类型，采取不同的数据格式预处理方式，并尝试应用各种参数对任务书进行描述。此外，现阶段尝试将大数据分析技术应用于任务书评价，可以保证在未来样本库不断扩充的情况下，继续开展研究的可行性和工作效率，具有一定的前瞻性。

（1）归档记录、电子化与格式化

对任务书非主体信息的记录分为文档本身的资料来源、文件形式、是否有附属文件、编制人员等信息，以及关于任务书中建设项目的项目名称、项目时间、项目类型与性质、项目地点等信息。对于有附属文件的也要进行妥善记录与保存，为样本库构建更为全面的信息子库。编制人员信息通过问询经手人和查阅任务书文档两种方式获得，可以帮助确定任务书的生成机制。在明确和记录了以上信息后，便可以按照一定的分类标准对各任务书样本进行分类存档。比如，可以采用项目类型作为第一分类标准、项目时间作为第二排序标准进行整理，并对每份任务书样本进行编号，方便查询索引。

针对任务书主体（即正文）信息，则需要借助光学字符识别软件（OCR）和人工校对的方式，对纸质版本的任务书和只读文档、扫描件、照片等形式的任务书电子文件进行识别、录入和重排，以使所有任务书样本可以编辑格式的电子文档形式呈现并存储。这也为后续程序处理所需的纯文本格式（txt 文件）和网页格式（htm 文件）预留了格式转换接口。

经过任务书样本的电子化和格式化，得到两个重要的阶段产物——目录和正文。目录表征了任务书的各级内容条目，在样本之间往往具有高度的相似性；而正文则是这些条目所对应的展开内容，是设计条件和设计要求的具体体现，根据不同项目的实际情况和所承载信息的内涵而变化，但也存在一些潜在的叙事章法和特征特点。对它们进行归纳并加以判断，是任务书拆解下一步的分析重点。

（2）文档信息分割与抽取

对于上一步得到的任务书正文部分，除了按照目录的顺序逻辑进行纵向拆解，还可以按照文档信息的格式形式进行横向拆解。通常来说，我国建设项目的任务书的正文主体信息可依据三元横向分割方式分为文本数据、表格数据和图像数据三种类型的数据。

文本数据是指构成任务书样本正文绝大部分的、多以叙述体或命令式的词句构成的段落，一般是以纯文本（文字与字母、单词）、数字及标点符号等形式组合呈现的信息，在计算机编程语言中可以使用字符串（String）进行表示。

表格数据是指任务书中按具体内容项目所需绘制表格，以方便查看和统计，多用来对空间需求进行罗列，在建筑策划中称之为空间列表或房间清单。表格数据也是任务书样本的一部分重要构成，在分区复杂房间众多的项目中，表格数据甚至会在篇幅上超过文本数据。表格数据一般含有标签类数据（文字）和数值型数据（数字）两种信息。其中前者主要是分区名称、房间名称、需求备注等，后者主要是面积、数量、尺寸等。在计算机编程语言中，可以通过向量（Vector）或矩阵（Matrix）分别表示这两种类型的数据，也可以使用列表（List）或词典（Dictionary）将标签类数据和数值型数据组合在一起表示。标签数据与数值型数据的映射关系，数值型数据之间的比例、函数关系，共同构成了表格数据最为重要的价值信息链，如"××房间—属于××分区—需要××面积（和，或数量）—占总体的比例为××"。

图像数据是指任务书中以图形或影像形式插入的信息。图形可以理解为标明尺寸和文字的，用来说明用地、工程、工艺、设备、机械等的技术图纸，也可以理解为具有数学或逻辑关系的流程图、关系图，是可以由计算机直接绘制或读取的几何点、线、弧、块和图表等的组合。

经过数据类型的分割，任务书样本得到了进一步的分解，被存入多个文件。这样，对应具体的数据类型，只需定位、调取不同的文件，便可以实现分别单独抽取数据，再寻求适用的数据处理技术深入挖掘。

2）任务书样本预处理

对任务书的格式化强调了文本结构和版面效果的处理，更多的是一种基于人视觉感官的调整；预处理的标准化则是利用计算机可以"理解"的形式表示不同类型的数据信息，是从计算机语言或者编程语言角度出发的一种转译处理。对于文本数据、表格数据和图像数据应该采取各自适用的预处理和标准化表达方法。

（1）文本数据预处理

对于文本数据的预处理就是要按照一定的规则，将长文本切割成短文本，通常是以"词"、"双词"（Bigram）或"三词"（Trigram）为单位，并构建词库向量空间。其分解的核心方法是按照一定规则切割文本，即分词技术（Tokenize），目前已经发展出较多相关的应用程序和工具，可供直接采用。对任务书文本的分词有两大难点：一是中文文本不能像英文文本一样，简单地按照空格实现分词，因而需要准备用来匹配的词表，或者说是词典；二是当前没有成型的任务书专用词典可以使用，需要构建"任务书专业词典"，即通过使用基础词库，加入一部分建筑学专有词形成适用于任务书文本分析的“用户词典”。

另外，需要构建停用词词典。长文本中常有一些词语会以极高的频率反复出现，但这些词对词频统计、文本内容分类等分析却没有实质性贡献，如中文语言系统中的“的”、“是”等等，对应到任务书这一类内容的文本，如“建筑”、“设计”等等。因此，在进行分词时，需要对这类词语进行剔除，或者说“停用”这些词语。本研究选用了目前公认最好的中文分词器 Python-jieba 模块进行基础中文分词[①]，在确定了用户词典、停用词词典后，历遍任务书样本库中所有样本的文本数据，最终找到无重复的“词单元”共计 21727 个，这些词按照拼音升序的方式构建了任务书样本库的词库。

该词库可以通过文本挖掘最基本的数据形式——“词频向量”来进行标准化表达。该向量有两种表达方式：一是对每一个任务书样本的文本数据，统计所有词的词频，便可以将一份任务书表示为一个长度为 21727 的“词频向量”；第二种方式是以每一个词为统计出发点得到的跨样本词频向量，其中每一个维度上是词库中的一个词在这个任务书样本中出现的频数，也是文本挖掘的重要数据形式。

以《国家体育场:2008 年奥运会主体育场建筑概念设计竞赛》(2003 年)一书《国家体育场任务书》一段文本为例：

“奥运会期间，国家体育场容纳观众 100000 人，其中临时座位 20000 个(赛后拆除)，承担开幕式、闭幕式和田径比赛。奥运会后，国家体育场容纳观众 80000 人，可承担特殊重大比赛(如奥运会、残奥会、世界田径锦标赛、世界杯足球赛等)、各类常规赛事(如亚运会、亚洲田径锦标赛、洲际综合性比赛、全国运动会、全国足球联赛等)以及非竞赛项目(如文艺演出、团体活动、商业展示会等)。”

相应内容经过转存、去格式符和分词处理后的结果为：

“奥运会/期间/国家/体育场/容纳/观众/100000/临时/座位/20000/赛后/拆除/承担/开幕式/闭幕式/田径比赛/奥运会/国家/体育场/容纳/观众/80000/承担/特殊/重大/比赛/奥运会/残奥会/世界/田径/锦标赛/世界杯/足球赛/各类/常规赛/亚运会/亚洲/田径/锦标赛/洲际/综合性/比赛/全国运动会/全国/足球联赛/竞赛/文艺演出/团体活动/商业/展示会/”

每一个以“/”划分开的词单元在计算机中均得到了逐一记录，按照拼音字母降序将这些词汇总串联起来，便构成了本研究任务书全样本的词库，共 21727 个互不相同的词单元。

囿于篇幅，此处不便列出向量的全部，仅示意性地给出词频向量最前面的一部分：

---

① 王仁武.Python 与数据科学 [M]. 华东师范大学出版社，2016.
Jared P.Lander.R 语言：实用数据分析和可视化技术 [M]. 蒋家坤等译. 机械工业出版社，2015.
何逢标.综合评价方法 MATLAB 实现 [M]. 中国社会科学出版社，2010.

[0, 1, 0, 0, 0, 0, 0, 0, 0, 0, 0, 0, 0, 0, 2, 0, 0, 0, 0, 0, 0, 0, 0, 7, 0, 0, 0, 0, 1, 21, ……]

查询任务书样本构建的词库可知，第一个数字值为“0”的含义是，词库中索引编号为“1”的“阿伯特”一词，在《国家体育场任务书》中未出现；而第二个数字值为“1”则代表了索引编号为“2”的“阿拉伯数字”一词在该任务书中出现了一次；同理类推，第15个数字的值对应了词库中第15个词的词频，查询可知是“安检”一词，这里表示了“安检”一词在本任务书中共出现了7次。

（2）表格数据预处理

表格数据的信息价值在于“房间（字符串）—分区（字符串）—面积（数值）—比例（数值）”这一映射关系中。其中，“面积”和“比例”这两种数据又是核心价值所在，“房间”和“分区”是用来描述“面积”的标签类信息。计算机对于“面积”和“比例”这两部分数值型数据具有良好的识别和计算能力，可以自动读入成为向量、矩阵或列表。“房间”和“分区”两部分虽然是文本类型的字符串，但相较于长文本数据长度较短，可以简单用前文所述的方法进行预处理。接下来，根据多层级的面积数据，按向量形式输入数理计算程序，检查缺项，同时进行加和一致性计算。

以某文化艺术馆的任务书中的“面积一览表”为例，该文化艺术馆的总面积为23900m^2，原任务书中的表格数据如表3-18所示。对表格信息预处理和校核检验的工作界面如图3-58所示。

某文化艺术馆任务书“面积一览表”（单位：m^2） 表3-18

主剧场	5800			**歌舞剧院**	2900		
池座	200	导师工作室	15	院长	18	职工餐厅	800
主舞台	972	排练厅1	400	书记	18	录音棚	500
侧台	972	排练厅2	200	副院长	18		
后台	324	排练厅3	200	办公室	18	**艺术创评中心**	960
乐池	80	淋浴室	60	人力资源部	18	办公室	18
卫生间	120	更衣室	80	艺术工作室	18	办公室	18
前厅	600	行政库房	50	演出中心	18	综合办公室	18
观众休息厅	500			舞美中心	18	财务室	27
大化妆间	240	**艺术剧院**	3000	合唱团	18	人力资源	27
中化妆间	120	院长	18	歌舞团	18	行政综合库房	50
小化妆间	48	书记	18	财务室	30	艺术档案馆	300
洗手间	60	副院长	36	综合办公室	100	艺术档案办公室	54
服装室	100	漫瀚团	18	机动办公室	40	艺术档案借阅室	20
抢妆	30	民族乐团	27	存物间	30	艺术档案微机室	20
乐队休息室	60	晋剧团	18	卫生间	40	非遗保护办公室	45

续表

贵宾室	120	艺术创研中心	18	档案艺术综合库	100	非遗资料库	30
设备间	400	政工科	39	排练大厅	500	非遗收储展览厅	200
		演出中心	18	排练小厅	150	艺术创作室	63
话剧院	**1600**	舞美中心	18	排练小厅	150	创作研究室	30
院长办公室	24	文化产业中心	18	排练小厅	150	艺术创作图书阅览室	40
副院长办公室	36	综合办公室	45	练声琴房	200		
行政综合办公室	27	财务室	18	指挥工作室	20	**文化演艺公司**	**640**
政工科	27	财务档案室	15	大排练厅	500	管理层	138
人事档案室	15	艺术档案室	100	小排练厅	200	综合部	18
财务科	27	导师工作室	18	小排练厅	200	人力资源部	18
财务科档案室	15	机动办公室	30	小排练厅	150	创作生产部	18
剧目策划中心 1	18	工青妇	18	男女更衣室	80	财务部	40
剧目策划中心 2	27	微机室	15	男女卫生间	40	市场营销部	18
演出中心 1	18	杂物间	15	男女淋浴间	40	婚庆礼仪中心	18
演出中心 2	30	更衣室	120			财务档案室	15
舞美中心 1	18	琴房	200	**公共服务区**	**9000**	综合办公室	180
舞美中心 2	54	淋浴间	60	舞美制作间	600	行政库房	30
演员中心 1	18	综合戏剧排练厅	500	话剧院库房	800	档案库	30
演员中心 2	30	排练厅 1	200	漫瀚剧院库房	800	杂物间	30
演员中心 3	30	排练厅 2	200	歌舞剧院服装库	800	总经理	27
演员中心 4	30	排练厅 3	200	演艺公司库房	1200	综合部	24
影视制作中心 1	18	乐队排练厅	200	会议室	200	技术工程部	12
影视制作中心 2	15	乐团排练厅 1	400	多功能报告厅	300	视觉传达部	12
档案室	100	乐团排练厅 2	200	演员宿舍	2000	舞美制作部	12
艺委会	18	乐团排练厅 3	200	专家公寓	1000		

（资料来源：根据原任务书重绘）

提取任务书“面积一览表”中一级房间目录所对应的各面积数值，将其转化成“面积向量”的结果为：

[5800，1600，3000，2900，9000，960，640]

相似地，提取任务书“面积一览表”中二级房间目录所对应的各面积数值，将其转化成“面积向量”，并使用树状结构表示。而以一级房间目录为分区参照，可以计算出 7 个分区的面积，按照“比例向量”的计算公式，可以得到一个 7 维“比例向量”，其结果为：

[0.24，0.07，0.13，0.12，0.38，0.04，0.03]

对于房间名称、分区名称等表格数据中非面积数值的数据，同样以一级目录为分区参照，对二级目录的房间名称进行房间名称的标准化，所得到“房间名称”的列表形式结果（部分）为：

[['池座'], ['主舞台'], ['侧台'], ['后台'], ['乐池'], ['卫生间'], ['前厅'], ['观众', '休息厅'], ……, ['设备间']], ……

最后，在计算机中构建任务书表格数据之间的映射关系，并进行标准化表示，使各个房间名称（二级目录）与其面积数值一一对应，并以一级目录的房间（分区）名称作为“类标签”进行标注。为节约篇幅，下面仅给出具有代表性的一部分结果：

[[{'池座': 200}, '主剧场'], [{'主舞台': 972}, '主剧场'], [{'侧台': 972}, '主剧场'], [{'后台': 324}, '主剧场'], [{'乐池': 80}, '主剧场'], [{'卫生间': 120}, '主剧场'], [{'前厅': 600}, '主剧场'], [{'观众，休息厅': 500}, '主剧场'], ……, [{'设备间': 400}, '主剧场']], ……

抽取完成之后，便对“面积向量”进行校验，确保各级“面积向量”之间的一致性。实践中，一般允许建设工程竣工后的实测面积和规划许可证面积存在一定的误差，但总建筑面积最大允许误差为 3%，且项目总建筑面积允许误差累计不得超过 500m^2。因此，可以选用 3% 作为预警界限，当超过这一阈值时，便认为任务书表格数据中不同层级的面积加和不等的情况超过了容忍范围。

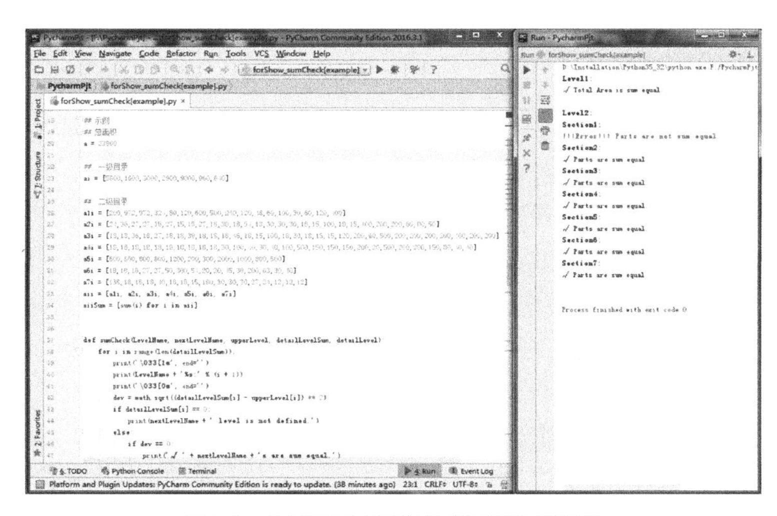

图 3-58　计算机运行面积加和检验程序结果界面

（3）图像数据预处理

图像形式的数据在任务书中出现得较少，因此在预处理阶段，仅对图像数据做简单的图形、图像分类，对图形数据进行矢量化处理，对图像数据进行像素化处理，主要目的是以数字化的方式对其进行存储，以待后续分析使用。另一方面，考虑到图像数据本身的格式较为复杂，所包含的信息也丰富多样，后续分析将多以人工与机器相结合的方式进行，因此在预处理阶段不必进行过多复杂的处理。

3. 基于风险识别与评估的任务书评价方法

1）基于风险的任务书评价方案

任务书全样本库为基础的数据库建立，为下一步全信息评价的参考指标构建奠定了良好的基础。广义的评价方法包括选择评价指标的方法、生成指标权重的方法、收集评价信息的方法、分析方法、检验方法等等，而上述的每个“方法”实则又是一个个复杂的方法系统，具有繁多的具体方法技术支撑。评价学发展至今，已经形成各种“打包成型”的方法，它们在众多学科领域内都能够得到很好的迁移应用。对于各种应用领域中层出不穷的评价体系，所谓评价方案的设计，并不是凭空地创造出一套全新的评价方法，而是对已有评价方法进行选择和组合，借鉴成熟的技术与做法，并结合具体的评价应用进行改良。任务书评价方案的选择也不例外。

结合建筑策划及任务书环节的特点，以及“不出错题”的底线保障要求，我们将尝试借鉴风险评估的理论和方法，具体落实任务书的风险评价体系的建立。理论上，风险识别、风险分析和风险评价是风险评估的三大核心板块，也是风险管理的重要内容。[①] 而从与建筑学相近的建设管理学科领域来审视，关于建设项目的风险评估方法早已有了大量的研究；但是在策划阶段，也就是项目的前期计划阶段，更多的还是从经济和成本的角度对项目整体进行风险分析，对设计进行风险管控的则较少。[②-⑤]针对任务书，更具体地说是基于一种报告性质的文本文档，进行设计条件与设计要求的风险评估则具有相当大的研究空白。

大数据的应用为“非主观”的风险识别提供了良好的基础。反观风险评估的方法体系，如果想要“避开”主观方法的不利干扰，采用更为数据化和科学化的方法进行评价探索，则需要选择基于客观存在的方法，如失效模式与影响分析（FMEA）、危险与可操作性分析（HAZOP）等系统方法，贝叶斯网络、FN 曲线等统计方法，以及因果分析、情景分析等逻辑方法，还有马尔可夫法、佩特里网等综合的风险评估方法。[⑥] 在此基础上，下文将阐述如何在风险评估的基础上，加入大数据技术，对任务书展开若干层面的风险评估，即以文本数据为基础的关键词抽取、聚类及索引，以及数值数据为基础的机器学习及分类预测，并融合了建筑策划、风险评估和数据科学等多种理论概念，尝试构建任务书风险评价的指标体系。

2）任务书的“指标”挖掘

为了构建任务书评价的指标体系，从系统逻辑的角度出发，首先需要

---

① 马文拉桑德．风险评估：理论、方法与应用 [M]. 清华大学出版社，2013.

② 严军．工程建设项目风险管理研究和实例分析 [D]. 上海交通大学，2008.

③ 何九会．建设工程项目风险管理的研究 [D]. 西安建筑科技大学，2007.

④ 王家远．建设项目风险管理 [M]. 中国水利水电出版社，2004.

⑤ 郭俊．工程项目风险管理理论与方法研究 [D]. 武汉大学，2005.

⑥ 张曾莲．风险评估方法 [M]. 机械工业出版社，2017.

厘清任务书有哪些要素可以被评价，即找出任务书的所有待评要素，然后再行分析判断，甄别待评要素是否可以进一步构成评价指标。

在构建任务书样本库的过程中，已经运用文本挖掘和处理技术分析出了词频向量。接下来的工作是对词频向量进行梳理，挖掘出相关待评要素。这里以三份任务书样本作为案例展示关键词提取和分析过程。

示例如下：

由于一般任务书文档整篇的文本长度较大，不利于示例呈现，因此本示例尝试抽取了三份真实的任务书样本，再各截取出其中关于设计原则的一小句描述，如下所示，作为简化版的“任务书文本数据”样例。

任务书 1：“注重传统文化底蕴，在此基础上寻求实现创新”；

任务书 2：“结合传统文化，并具有时代创新特征”；

任务书 3：“既能展现地域文化特征，又能体现时代气息”；

对上述任务书 1、任务书 2 和任务书 3 的文本数据，在启用任务书用户词典和停用词（在第 4 章中已经调试好）的条件下进行中文分词，得到的分词结果为：

任务书 1：“注重 / 传统 / 文化 / 底蕴 / 基础 / 寻求 / 实现 / 创新 /”；

任务书 2：“结合 / 传统 / 文化 / 时代 / 创新 / 特征 /”；

任务书 3：“展现 / 地域 / 文化 / 特征 / 体现 / 时代 / 气息 /”；

由文本数据分词后得到的所有词单元构建词库，可以得到：

“传统，体现，创新，地域，基础，实现，寻求，展现，底蕴，文化，时代，气息，注重，特征，结合”。

接下来借助 TFIDF 加权方法，筛选寻找任务书样本间区别于彼此的比较特殊的词汇。以词库中的第一个词“传统”为例，借助计算机程序历遍每个经过分词的任务书样本，统计样本个数、样本长度，以及每个词的词频向量，可知：

D（“传统”一词在总样本中出现次数）= 3，N1（样本 1 的总词频数）= 8，N2（样本 2 的总词频）= 6，N3（样本 3 的总词频数）= 7；

$tf_{传统,D1} = 1$，$tf_{传统,D2} = 1$，$tf_{传统,D3} = 0$，$d_{传统} = 2$；①

按照词频、文档频率和 TFIDF 值的定义及计算公式，可得：

$TF_{传统,D1} = 1/8 = 0.1250$，$TF_{传统,D2} = 1/6 = 0.1667$，$TF_{传统,D3} = 0/7 = 0$；

$sum_{传统} TF = 0.1250 + 0.1667 + 0 = 0.2917$；

$DF_{传统} = 2/3 = 0.6667$；

$IDF_{传统} = \log 3/2 = 0.1761$；

$TFIDF_{传统,D1} = 0.1250 \quad 0.1761 = 0.0220$，

$TFIDF_{传统,D2} = 0.1667 \quad 0.1761 = 0.0293$，

① $tf_{传统,D1}$ 指的是“传统”一词在样本 1 中出现的次数。

词频分析计算结果 **表 3-19**

	tf_i			TF_i							TFIDF			
Terms	D1	D2	D3	D1	D2	D3	sum_i	d_i	DF_i	IDF_i	D1	D2	D3	sum_i
传统	1	1	0	0.13	0.17	0.00	0.29	2	0.67	0.18	0.02	0.03	0.00	0.05
体现	0	0	1	0.00	0.00	0.14	0.14	1	0.33	0.48	0.00	0.00	0.07	0.07
创新	1	1	0	0.13	0.17	0.00	0.29	2	0.67	0.18	0.02	0.03	0.00	0.05
地域	0	0	1	0.00	0.00	0.14	0.14	1	0.33	0.48	0.00	0.00	0.07	0.07
基础	1	0	0	0.13	0.00	0.00	0.13	1	0.33	0.48	0.06	0.00	0.00	0.06
实现	1	0	0	0.13	0.00	0.00	0.13	1	0.33	0.48	0.06	0.00	0.00	0.06
寻求	1	0	0	0.13	0.00	0.00	0.13	1	0.33	0.48	0.06	0.00	0.00	0.06
展现	0	0	1	0.00	0.00	0.14	0.14	1	0.33	0.48	0.00	0.00	0.07	0.07
底蕴	1	0	0	0.13	0.00	0.00	0.13	1	0.33	0.48	0.06	0.00	0.00	0.06
文化	1	1	1	0.13	0.17	0.14	0.43	3	1.00	0.00	0.00	0.00	0.00	0.00
时代	0	1	1	0.00	0.17	0.14	0.31	2	0.67	0.18	0.00	0.03	0.03	0.05
气息	0	0	1	0.00	0.00	0.14	0.14	1	0.33	0.48	0.00	0.00	0.07	0.07
注重	1	0	0	0.13	0.00	0.00	0.13	1	0.33	0.48	0.06	0.00	0.00	0.06
特征	0	1	1	0.00	0.17	0.14	0.31	2	0.67	0.18	0.00	0.03	0.03	0.05
结合	0	1	0	0.00	0.17	0.00	0.17	1	0.33	0.48	0.00	0.08	0.00	0.08

注：Terms 代表分词后的词单元，Dj 代表编号为 j 的任务书文档，sum_i 代表词 i 的某一参数求和。

$TFIDF_{传统, D3} = 0 \quad 0.1761 = 0$；

$sum_{传统} TFIDF = 0.0220 + 0.0293 + 0 = 0.0514$

同理可以计算得到词库中每个词的各种词频分析参数，如表 3-19 所示。

通过对任务书样本库应用上述示例的词频分析方法，可以获得这些任务书所涉及全部词汇的词频、文档频率和 TFIDF 值，以及任务书的各种文本向量化结果。这些是进行任务书文本挖掘的实质性数据基础。TF 高和 DF 高的词元构成了出现频率高的关键词，而 TFIDF 值靠前的词汇表征了既高频又在所选取任务书样本间区别于彼此的比较特殊的词汇。

然而，任务书的这些词元清单是以单个的词为形式单位的，所显示的信息依然非常零散混乱，大多数关键词不能单独完整表意，还有不少被分别统计的关键词，实际上属于同一个信息类别。这是文本挖掘中使用分词和向量化等处理不可避免的缺陷。这种过度拆解的缺陷导致了这份初级的任务书词元清单并不具有直接的可用性。因此，为了将任务书零散而繁多的关键词变成具有可用性的待评要素清单，研究采用了“先聚类，后拓展”的操作思路。首先应用各种分类、聚类方法，计算关键词与关键词之间的相似性，得到一个初步的关键词整理和组合，并大致确定出一个合适的待评要素数量范围；然后对关键词组进行双词、三词、相关词以及相关段落的拓展搜索，为关键词组“填骨加肉”，充实对关键词具有解释性的内容信息；最后通过人工的方式解读各种信息，对关键词组的组合和数量做出进一步的调整，概括提炼为待评要素，结合有选择的具体内容说明，生成最终的任务书待评要素清单。

考察关键词与关键词之间的相似性，一方面可以依赖于人工的方式对词义加以理解，将同一信息属性的词合并，另一方面，还可以通过计算机的K均值聚类、层次聚类等聚类方法来实现。不论是K均值还是层次聚类算法，都有多种相计算机程序语言和成型的程序包可以帮助实现，而计算得到的向量间距离还可以用来可视化成果。对应到本研究的任务书样本，可以将关键词的聚类情况，通过树状图、散点图等形式进行表现（图3-59、图3-60）。

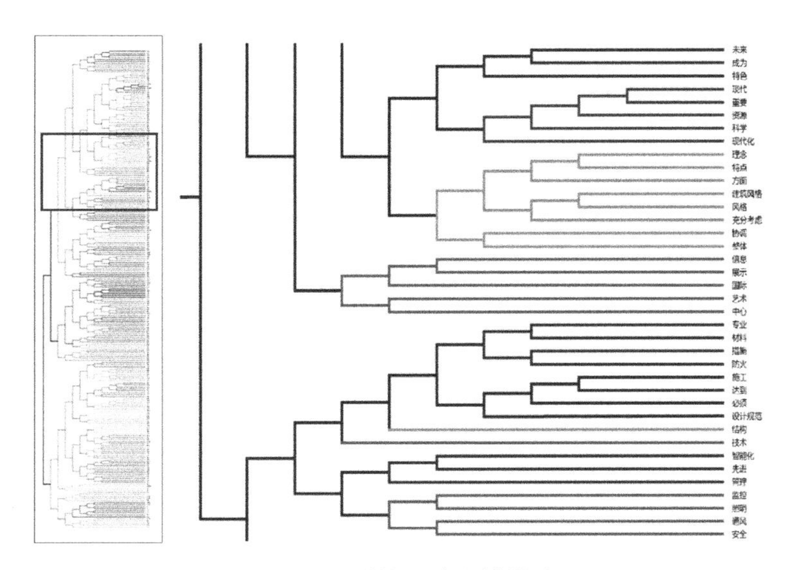

图3-59　关键词层次聚类树状图

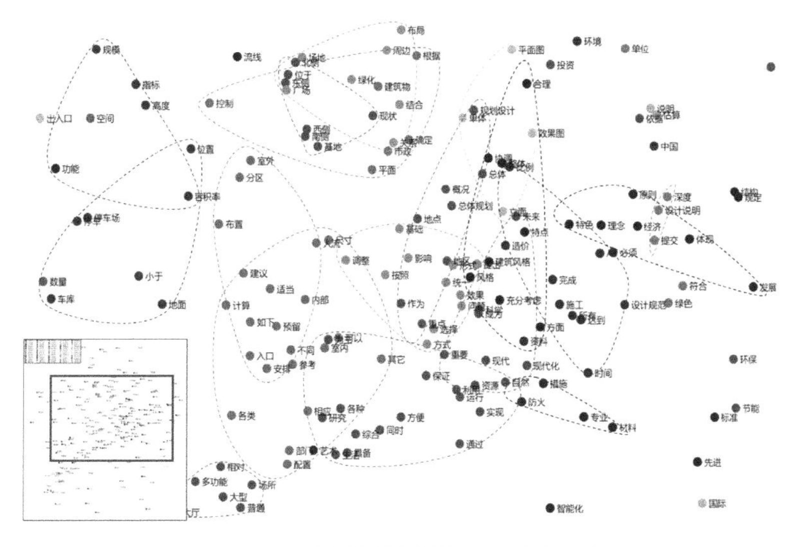

图3-60　关键词相似性及聚类散点图（部分）

任务书样本的数据挖掘是本研究任务书风险评价指标的第一来源，这主要是出于提升建筑问题评价客观性的考虑。但不可忽视的是，经验主义和人工知识领域亦可以提供非常具有价值的评价指标，并形成对计算机数据挖掘结果的验证和补充。通过总结相关理论和规范，以及向专家咨询意见等几种途径，研究团队对任务书待评要素进行全面性检查，获得一些候补项和补充意见。最终形确定了任务书待评要素共 34 个（表 3-20）。其中，每一个待评要素都包含了一系列关键词组。

任务书待评要素　　表 3-20

1	项目概况 / 城市文脉及规划情况		18	建筑结构专业技术要求	
2	建设规模与控制参数		19	电气专业技术要求	
3	设计原则与理念		20	暖通专业技术要求	
4	相关法律法规		21	给排水专业技术要求	*
5	设计工作任务与范围	*	22	景观 / 园林及绿化设计	
6	成果内容及格式		23	室内环境及装饰装修	*
7	资金情况说明与造价控制	*	24	建筑材料	
8	用地区位 / 范围及周边		25	建筑安全与安防	
9	场地市政供应与配套要求		26	节能环保、绿色生态与可持续发展	
10	场地自然条件	*	27	无障碍设计	*
11	交通规划条件及流线组织要求		28	停车场（位 / 库）/ 地下空间与人防	
12	总平面布局构想		29	空间成长与分期建设	*
13	建筑风格风貌与形式特点		30	管理与运营	
14	使用业主人员构成与组织框架	*	31	设计参考研究资料	
15	功能定位 / 需求与分区		32	任务书编制人员与编制程序	*
16	房间数量 / 面积与具体设计要求		33	任务书格式与内容	*
17	流程与工艺要求	*	34	其他特殊要求与机动内容	*

注：最后一纵栏中，未标注“*”的评价指标是经由任务书样本的文本挖掘而得到，注“*”的评价指标则是通过理论和经验途径得到的。

在完成任务书关键词的聚类，以及待评要素的补充之后的步骤则是“先聚类，后拓展”中的“拓展”——解释和描述这些待评要素。通过理论和经验途径补充进来的待评要素，比较容易被理解，且有相对成型的人工资料可以引用；而通过文本为挖掘得到的待评要素，则需要增强“元件”名称的可读性，通过反向搜索，还原关键词（组）所含有的丰富信息。

3）任务书的文本风险识别分析

前文中，以词频高和文档频率高的关键词为基础进行筛选，构成了任务书文本的待评要素；而以 TFIDF 值高的词元则代表了任务书文档区别于彼此的特征词，表征了少数任务书的特殊性内容。因此，本研究抽取了

TFIDF 值排名前 300 的词，在使用词频、逆向文档频率、卡方值等多种参数进行词集调整后，定义为“特异词”，共计 135 个，并以此作为引导词，与待评要素对应起来，搜索各个任务书中可能存在风险的内容。换句话说，“待评要素”清单代表了风险识别分析模型中的“基本功能及参数”，而“特异词”则是分析和识别风险的“偏差”所在。

示例如下：

在任务书样本库中，TFIDF 值排第 134 位的是“宫廷”一词。通过反查，确定为任务书 045 中的段落，进而展开分析。“宫廷”一词在任务书中对应的为“建筑风格风貌与形式特点”的文本描述。通过对其风险解读，认为其对“宫廷”风格描述的表意目的并不清楚，并且对其要求也存在模糊和争议，不同设计人员对此理解可能迥异。此外，任务书并未提供足够的研究论证材料意味着“宫廷”究竟指代哪一时期的何种建筑风格，可能涉及相关文化符号的知识产权和使用权争端。

进一步考察“建筑风格风貌与形式特点”这一待评要素中与“宫廷”类似的存在风险的高频特异词组，可以形成如表 3-21 所示的风险识别表。如此便完成了关于“建筑风格风貌与形式特点”这一待评要素向任务书风险评价指标的转变。仿照该示例的方法，对本研究的所有引导词完成搜索，并与 34 个待评要素完成关联匹配，便可实现风险的识别、分析和判定。

任务书待评要素“建筑风格风貌与形式特点”的风险识别表 表 3-21

待评要素描述				风险描述			风险分析			特异词备注
编号	要素名称	关键词	功能概述	风险事件	风险原因	风险后果形态	发生概率	严重程度	风险等级	
13	建筑风格风貌/形式特点	风格 建筑风格 特点 充分考虑 协调 整体	对建筑的风格风貌提出导向性的建议，在建筑整体造型/局部形态/细节装饰等方面提出相对具体的做法要求	没有进行有关要求表述	研究缺失/挖掘不足	需要设计团队投入额外时间精力进行研究	0.36	2	0.72	
				对某单一方向/临街面提出具体要求而疏于对其他几个界面的陈述	某一方向/临街面具有特殊的功能意义/视觉地位 前期研究着力不均匀	具体的设计要求不是从全局角度得出，设计要点有失偏颇	0.09	3	0.27	“面临”
				对建筑风格/造型特点的要求描述过于空泛	对列入任务书的建筑风格相关内容未进行深入的探讨	难于落实在具体的设计手法上，无法转化为具象建筑语言在方案中表达	0.26	4	1.04	“国籍” “契合” “稳重”
				对建筑风格或造型所提要求过于具象/独特	任务书编制受个人主观意见干预，先入为主又缺乏深入的研究	限制设计创作 造成不必要的工程难度/费用 不能得到舆论及民众的认可	0.32	5	1.60	“宫廷” “鲜明个性”

限于篇幅，本示例不对其他任务书特异词和待评要素之间的风险搜索、关联、识别和判定再进行展开。

4）任务书的面积数据向量可视化

除了对文本存在的风险解读分析以外，任务书信息中的面积数据也值得进行风险分析。对此的分析思路为：基于使用后评估样本的收集—分析同一类建筑的若干功能面积数据的基本趋势—以此作为标准比较任务书样本与其的偏差—进行深入展开分析。

这里依然以表 3-18 的某文化艺术馆任务书“面积一览表”为例，将具体房间的面积数值，通过房间名称机器学习的分类，按照跨项目统一的某个标准重新组合，得到面积比例的向量，以实现同类型项目之间的横向比较。比如文化艺术馆可以归纳总结出七类主要空间，绘制出比例向量曲线如图 3-61 所示。

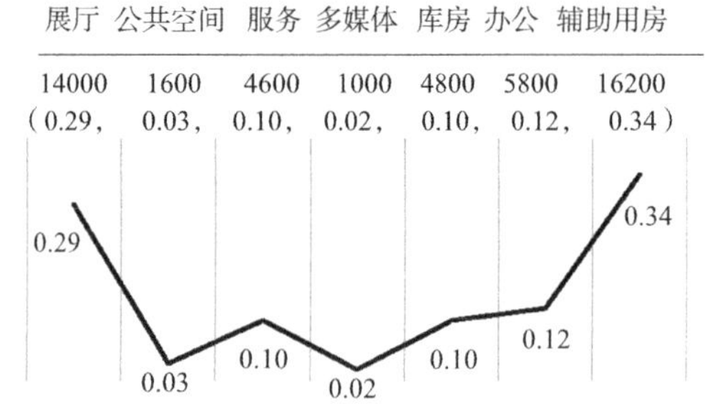

图 3-61　某一任务书面积及比例向量曲线

而如果叠加大量的同类建筑任务书样本，则可以构建一个面积比例向量库，做向量的聚类计算，并通过平行坐标可视化表征出某一类型建筑的面积分配趋势。但过多的样本个数和维数也会导致平行坐标过于拥挤，难于观察其基本趋势，因此对于“面积向量”、“比例向量”的数据挖掘，可以考虑采用一定的聚类（Clustering）方法，找到各个维度面积的分布特点，进而对其进行分类，并“拟合”出各个类的“平均向量”，用来描述某一类型建设项目的面积分配特点。比较常见的聚类方法有 K 均值聚类、模糊 C 聚类、层次聚类等。

图 3-62 展示了经过多次迭代运行计算后形成的聚类可视化结果，可以看出有两条明显的聚类中心，如图中的黑实线和虚线所示。从两类折线的走势来看，其特点差异主要体现在第一和第三维上，可以结合任务书所对应的建设项目实际情况，具体再作进一步分析解读。在本例中，可以解读出聚类 I（黑色实线）是以展陈空间为主的文化建筑，以博物馆、美术馆、展览馆、规划馆和档案馆等建设项目居多；而聚类 II（黑色虚线）是以服务和活动功能为主的文化建筑，以文化中心、艺术中心、活动中心、科技馆和少年宫等建设项目居多。

以此为依托，某一具体项目的面积数值风险评价，就是衡量其面积比例向量与群体的偏差程度，通过计算向量之间的相似度实现（图 3-63）。通常来说，偏离越大，可能存在的风险也越大。

展览空间
公共空间
服务与活动
多媒体空间
库房与储藏
内部办公
辅助用房

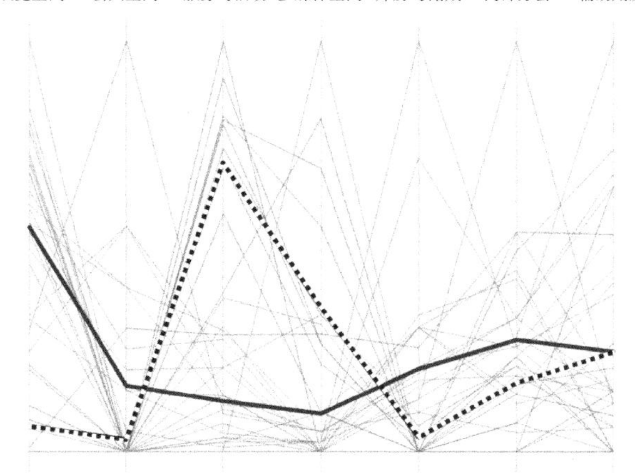

图 3-62　聚类可视化后的任务书样本面积比例向量曲线

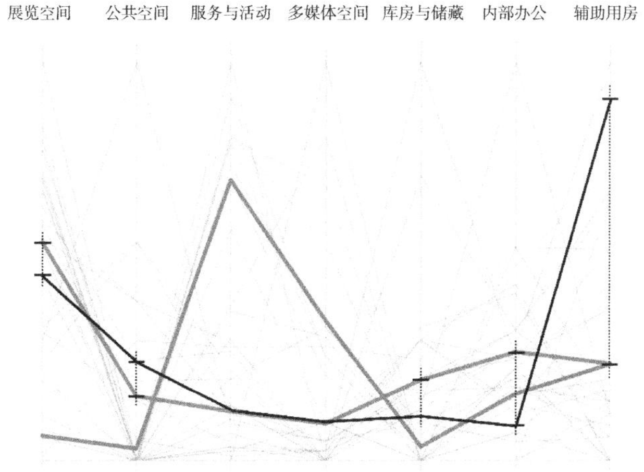

展览空间
公共空间
服务与活动
多媒体空间
库房与储藏
内部办公
辅助用房

图 3-63　面积比例向量与群体偏差度

4. 任务书全信息评价的应用

任务书评价体系的短期目标是探索适用于任务书的评价方法，在一定数量的案例任务书上进行试验，建立起具有操作性和可行性的初步评价体系框架。评价体系的中期目标是向研究机构、实践行业和资本市场开放本研究得到的任务评价体系框架，进而在更多新的、真实的任务书上实施评价，积累评价数据，并以此为依据对评价体系进行调整，演进出一套成熟的任务书评价系统和工具。评价体系的长期目标是推广任务书评价系统和工具，在建筑职业教育和建筑行业立法上，加强对建筑策划的保障。

1）全信息评价指导手册

标准模式的全信息评价指导手册全面表述了任务书的评价体系，并为此拟定了一个标准制式。这一制式也是《任务书评价体系指导手册》的基本框架。在开篇介绍之后，如图 3-64 所示，每个评价指标占据一个对页的版面，上下分为版首和正文两大部分。左上角依次是评价指标的代号、名称和简明定义，指明了这一版页所要展开的评价指标，并对该指标在任务书中所涉及的内容进行了简要说明，限定了某一评价指标所要评价的具体对象。右上角占据版首的依次是：指标总分、指标所属类别、相关指标和风险图谱，均是评价指标的重要说明性信息。其中，总分通过隐性权重的方式反映了指标的重要性，是由指标的影响度和信息量而确定的，也是最高评分等级所能获得的分数；指标类别是评价指标的基本属性，标明了指标的大类归属；相关指标一栏列出了与该评价指标联系紧密或对其有影响的其他评价指标；风险图谱则标出了评价指标风险等级的位置，明确了指标权重的层级。

图 3-64　全信息评价指导手册指标示例

2）快速核对清单

快速核对清单是为那些想要自行尝试任务书评价的客户而开发的。建设方（单位机构、企业、个人业主等）在设计的前期，出于各种目的和需求，需要对设计条件进行一些初步的研究甚至编制任务书，但同时又没有足够的时间或预算提请专门的机构，聘请外部的专家，进行系统的评价和论证。考虑到业主自身专业知识的不完善，本研究从已经构建完成的任务书评价体系内，抽离出通俗易懂而又全面实用的一部分，整理成为简单的勾选问题表单，并附上内容索引和帮助信息（图 3-65），提供给业主一个相对成型的、精简的任务书评价工具试用版本。

因此，快速核对清单的定位是自查型的，即由业主自发、自主进行任务书评价活动。为了使非专业人员也可以在非常短的时间内，获得一个初步的任务书查验结果，评价问题均设定为简单的是否型，且框定在项目前期，即针对任务书评价体系前三个评分等级的内容发问。评价者只需回答表单上的评价问题并打点记录，便可以通过按图索骥的方式，找到现阶段应该并能够解决的任务书问题，有的放矢地对其内容进行修改、完善。

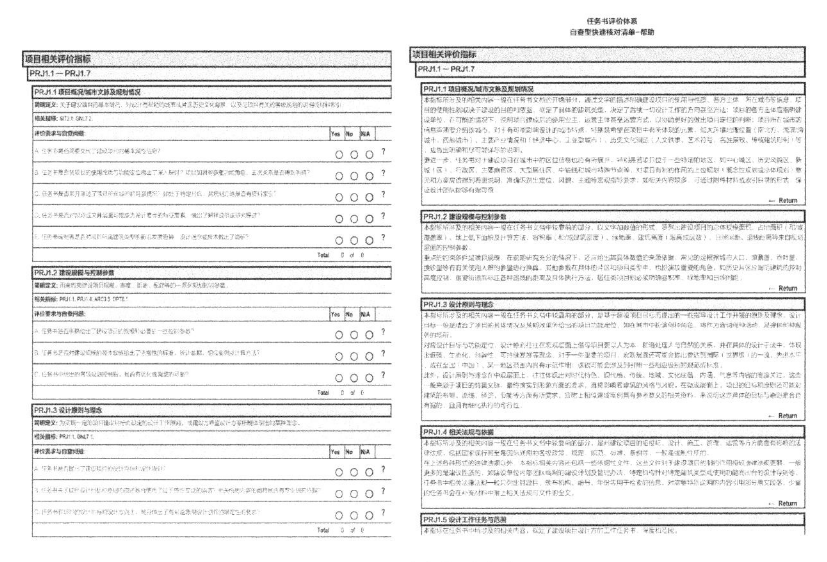
项目相关评价指标

PRJ1.1 — PRJ1.7

PRJ1.1 项目概况/城市文脉及规划情况

简明定义：

相关指标：

评价要求与自查问题：	Yes	No	N/A	
A.	○	○	○	?
B.	○	○	○	?
C.	○	○	○	?
D.	○	○	○	?
E.	○	○	○	?
Total	0	of	0	

PRJ1.2 建设规模与控制参数

简明定义：

相关指标：PRJ1.1, PRJ1.4, ARC3.3, OPT6.1

评价要求与自查问题：	Yes	No	N/A	
A.	○	○	○	?
B.	○	○	○	?
C.	○	○	○	?
Total	0	of	0	

PRJ1.3 设计原则与理念

简明定义：

相关指标：PRJ1.1, GNL7.1

评价要求与自查问题：	Yes	No	N/A	
A.	○	○	○	?
B.	○	○	○	?
C.	○	○	○	?
Total	0	of	0	

任务书评价体系

自查型快速核对清单-帮助

项目相关评价指标

PRJ1.1 — PRJ1.7

PRJ1.1 项目概况/城市文脉及规划情况

← Return

PRJ1.2 建设规模与控制参数

← Return

PRJ1.3 设计原则与理念

← Return

PRJ1.4 相关法规与依据

← Return

PRJ1.5 设计工作任务与范围

图 3-65　快速核对清单

3）专业查询卡片及指标关联弦图

任务书评价专业查询卡片是为已经掌握一定建筑学知识并具备任务书评价资质的人员而开发的，在正式提出任务书评价服务申请的项目上，发放给被第三方机构聘用或委托负责实施评价的专业人员使用，而不提供给仅进行自测性质任务书评价活动的客户。查询手册中的本质性内容与任务书评价指导手册相同，甚至可以说，查询手册实际上是指导手册的一种精简变种版本。但是查询手册与指导手册在受众、功用和侧重点上均有所不同。

指导手册的使用者是广泛的，凡是希望了解任务书评价体系，或对任务书评价有需求的人士，应当可以阅读它，其定位是入门级别的，作用是提供一个任务书全信息的载体，不论人们想要从中汲取有关的知识片段或是全盘的评价方法，均可以找到答案，因此指导手册侧重的是解释说明和教育引导的功用，类似于一本教科书；而查询卡片则固定在少部分被授权实施任务书评价的人手中使用，其定位是内部专业级别的，主要是为评价检视者提供一个可以快速定位信息的框架，用来在评价活动过程中实时补充其知识缺位，或辅助其对不确定性内容作出评分等级和得分值的判定，因此查询卡片具有很强的上手性、实践性，像是一本工具书或是资料卡（图 3-66）。

此外，专业查询手册的电子版本还提供互动型的指标关联图（图 3-67），方便评价人员按需高亮出与某一评价指标密切相关的待评要素，并综合考虑任务书的结构，以作出更为全面、合适的任务书评价。

PRJ1.1　项目概况/城市文脉及规划情况
简明定义：关于建设项目的基本情况，对设计有帮助的城市或片区历史文化背景，以及与项目有关的各级规划的说明或材料索引。

评价等级 / 评价标准	(3) 第一级	(8) 第二级	(14) 第三级	(15) 第四级	(20) 第五级	备注
A.任务书是否简明交代了建设项目的基本属性信息?	能够定位找到任务书中的相关文段或附件资料	有比较全面的基本属性信息以待查验	相关信息清晰全面，整理成表单或有组织的文段	设计团队快速准确的查阅到影响设计的基本属性信息	相关信息周密详尽，清晰明确，精准无误，贯彻始终	
B.任务书是否就项目的使用性质与功能定位做出了深入探讨?			重申了规划用地性质和项目既定的功能定位	对项目功能定位的一般性和特殊性做出了探讨	既定功能定位清晰易懂，在建成方案中得到较好实现	
B.……项目如具有多重功能角色，主次关系是否得到明确?			明确给出了功能角色的主次关系	对功能角色主次关系进行了一定的拓展解释	提点设计方案较好的处理了不同功能之间的关系	
C.任务书是否展开陈述了项目所在城市的背景情况?			适当阐述了城市的背景情况	结合项目具体情况有重点的阐述了城市大环境	提点设计方案很好的融入了城市环境	
C.……项目如处于特定片区，其规划方略是否有资料索引?			索引了相关的规划资料	对相关规划方略进行了研究和解读	提点设计方案很好的贯彻了片区规划	
D.任务书在何种程度上对规划或文脉层面可能成为设计要点的特征要素，做出了解释说明或研究探讨?				提供了重要的设计概念或线索，得到设计团队的认同或采纳	提供了重要的设计概念或线索，且被应用于最终的设计方案中	
E.任务书编制者是否对项目所属建筑类型的前沿发展趋势、设计理念或技术做出了调研?					对相关内容做了额外的调研，给出了具体的研究资料	
E.……这些研究结论在何种程度上促进了设计团队的工作?					研究结论被整理为设计条件，对设计工作有所助益	
E.……研究结论作为设计要求或建议，落实在最终的建成方案中得到何种程度的认可?					设计要求的前瞻性得到印证，受到使用者好评或获得奖项	

图 3-66　专业查询卡片

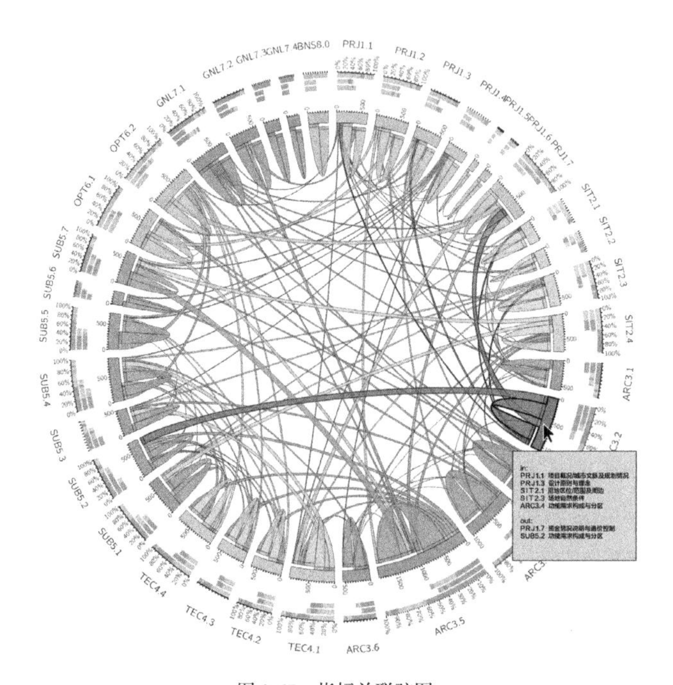

图 3-67　指标关联弦图

4　国际视野下的前策划与后评估

鉴于建筑策划在当代建筑行业中发挥的重要作用，一些发达国家通过各级政府部门制定相关政策和各级议会制定相关法律对建筑策划进行引导，并形成了较为成熟的建筑策划行业管理机制。在国际上，许多发达国家对其都有明确的范围和目标界定，并通过相关法律法规的出台保证建筑策划的合法进行。从本质上讲，所有类型的建筑建设项目都必然存在建筑策划环节，只是策划的专业性、深度与准确性各有优劣。在美国、英国、德国等西方国家，其国家或地方政府机构已经出台政策法规，明文规定了建筑策划的范围，即所有政府所属或参与投资的项目都必须进行专业的建筑策划工作。而在日本，国家更是法律规定了不论政府或企业，乃至个人的建筑项目，全部都必须遵守和进行建筑策划工作，以便保证项目建设的根本质量与可持续性。

本章将从国际视角介绍建筑策划与使用后评估在欧美国家及日本的行业实践、操作管理、保障机制以及职业实践教育等内容。为我国推行建筑策划和后评估工作及相关政策的制定提供经验借鉴。

4.1 建筑策划机制国际比较

4.1.1 美国建筑策划行业管理

美国的国家法律体系相对完善，市场经济模式非常成熟。现阶段美国国家行政机关对于建筑实践行业的掌控力度已经较弱，并未设置联邦政府下的一级部对建筑行业实施监管，而是通过间接授权支持或直接放权于一些行业组织和单位机构的方式，与具体的建设活动形成衔接。这些机构组织一方面传播国家认可的行业标准，一方面通过实践积累向国家反馈行业动态，呼吁倡导政府完善建设法规和监管环境；政府再通过立法，颁布政策、规范和导则，对建设项目方方面面的工作进行引导，这其中便包括了强制或建议开展建筑策划，以及对策划进行监管和审核的相关内容。

1. 建筑策划的范畴与目标

美国是一个由联邦州组成的国家，各个州甚至是一些单位机构都拥有立法权，对一定地域范围内或特定建筑类型的建筑设计相关工作形成了约束效力。因此，各联邦州和不同的机构对建设项目是否开展建筑策划，以及如何进行策划工作，也有着各自不同的规范或规定。在一些建筑策划理论和实践深入人心的州，法律层面对建筑策划作出了较严苛的规定，强制执行建筑策划的政策涵盖了重要的建筑类型；而在另一些州则相对宽松，没有细致到具体建筑类型对建筑策划作出明文规定，而是作为推荐执行的建筑师工作内容，抑或在其他范畴的要求中影射出现。总体来说，必须进行建筑策划的建筑类型多集中在政府投资的大型公共类建设项目、教育建筑，以及军事建筑和工事上。如加利福尼亚州规定政府投资的学校建筑

（State-Funded School）、实验室建筑必须在设计前期开展建筑策划的有关工作。德克萨斯州强制州内有所的教育类建筑、监狱建筑进行建筑策划。美国总务管理局（General Services Administration，以下简称 GSA）在其编制的《儿童护理中心设计指南》（Child Care Center Design Guide）中，明确规定对儿童护理中心这一建筑类型，需要进行空间分配的建筑策划。

2. 建筑策划的组织与管理

建筑策划在美国并不是通过政府机构直接进行管理的，对策划作出要求的相关规范或约束性文件制定者可以分为四大类。第一类是由美国国会授权组建的国家建筑科学研究院（National Institute of Building Science，以下简称 NIBS），属半官方研究机构，其对建筑策划的管理主要体现在引导性质上，通过对策划专业知识进行推介的方式作出表率；第二类是美国建筑师协会（American Institute of Architects，以下简称 AIA），属实践行业权威机构，通过不断推出内容涉及建筑策划的实践技术指导和建议性标准进行策划管理，亦属于引导性质；第三类是一些国家行政、军事和高等教育机构，其主职并非建筑建设，但会根据其具体建设需要，编制各种导则和文件对建筑策划的操作进行细致的规定；第四类则是各联邦州，主要通过出台行政法规实施细则，体现对建筑策划相关工作的管理。

NIBS 的主要职责是对建设行业内的潜在问题进行监管以维护建设活动的安全性和经济性，支持先进的建筑科学与技术以提高全国范围内的建筑性能。NIBS 主导了由国防部、总务管理局、能源部、退伍军人事务部、环境保护署、国家航空航天局、联邦法院行政办公室、国土安全部、国务院、国立卫生研究院、国家公园管理局和史密森学会共 12 家权威机构参与的“全过程建筑设计指南”（Whole Building Design Guide）项目。在该指南的“设计指导”（Design Guidance）中，将设计分为了 14 个学科（Design Discipline），其中建筑策划（Architectural Programming）被明确提出，并与建筑学、规划、景观建筑、室内设计、电气水暖等工程、造价估算和试运行比肩排列。此外，该指南还详细介绍了策划的操作流程与具体工作内容。

AIA 是美国职业建筑师团体组成的非政府组织，对建设行业的行业发展、职业实践和专业教育有着强大的推动力；而鉴于其高标准的职业实践和行业内的专业影响力，AIA 同时具有倡导政府的作用。在 AIA 推出的《建筑师与业主之间的标准协议文件》（B108–2009Standard Form of Agreement Between Owner and Architect for a Federally Funded or Federally Insured Project）系列中规定了建筑师的基础职业服务，其中有关方案设计这一阶段的工作内容细则条款，明确了策划及策划的管理的具体对象：建筑师需要对业主提供的建筑策划报告进行检查，并提供初步的评估，检查策划报告中信息的一致性与全面性。

一些特定的机构对其所辖的一些特殊建筑类型，作出必须进行建筑策划的要求，甚至给出策划工作具体需包含的内容，如美国总务管理局在其编制的《美国法院建筑设计指南》（The U.S. Courts Design Guide）中，明确规定法院建筑必须进行建筑策划，并明确了策划阶段的工作内容应包含确立建设目标和确定功能需求。又如：美国空军专门针对空军军用机场的建筑策划工作，编制了极为详尽的技术导则。

地方州中的加利福尼亚州，是通过《加利福尼亚州法规条例》（California Code of Regulations，相当于行政法规实施细则）对建筑策划实现管控的。条例中关于学校建筑（School Housing）的相关条款，明确规定此类建设项目需进行建筑策划相关工作，并将一系列策划研究成果整理成报告，上报加利福尼亚州教育局（California Department of Education）进行申请，得到书面批准认可后方可获得用地许可并进行建筑设计。

3. 建筑策划的工作主体

在美国，大部分地方政府及相关行政部门并没有对建筑策划作出强制性的要求，也没有要求特定组织或建筑师参与或代为进行策划这部分工作，规范层面实际上将建筑策划交由了业主一方自发进行。虽然策划看似没有强硬保障，但是 AIA 的协议文件强调了建筑师对策划成果报告的检查和评价负有不可推卸的责任。事实上，由于缺乏专业知识，由业主进行的策划良莠不齐。美国越来越多的职业建筑师意识到了这一点，因而他们主动将策划纳入自己所提供的整体职业服务中，使得策划与设计的衔接更为紧密。而在国家和城市层面的重大建设项目中，作为业主的政府相关部门甚至普通民众也会自觉引入、配合策划工作的开展，或聘请、委托具有专业资质的相关机构对项目进行前期策划。

在 AIA 的《联邦资助 / 保障项目合同（B108–2009 标准）》（B108–2009Standard Form of Agreement Between Owner and Architect for a Federally Funded or Federally Insured Project）中，规定了建筑师在政府投资的建设项目中，必须提供方案设计（Schematic Design）、深化设计（Design Development）、绘制施工图（Construction Documents）、投标或议标（Bidding or Negotiation），以及施工建设（Construction）五个阶段的基础职业服务。建筑策划虽然没有成为强制执行的一个环节，但是其仍旧作为可选服务被明确列出。

而一些看似与策划联系较弱的法律条款、文契约束、分区法规、执照要求、法律义务，实际上都对建筑策划的实践起到了推进作用。由于业主为了获得司法条文规定下的执照，或是实现更好的经济预算，或追求大幅超越最低标准，再或是参考借鉴以补全知识空白，便需要在设计前期充分了解这些法规、标准、指南等对项目的适用性和限制性，以便展开符合各种条件的设计，而这正是建筑策划的用武之地，从而促成了业主采纳甚至要求开展建筑策划业务。事实也证明，策划业务正是集中在这些特定建筑类型的实践项目上。

4. 建筑策划的流程

美国是建筑策划理论的发源地，相关的著作研究丰富翔实，方法技术先进多样，在项目实践方面也有着深厚的基础。在建筑全生命周期和基本建设流程中，建筑策划一般被列为设计之前的一个单独的环节，或列于可行性研究阶段中。具体而言，建筑策划的工作又可分为几个子环节，不同经典理论的划分方式不仅相同，核心的操作内容主要有：确定目标、问题搜寻、确定需求和撰写报告几个方面。不少研究机构和行业组织，都对策划的具体环节步骤和操作方法，通过导则、手册、教材等方式，进行了细致的介绍和专业的解释。此外，沃尔夫冈・普莱策（Wolfgang Preiser）一直致力于将后评估信息反馈和前馈于策划的研究，使建筑策划的范畴外延至建筑生命周期全过程。

NIBS 在《全过程建筑设计指南》中将建筑策划列于建筑设计工作的最前端环节，并聘请了伊迪丝・切里（Edith Cherry）和约翰・彼得罗尼斯（John Petronis）共同编写其中的建筑策划章节，将建筑策划展开为具体的六个步骤：①研究建筑类型（Research the Project Type）；②建立目标（Establish Goals and Objectives）；③收集相关信息（Gather Relevant Information）；④确定策略（Identify Strategies）；⑤确定定量要求（Determine Quantitative Requirements）；⑥总结策划报告（Summarize the Program）。

在 AIA 给出的《建筑师职业服务范围文件：设计和建造合同管理》（B201–2007，Standard Form of Architect's Services：Design and Construction Contract Administration）系列中，将建筑策划定义为设计前期的可选项之一，并在相关文件中详细展开了建筑师以提供职业服务的形式进行建筑策划的相关条款。该文件界定了建筑策划服务的范畴，提出策划是一系列迭代的步骤，从确立策划团队的优先事项、价值取向和策划目标，到与客户确认项目目标。具体而言，策划工作内容包括收集信息、建立性能和设计标准、撰写项目需求策划成果报告。在 AIA 持续更新出版的《建筑师职业实践手册》（Architect's Handbook of Professional Practice）第 14 版第 12 章“项目交付”（Project Delivery）中，“建筑策划”（Programming）一节对建筑策划的概念定义、发展现状、工作内容、方法流程和成果要求进行了详细的阐述，其给出的建筑策划所处环节及具体操作内容，与 NIBS 的《全过程建筑设计指南》所述大致相同。

此外，美国总务管理局在其编制的《美国法院建筑设计指南》（The U.S. Courts Design Guide）中要求法院建筑需先后经过规划、策划、设计和建造四个阶段，并明确策划阶段的工作应确定建设目标，并将功能需求转化为数值表达。

在地方层面，加利福尼亚州针对政府投资的学校建筑，详细规定了此类建设项目在提出用地申请前，需要参考《加利福尼亚州法规条例》中关于学校建筑的相关条款，进行规划咨询、学校组织机构和学生构成调研、场地踏勘、多功能联合使用计划、场地地理条件、物理状态、气候类型、潜在自然灾害、经济可行性等工程调研，以及人口趋势、交通、市政供给调研、环境影响等方面的研究，并召开学区委员会公开聆讯，证明选址的排他性，将上述一系列策划研究整理成报告。

5. 建筑策划的成果与审查

美国的建筑策划成果以报告为主要形式，有策划报告（Programming Documents）、策划案或策划书（Program）、任务书（Brief）等几种表达方式。虽然都是报告体的成果，但根据项目需求、用途和策划操作者的不同，其在侧重点上也有一定的差别。一般而言策划报告是以研究为主体的，经过精密而严谨的策划过程，应用专业的策划技术，从而罗列了各种项目相关的研究资料，并给出了设计要点和待解决的问题；策划案或策划书亦是经过了专门的策划流程归纳编制而成，但叙述更为简练，多用于交付和审批；任务书则随意性较大，可能是由业主进行类似于策划的简单操作后所列出的需求清单，也有可能是以详尽的策划研究为支撑，将设计条件和设计要求作为重点阐述的文件。此外，建筑策划的成果是开放式的，为后评估的反馈和前馈留有接口。

美国总务管理局要求儿童护理中心的空间分配策划需整理出策划报告，并在策划报告文件中陈述功能、经济、美学和环境目标的具体要求和内在联系。又如，《加州法规条例》规定需将关于使用者、场地、功能、市政供给、环境影响等方面的研究，以及经济可行性、证明选址排他性的公开聆讯，统一整理为策划报告。再如，《德克萨斯州行政法规》（Texas Administrative Code）和《德克萨斯州职业法规》（Texas Occupations Code）规定职业建筑师为客户提供的设计相关文件中，除了应该包括各层平面及细部、剖面、吊顶、内部装修、固定装置、材料和工艺的说明和设计图纸，还应提供实施的策划案。

6. 特点与结论

综上所述，美国从各个联邦州地方法规、特定领域的设计导则、行业组织标准协议文件，以及研究机构的指导手册等多个层面，出台了大量关于建筑策划的标准和指南，一方面得到了建筑行业内广泛的认可，对于策划概念的普及和工作程序的规范起到了正向引导的作用；另一方面也促进了政府的重视与支持，以实现对建筑策划及其评价的法律约束和实施监管。

美国建筑策划行业管理具有按照不同地方、不同建筑类型的实际情况因地制宜的特征，并通过授权具有专业能力的第三方机构或行业组织，一方面提升建筑策划的服务水平，一方面执行建筑策划的监管功能，并通过法律规定保障建筑策划的最终报告（任务书）的评审和交付。

4.1.2 日本建筑策划行业管理

日本的建筑市场相对成熟，建筑策划的管理制度也相对完善。为便于对比，本节重点分析由政府作为法人的公共建筑项目。此类项目既包含“官公厅设施”（即政府办公建筑），也包含了图书馆、会展中心、社会福利设施等市民建筑，同时也涵盖了监狱、防卫设施等特殊类型的公共建筑。

1. 建筑策划的范畴与目标

日本的建筑策划普及率较高，涵盖的建筑类型也较为广泛。近年来，建筑策划的对象不局限于新建单体建筑，更是在旧建筑更新、区域活化等领域发挥作用，建筑策划的空间范围和时间范围都得到了更大的拓展。对于民间建筑，其建筑策划的形式和内容相对自由，更多地由民间力量主导，没有强制性的政策规定和政府干预。对于公共建筑，则需要在工程建设开始之前提交策划报告，并经由相关政府部门审核后，方可进入招投标和设计阶段。其中政府投资的公共项目，必须要作策划，并且其策划须由政府相关部门审核确认。

2. 建筑策划的组织与管理

日本公共建筑策划的制定与管理主要由政府相关部门完成。总体而言分为国家与县市两个层级。国家层面的建筑策划主要受到《官公厅设施的建设等相关法律》约束。根据法律，其策划的制定主体可分两类：大多数国家设施，如办公厅舍、图书馆、国际会展中心、博览会政府馆等，均由国土交通省营缮部统一策划，并制作公共建筑的“营缮计划书”（相当于建筑策划的成果）；少部分由各省厅负责修建的专门性的公共建筑，如国会议事堂、监狱等，则由该省厅内部的营缮部门制定策划，并将“营缮计划书”交由国土交通省审核认可。

建筑策划的管理则都由营缮部完成。该部门内部设有计划课，专门管理建筑策划相关事务，管理形式主要为意见书反馈。即各省厅提出建设待建项目的“营缮计划书”，该计划书中包含了待建项目的位置、规模、工期、建设费用等信息，交由国土交通省的官员审查，审查人员基于《官公厅设施的位置、规模、构造标准》进行审查后给出意见书，回馈给审查申请者，同时交付财政部门。这样的机制，能够在预先设立的国家投资范围内实现公共建筑共同效益的最大化。

相比之下，县市层级的建筑策划与建筑主管部门关系较浅，依照不同建筑的使用功能与行政目的，由相对应的主管部门进行策划，策划完成后交由营缮部门进行设计、施工等作业流程，建设完成后再移交相应部门进行管理和使用。例如文化教育类的建筑，其建筑策划的制定与管理多由教育文化主管部门负责，营缮部的参与较晚，发挥的作用也较少。

3. 建筑策划的工作主体

在日本，政府投资的公共项目多数是由政府部门来进行建筑策划的相关工作。根据不同的项目功能和投资模式，有时候第三方策划团队与市民也会参与到策划的工作中。在初步策划的过程中，政府营缮部门或相关主管部门是策划的主体。在初步策划完成后，政府营缮部门会基于此阶段的策划成果，以招投标的方式遴选建筑设计单位。

在进入基本设计阶段之前，与策划相关的工作仍在继续。新日本建筑家协会、日本建筑士会联合会、日本建筑士事务所协会联合会、建筑业协会联合出台了日本四会联合协定，将建筑师在设计阶段的业务分为三个阶段：团队组建、调研和策划，以及设计业务（基本设计、实施设计）。随着社会经济的成熟和建设投资的多样性，公共项目与私人项目的界限愈发模糊，一方面，建筑师的业务范围得到了极大的拓展，另一方面，融合了建造界、金融界等多专业团队的第三方策划团队越来越多。因此，建筑策划的主体也面临着"建筑业主—建筑师—第三方主体"的演变。

日本的建筑策划实质上涵盖了两个阶段：一是由政府部门完成的初步策划阶段，二是测试在招投标结束后的建筑师早期工作，仍然属于建筑策划的范畴。需要指出的是，日本政府营缮部门中的建筑专业职员大多具有建筑专业背景，甚至可以独立完成部分项目的建筑设计工作。因此，这两个阶段的建筑策划实质上都由建筑专业人士参与完成。

以大阪市立东洋陶瓷美术馆项目为例，该项目的策划历经了四个阶段：首先，市长确定了该项目的场地选址；其次，主管部门（文化教育部门）确立了项目的投资和管理模式，并形成了政府官员与社会力量融合的新法人；第三，营缮部门介入后，进行了大量的实例调研与技术资讯收集工作，辅助主管部门提出美术馆策划的初期策划报告，并组织设计竞赛；最后，竞赛获胜的建筑事务所介入后，从专业角度丰富建筑策划的内容，与政府部门和未来的美术馆经营方积极沟通，并最终进入设计阶段。

4. 建筑策划的流程

日本建筑学会经济委员会出版了《建筑企划实务》等诸多专著，将建筑策划的流程分为五个环节。第一阶段为专案构想，包含确认开发目的、专家、建筑物基本性格和系统基本构想四个方面。第二阶段为条件分析，包含区位基地条件和社会环境条件两个方面。第三阶段为需求条件和实例调查。第四阶段为专项策划，包含组织策划、经营策划、空间策划、技术策划四个方面。第五阶段为策划案的完成和评估。

日本四会联合协定建筑师服务条款将建筑设计阶段划分为策划、设计、工程招投标、施工、运营及维护五个阶段。其中，策划阶段的任务包含：设计意图与要求条件的把握、法规条件的调查、与行政主管部门的协商及资料收集、建设事业项目的调查分析、用地条件的调查研讨、建设项目策划资料的制作及提出、项目策划方案的制作和提出、工程进度计划的制作等内容。

5. 建筑策划的成果与审查

在策划完成与设计施工开始之间，需要对策划报告进行评估，最终形成科学合理的策划报告，指导后续的设计工作。与单纯的建筑任务书不同的是，策划报告的内容涵盖了组织策划、经营策划、空间策划、技术策划四个方面。因此策划的成果不仅可以指导建筑空间的设计，还对建筑的施工、管理与运营提出了构想。这种全面的策划结论，对于建筑最终的使用效果有更全面的指导，也更利于与使用后评估的衔接。对成果的审查则由政府的营缮部完成。

6. 特点与结论

日本与中国国情虽有不同，但在建筑策划方面的管理经验仍非常值得借鉴，概括起来有以下几点：

（1）公共建筑策划的管理与评估由政府主导。政府应制定相关法律法规，强调对政府投资的公共项目进行投资的必要性。政府的建筑相关部门应对各类公共建筑的策划报告组织审查，并给予相应意见，经过审查确认后的策划报告才可以作为设计与施工的依据。

（2）建筑策划的制定由政府与专业人士共同完成。针对政府投资的公共建筑，日本的建筑策划由政府内部具有建筑专业能力的营缮部牵头制定，并与建筑师或第三方策划团队配合形成专项策划团队。

4.1.3 英国建筑策划行业管理

英国的工程建设领域具备比较完善的法律法规体系，尤其是对于政府投资的公共建设项目的管理受到这些法律法规的严格制约。建筑策划的管理与实施同样是在严格的法律法规框架下制定并应用，因此建筑策划流程与分工也相对规范和明确。有关建筑策划理论与方法的研究在英国也有相对成熟的发展，与其相关的书籍有弗兰克·索尔兹伯里（Frank Salisbury）著的《建筑的策划》（Briefing your Architect）、《策划与初步设计》（Briefing and Initial Design）等。

1. 建筑策划的范畴与目标

在英国，无论是政府投资的公共建筑还是私人项目都需要作建筑策划。在私人项目中（如商业建筑、私立学校、房屋和私人医院等），建筑策划的形式和内容相对自由，没有强制性的政策规定和政府干预。在政府投资的公共项目中（包括政府机构如国会、法院、监狱等，公共服务如医院、学校等，公共基础设施如道路、桥梁、铁路等，以及国防类建筑等），根据英国皇家建筑学会（RIBA）制定的《工作计划》（RIBA Plan of Work）中的规定，这些建设项目需要进行建筑策划，并要求从工程建设的第一阶段到第四阶段制定一份详细的建设项目策划书，并在建设项目开始之前将这份项目策划书上交到政府相关监管部门，接受审核和评估。

2. 建筑策划的组织与管理

在英国，政府投资的公共项目的管理受到法律、法规、条例和标准的严格制约。与建筑相关的法律有安全法、房屋法、建筑法和建设法。其中，与建筑策划相关的法律是建筑法。

在建筑策划的标准制定层面，中央政府授权专业的行业协会——英国皇家建筑学会（RIBA）制定与建筑策划有关的标准。英国皇家建筑学会制定的《工作计划》有助于建筑师以及设计团队在大型复杂的建设项目中协同合作，有效地完成设计工作。因此，《工作计划》是英国建筑行业公认的指导程序。

在建筑策划的管理层面，中央政府负责对建筑项目的策划和建设规划进行宏观调控，由当地职能部门对策划和建设规划进行监督管理。中央政府对地方部门负责审核的内容有详细的规定，例如区参议会的规划部门负责审查设计任务书中的一些描述性问题（如建筑是重建、改建还是扩建，场地的规划和建筑轮廓等）、相关数据（如建筑的面积、最大高度等）、是否符合当地的开发政策以及区域的发展规划。另外，当地规划部门还负责审查建设项目是否符合公众利益，如噪声污染情况、可接受的噪声标准以及场地有无被保护建筑物与树木等。区参议会的技术主管或工程师负责审查建筑法规（如申请表格、成本核算、提交日期等）、建筑安全性、通往主街道的车道规划以及当地排水市政管线位置、埋深以及管径等具体技术性问题（表 4-1）。

英国政府机构与当地职能部门负责建设项目审批的具体内容　　表 4-1

<table>
<tr><th>当地职能部门</th><th>区参议院规划部门</th><th>区参议院技术主管部门或工程师</th><th>区参议院环境卫生部门</th></tr>
<tr><td rowspan="5">负责审查的事项</td><td>建筑重建、改建或扩建的批准许可</td><td rowspan="2">建筑法规：申请表格、成本核算、提交日期、检查等</td><td rowspan="2">住宅审批</td></tr>
<tr><td>相关数据，如建筑面积、最大高度</td></tr>
<tr><td>当地开发政策、区域发展规划</td><td>检查建筑的安全性</td><td rowspan="3">公共建筑内卫生</td></tr>
<tr><td>噪声污染以及可接受的噪声标准</td><td>通往主街道的车道规划</td></tr>
<tr><td>场地有无被保护的建筑物和树木</td><td>当地排水市政管线位置、埋深、管径</td></tr>
</table>

3. 建筑策划的工作主体

在政府投资的公共建筑项目中，政府作为业主可以选择招投标或委托特定的建筑师两种方式。在招投标情况下，政府需要在建筑策划专家团的协助下制定任务书。专家团通常由一名建筑师和一名项目经理组成。对于建筑师而言，竞标是甄选建筑师的一种途径。当设计实施的时候，很少能完全按竞标任务书的内容实施。随着建筑师的参与，设计任务书会不断地完善，最终形成一份科学合理的设计任务书。

在业主直接委托建筑师的情况下，被委托的建筑师在整个项目中既充当了设计师，又充当了管理者的角色，甚至有时还作为业主的代理人。建筑师在接受委托以后，主要承担的职责是全过程咨询。因此，建筑师必须掌握各项错综复杂的法律法规，并协助业主制定科学合理的设计任务书。建筑师还需要与承包商进行沟通，目的是更好地实现设计任务书的目标和控制建设项目的实施。因此，制定项目策划书属于建筑师业务范围内的职责，也是建设项目流程中必不可少的固定环节。

因此，无论是招投标还是直接委托，建筑策划的工作主体都是以建筑师为核心的。区别在于，在招投标情况下，最初参与制定设计任务书的建筑师通常不是承接设计的建筑师；在直接委托的情况下，建筑师有义务向业主提供全过程咨询的服务，因此他通常从项目初期就参与到建筑策划和设计任务书的制定中来。

公众是另一部分参与到建筑策划中来的群体。政府投资的公共项目往往在立项之初就以地方政府的名义举办听证会。业主代表有责任向参加听证会的民众代表详细地介绍建设项目的未来规划和设计，以及建设项目将会带给公众的利益。民众代表有权力对项目的规划和设计提出意见和建议。因此，民众参与也是建筑策划工作中不可忽略的一部分。

4. 建筑策划的流程

英国皇家建筑学会制定的《工作手册》是英国建筑行业公认的建设项目指导程序，它为设计团队在大型复杂的项目中协同工作提供了一个高效的工作方法。工作手册详细地将工程建设过程分为 8 个阶段，前 3 个阶段属于建筑策划阶段。设计任务书的作用一直扩展到最后的建筑竣工阶段，以及投入使用后的后评估阶段。《2013 年工作计划》（RIBA Plan of Work 2013）中规定，从建设项目的第 0 阶段到第 2 阶段过程中完成建筑策划书（Project Brief）。在第 0 阶段立项定位中，建筑师（或请第三方专业策划机构）帮助业主确认立项是否成立，并给出策略性的设计任务书；第 1 阶段准备和策划阶段，承接项目设计的建筑师需要参与初步策划，并开展相关的可行性研究；第 2 阶段概念设计，主要任务是明确策划书中模糊的选项，制定最终版本策划书。

5. 建筑策划的成果与审查

建筑策划工作最终以项目策划书（Project Brief）的形式提交给政府相关监管部门进行审查和评估。由于英国建筑策划已经发展的比较完善，针对不同类型的建设项目有不同的策划表格可供业主和建筑师填写。除了项目策划书，建筑师还需要提交给政府部门一份评审报告。建筑策划的工作还延续到建设工程竣工后投入使用的后评估阶段，通过使用后评估获得的反馈信息属于建筑策划报告的一部分。

6. 特点与结论

总结英国在建筑策划管理和实践方面的经验，有两点值得借鉴：

（1）对于政府投资的公共建设项目，地方政府相关部门从立项到建筑策划，都有明确的分管部门进行监督管理。

（2）无论是通过招投标选拔，还是业主直接委托，建筑师在项目建设过程中都起到核心的作用。对于以建筑师为主导的策划专家团队，以及提供全过程咨询的建筑师来说，了解和掌握相关的法律法规，协助业主制定科学合理的设计任务书，是应尽的重要职责。

4.1.4 德国建筑策划行业管理

德国是由多个联邦州组成的国家，与美国不同，德国各联邦州没有独立的立法权。立法机构是由联邦议院和联邦参议院组成，在立法过程中需要联邦议院和联邦参议员共同通过才能够成立。因此，德国的法律在全国范围内都有效，比如医院规划法等。对于建设项目是否开展建筑策划，以及如何开展策划工作有统一的规范和规定，具体的建筑策划流程根据建筑类型的不同而有所不同。

1. 建筑策划的范畴与目标

在德国，关于建筑的规范管理是依据建筑规模进行区分的，大致分为大型公共建筑和小型私人建筑。针对政府投资的大型公共建筑有明确的要求，必须进行建筑策划。这些大型公共建筑包括医院、学校、政府办公楼以及其他社会公共服务类建筑。比如在医院规划法中规定，政府部门在立项前需要对医院的建设能力和先决条件进行评估，并对医院选址的周边环境和就医人群进行调研。通过评估的医院，政府还需要对其进行 30 年的预期评估，衡量未来 30 年医院与城市需求的适应性，从而确定医院的建设方式和类型。在德国，医院项目的资金来源中有 50% ~ 70% 来自于政府投资，剩余部分来自医院本身。

2. 建筑策划的组织与管理

根据中央政府立法的《德国建筑师和工程师行业绩效法》制定的《建筑师和工程师工作手册以及酬劳规定》（HOAI），建筑策划属于建设项目流程中的固定环节。中央政府委托行业权威机构德国建筑师学会（BDA）制定具体的建筑策划内容以及操作流程。德国建筑师学会下属的管委会和企业负责建立专家库，为业主和建筑师提供专业的策划咨询服务。

各联邦州政府的城乡规划部门负责对建筑策划在建设项目中的具体实施进行监督和管理。这些州城乡规划部门设有专门的部门负责对业主和建筑师提交的项目可行性研究报告和设计任务书进行审查。他们还负责建筑项目的招投标评审专家团队的组织、评审原则的制定和具体流程的监督审查。

3. 建筑策划的工作主体

根据《建筑师和工程师工作手册以及酬劳规定》，建筑策划由业主进行。对于建设项目缺乏经验的业主，可以聘请以建筑师为主导的第三方策划团队或机构。对于一些特殊的建设项目，如医院建筑，策划专家团队中还包括医学专业的专家。在德国，政府投资的建设项目需要经过招投标过程。因此，由建筑师主导的第三方策划团队需要在招投标之前，协助业主完成一份科学合理的设计任务书。另外，德国建筑师学会联邦理事会要求，招投标选拔出来的建筑师和设计团队应该尽早与前期的策划工作进行衔接。对于由政府投资的公共建设项目，公众参与环节也十分重要的，第三方策划团队在设计任务书的制定过程中应尽可能听取民众代表的意见。

德国建筑师学会联邦理事会在 2013 年 5 月颁布的《有关大型综合建筑建设流程的若干要求和建筑师在流程中的角色》文件中要求：在公共建设项目中以建筑师为主导的第三方咨询专家应尽早参与到建设项目的策划阶段，明确公众需求和功能定位，进而帮助提高政府业主代表的决策能力。

德国建筑师管理委员会帮助业主制定初步的项目策划书。在文件 § 2Abs. 4RPW 2013 中有一份名为"项目启动若干规定"（Maßgebliche Punkte für den Projekstart）的详细列表，上面列出业主在初步策划中需要考虑的因素，以及哪些因素是必须执行的，哪些是选择性执行的。

4. 建筑策划的流程

关于建筑策划的具体实施方法，有两个层面的导则。一是建筑策划作为一个独立的环节在整个建设项目中，HOAI 有明确的实施方法和覆盖哪些工作环节；其次是深入建筑策划内部，德国建筑师学会也规定了制定建筑策划的步骤以及每个阶段需要完成的任务。

根据《德国公共建筑工作分配规范手册》（VgV），在建设流程的第一个阶段（被称为阶段 0——Phases Null）要求设计任务书的制定不是简单地对建设细节进行解释，而是要进行精确的策划。这个阶段的核心任务首先是通过需求分析（Bedarfanalyse）确定项目必须满足的目标和业主的要求，其次是掌握场地的现状信息和场地的规划要求。

第二个阶段是可行性研究（Machbarkeitsstudie bzw. Baumassenstudie），类似对设计任务书进行预评价，目的是检验业主的需求计划（如技术上、功能上、规划上、经济上和法律上）在现有的场地条件下是否能够得以实现。基于可行性研究的结果，未来的使用者、公众、政府和管理部门才能够坐在一起，拟定一份详细的设计任务书。这份任务书制定得越详细，建筑师在解决设计与建设过程中的问题时就越目标明确。

《建筑师与工程师工作手册和酬劳规定》中规定，对于承接设计的建筑来说，工程建设流程的第一阶段（LPH1）为场地调研，这一阶段的主要任务是建筑师要清楚地理解设计任务书，与业主沟通整个项目的成果需求，交换各方的意见。

第二阶段（LPH2）是前期策划，这一阶段是为开展下一阶段的方案设计作准备，在这一阶段需要对场地进行分析，确定设计任务书的合理性。在这一阶段，建筑师将第一次与政府有关部门进行联络，并准备官方审批材料。

第三阶段方案设计（LPH3），建筑师除了做设计工作以外，还要深化业主的前期策划，为政府审批作准备以及为建设施工过程做策划工作。

5. 建筑策划的成果与审查

在德国，建筑策划成果主要以设计任务书和支撑任务书的相关文件组成。针对不同的建设项目类型，有固定的设计任务书制定模式，业主和咨询团队可以在当地政府相关部门的网站上下载设计任务书模版。审核表是针对支撑任务书的相关文件的统计单，与设计任务书一并提交给政府部门进行审查。在德国，政府十分重视使用后评估的结果，因此后评估的工作以及形成的成果报告基本上是由政府相关部门完成的。

6. 特点与结论

总结德国在建筑策划管理和实践方面的经验，有两点值得借鉴：

（1）对于政府投资的大型建设项目以及建筑策划的法律约束和监督管控比较清晰和严格，因此，德国的各项建设环节任务和分工都比较规范。

（2）以建筑师为主导的第三方专家团在参与建筑策划和设计任务书制定的方面发挥着重要的作用。专家团既了解法律法规，又具备专业知识技能。因此，专家团保障了设计任务书的科学合理性。

4.2 建筑策划教育国际发展

4.2.1 美日建筑策划教育体系

1. 美国建筑策划教育

从20世纪60年代至今，建筑策划教育在美国已经经历了50多年的发展。建筑策划在这个过程中，逐步形成了融策划理论研究、高校教育、职业教育和支持保障为一体的开放性框架。这个较完善的框架，从建筑策划教学到建筑策划实践的每一个环节都有所发展，在充分调动了高校和社会资源的基础上，赋予了建筑策划教育极大的活力。美国全国建筑教育评估委员会对建筑院校学生的建筑策划能力有明确的要求，“建筑策划”系列课程已经成为相当多建筑院系学生的必修课程之一。

如著名建筑策划学者赫什伯格（Hershberger）执教的亚利桑那州立大学，在建筑系本科三年级设置了分析与策划课程以及建筑会议交流、宏观/微观经济学原理、概率论与统计学等课程。在研究生教育阶段，设置了环境分析与策划专题，其中包括分析与策划、建筑策划方法、项目发展策划、策划问题电脑编程、建筑信息处理系统以及设备管理信息系统等。通过研究生Studio、建筑经营与管理和建筑会议交流等专题课程，形成了一个比较完整的建筑策划教育课程体系。另外，在美国的建筑学教育体系中，无论本科阶段还是研究生阶段，建筑策划都是主干课程。在建筑师职业化教育阶段，美国建筑师协会（AIA）从1966年开始就逐步引入了建筑策划教育，发展至今，已经成为职业教育中不可或缺的环节，同时，结合建筑法规和建筑师职业道德等课程，使得与建筑策划相关的外延更加完善。

2. 日本建筑策划教育

日本从1889年开始研究建筑计画，代表性文献是下田菊太朗发表的《建筑计画论》。1941年西山卯三发表《建筑计画的方法论》，书中提出，住宅水准依据自然条件、社会条件、人类生活等确定。吉武泰水在西山卯三的基础上，其调查方法更细致、更科学化，在分析手法、预测手法上更客观化、更现代化，其研究对象从住宅逐渐扩展到了公共建筑，后来结合西方的建筑策划（Architectural Programming）理论逐渐形成了其特有的理论体系。根据哈尔滨工业大学邹广天的研究，建筑计划学是诸多现代社会科学、自然科学与建筑科学相交叉而产生的新兴边缘科学，处于社会科学、自然科学之间的中间地带。哲学、数学、社会学、生活学、心理学、运筹学、策划学、思维科学、行为科学、计算机科学等诸多学科都对建筑计划学的发展起着重要的推动作用。[①] 在日本高校的建筑学专业教学中，一般都要设置称为“建筑计画学”或“建筑计画”的课程。在整个教学体系中，对与之相关的数理统计方法的学习较充分（表4-2）[②]，基于这样的前期准备，在其教学中，方法的教学与研究也比较深入，而这一点则正是我国建筑策划教育中相对较薄弱的环节，前期的数理与统计知识准备不够导致后期对方法的运用就显得有些力不从心。

以东京大学为例，工学部下面的建筑学科教学体系中分为建筑材料、建筑结构、建筑构造、建筑环境、建筑史、建筑计画、建筑设计与制图、建筑综合等八个门类，其中建筑计画于本科二年级两个学期分别开设“建筑计画一”、“建筑计画二”两门课，三年级上学期开设“建筑计画三”。在本科二年级阶段，全部为必修课，三年级阶段以建筑设计课为主，为了辅助建筑设计课，开设一定数量的选修课。与“建筑计画一”同步开设的课程有“建筑材料学概论”、“建筑结构概论”、“数学与力学”、“建筑构造概论”、“环境工学概论”、“城市建筑史概论”、“建筑设计制图一”以及“建筑综合练习”等；与“建筑计画”系列课程密切相关的课程，如“建筑伦理”和“建筑施工”等则分别对应“建筑计画二”和“建筑计画三”。根据以上课程的安排可以看出，“建筑计画”课在整个教学体系中介入较早，并且后续呈循序渐进的态势。

---

① 邹广天.建筑计划学[M].北京：中国建筑工业出版社，2010：42.

② 邹广天.建筑计划学[M].北京：中国建筑工业出版社，.2010：84-118.

日本建筑计画和城市规划调查分析方法　　表 4-2

<table>
<tr><th></th><th>分类</th><th>策略</th><th>细分</th></tr>
<tr><td rowspan="3">建筑计划和城市规划的调查与分析方法</td><td>调查方法</td><td>现场研究与观察调查
询问调查
图像法
实验法
计算机模拟
意识调查
文档资料调查</td><td>设计调查——调查的技法；
观察——家具陈设、设计实测、行为观察、流线；
询问——问卷调查、KJ 法和德尔菲法、社会测定；
捕捉意识——SD 法、要素回忆法、认知地图调查；
实验——实验心理、精神物理学、人体与动作；
调查资料</td></tr>
<tr><td rowspan="2">分析方法</td><td>哲学方法
逻辑学假说法
策划学方法
设计实测分析法
行为平面分析法
地理学方法
数学方法
可拓学方法</td><td>记述——记述统计；
推定——定量数据的推定与检定；
检定——Nonparametric 检定，即非参数检定；
预测——重回归分析与数量化Ⅰ类；
判别——判别函数与数量化Ⅱ类；
探寻结构——因子分析与数量化Ⅲ类；
探寻因果关系——因果解析；
化简——主成分分析；
类型化——集合分析；
考察时序——时序解析；
定位亲疏——多维尺度法</td></tr>
<tr><td>模型分析法</td><td>数理计划法；
模拟——蒙特卡洛法；
排队与概率过程；
信息理论；
网络的解析模型；
空间相互作用模型；
地域设施的配置模型；
人口模型；
计量经济模型；
交通手段选择模型——洛吉托模型；
顺序机械论模型</td></tr>
</table>

4.2.2　我国建筑策划教育现状

长期以来，在我国现行的建筑学专业教育体系中，专业技术教育占主导，对文化观、社会观、责任观的教育相对次要。学生通常先学会“怎么做”之后才开始思考“为什么”，或者说老师给定的前提条件（通常是任务书）建立在权威的基础上，这样的教育模式直接导致了思维的断层。以清华大学 1996 年在国内首次对研究生开设“建筑策划导论”课程为标志，我国高校部分建筑院系逐渐开设了介绍建筑策划及相关理论的课程，如美国建筑策划和日本的建筑计画学。建筑策划在建筑设计环节中的重要性已越来越受到重视，然而在我国的建筑学教育体制中其发展目标、功能定位以及与建筑设计主干课程教学的关系等仍不明确。总的来说，目前我国建筑策划教育在高校建筑系本科生和研究生培养体系中的相关课程设置较为单薄，缺乏由建筑策划准备知识、技术与方法、案例分析、策划实践、使用后评估等诸多课程构建的一个完整培养体系。如今建筑学、城市规划、风景园林已分别独立为三个一级学科，建筑学专业教育体系的改革与完善势在必行，而建筑策划作为我国建筑教育长期以来缺失的一项基本能力应当给予足够的重视。

建筑师职业化教育与建筑学专业教育在建筑学教育的不同阶段中应各有侧重，但二者并非完全独立展开，而是相辅相成、互相促进的。因此，建筑师职业化教育从建筑学专业教育的初期阶段就应当有所引入，为日后的建筑设计学习和建筑师从业打下良好的基础。以英国建筑学教育为例，建筑学本科教育阶段包含设计、技术、人文、表达和管理五个方面。建筑设计要求学生分析研究地段和工程预算从而拟定计划书，培养学生利用建筑历史和理论等作为设计依据的能力。① 专门的建筑师职业培训课程，主要是关于建筑师职业知识、建筑管理、法规和个案分析等。我国的建筑学专业教育与建筑师职业化教育呈线性关系，重视顺序上的先后而忽视了时间上的同步。在建筑学本科教育阶段基本上以建筑学专业基础教育内容为主，只有很少的建筑师职业化教育内容，到了研究生阶段才正式开设了诸如“建筑策划导论”、“建筑计划学”、“可拓建筑策划与设计”等课程，这样导致的结果就是本科毕业生在从业初期还需要大量的时间学习项目运作、经营管理来适应工作需要，这是一种教学与工作相脱节的表现。高校的本科生和研究生教学应该与今后的就业方向相一致，每一个阶段的毕业生应该都是能够进入建筑设计行业开展工作的。因此，建筑学本科教育阶段从一开始就应当逐步引入建筑师职业化教育意识（图 4-1）。

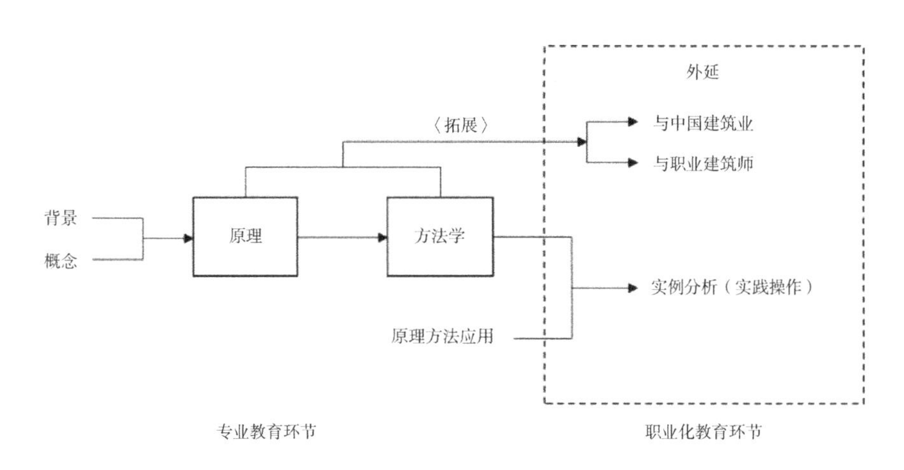

图 4-1　建筑策划课教学内容分类

① 戴锦辉，康健 . 英国建筑教育——谢菲尔德大学建筑学职业文凭设计工作室简介 [J]. 世界建筑，2004（5）：84-87.

在“全国高等学校建筑学专业本科教育评估指标体系”教育质量环节的“智育标准”中包含建筑师职业知识专项，并明确指出：“了解注册建筑师制度，掌握建筑师的工作职责及职业道德规范；了解现行建筑工程设计程序与审批制度，初步了解目前与工程建设有关的管理机构与制度；了解有关建筑工程设计的前期工作，了解建筑设计合约的基本内容和建筑师履行合约的责任；了解施工现场组织的基本原则和一般施工流程，了解建筑师对施工的监督与服务责任。”其中项目设计前期策划的相关知识就应该在“建筑策划”系列课程中教授。我国大多数建筑院校的建筑学教学体系仍然处于重技术操作而轻项目管理，重设计手法创新而轻社会责任感树立的状态，然而这些都是学生步入工作岗位后必须学会和掌握的。因此，建筑学教育体系还应更加充分地与评估体系对接，这样才不会造成“培养过程”与“质量标准”相异的结果。

建筑策划系列课程是建筑师职业化教育的重要载体之一，对它的学习也应该像建筑设计课一样有一个过程，从原理、方法到实践、创新。另外，建筑策划意识的构建是建筑策划系列课程的核心，它离不开建筑设计系列课，只有将两者结合好，同步发展，才能完善我国建筑学专业基础教育和建筑师职业化教育。

4.2.3 通过建筑策划课程促进建筑师职业化

1. 建筑策划课程与创新思维

建筑师职业化教育是一个全方位的教育模式，目的在于培养合格的建筑师。所谓合格建筑师，是指在具备专业技能的同时，更加强调专业精神、专业敏锐度以及更加重视对文化和设计本身的追求的建筑师。建筑师职业化教育的起点是建筑学专业教育，结合我国建筑学教育与建筑策划教育的现状，通过建筑策划课程促进建筑师职业化教育。

建筑学本科教育阶段基本上是围绕建筑设计主干课展开的，因此，可以说，从基础课到专业选修课都应该是与设计直接或间接相关的。建筑策划课在目前的建筑学本科教育体系中虽然没有开设专门的理论课，但是始终贯穿于建筑设计课中，只是尚未做到系统和完善，这种教学可以称为建筑策划的隐性教学。与此相反，在研究生培养阶段专门开设了建筑策划理论课，而设计实践环节由于没有关于建筑策划的统一的质量标准，教学成果参差不齐，这种明确了名称和教学内容的教学方式可称为建筑策划的显性教学。从完善建筑策划教学体系的角度来看，建筑策划教学首先应自成体系，同时保证与建筑设计课的关联与同步性，结合社会学、建筑文化、建筑经济学等辅助学科共同组建完善的建筑设计教学体系。建筑学专业的学生在接受专业教育时，首要任务就是建立创新思维。尤其是建筑设计这种实践性强的创新工作，实现创新成果就要建立在理性思维的基础上（图 4-2）。建筑策划就是建筑设计前期阶段的理性思维，这一阶段的理性思维是建立在大量的现状条件搜集、前人实践经验的总结、社会文化影响和技术经济条件综合权衡的结果之上的。这种理性思维是指引后续设计创新思维的明灯，也就是先确立目标，然后通过各种不同设计手法达到目标。同时，建筑策划的理性思维中也包含创新思维，即使是同样的条件也可以策划出不同的结果，原因是考虑问题的角度不同，主要问题与次要问题的定位不同，解决问题的方式方法也可以不同，因此，策划成果就可以有差异。

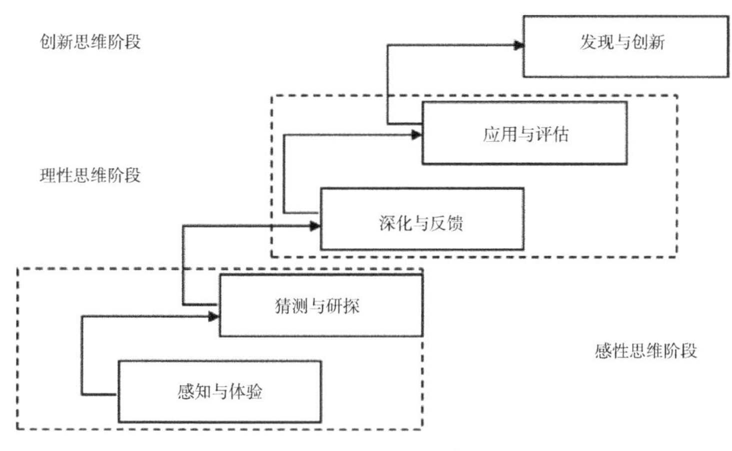

图 4-2　人类思维的螺旋上升模式

在此需要明确理性思维与创新思维的定义，理性思维的结果并不一定是唯一解，而创新思维也会得出相似解。二者的关键差异在于思考问题的方式不同，理性思维更加强调思维的逻辑性，而优秀的创新思维通常不是简单的思维训练能够达到的，常常受到固有思维的影响。因此，建筑策划是做好建筑设计的前提，建筑设计经历了几千年的发展，几乎每一次设计方法上的大变革与创新都是从思维方式和哲学层面的发展而来的。建筑策划在建筑设计程序中的重要性集中体现在通过理性思维对项目进行准确定位，从而引导建筑设计成为理性思维下的创新成果上，而不是纯感性或个人意志主导的成果。建筑策划课是正确引导学生创新思维的必不可少的方法论课程之一。

2. 建筑策划系列课程教学体系的建立

建筑策划由于其涵盖内容的综合性及操作环节的复杂性，决定了它并不能通过短期的学习就达到熟练掌握的目的，因此，应该将建筑策划的不同环节结合学生的学习，分配到不同的学期中。建筑策划系列课程教学体系就是通过循序渐进的方式作为建筑设计的重要环节与建筑设计课平行进行，从而最终引导学生建立起完善的建筑设计思维模式，培养合格的“卓越工程师”（表 4-3）。

建筑策划系列课程与建筑设计课的对应关系　表 4-3

建筑策划系列课	建筑设计课
社会学 / 社会学调查方法	建筑初步（1）（2）
环境行为学基础	建筑设计（1）
数理统计与分析基础	建筑设计（2）
建筑策划原理	建筑设计（3）
建筑策划方法学	建筑设计（4）
策划实践（1）	居住区规划设计
策划实践（2）	城市设计

1）建筑策划理论课

根据建筑策划的不同阶段可以将建筑策划的一部分环节通过理论课的形式实现，同时策划理论课是实践课的前期环节，是综合实践的基础。建筑策划理论课包含原理和方法论两方面，其中原理部分可以从建筑形式、空间组成入手，同时兼顾社会、文化等软条件；方法论则指出选择何种方法整理分析前期搜集的数据资料，怎样辨认与识别分析结果，最终得出合理的任务书。建筑策划理论课一般包括建筑策划原理、社会学、环境行为学基础理论、建筑文化、建筑经济学、建设项目管理等。

2）建筑策划实践课

建筑策划实践课主要以指导学生进行策划实践为主，也可采用结合建筑设计的方式，将设计中的前期环节设置为建筑策划，后期进行具体的建筑设计。学生通过全过程培训了解建筑设计的各个环节，从一个项目的产生到施工图都有所认识。在实践环节，学生需要自主搜集资料，分析整理数据，用策划成果指导后期建筑设计。

3. 建筑策划操作方法与实践的传授

建筑策划的意义已经普遍被建筑教学家和建筑师所接受，在建筑策划实施的具体操作环节有若干不同的技术手段。这部分知识的理解与运用，受到前期准备知识的限制，因此，在建筑学本科学生已经基本掌握了高等数学、概率论、统计学基础知识的条件下可以逐步进入对该部分的学习与运用。研究生阶段的教育要着重培养学生熟练掌握基本的策划方法，同时具有一定的创新意识。

1）建筑策划方法学的课程设置

建筑策划的操作方法受到项目本身的限制和影响，由于每个建筑设计项目都有自身的特点和难点，因此，在实施建筑策划时方法的选取尤为重要。在建筑策划系列教学中，“建筑策划方法学”重点教授学生常用的策划操作方法。此课程的前期准备需要数理统计与分析相关知识作为基础，结合社会调查方法的运用，明确不同方法的适用范围、能解决的问题以及如何操作等。概率论、统计学、决策学、线性代数等基本数理知识的掌握与否直接决定后续建筑策划方法的学习。

建筑策划方法学是工具型学科，对于建筑学专业的学生，更加关注方法的运用与开发。在前期资料和最终目的明确的条件下，如何准确、真实地反映现状与建筑师意图就是策划方法学要解决的问题。其中的核心内容就是将前期输入数据进行分类，通过跨学科研究工具的整理分析，得出较为接近事实的结论从而指导建筑设计。首先，选取适合的策划方法。学生在熟知每一类方法的数理特点与操作特性的基础上，通过比较分析选择最为适合的方法。其次，准确无误地操作策划方法。由于策划方法并没有统一的公理，只有不变的准则，因此，在操作的过程中会有一定的自由度，需要不断地判断与选择，因此，每一个环节都正确才能保证结果的无误。最后，充分地理解策划结论，学生应该能够辨识结论内容和结论要说明的问题。做到以上几点才是具备了建筑策划的基本素质，掌握了建筑策划的方法。

2）建筑策划理论与实践的课程设置

尽管建筑策划的理论知识较庞杂，但是建筑策划的运用始终是要建立在实践基础上的。由于在建筑学本科教育阶段的建筑设计课程大多数是虚拟题目，因此，这种设计题目就不大适于建筑策划实践，伴随着建筑设计课教学的不断改进，建筑策划实践与建筑设计课相结合变得越来越必要。建筑设计课如果选取实际题目就必然会有一系列现状限制条件，由“真题假作”模式训练出来的学生一定比虚拟题目训练出来的学生在毕业后的设计实践中具有更强的解决问题的能力。建筑策划实践必须依托于真实设计题目，结合设计课一同完成一个完整的设计过程就是建筑策划实践与建筑设计结合最好的教学模式。

在研究生教育阶段，可以通过 studio 的教学模式，使感兴趣的同学对建筑策划有深入研究，从而培养学生在建筑策划的理论和操作环节有所创新。建筑策划的产生和实施都是与多个不同学科交叉展开的，如社会学、建筑经济学、环境行为学、建筑文化和数理统计等（图 4-3）。建筑策划的成果也是多学科交叉的成果，如有文字成果、图纸成果、图表成果等。建筑学专业培养的学生需要具有广博的知识、熟练的技能和坚实的社会责任感。建筑策划教育就是在各种不同的相关学科与建筑设计之间建立一个桥梁，使跨学科的知识、思维方式、技术手段通过建筑策划的加工，最终应用到建筑设计的环节中。

建筑策划系列课的教学成果是在结合建筑设计主干课的基础上，培养学生的策划思维能力，同时树立建筑师的社会责任感，了解建筑项目的管理与进程。从社会、伦理、经济的角度认识建筑设计，学会运用社会调查方法与数理统计分析工具，从而为建筑设计作好准备。教学成果可以总结为以下几点：①通过学习，了解什么是建筑策划。②明确在我国基本建设程序中引入建筑策划的重要意义和背景。③理解建筑策划的原理和基本特征。④理解和掌握进行建筑策划的主要方法。⑤掌握几种通常的实态调查的方法。⑥初步掌握依据实态调查的结果进行分析抽象和归纳的方法。⑦掌握一般项目建筑策划程序，并能独立编制项目设计任务书。

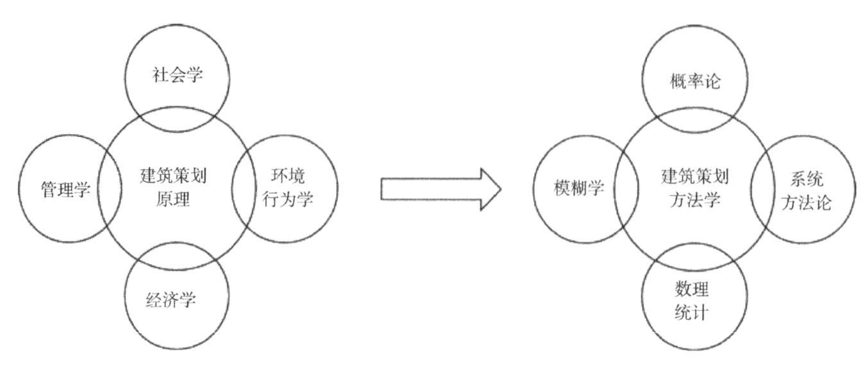

图 4-3　建筑策划课程与多学科交叉

建筑学一级学科的发展与完善，离不开建筑策划教育环节的发展与完善。在城市规划与风景园林专业纷纷升级为一级学科的教育大背景下，建筑学应该更加完善自身，明确建筑教育每个环节在整体教育体系中的位置和作用，使得建筑学教育成为一个良性发展、相辅相成的有机体。

4.3　后评估的评价机制与职业教育

4.3.1　后评估职业实践教育的国际发展

项目评估是一个宽泛的概念，涉及投资评估、项目绩效评估、性能评估、环境影响评估、社会效益评估、空间环境评估、使用者评估、安全评估、交通评估等等。所有的评估都是为了通过信息和问题反馈，辅助改进下一步的决策。在评估学范畴内，建筑空间环境的使用后评估只是其中的一个部分，但却涉及环境心理和行为、物理性能、空间表征、社会和经济效益、环境影响等多个方面。全球多个国家和地区纷纷开展了众多建筑后评估的研究、实践和实务工作，并在学院教育以及执业人员培训和再教育方面作出了各种有益的探索。

1. 后评估在建筑课程中的拓展：以巴西为例

从广义上来看，使用后评估可以是对经济投资、项目绩效、空间性能、能源效率、用户需求、管理过程等各个方面的评估。但落实到城市建成环境和建筑物上，则需要和城市规划以及建筑设计课程紧密相关。很多国家纷纷在规划和建筑的教学培养体系中纳入了后评估方法学的课程，并在研究阶段注重理论、方法和实际应用的紧密结合。

巴西的使用后评估开始于 20 世纪 70 年代圣保罗科技研究所的跨学科

工作人员的引进，旨在对社会性住宅展开评估。1984年，圣保罗大学建筑与城市规划学院首次将后评估引入研究生课程，开设了“使用后评估设计方法学”课程。至今已经发展为“建成环境使用后评估”这一专门课程，由巴西学者和作为客座教授的国际专家共同授课。自1990年以来，圣保罗大学建筑与城市规划学院将使用后评估作为本科选修课，目的是培养后评估实践领域的专业人才，并激发学生对于后评估研究的兴趣。2005年，巴西联邦政府的工程、建筑和农学委员会将使用后评估引入建筑师实践领域，自此巴西的本科建筑学课程培养体系正式将使用后评估纳入其中。在研究生教育阶段，圣保罗大学建筑与城市规划学院提供了更加广泛的对于使用后评估的理论教学，还包括了对不同类型建筑物使用后评估的案例教学。此举激发了更加深入地使用后评估的理论研讨，和对最新评估工具的研究。此外，圣保罗大学还通过对建筑设计、建造和建筑运营维护领域的教师的培训，鼓励尽可能多的多学科交叉小组展开后评估领域的研究。与此同时，公私合作制也引入使用后评估的研究，先后涉及高层办公楼、卫生设施、学校建筑、住宅建筑以及地铁站等类型。这些使用后评估研究团队都由高等院校与政府教育部门合作成立，有效促进了理论研究与政府决策之间的结合。

2. 全生命周期视角下的使用后评估教学：以德国为例

在德国，建筑与土木工程学科由来已久，但使用后评估作为建设项目管理在2000年纳入学科建设体系。这是由于德国建筑行业在20世纪90年代得到进一步发展的结果。德国建筑行业关注的是整个生命周期，因此使用后评估是被纳入了建筑性能评估的整体闭环之中进行操作。在课程中，学生需要了解建筑全生命周期各个阶段各自独立却又相互依存的关系。因此，建筑策划、初期设计、建造和长期入住之后的测评都十分重要。

德国关于建设项目管理和使用后评估的教学采用的是实践经验、文献和案例教学相结合的方式。在建筑绩效评估流程模型之中，课程采用了分阶段教学法。比如在德国比勒菲尔德应用科技大学的建筑与工程学院，首先使用瑞士制药公司的案例“战略规划—效能评估”介绍战略规划的评估和决策环节；进而，在“设施策划—程序审查”则介绍了建筑策划和方法的重要性，并着重探讨了建筑策划决策与相关性能标准制定之间的关系；第三阶段“设计—设计审查”采用了德国一所高中改建的案例，充分纳入了师生的研讨和参与，达成对高中改建的共识；第四阶段采用了德国建筑师彼得·哈默（Peter Hubner）的工作，以一所学校在实际的试运行和运作中，如何纳入学生的参与和反馈来讨论“施工—调试”的过程；第五阶段则是“入住使用—使用后评估”阶段，在这一阶段中，课程着重介绍了评估建筑物的各种方法和工具，学生同时还可通过采用“职业调查”方法对大学校园进行调查，掌握方法的实际应用；最后一个阶段“改造和回收—市场需求分析”则以德国柏林会议中心为例，着重探讨这一德国柏林地标建筑在国际商会低效运作之后，新的改建和回收策略的决策与分析过程。通过一系列讲座和练习，学生对建筑生命周期和内部审查闭环的各个阶段都有了更深入的了解，也理解了用户参与和信息反馈对提高用户满意度调查和建筑物接受度的影响。在此理论基础之上，学生可以有选择地展开对建筑全生命周期的各个阶段的深入研究，尤其是第二阶段“策划—程序审查”，和第五阶段“使用后评估”，形成有效的前后反馈和验证机制。

进一步的“使用后评估”阶段是建筑生命周期的重点，也是最长的一个调查阶段。在这个过程中，要求学生积极参与，完成设计作业是最后的考核指标。首先，学生被要求选择城市建成环境的一些小品、家具和公共场所进行调查，进而组成 2 ～ 3 人的团队选定具体城市地点进行案例研究，进行使用后评估方法的联系。随后，学生将自主选择建筑物，有针对性地采用使用后评估程序展开综合调查。一方面，学生被要求充分了解入住之后用户的实际利益和诉求，另一方面，学生通过和预先设定的性能标准进行比较，获得对建筑物实际性能和运营效率的反馈。

很显然，虽然建筑性能评估的各个阶段闭环属于项目管理的重要组成部分，建筑生命周期相关的行业也远不止是建筑师的工作，还纳入了很多其他专业人士，如设施经理、项目经理、施工团队、建造投资方等各个团体。但是，基于建筑学的研究重点，以及建筑行业工作的特殊性，使得建筑师这一专业人才责无旁贷地需要担负起领导整个建筑项目全生命周期和业绩评估的工作。他们既具有管理和建筑背景，也需要拓展在环境行为和心理学、公共管理学等方面的知识和技能。总而言之，对于使用后评估和建筑性能评估的教学，需要贯穿学生的整个课程培养体系，并不断渗透在各个方面。

3. 探究式教学方法在使用后评估中的应用

使用后评估是一种重要的思维范式，有助于激发未来建筑师的文化和环境反应能力，并锻炼发现问题和寻求解决之道的批判精神。以建筑环境作为教育媒介，学生可以更深入地了解人和人之间的关系，以及空间与可持续设计因素之间的关系，进而避免传统教学实践中重空间、轻使用的一些问题。因此，使用后评估的课程教学应是一种“探究式教学”方式，强化通过互动的学习机制来引入对研究方法、研究目标、问题搜寻的深入了解。传统建筑学教育中，学生学习的是设计和艺术，空间环境的造型，偏向于“什么”（what）；而在使用后评估的调查中，学生能够了解到“如何”（how）和“为什么”（why），进而更好地佐证最后的设计、策划和决策。

使用后评估作为一种探究式学习，注重第一手资料的获取和识别。这也是对传统教学实践过于偏向于二手资料和知识传授的一个良好补充。第一手资料能够使学生尽可能接近实际发生的事件，或了解在某个历史阶段或时间段建筑物的空间性能状况，这提供了全新的一套知识体系的研究方法。比如，建筑、城市规划专业的学生学习了实践社会科学、数据收集和分析工具等，他们还学习了如何将关键问题与假设相结合，以及如何使用调查结果作出结论。这些都是未来实践的宝贵经验和知识。

另一方面，相当一部分学生接受的建筑教育是基于理论和经典案例的感知，比如课程通常鼓励学生通过理论或者类型学来解释现有的建筑环境，并且总是选取公认经典而杰出的例子。然而，在这些理论的基础上，仍然隐藏着有关建筑环境和与之相关的人的假设，并非完全来源于实际调查。而在使用后评估的教学内容中，重点要学习的"教训"就是谎言和似是而非的假设。因此，引入对实际建筑的探究式学习将锻炼学生建立对现有动态环境的观测行为，进而解释它们的概念和理论以及由此产生的学习成果之间的联系。同时，评估研究和探究性学习对建筑和城市教育学的贡献在于，传统固有的，主观的，难以验证的对建筑环境的概念理解的补充是由结构化的文献来解释，而使用后评估则以系统的方式在教室或校外为学生带来了批判性的思考方式。

在探究式教学方法中，人类学民族志方法是一个重要的部分。民族志研究方法在建筑研究中占有一席之地。在文化和社会建筑课程中，民族志现场调查是一个重要环节，它能为建筑决策提供有用的信息。民族志学研究最终侧重于确定建筑物的人类经验的多样性，而不是试图验证或批评建筑设计决策。在使用后评估中，学生可以通过图纸了解建筑师的意图，但更有效的是见到建筑师本人，通过交谈了解设计意图和过程中出现的问题，也要通过采访建筑物的物业管理团队。通过实际调查，学生们将现场研究的结果提供给管理负责人和建筑师，并向建筑师提供反馈意见，使他们更加了解设计未来建筑物的居民经验，并帮助设施经理对当前建筑进行适当的调整。实际项目研究对建筑教育、专业实践和社会科学研究都产生了影响。通过向实验室提供数据和文献综述，使用和评估研究成果的研究成果超越了课堂范围，从而向学生展示了实践中社会和文化研究的价值。

4.3.2 国际优秀建筑后评估制度

美国建筑师学会（American Institute of Architects，简称 AIA）认识到建筑学在其宽广的实践领域所取得的成就，为评价这些建筑实践的质量从而建立一个优秀的标准，使得所有建筑师的实践都能通过这一标准进行评价，并且对公众宣传建筑实践的范畴和价值。美国建筑师学会从 1969 年就开始颁发美国建筑师学会 25 年奖（以下简称 AIA25 年奖），引导社会重视其前期建筑策划，重视可持续设计和节省能源，重视建筑经历 25 ~ 35 年后还能保持好的状态并且基本功能完整。相比之下，我国的建筑使用后评价推广至今仍举步维艰，其中一个重要原因是我国建筑学的业界和学界均缺乏一个有效的建筑使用后评价的引导机制。本节希望通过分析这样一个经历了四十多年的老牌奖项，能给我国就此方面提供一些参考和启示。①

1. AIA25 年奖的申报资格

AIA25 年奖申报资格有如下几点主要要求，首先是时间方面，该奖承认建筑设计具有持久性的意义。奖项将授予那些建成并经历 25 ~ 35 年时间考验，对民众生活和建筑学均做出有意义贡献的建筑。同时在建筑师资格方面要求这个项目需由一位美国注册的建筑师进行设计。AIA25 年奖具有开放性，任何一个美国建筑师学会成员，团体成员，或者 AIA 知识社区都可以提名一个 AIA25 年奖的项目。这个奖项对所有类别的建筑项目开放。提名的项目可以是单体建筑，或者一组建筑构成的单个项目。

AIA25 年奖要求提名项目必须实质上建成并保持好的状态，明确提名的项目应该仍按照初始的建筑策划进行运行。当建筑的初始内容没有本质改变的时候改变用途也是可以允许的，并在提名项目资格中强调项目必须具备卓越的功能。项目须杰出地执行最初的建筑策划，并按今天的标准有创造性方面的表现。AIA25 年奖要求建筑和场地需要一并考察，当前内容的任何改动应该被评审所关注。

2. AIA25 年奖的申请程序和评审

美国建筑师学会网站上有一个提交 AIA25 年奖项的页面，页面有详细的奖项信息，提名项目的资料文档和反馈信息等。AIA25 年奖要求建筑师提交准确而完整的所有参与者名单，包括而不限于作为整体团队一部分的工程师、室内设计师、规划师和策划师等（根据 AIA 的政策只能写公司名字而不允许写个人），同样也包括客户、所有者和一位现场参访联系人。AIA25 年奖还要求所有报奖的建筑师签署一份版权协议，授权 AIA 使用相关资料信息。AIA25 年奖近年来强烈推荐报奖项目要实现美国建筑师学会《可持续建筑实践立场声明》（AIA Sustainable Architectural Practice Position Statement）和《美国建筑师学会 2030 承诺》（AIA 2030Commitment）减少能源消耗的目标，前者号召在区域基准上减少最少 60% 的能源消耗。

建筑师提交的项目信息除了包括项目名称、地址、竣工时间，对建筑和场址做简要描述（如果在中间层有转变的话也需要简要列出）外，还需要描述可持续设计策略和创新，包括合适的朝向、负责任的土地利用、遮阳措施、自然通风等。最后建筑师需要提供一份小于 10MB 和 26 页的文件。其中至少有 4 张是说明项目在最初使用时的状态照片。另外，至少有 2 张是当前项目的使用状态照片。还需要说明项目最初状态场址和楼层平面，如果有变动还需要变动后的场址和楼层平面以协助评审作判断。

AIA25 年奖的评审委员会具有较大的包容性。以 2015 年 AIA25 年奖

① 梁思思 . 建筑使用后评价引导机制分析——美国建筑师学会 25 年奖的启示 [J]. 住区，2015（4）: 54-59.

的评审委员会为例，该奖项委员会共有 9 名成员，其中有两位来自大学（一位是艾奥瓦州立大学教授，一位是劳伦斯技术大学的 AIAS 学生代表），一位来自圣路易斯公共图书馆的馆长，另外 6 位是分别来自不同城市的业界代表，并且该项评审明确不收取任何费用。

3. 历届 AIA25 年奖的作品简析

从 1969 年首次颁奖至今共有 46 个项目获得 AIA25 年奖（1970 年除外），见表 4-4。按建筑类型划分为办公楼、学校、教堂、图书馆、博物馆、美术馆、纪念碑、市场、机场航站楼及地铁站等类别。如果按建筑所属的地域划分，则在 2000 年以前的获奖项目的建设地点都在美国，而 2000 年后在沙特阿拉伯、西班牙、英国等国家和地区获得 AIA25 年奖的项目越来越多。这一方面反映了二三十年前美国建筑设计国际输出的状态，另一方面这类跨国设计的项目获得 AIA25 年奖某种程度上也成为 AIA 为会员和企业的背书，有利于美国建筑师在国际业务方面的拓展（图 4-4）。

历届 AIA25 年奖获奖项目及相关信息　　表 4-4

时间	项目名称	地点	设计者
1969	洛克菲勒中心	纽约市，纽约州	莱因哈德 & 赫尔姆，科伯特、哈里逊 & 麦克默里
1971	乌鸦岛学校	温内特卡，伊利诺伊州	帕金斯威尔 & 威尔，埃利尔 &E・沙里宁
1972	鲍尔温山庄	洛杉矶，加利福尼亚州	雷金纳德・D・约翰逊；威尔逊；美林 & 亚历山大；克拉伦斯・斯坦因
1973	西塔里埃森	天堂谷，亚利桑那州	弗兰克・劳埃德・赖特
1974	约翰逊制蜡公司办公楼	拉辛市，威斯康辛州	弗兰克・劳埃德・赖特
1975	菲利普・约翰逊故居（“玻璃屋”）	纽卡纳安，康涅狄格州	菲利普・约翰逊
1976	湖滨大道 860 号和 880 号公寓大楼	芝加哥，伊利诺伊州	密斯・凡・德・罗
1977	路德会基督教堂	明尼阿波利斯，明尼苏达州	沙里宁事务所，希尔斯、吉尔伯森 & 海斯
1978	埃姆斯住宅	太平洋帕利塞兹，加利福尼亚州	查尔斯和蕾・伊姆斯
1979	耶鲁大学美术馆	纽黑文，康涅狄格州	路易斯・康
1980	利华公司办公大厦	纽约市，纽约州	SOM 建筑设计事务所
1981	范斯沃斯住宅	普兰诺，伊利诺伊州	密斯・凡・德・罗
1982	公平储贷大厦	波特兰，俄勒冈州	彼得罗・贝鲁奇
1983	普赖斯大厦	巴特尔斯维尔市，俄克拉荷马州	弗兰克・劳埃德・赖特
1984	西格拉姆大厦	纽约市，纽约州	密斯・凡・德・罗

续表

时间	项目名称	地点	设计者
1985	通用汽车技术中心	沃伦市，密歇根州	E·沙里宁和史密斯，欣奇曼 & 格里尔斯
1986	古根海姆博物馆	纽约市，纽约州	弗兰克·劳埃德·赖特
1987	Bavinger 房子	诺曼，俄克拉荷马州	布鲁斯·戈夫
1988	杜勒斯国际机场航站楼	尚蒂伊，弗吉尼亚州	埃罗·沙里宁
1989	母亲之家	栗子山，费城，宾夕法尼亚州	罗伯特·文丘里
1990	圣路易斯拱门	圣路易斯，华盛顿州	E·沙里宁
1991	海滨牧场公寓	海滨牧场，加利福尼亚州	MLTW 事务所
1992	萨尔克生物研究所	拉·霍亚，加利福尼亚州	路易斯·康
1993	迪尔公司行政中心	莫林，伊利诺伊州	E·沙里宁
1994	干草堆山工艺学院	鹿岛，缅因州	爱德华·拉华比·巴恩斯
1995	福特基金会大楼	纽约市，纽约州	DR 建筑事务所
1996	美国空军学院学员教堂	科泉市，芝加哥	SOM 建筑设计事务所
1997	菲利普斯埃克塞特中学 Library	埃克塞特市，新罕布什尔州	路易斯·康
1998	肯贝尔艺术博物馆	沃斯堡，德克萨斯州	路易斯·康
1999	约翰汉考克中心	芝加哥，伊利诺伊州	SOM 建筑设计事务所
2000	史密斯住宅	达润，康涅狄格州	理查德·迈耶
2001	惠好公司总部	联邦路，华盛顿	SOM 建筑设计事务所
2002	米罗当代艺术馆	巴塞罗那，西班牙	塞尔特·杰克逊
2003	设计研究总部大厦	剑桥，马萨诸塞州	BTA 建筑事务所
2004	国家美术馆东馆	华盛顿特区	贝聿铭建筑事务所
2005	耶鲁大学英国艺术中心	纽黑文市，康涅狄格州	路易斯·康
2006	荆棘冠教堂	尤里卡温泉，阿肯色州	费耶·琼斯
2007	越战纪念碑	华盛顿特区	林璎，库珀莱基事务所
2008	艺术社区文化馆	新汉莫尼，印第安纳州	理查德·迈耶
2009	法尼尔厅市场	剑桥，马萨诸塞州	本杰明·汤普森
2010	阿卜杜拉国王阿齐兹国际机场—朝觐终端	吉达，沙特阿拉伯	SOM 建筑设计事务所
2011	约翰汉考克大楼	波士顿，马萨诸塞州	贝聿铭建筑事务所
2012	盖里住宅	圣莫妮卡，加利福尼亚州	弗兰克·盖里建筑事务所
2013	梅尼尔收藏博物馆	休斯顿，德克萨斯州	皮亚诺建筑工作室
2014	华盛顿地铁	华盛顿特区	哈利威斯
2015	百老汇门交易所	伦敦	SOM 建筑设计事务所
2016	蒙特利湾水族馆	蒙特利，加利福尼亚州	EHDD 建筑设计事务所

图 4-4　历届 AIA25 年奖获奖作品图

通过这份获奖名单，社会和潜在的业主很容易发现好的建筑和值得信赖的建筑师或建筑事务所。一些建筑大师确实实至名归，如著名的建筑师路易斯·康先后5次获得AIA 25年奖，弗兰克·赖特4次获得AIA25年奖，密斯·凡·德·罗3次获得AIA25年奖，理查德·迈耶2次获得AIA25年奖。有些优秀的建筑事务所也一直保持高水准的记录，如SOM事务所先后6次获得AIA25年奖，E·沙里宁及沙里宁事务所6次获得AIA25年奖，贝聿铭事务所2次获得AIA25年奖。这些建筑师不仅引领了建筑学的变革，又由于其高完成度的作品历经岁月考验后仍保持高质量的运行状态而得到社会的认同。此外，对比研究美国建筑师学会大奖（AIA Institute Honor Awards）的得奖名单和金奖（Gold Medal）的得奖名单，可以发现学会大奖和AIA25年奖有较大的重合度。对于美国建筑师而言，能够获得美国建筑师学会大奖是很高的荣誉，间隔多年后再获得AIA25年奖会更加珍贵。

仔细审视这些获奖建筑，不仅获奖时都已经历了25 ~ 35年的时间考验，而且对美国人的生活和建筑学也贡献了积极的意义。比如坐落在华盛顿的美国国家美术馆东馆，就是著名建筑师贝聿铭的代表作之一。当时的美国总统吉米·卡特是这样评价这个获得AIA金奖的项目："这座建筑物不仅是美国首都华盛顿和谐而周全的一部分，而且是公众生活与艺术之间日益增强联系的艺术象征"。纽约的西格拉姆大厦作为密斯·凡·德·罗在现代主义发展时期的代表作，不仅完美地表达了"少就是多"的讲究技术精美的倾向，其讲究的结构逻辑表现、精美细致的材质和工艺也影响了几代建筑师在摩天楼上的审美，更重要的是，这座优雅的建筑直到获奖时都一直在高效地运行使用。罗伯特·文丘里的母亲住宅，不仅是后现代主义的代表作之一，至今在橡树山上的房子仍有人持续使用，并富有浓郁的生活气息，是一座有生命力的建筑。

如果将视野再扩大一些，会发现获奖的不仅有博物馆、办公楼和住宅等类别，近年更有和美国人日常生活息息相关但以往不太容易获奖的类型，如基础设施类的项目，对这些动态我们应给予更多的关注和重视。以前建筑学的教育主要关注建筑在空间设计的手法技能，而很少涉及建筑的使用和运营，很少讨论人在里面的体验和感受。而美国业界和学界则十分关心这些，并会重点讨论如何在设计过程中平衡和协调各方面的因素。比如华盛顿杜勒斯国际机场航站楼，我们的关注点还在于埃罗·沙里宁的设计如何巧妙，向外倾斜的柱子在自重和屋顶荷载下形成悬链状，而很少讨论它每年的客流量以及各种交通高效组织和运行维护。再如华盛顿大都市地铁换乘站，当我们把目光仍关注在地铁站台上方中世纪样式的拱形混凝土，强调其纪念性并和华盛顿庄重的风格相协调，却很少谈及哈里·维斯的"大社会"自由主义，以及这是全美国仅次于纽约的第二大地铁系统（按日均乘客量计算）。这些建筑的影响是极其深远的，试问有多少建筑师能有这么多人去体验他们的作品？

除了美国建筑师学会全国范围的表彰，美国各地的地方建筑师分会也设置地方分会的25年奖，对当地使用良好的建筑进行表彰。以休斯敦琼斯表演艺术中心（Jesse H. Jones Hall For Performing Arts）为例，它是休斯敦交响乐团的驻场剧场，剧场包括可以容纳2911人的楼座。该建筑的策划和设计都由CRS事务所完成，1966年建成，1967年获得AIA大奖。近五十年来中心只做了两次整修，一次于1993年为满足美国残疾人法案进行改造，另一次则是因2001年热带风暴带来的损害而进行的改造。从这个角度，可以说是用运营几乎完美地契合了最初策划和设计任务书的要求。至今，该中心每年仍有近40万听众会来此参加各类活动，是当地最富有活力的艺术中心之一，历经风雨多年的考验而依旧生机勃勃。1993年该建筑获得美国AIA休斯敦分会颁发的25年奖，1994年获得德克萨斯州建筑师联合会颁发的25年奖。

4. AIA25年奖的借鉴

通过对美国AIA25年奖的分析，结合我国的实际情况，可对政府和相关行业组织提出以下几点经验借鉴：

首先，通过政府相关部门和行业组织制定相关标准，对所有国有投资的项目在运行一定年限后进行建筑使用后评价，并将评价的结论对公众公示。引入第三方的力量把使用后评价结论和当初项目立项和设计任务书进行比对分析，归纳经验总结教训，为后续类似项目的立项和设计任务书制定提供科学而逻辑的依据。

其次，在高校的建筑学教育和职业教育增加对建筑使用后评价的关注。在建筑学高等教育中强化建筑使用后评价以及对设计方案预评价，在学科团队建设中加强建筑策划和建筑使用后评价的研究。在执业资格考试方面增加建筑使用后评价的考点，在职业继续教育方面增加建筑使用后评价的培训。

最后，通过主管学会和协会设立类似于AIA25年奖的奖项。表彰一批优秀的设计作品和建筑师，引导建筑使用后评价的推进。这样的奖项设置在当前中国快速发展和大量性建筑质量普遍不高的大背景下，更显得紧迫和必要。让社会认识到建筑设计不仅仅需要一个好的创意，更是高水平的建筑策划和高质量的工程设计的综合；引导社会关注建筑全生命周期内的可持续发展，鼓励建筑长期运行保持较高的性能水平。

4.3.3 国际城市建成环境的评价与激励

城市建成环境不仅是建筑物及其室内，还包括了城市的公共环境以及居民的社区。美国规划协会（American Planning Association）自2007年起对美国的公共场所进行评奖，称之为“Great Places”（下文称之为APA最佳场所奖），旨在表彰提升城市空间价值、增进城市生活街区活力、倡导更好的城市空间设计。

1. APA 最佳场所评选程序和标准

美国 APA 最佳场所奖分为三大类：公共空间（Public Spaces）、街道（Streets）和街区（Neighborhoods）。其中，公共空间要求至少使用了 10 年以上，它可以是邻里、市中心、特定地区、滨水区或其他区域中的部分公共领域，有助于社会交往和地域属性的创建。比如广场、市镇中心、公园、市集、购物商场的公共区域、公共绿地、码头、会议中心的特定区域、公共建筑围合的场所、大厅、集合广场、私人建筑中的公共区域等。街道不仅是道路本身，还要求包括整个立体视觉走廊，含公共领域，以及它与周边空间使用的关系。从步行慢道空间到作为交通干道的道路，不同类型的街道均有资格申请，但是每一个街道都应该有一个可定义的起始点，特别是重点应该放在"街"甚过于"道",也就是服务和考虑所有用户的街道，而不仅仅是机动车辆通行的场所。街区可以是通过规划生成的，也可以是更有机的自发生成的结果。不同类型的街区均有资格申请，如市区、城市、郊区、城镇、小村庄等。但任何一类社区都需要标出明确的边界，并且也要求必须至少是建成十年以上的社区才可以申请。

可以看出,APA 最佳场所奖申报资格有以下几方面。首先,除了街道外，公共空间和社区都要求建成 10 年以上，而街道则由于两侧建筑和公共领域的不断调整，难以界定具体的时间，但至少也要建成较长的时间。其次，要求所有提名的公共空间具有明确的边界。公共广场自不必说，街道要有明确的起始点,社区也要有明确的规划边界,或是可被识别的边界感。再次，三类公共场所不论何种具体类型和属性，都要有丰富的人群活动。这在提供给提名申请表的评选标准中也可见一斑。

APA 最佳场所奖的提名全年无休，在评选出当年的最佳场所后，当即开放下一年的提名。提名面向大众，民众可以以个人的身份提名自己居住或工作所在地、游访过的或者听闻的美国境内的任何一处街道、邻里和公共空间。但是 APA 理事会成员和美国注册规划师协会委员会（AICP Commission）在任期间无权提名。具体提名步骤为：首先，提名者需要查看历年榜单，在 APA 的官网上可获得，有州、城市、名字和类别，但是没有获奖年份;其次,查看详细的评选标准,比对提名要求;第三,填写提名表，表格中除了一般信息外，针对街道有明确的起始位置，并且所有的场所提名都要概述 4 ~ 5 个提名理由或该场所最突出的特质；第四，在收到提名名单后，APA 会组织进行初选，对入选者要求提供 10 ~ 12 张场所照片，提交评审委员会进一步审查讨论。

除了在地理、人口、居民、规划参与、可持续建筑和场地（城市、郊区、乡村）等一系列重要因素之外,APA 还提供了如下评选导则供提名者参考，评选导则并非"必备特质",但是却代表了最佳城市空间的设计的重要原则。

2. 最佳公共空间评选标准

首先，提名者需要描述公共空间的地段性质、人口及居民属性以及社会特征。阐述其地理位置（比如城市中、郊区、还是乡村）、性质（镇中心、邻里、滨水、城市中心、商业地区、娱乐地区、历史地段、公园等）、空间总体布局、可达性，经济社会和人种多样性，功能和业态，该公共空间是否有相关的专业规划和设计，通过规划途径形成，还是自发形成；是否有特殊的区划条例或别的规范要求；该公共空间的大小及建设时间等。

（1）公共空间的基本特征。促进人际交往和社会活动；安全、友好并容纳所有使用者；有趣且吸引人的设计和建筑；促进社区参与；反映当地的文化或历史；与周边的功能互动并相关；维护良好；有独特性或特色。

（2）公共空间的特色和要素。包括：公共空间如何利用单体设计、建筑、比例和尺度来创造有趣的视觉感受、街景或其他品质？公共空间如何容纳多种不同的使用功能和业态？如何满足不同的使用者？是否步行可达、自行车或公共交通可达？是否利用、保护并提升了所在的环境及自然特色？

（3）公共空间的活动和社会性。公共空间反映了怎样的当地社区特征和个性？公共空间是否促进社会交往，创造社区和邻里的归属感？集聚在此的人们是否能感到安全和舒适感？公共空间的设计和布局是否鼓励人们使用并和这片空间互动？

3. 最佳街道评选标准

提名者需要描述街道所处的位置，确定街道的起始点和终点，无论是在市中心、郊区还是外城区、小村庄或小镇的街道均可以接受提名。在街道描述中，需要着重回答一些和街道相关的问题，比如，“你是如何辨认出这条街的（第几街区、起点和终点）”等。

（1）街道的基本特征。街道应为用户提供方向，并与其他道路相联系；街道应平衡不同的路权使用，如驾驶、交通、步行、骑自行车、维修、停车、落车等；街道应适应并利用自然地形特征；具有多种有趣的活动和用途，创造了各种各样的街道景观；允许人群活动的连续性；为人际交往和社会活动提供平台；使用硬质铺装或景观园林手法提升品质；推广全天候公共交通，保障步行和机动车安全；通过减少径流、雨水再利用等措施，确保地下水质量、缓解热岛效应以及应对气候变化，促进可持续发展；以适当的成本保持良好的维护；具有令人难忘的特质。

（2）街道形式和组成。该街道如何适应多种使用者并连接到更广泛的街道网络？是适应社会互动，鼓励步行活动，还是作为一个社交网络？如何用硬质或软质景观、城市家具或者其他的物理元素来创造独特特征并形成公共空间的归属感？如何充分利用建筑设计、规模、建筑和比例？

（3）街道的性格和个性。该街道如何从社区参与以及公众活动（节日、游行、露天市场等）中获益？如何反映当地文化或历史？如何为游客、商家、居民等提供有趣的视觉体验、自然特征或其他品质？

（4）街道环境和可持续发展的实践。街道如何利用绿色基础设施或者其他可持续发展策略？

4. 最佳街区评选标准

提名者需要描述街区的地理位置（如城市、郊区、农村等）、密度（每英亩住房单位）、街道布局和连接、经济 / 社会和种族多样性、功能（如住宅、商业、零售等）。针对街区，还需要提供社区管理的相关社区组织的信息。

在关于社区的描述中，空间环境成为居民活动的载体，评审委员会更看重的是良好的空间设计和维护管理如何促进并影响社区内的居民交往和社会网联系。在社区介绍中要求描述街区周边的地理区域、公共交通在街区中的可达性、居民的同质性和异质性、支撑社区活动或者日常生活的设施（如住宅、学校、商店、公园、绿地、商业、教堂、公共或私人设施、公共街道、入口等）、社区的基本特质，以及形成这种特质的社区公众参与和社区活动等。

（1）街区的基本特征。具有促进居民日常生活（即住宅、商业或混合用途）的各种功能属性；适应多种交通类型；具有视觉上有趣的设计和建筑特征；鼓励人与人的接触交流和社会活动；推动社区参与感，维护安全的环境；促进可持续发展并满足气候需求；有令人印象深刻的特点。

（2）街区形式与组成。街区是如何利用建筑设计、规模、建造和比例，去创造有趣的视觉体验、景色或者其他品质？如何容纳多个用户，并通过步行、自行车或者公共交通进入可为居民服务的多个目的地？如何促进社会互动，营造社区感和睦邻感？如何通过交通措施或其他措施为儿童和其他使用人群提供安全防范？如何使用、保护和增强该地的环境和自然特征？

（3）街区的角色和个性。街区是如何反映本地特色，以区别于其他街区？街区是否通过解读、宣传当地的历史来创造场所感和归属感？

（4）街区环境与可持续发展实践。街区如何推广和保护空气和水质，保护地下水资源，应对气候变化带来的日益增长的威胁？采用了什么形式的“绿色设施”（例如用当地植被来减轻热增益）？采用什么措施来保护和加强当地生物多样性或当地的环境生态环境？

5. APA 最佳场所获奖作品分析

从 2007 年到 2016 年的十年间，APA 共评选出 261 个“最佳场所”，涵盖了美国 51 个州的 188 个城市，包括 80 个最佳公共空间、91 个最佳街道和 90 个最佳街区（表 4-5）。在获奖作品中，既有如芝加哥千禧年公园（Millennium Park，2015 年最佳公共空间）、波士顿后湾区（Back Bay，2010 年最佳街区）、纽约中央公园（Central Park，2008 年最佳公共空间）、第五大道（Fifth Avenue，2012 年最佳街道）等久负盛名的经典城市空间，也有像费城里滕豪斯广场（Rittenhouse Square，2010 年最佳公共空间）这样专属于本地居民每日都会去闲暇消遣的广场和基韦斯特杜瓦尔大街（Duval Street，2012 年最佳街道）那样年均接待两百余万名游客的景点类大街。

历届 APA 最佳场所获奖作品（部分） **表 4-5**

年份	获奖类别	州	城市	获奖项目
2007	社区	纽约	布鲁克林	公园坡
2007	社区	华盛顿	西雅图	派克市场
2007	街道	路易斯安那	新奥尔良	圣查尔斯大道
2007	街道	弗吉尼亚	里士满	纪念碑大道
2008	社区	科罗拉多	丹佛	大公园山
2008	社区	宾夕法尼亚	费城	社会山
2008	公共空间	纽约	纽约	中央公园
2008	公共空间	哥伦比亚特区	华盛顿	联合火车站
2008	街道	宾夕法尼亚	费城	宽街
2009	社区	加利福尼亚	帕萨迪纳	平房天堂
2009	公共空间	伊利诺伊	芝加哥	林肯公园
2009	街道	密歇根	安阿堡	南大街
2010	社区	科罗拉多	丹佛	低市中心
2010	社区	马萨诸塞	波士顿	后湾
2010	公共空间	马萨诸塞	波士顿	翡翠项链公园
2010	公共空间	宾夕法尼亚	费城	黎顿豪斯广场
2010	街道	加利福尼亚	圣地亚哥	第五大道
2011	社区	俄亥俄	哥伦比亚	德国村
2011	公共空间	德克萨斯	达拉斯	菲尔公园
2011	街道	密苏里	圣路易斯	华盛顿大街
2012	社区	宾夕法尼亚	费城	栗树山
2012	公共空间	科罗拉多	丹佛	华盛顿公园
2012	公共空间	伊利诺伊	芝加哥	芝加哥联合车站
2012	街道	佛罗里达	基韦斯特	杜佛街
2012	街道	纽约	纽约	第五大道
2013	社区	加利福尼亚	旧金山	唐人街
2013	公共空间	加利福尼亚	洛杉矶	格兰德公园
2013	街道	宾夕法尼亚	费城	富兰克林大道
2014	社区	华盛顿	西雅图	弗里蒙特
2014	社区	科罗拉多	丹佛	阿尔玛 / 林肯公园
2014	公共空间	宾夕法尼亚	费城	里丁车站市场
2014	街道	纽约	纽约	百老汇大街
2014	街道	哥伦比亚特区	华盛顿	宾夕法尼亚大街
2015	公共空间	伊利诺伊	芝加哥	千禧公园
2015	街道	佛罗里达	杰克逊维尔	劳拉街
2015	街道	加利福尼亚	洛杉矶	墨西哥街
2016	社区	罗德岛	沃伦	沃伦市中心
2016	公共空间	宾夕法尼亚	费城	费尔芒特公园
2016	街道	纽约	布朗克斯	亚瑟大道

值得一提的是，拥有多处获奖公共空间的城市往往有良好的公共交通系统，如费城中心区有7处获奖，纽约曼哈顿岛有6处获奖，波特兰有6处获奖，华盛顿特区有5处获奖，芝加哥有5处获奖等。一方面，步行优先的环境为公共场所提供了良好的可达性，并便于停留和漫步进行社会交往；另一方面，随着美国中产阶级重新回归中心城区的城市更新举措，公共交通为导向的开发能够有效地带动城市功能的活化和发展，进而为公共场所、街道、街区的活力提供坚实的保障。

从评选标准和获奖作品中可以看出，城市空间良好品质具有丰富多元的特质，各具特色。但是，几乎所有的作品都展示了高品质的城市空间和社会生活，以及对历史文化或自然生态的关注。丰富而优秀的公共空间组成了整个城市的独特特质。比如，费城的7处获奖公共场所中，社会山（Society Hill）和栗树山（Chestnut Hill）是两大截然不同的高品质街区：前者位于旧城历史文化遗产区，具有浓厚的历史人文特色；后者位于费城郊区，是风光秀丽、环境品质极高、拥有多处建筑大师名作的高档社区；百老汇街（Broad Street）和本富兰克林公园大道（Ben Franklin Parkway）相比，前者知名度不高，却是城市核心区最具活力热闹的节日大街；而后者是全美最具纪念碑式的宏伟大道之一，沿街挂满了全球各国国旗，也是城市规划历史中城市美化运动的经典范例；至于三个公共空间，里滕豪斯广场（Rittenhouse Square）是城市中心的生活街区，费尔蒙特公园（Fairmount Park）是城市棕地修复的景观公园；而雷丁火车站商场（Reading Terminal Market）则是废弃工业设施再利用和城市更新的典范。

每年的10月是全美社区规划月，奖项也在此时颁布。作为空间使用后评估的奖励机制，最佳场所奖的颁布，对于政府而言，是通过规划设计业界权威的认可，制定空间设计指南，更好地督促城市建设；而对于地方政府而言，美国的各州各市之所以积极踊跃地提名申请最佳场所，是因为获得的奖牌归于地方部门，他们或将其铭刻在公共场所的标志上，或刻于地上，甚至借助APA为此设计的一系列服装和工业衍生产品，用于奖项和名声的宣传与推广。

6. APA场所设计指南

良好的反馈和评选机制最终目的是为了促进城市空间的改良和未来的设计。美国规划师协会在总结了过去十年间的261个最佳场所案例后，总结出如下供业主和设计师参考的设计指南（表4-6 ~ 表4-8）。需要指出的是，指南并非一成不变，随着新的案例使用后评估所发现的经验，设计导则和指南也在不断地更新和调整。比如，在最佳公共空间、街道和街区的评选标准之初，空间形态和环境品质占据了最主要的内容，但是近年来，可持续发展、绿色基础设施的应用，以及生物多样性的保护等，都逐渐成为设计中极其重要的考量环节。

最佳公共空间设计导则　　表 4-6

导则要素	分项要素
1.0 特色和要素	1.1 有哪些景观和硬装特色，如何形成独特的自然景观？
	1.2 如何为行人及通过自行车和其他公共交通方式到达空间的使用者提供便利？是否考虑到残疾人或其他有特殊需求的使用者的使用感受？
	1.3 是否容纳多种多样的活动？
	1.4 为周边社区的发展起到什么样的作用？
	1.5 公共空间如何利用地形、街道和地理特征营造出丰富有趣的视觉感受、街景和其他高品质空间？
	1.6 壁画等公共艺术是否融合到公共空间中，如何融合？
2.0 活动和社会性	2.1 这个公共空间有哪些吸引人和鼓励社会交往的活动？（比如商业、娱乐或演出，休闲或体育，文化，市场或零售，展览，市集、节日、特殊事件等）
	2.2 使用者是否感到安全和舒适？该公共空间是否提供了友好和温暖的氛围？
	2.3 人和人之间如何互动？公共空间的设计是否鼓励交流沟通，或者陌生人之间的互动？
	2.4 公共空间如何通过多样化的设计鼓励人们使用？
3.0 独特品质、交通和特性	3.1 是什么让这个公共空间脱颖而出，独特而让人难忘？
	3.2 是否有多样性，有一种奇特的感觉，或者是一种发现或惊喜的氛围？
	3.3 是否承诺维护该空间，并让它在一段时间内保持可用？公众对这个空间有一种归属感吗？它是如何随时间改变的？
	3.4 该空间有一种重要的感觉吗？是什么特点或品质使它重要？
	3.5 这个空间的历史是怎样的，它是怎样被一代又一代传承下来的？
	3.6 这个空间是作为一个灵感或冥想的地方，或被认为是神圣的？
	3.7 该空间对于社区感的贡献是什么？
	3.8 是什么使这个空间特别，值得被指定为一个伟大的空间？

最佳街道设计导则　　表 4-7

导则要素	分项要素
1.0 街道的形态与构图	1.1 描述它和更远的街道网络间的可到达性和联系。
	1.2 街道在什么程度上能保持良好？安全问题是如何解决的？白天和夜晚有很大的区别吗？(比如活动、使用性等)
	1.3 它如何容纳多种用户和活动（即连续畅通的旅行路线、道路共享的措施，交通稳定措施，宽阔的人行道，中间带和自行车道等）？
	1.4 停车如何办理？
	1.5 描述一下硬质或景观，街道家具，或其他物质因素（如标志、公共艺术等）创造了一个独特的个性。
	1.6 这些物质因素是如何创造或者捕捉到公共空间的感觉的？
	1.7 该街道如何包容社会以及鼓励社会互动的，或者充当社交网络的角色？有固定的行人活动吗？
2.0 街道的性格与个性	2.1 是什么使这条街脱颖而出？是什么让它与众不同或令人难忘？什么元素、特征或细节使它与别的街道区别开来？

续表

导则要素	分项要素
2.0 街道的性格与个性	2.2 社区是如何为街道增添活力的（节日、游行、露天市场等）？
	2.3 该街道是如何反映当地文化或历史的？
	2.4 该街道提供哪些有趣的视觉体验、前景、自然景观，或者别的品质？建筑物的构造如何加入到街道的视觉体验和公共区域里去？
	2.5 建筑物之间的比例是否一致（即建筑物彼此之间成比例）？建筑物的设计和比例充分考虑到行人了吗？
3.0 街道环境和可持续性实践	3.1 该街道是如何促进保护空气和水质，以及减少或管理雨水径流的？例如，要提供多少树木植被，还有其他形式的“绿色基础设施”吗？

最佳街区设计导则 **表 4-8**

导则要素	分项要素
1.0 街区表格和指南	1.1 该街区在一个容易被找到的地点上吗？它的边界是什么？
	1.2 该街区是如何适应周边环境和自然环境的？
	1.3 街区里不同地点之间的距离大概是多少？这些地方都在步行或骑行可达的里程内吗？步行或骑行就能到达社区内各种功能需求的地点吗？描述（入口、公园、公共空间、购物区、学校等）。行人和骑行的人又如何安排（人行道、路径、指定的自行车道、共享道路标牌等）？
	1.4 街区如何促进居民互动，促进人际接触？如何创造一种交流感和睦邻感？
	1.5 街区能否保证安全，远离犯罪？是否被认为是安全的？街道是怎么为儿童和其他人员创造安全的（例如交通措施，其他措施）？
	1.6 建筑物之间的尺度是否一致（即建筑物是否互相成比例）？
2.0 街区的角色和个性	2.1 是什么使这个街区脱颖而出？什么使它非凡或者难忘？什么元素、特征反映了街区的本地特征，并将该街区与其他街区分开？
	2.2 该街区能否提供有趣的视觉体验、景观、自然特征或者其他品质？
	2.3 房屋或其他建筑物如何创造视觉兴趣？房屋和建筑物是否以行人来设计和做比例的？
	2.4 如何保留、解释、利用当地的历史来创造一种场所感？
	2.5 街区是如何改变的？包含具体的例子。
3.0 街区环境与可持续发展实践	3.1 街区如何应对气候变化带来的日益增长的威胁？（例如用当地植被来减轻热增益）
	3.2 街区如何促进和保护水质，如果可以的话，怎样保护地下水资源，减少或者管理雨水径流？还有别的形式的“绿色设施”吗？
	3.3 对于保护当地生物多样性或者环境有什么具体措施和做法？

5　建筑策划思想下指导的建筑设计

在建筑设计实践过程中，除了建筑策划作为相对独立的项目对建筑设计的任务书进行研究和制定的案例外，还有大量并未单独进行建筑策划研究的建筑设计项目，在这些建筑设计项目过程中自始至终贯穿着建筑策划的思想，建筑策划与建筑设计互相融合，为建筑的合理性提供了保障。在这些项目中，建筑师既是问题的搜寻者，也是问题的解决者，既要对问题进行分析，最终提出科学合理的设计目标，也要通过空间构想和设计手段实现这一目标并进行反馈和验证。本节就是对笔者亲身参与的几个建筑设计项目案例的介绍。在这些项目中，建筑策划作为设计思想、理念或方法直接融入设计的过程中，最终参与导出了建筑设计方案，在建筑设计过程中起到了至关重要的作用。这些案例的呈现，也表明了当今建筑策划研究和实践的发展趋势，即今天的建筑创作实践越来越使建筑策划与建筑设计相融合，形成一个更加紧密的、逻辑相关的建筑策划与设计的实践流程，这恰恰说明了当今社会建筑师在其职业生涯中的专业与社会责任的发展。

5.1 基于赛后利用研究的体育场馆策划设计①②

5.1.1 项目概况

北京科技大学体育馆作为北京2008年奥运会的主要比赛场馆之一，经国际建筑设计方案竞赛获奖，确定为设计实施单位。在奥运期间，承担奥运会柔道、跆拳道比赛，在残奥会期间作为轮椅篮球、轮椅橄榄球比赛场地。工程由主体育馆和一个50m×25m标准游泳池构成，总建筑面积24662.32m^2。主体育馆在赛时设60m×40m的比赛区和观众座席8012个：观众固定座席4080个；租用3932席临时看台，满足奥运会柔道、跆拳道比赛及残奥会轮椅橄榄球、轮椅篮球比赛的要求。在奥运会后，临时看台拆除，恢复为5050标准席(另有1230席活动看台)，可承担重大比赛赛事(如残奥会盲人柔道、盲人门球比赛、世界柔道、跆拳道锦标赛)、承办国内柔道、跆拳道赛事，举办学校室内体育比赛、教学、训练、健身、会议及文艺演出等，校内游泳教学、训练中心及水上运动、娱乐活动的场所。

5.1.2 策划要点一

体育场馆是城市公共空间的重要组成。近年来，为了提升城市活力和形象，许多城市都在大量兴建体育场馆群。其立项的目标是为了举办省、

① 设计时间：2004.11～2005.9，竣工时间：2007.11，项目地点：北京科技大学校园内，设计团队：庄惟敏、栗铁、任晓东、梁增贤、董根泉等/清华大学建筑设计研究院。实景照片摄影：张广源

② 庄惟敏，栗铁.2008年奥运会柔道跆拳道馆（北京科技大学体育馆）设计[J].建筑学报，2008（1）.

市运动会，乃至全运会和国际单项赛事，但事实上很多场馆成为城市当权者的政绩体现，在举办完一场赛事后就闲置在那里，维护运营花费了巨大的人力、物力和财力。这种现象已经成为我国城市建设的一种通病。有些体育场馆在建成还不到 30 年时就被拆除了，这种非质量问题而提前报废的建筑给我国带来了巨大的经济损失。

体育场馆的使用通常可分为大型比赛时的比赛场馆功能和比赛后的公众使用功能。大型比赛功能对体育馆的容纳人数、空间布局等提出较高的要求，赛后公众使用功能则要求体育场馆具有公共性、开放性和多功能性。合理平衡赛时和赛后的功能要求，解决赛时和赛后的空间使用问题是体育馆建筑策划的一项任务，也对合理使用空间、节约城市土地和资源具有很大的意义。对此，我们进行了体育场馆赛后利用的研究课题。

1. 体育场馆赛后利用的研究现状

目前对体育馆的赛后利用的研究主要可以分为以下两大类型：

1）体育建筑的多功能和可持续发展的设计

对体育建筑的多功能使用的研究包括研究场地在多种比赛项目和文艺演出集会之间进行转换的“多功能比赛厅”设计法则，提高体育建筑空间的应变能力和日常使用效率。体育建筑可持续发展的研究则多从功能的可持续发展及与城市环境、自然环境相协调的角度加以论述，运用生态的技术手段解决大型建筑与城市生态环境相协调的问题。

2）消除无效空间的研究

消除体育场馆无效空间的重点是研究如何利用固定看台下的三角形空间。在体育场馆的剖面设计中通过提高首排高度或者考虑将二层以上看台设为楼座，在满足观众视线的同时使看台下空间能够有足够的有效高度而加以利用。

以上两类既往的研究均有其不足之处：第一类研究，过于宏观的原则性的叙述无助于具体设计手法的研究和操作而使得指导性不强；第二类研究，一味地提高首排高度，对于观众席排数较多的体育建筑，虽然可以提高看台下三角形空间的有效高度，但很可能造成后排座席上升过陡，观众视线不佳，且下部空间浪费过多。

2. 固定座席下空间及临时看台的功能转换是赛后利用的关键点

1）固定座席下空间的功能转换

座席下空间的设计不仅要满足体育比赛时的各种辅助功能，同时为了减少赛后的空间浪费，可以考虑此部分空间的多种项目的经营。大型体育建筑由于座席多，其下部空间所占面积也较大，赛后利用存在着多种可能性。针对我国体育建筑设计及其管理尚未完全一体化的现状，如何在建筑设计前期对赛后利用有科学的策划是体育建筑设计亟待解决的问题。座席下空间不同的赛后利用方式会对看台下空间有不同的要求和限制，在保证赛时使用的前提下，给赛后提供更加灵活的空间分隔，并且随着需求的变化，对看台下空间作必要的改造，是当今体育场馆设计的关键。

2）临时看台的功能转换

满足奥运会或国际比赛的大型场馆，根据单项联合会或国际奥委会的要求，不同比赛的场地尺寸和座席数是一定的。比如奥运会柔道跆拳道比赛，国际奥委会规定座席数必须为 8000 座。2008 年北京奥运会柔道跆拳道馆建在北京科技大学校园内，而从我国大学校园体育馆建筑的规模标准来看，通常座席数控制在 5000 座左右，以避免多余座席的浪费而带来的运营费用的增加，因此该馆就面临赛后将 8000 座中的 3000 座席进行空间功能转换的问题。此部分座席空间功能转化得巧妙合理，则不仅可以减少赛后改造的费用，缩短改造周期，而且可以最大限度地补充赛后功能空间的不足。它自然也成为衡量建筑方案优劣的关键。

从场馆建设运营单位的角度看，如果说比赛场次的多寡在建设时尚难以估计，那么巧妙地改造利用座席下空间和临时看台的功能转换却是解决资金运营的简便易行的措施。

从建筑师的角度看，虽然座席下空间的综合利用和临时看台的功能转换需要各方面专业人士协作进行，但空间形态的设计和座席转换的弹性设计却是建筑师力所能及的工作。当今的体育建筑设计仅注重比赛厅和体育工艺的研究显然是不全面的。占体育建筑面积 70% 的看台下空间的利用以及大量临时看台的功能转换的研究应当成为体育建筑设计中的一个必要环节，只有这样才能有效地提高体育建筑日常的使用效率，实现真正的可持续发展。

3. 体育建筑看台设计的整体发展趋势

1）临时及活动看台的应用成为大型体育建筑赛后多功能利用的必然

现代体育场馆为扩大功能范围，提高使用效率，都不同程度地在场地和看台的可变性方面做文章。场地规模和形状的灵活变化，除了地板面层外，看台也应随不同情况而作适当的变动，这就需要通过活动看台的设置来解决。

有人把活动座席看作是现代体育场的重要特征之一。20 世纪 70 年代美国对于棒球场地和橄榄球场地的互换作过研究，并形成了比较成熟的做法。法兰西体育场的做法是田径比赛时把下层 25000 座后部的 5000 座下沉到地坑内，剩下的看台向后移 15m，把田径跑道让出来（图 5-1）。据介绍，座席移动一次需要 84 小时，并且设计最初计划使用的气垫技术也没有采用。在 2008 年北京奥运会主会场的设计中，建筑师也是将中部的临时看台在赛后转换为了餐厅包厢（图 5-2）。

2）对固定看台下空间使用效率的重视

由于时代的发展及经营管理和增加服务内容的需要，体育更多地与休闲、娱乐、旅游、饮食、健身等活动结合起来。大型体育建筑主空间的多功能设计不能满足场馆本身的收支平衡，需要辅助空间的多元组成实现多

图 5-1　法兰西体育场活动看台

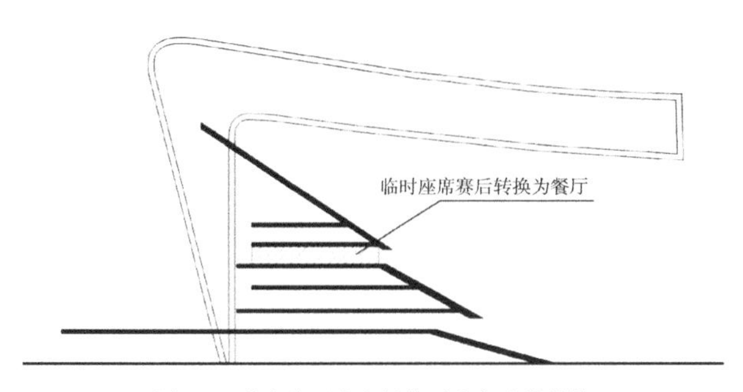

图 5-2　北京奥运会主场临时座席功能转换

种经营，即“以副养主”的支持。

国内从早期的设置餐厅、出租办公室到八运会的上海体育场内设体育宾馆，足可见发展的态势。目前固定看台下空间综合利用已形成相对成熟的四大类型，即商业空间的转换、会展空间的转换、酒店空间的转换、休闲娱乐空间的转换及餐饮空间的转换（图 5-3 ~图 5-6）。

图 5-3　上海体育场的零售商业

图 5-4　广东奥林匹克体育场展览空间内景

图 5-5　上海体育场酒店及顶层餐厅

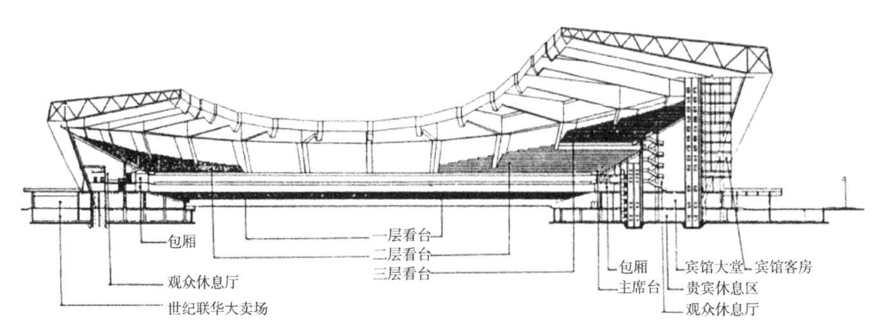

图 5-6　上海体育场剖面

国外的体育场馆除了对看台下空间进行多种经营外，还十分注意减少无谓空间的浪费。看台倾斜而上，与各层楼板相交必然出现一些高度不符合使用要求的三角形空间，其面积约占场馆总建筑面积的 5% ~ 10%，甚至更多，数量可观，不容忽视。国外体育场设计，底层看台多有挑台，上面各层则设挑台或抬高做成楼座。体育馆设计则多在底层设一定数量的活动看台，以避免无效的三角形空间。此外，充分利用地形，采用下沉式布局并将休息厅集中在一两个层面，不仅能取得效率最高的中行式疏散，避免内外场人流交叉干扰，还可以显著减少辅助面积和节约能源。慕尼黑 7.8 万人的体育场巧用地形，将多达 60 排的东看台布置在山坡上（图 5-7、图 5-8）；日本东京明治公园体育场和神户六甲山体育场，也根据地形将东看台大部分座席放在坡地上。

图 5-7　慕尼黑体育场
图片来源：Wikimedia Commons

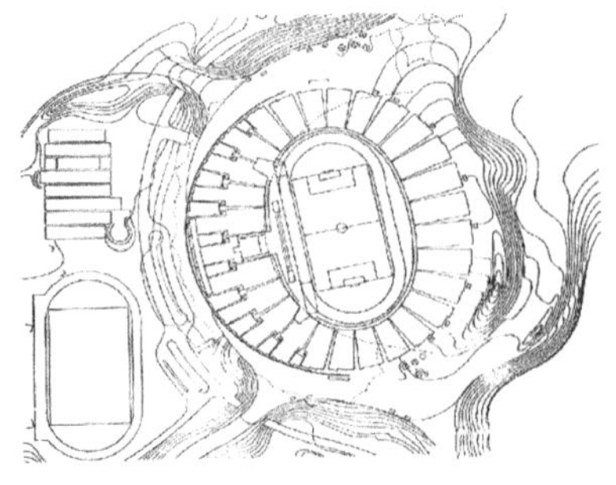

图 5-8　慕尼黑体育场平面
图片来源：Wikimedia Commons

4. 对我国体育建筑注重赛后利用的策划研究

1）创造可持续发展的赛后利用空间

体育的社会化和产业化要求可持续发展的新型体育建筑，建筑师也把更多的目光投向了创造可灵活变换的空间上。在 2008 年北京奥运会各场馆的方案竞赛中，从漂浮式的充气屋盖到可开启屋面上的空中餐厅的设计思路都充分说明了大型体育建筑的赛后综合利用已成为设计者关注的问题。但仅追求空间的可变性以期达到多功能利用却造成了对某些固定空间的忽视，同时也带来了资源的浪费。可持续发展的体育建筑不仅包括体育场地本身的多功能化，同时也涵盖了可变座席及其下部空间利用的多种可能性。就看台设计而言，尽可能地利用活动看台可以增加体育活动场地的可变性，而且也方便固定看台下空间赛后的活用。通过一定的设计手法可使固定看台下空间具有相当的灵活性。例如将辅助用房集中布置从而给赛后利用提供足够的空间，利用体育场馆的特殊结构，为赛后的加建改建提供和创造便利的条件等都是实现看台下空间的可持续发展的手段。体育建筑设备设施的设计也应结合赛后利用考虑，适当增加投资可能创造更大的利用价值。只有在解决好固定座席下空间的综合利用和临时看台功能合理转换的基础上，才能最终实现体育建筑整体的多功能化。建筑师在进行体育场馆特别是大型场馆的设计时，应同时进行场馆赛后利用的设计，这一点在 2008 年北京奥运会场馆的策划设计中有所体现。

2）结合赛后利用策划的整体设计观念

我国以往的大型体育建筑均由国家为举办大型体育赛事出资兴建，大赛之后则由地方接手管理，在赛后的最初几年里，由国家负责提供体育场馆的运营和维护费用，而后体育建筑将完全地面向市场，实行体育场馆独立经营，自负盈亏。前后两个环节联系少，当地政府在体育场馆建设时期对赛后利用没有统一完整的策划，造成设计阶段不是忽略了赛后的利用就是对赛后利用的考虑不全面。为了保证体育建筑能够“以场养场”，经营者不得不花巨额资金对体育场馆进行改造，而这种二次改造很难取得理想的效果。

解决上述问题的关键是建筑师要树立整体设计的观念，将体育建筑的设计建造和赛后利用结合起来考虑，在对区位发展规划深入调查研究的基础上，从看台的设计到看台下空间功能模式选择的各个方面，都为赛后综合利用提供更多的可能性和更方便的使用空间。

3）体育建筑管理与建设的一体化趋势

随着我国体育事业的市场化的进一步发展，体育建筑管理与建设已经出现了一体化的趋势。2008 年奥运会主要场馆设施就采取了法人团投标的方式，投资、经营、设计、运营多方组成联合体对项目进行全面的操作。经营者和投资方可参与体育建筑设计的全过程，经营者对临时座席赛后功能转换和看台下空间的综合利用作细致的市场调查、分析并进一步完成赛后利用的策划研究，给设计方提供一个较全面的设计指导。事实上，这种结合方式将经营策划和建筑策划设计相结合，有效填补了体育建筑设计和经营之间的空白，避免建筑师的盲目性，为体育建筑赛后的顺利运作建立了坚实的基础。

4）以体育为主体的综合性健体休闲商业设施的策划理念

随着时代的发展，体育更多地与休闲、旅游、娱乐、饮食、健身等活动结合起来。从上海体育场看台下空间及活动看台的多种利用方式已经可以看出发展的趋势所在。国外在这方面显得更加成熟。法兰西体育场内设置了3个餐厅，200座的报告厅，2000m^{2}的大宴会厅，8000m^{2}的展览、会议空间，2000m^{2}的商业空间，2000m^{2}的办公空间，另有17个商店，50个酒吧和零售亭。横滨国际体育场的底层设置了体育医学中心，其中有健身房和25m游泳池，专家可根据每人情况提供健身菜单、饮食咨询等服务。

以体育为主体的，集健体、休闲、娱乐和商业为一体的综合体设施已经成为当今城市建设中的一个重要的建筑类型，对它的研究和实践还有许多工作要做，系统地对其选址、流线、功能分区、造型和技术特点进行研究是当今建筑设计的一个重要课题。显然这种趋势也为体育建筑综合体的策划研究提供了更多的可能性。

5.1.3 策划要点二

2008年北京奥运会柔道跆拳道馆是一个特殊的建筑项目，不仅因为它是为奥运会柔道跆拳道比赛而设计的，更是因为它将建设在大学校园里，具有特殊的地理人文环境、校园的场所特点、管理和运营的校园化特征。这些先天条件决定了这一奥运会比赛场馆的与众不同。

策划思想指导下的理念生成：①

体育建筑，特别是奥运会场馆的建设是一次性投资巨大的建设项目，它往往要动员全社会的力量。1984年美国洛杉矶奥运会以其政府成功的商业运作以及令人难以置信的盈利为世人所瞩目。其利用大学及社区现有体育场馆，或在大学兴建新场馆，赛后为大学所用的运作模式为后来许多争办奥运会的国家所效仿和借鉴。2008年北京奥运会12个新建场馆中有4个落户在大学里，它们是北京大学的乒乓球馆、中国农业大学的摔跤馆、北京科技大学的柔道跆拳道馆和北京工业大学的羽毛球馆。这也是借鉴奥运史上成功经验的明智决策。

一般意义上的建筑设计是一个由策划提出（搜寻）问题进而由设计解决问题的综合过程。奥运比赛的特殊规定、项目选址的特殊环境、赛后功能转换的特殊要求都是在本项目设计伊始摆在我们面前的问题。对高校而

① 庄惟敏，栗铁.2008年奥运会柔道跆拳道馆（北京科技大学体育馆）设计[J].建筑学报，2008（1）.

言，奥运比赛的要求远远高于学校日常教学、训练和一般比赛的需要。如何在高投入之后既满足奥运要求，又使学校在长远的使用中不背负高运营成本的经济压力，合理定位和前期策划是极其重要的。奥运会短短的十几天很快就会过去，可学校对体育馆的使用、运营和管理却是持续而长久的。合理设置空间内容，确定标准，选择适当的技术策略，精细地考虑赛中赛后的转换以及临时用房和临时座席的技术设计都将对大学未来的使用带来深远的影响，这也是关系到奥运遗产能否得以可持续传承的大问题。

通常，奥运场馆设计是严格按照奥运大纲和单项联合会的设计要求一步步去实现，进行空间的组合。那是一个奥运设计惯常的理性思维的过程。面对这样一个特殊的场馆，我们尝试着从相反的方向进行思考。试想如果我们设计的仅仅是一个大学的综合性体育馆，那么抛开所有上述问题，我们首先要解决哪些问题？为大学设计综合体育馆要解决的最重要的问题是什么？它应首先是校园的，而后才能是奥运的，否则其存在的基础就动摇了，也就本末倒置了。如此的逆向思维，“立足学校长远功能的使用，满足奥运比赛要求”的理念逐渐清晰地浮现出来。设计的首要原点是契合学校的场所精神，符合学校特有的使用特征。体育馆功能的组成、空间的设置、赛后空间功能的转换及技术策略的选择都以此为原点，而后在此基础上按照奥运大纲和竞赛规则梳理奥运会比赛的工艺要求。策划思路明确，定位清晰，设计方案顺利出台。

5.1.4 空间构想：赛后功能转换

北京科技大学体育馆（2008 北京奥运会柔道、跆拳道比赛馆）作为北京 2008 年奥运会的主要比赛场馆之一，在奥运期间，承担奥运会柔道、跆拳道比赛，在残奥会期间作为轮椅篮球、轮椅橄榄球比赛场地。工程由主体育馆和一个 50m × 25m 标准游泳池构成，总建筑面积 24662.32m^2（图 5-9 ~图 5-17）。

1. 比赛区场地

主体育馆比赛区场地为 60m × 40m。该尺寸大小系奥运大纲中对柔道跆拳道比赛要求的场地尺寸。这一尺寸也恰好满足布置三块篮球场的基本要求。出于学校长远使用的考虑，场地须最大限度地满足教学、比赛、训练、集会和演出等高校使用的基本功能，这一点就是平面功能组合的最基本原则和前提。在一般高校的综合体育馆里，这样大尺寸的内场场地是不多见的。其原因就是大场地会造成环绕场地座席排布的分散，观众厅空间加大，而且会造成进行小场地比赛项目时，视距过远。满足奥运比赛要求和追求尽量大的内场以满足赛后多块篮球（甚至手球）场地的布置与赛后小场地比赛的观演形成了矛盾。解决这一矛盾的方法就是在内场设置活动看台。

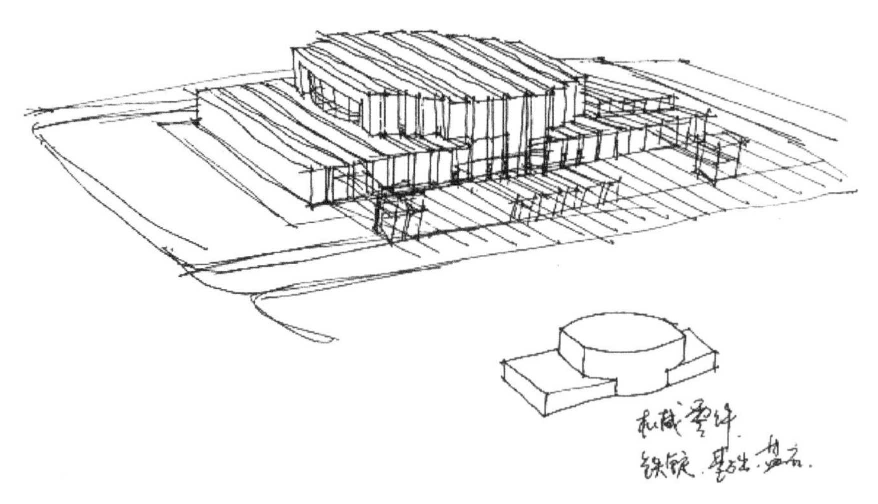

图 5-9　构思草图

2. 固定看台、临时看台、活动看台

根据奥运大纲的要求，柔道跆拳道馆的座席数量必须达到 8000 座。但根据我们的设计理念，通过考察我国高校普通场馆的规模和使用特征，座席数量一般设为 5000 席。因此，立足学校长远的使用要求，永久席位应以 5000 席为宜，另设 3000 席为临时座席，赛后拆除。

由于本馆内场比赛区尺寸较大，如果 5000 固定席围绕场地布置，3000 临时席又无法布置在比赛区内，赛后势必造成内场空旷、视距过远和空间浪费。所以，我们从学校实际使用情况出发，将 3000 个左右

图 5-10　立面实景图

图 5-11　室内实景图

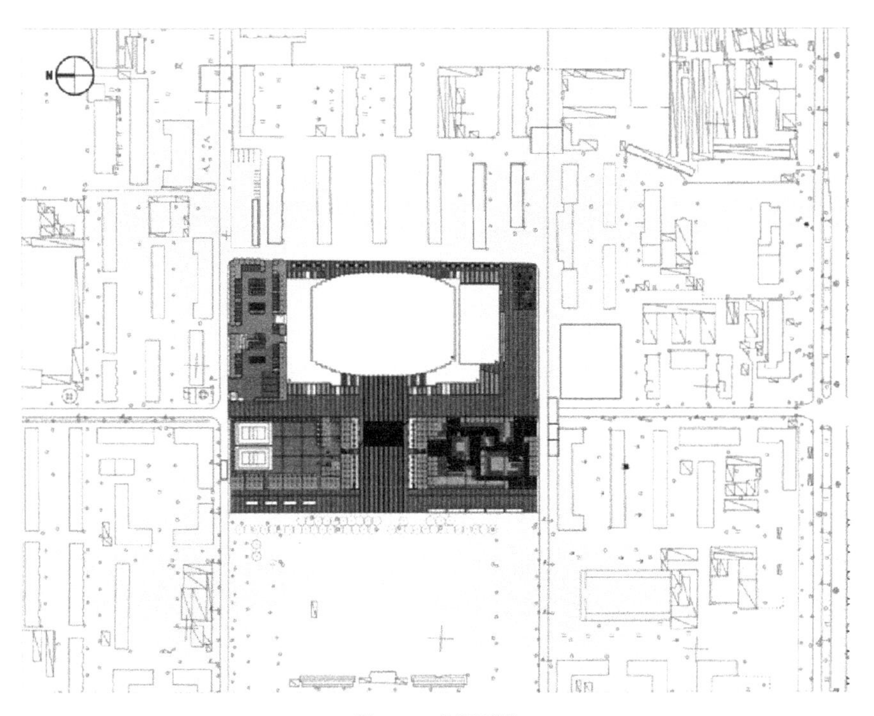

图 5-12　总平面图

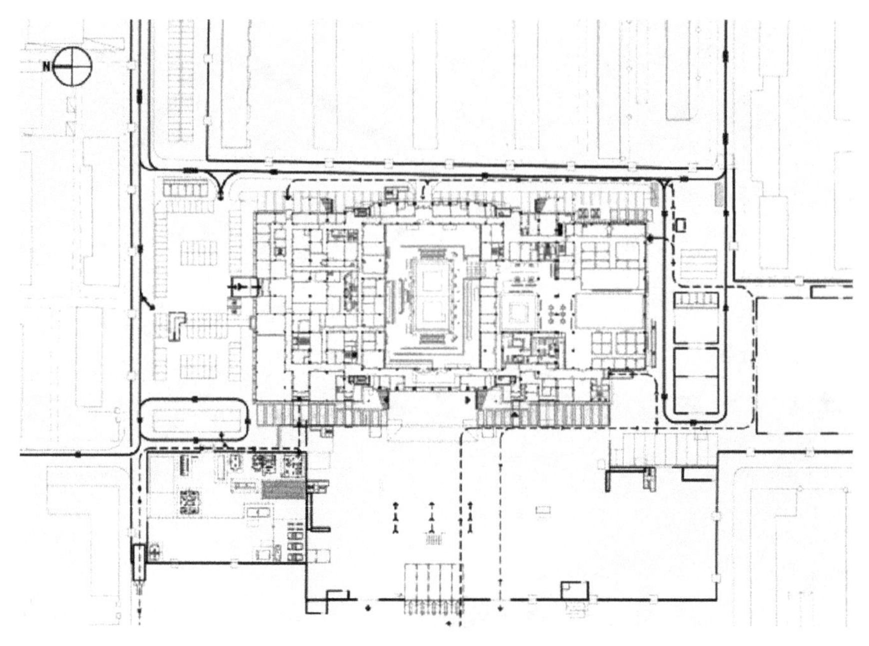

图 5-13　首层平面图

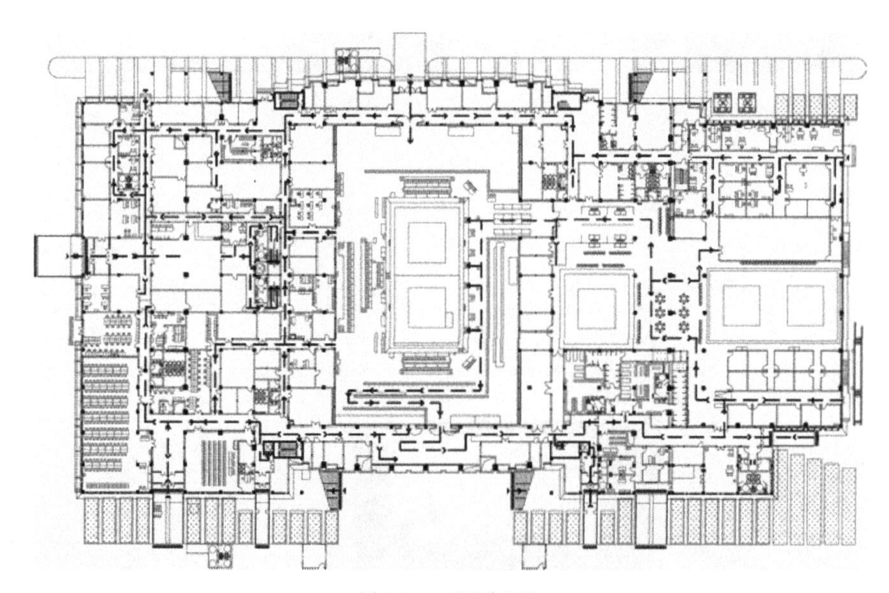

图 5-14　二层平面图

的临时席以脚手架搭建方式集中设在南北固定席之后的两块方整的平台上，赛后拆除座椅，可留下完整的两块场地。在比赛内场沿四边设置了1000 个左右活动座席，赛中及赛后教学训练时可以靠墙收入不影响内场的使用。

最终设计观众座席 8012 个，其中观众固定座席 4080 个，租用 3932 席临时看台，满足奥运会柔道、跆拳道比赛及残奥会轮椅橄榄球、轮椅篮球比赛的要求。奥运会后，临时看台拆除，内场设有 1230 席活动看台，

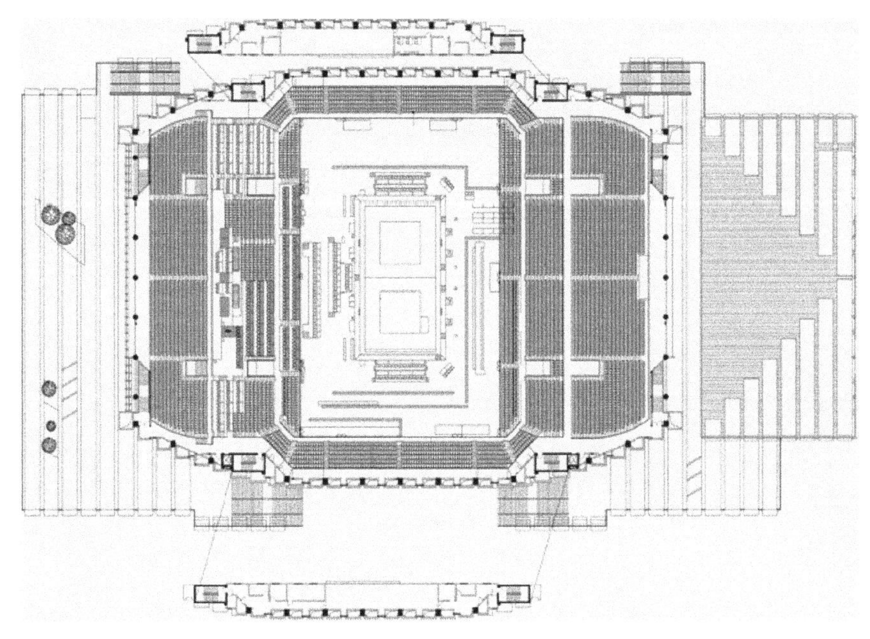
图 5-15　观众厅平面图

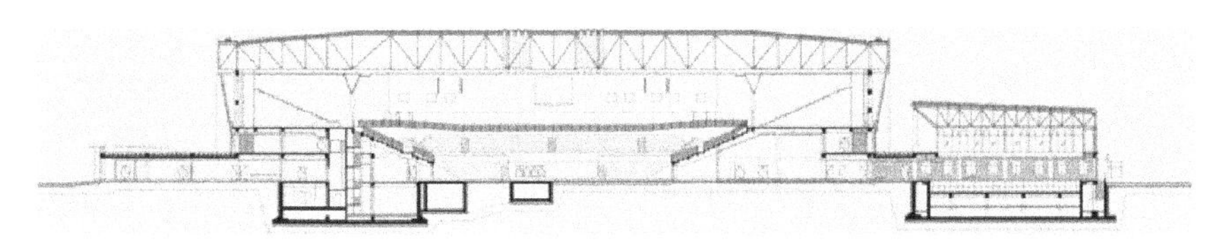
图 5-16　剖面图

可以自由收放，总体可达 5050 标准席，可承办重大比赛赛事（如残奥会盲人柔道、盲人门球比赛，柔道、跆拳道世界锦标赛），承办国内柔道、跆拳道赛事，举办学校室内体育比赛、教学、训练、健身、会议及文艺演出等，作为校内游泳教学、训练中心及水上运动、娱乐活动的场所。

3. 赛中热身馆与赛后游泳馆

自项目立项开始该馆就策划有包含 10 条 50m × 25m 标准泳道的游泳馆。同样，我们立足于学校的长远使用，游泳馆的设计与主馆紧密结合，运动员区与淋浴更衣紧凑布局，考虑学生、教师的上课和对外开放，设有足够的更衣与淋浴空间。配合教学上课，设有宽敞的陆上训练和活动场地，并且在泳池边陆上场地设置了地板辐射采暖，为赛后学生和教师的使用提供了人性化的设计。

作为奥运会柔道跆拳道馆，其功能组成中并不需要游泳池，而热身馆则是奥运场地必备空间，赛中，游泳池被加上临时盖板，作为柔道跆拳道热身场地。由于游泳馆与主馆的紧凑布局，使泳池改造的热身场地与比赛场距离很近，联系极为方便和顺畅。这又是前期策划对设计理念的一个实现。

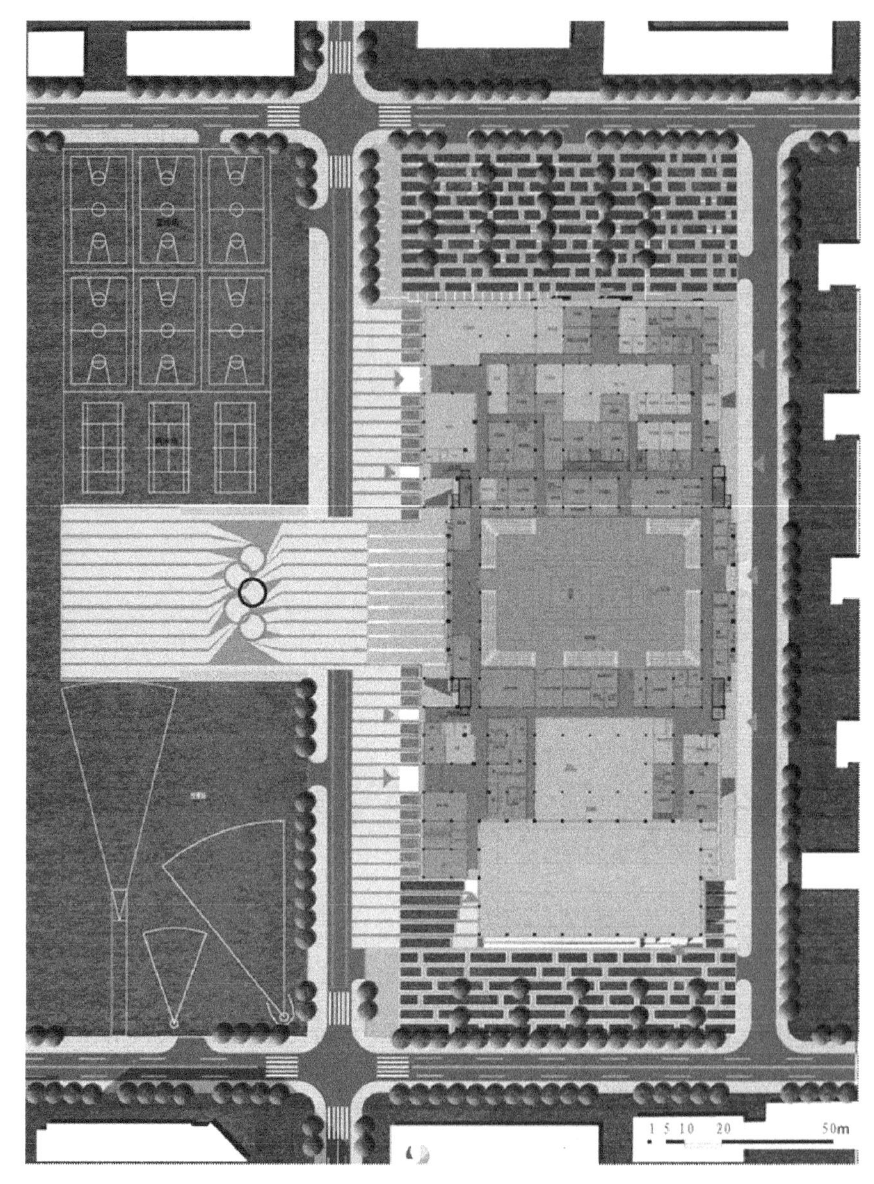

图 5-17　赛事赛后场地转换平面图

4. 赛中功能定位与赛后功能转换

在设计中，我们以赛后长远使用为出发点，充分考虑赛后功能的转换。

考虑赛后体育馆所处的学校体育运动区能更大限度地为师生提供运动场地，总平面设计中尽量集中紧凑布局，力求在立面创新、符合场所精神的前提下，选取体形系数较小的单体造型，尽量节约用地，空出场地为师生赛后教学、锻炼健身使用。将体育馆南北两侧的健身绿化场地在赛时设为运动员、媒体及贵宾停车场，东侧沿主轴线设计成五环广场，赛后结合校园道路形成有纪念意义的永久性体育文化广场，五环广场南北侧的投掷场和篮球、网球场赛时作为 BOB 媒体专用场地。

馆内各空间赛时赛后转换如下：

新闻发布厅——舞蹈教室；

分新闻中心——学生活动中心；

贵宾餐厅——展览休憩；

单项联合会办公——体育教研组；

运动员休息检录——学生健身中心（赛时热身场地）；

赛时热身及竞委会——标准游泳池；

兴奋剂检查站——按摩理疗房；

裁判员更衣室——健身中心更衣室；

贵宾休息室——咖啡厅；

临时观众席——篮球练习馆（或其他球类练习馆）。

此外，考虑场馆的所在地域和位置、朝向，在设计中贯彻的东西立面以实墙为主、南北主入口结合二层休息平台、方便拆卸的脚手架式的临时座席系统、光导管自然采光系统、多功能集会演出系统、太阳能热水补水系统、游泳池地热采暖系统等设计策略的实施都实现了当初“立足学校长远使用，满足奥运会比赛要求”的设计理念。

5.1.5 设计与建设

专家评审委员会进行审查评比，方案评审中建筑专家、奥运单项联合会专家官员及学校使用方都充分肯定了我们的理念和设计方案，清华大学建筑设计研究院的方案入围，进一步深化。之后，又经过了若干个月的方案调整，2005 年 4 月我们收到正式中标通知，开始初步设计和施工图设计，2005 年 9 月完成施工图，10 月项目正式开工，2007 年 11 月竣工验收。设计及配合施工历时 3 年。

在 2008 年北京奥运会柔道跆拳道馆建成 5 年之后，我们不禁要问，当初赛后运营的建筑策划及其指导下的建筑设计是否是成功的？今天奥运场馆的实际运营状况又是怎样的？ 5 年前的奥运场馆给今天的我们留下了怎样的奥运遗产？我们在 2013 年对该比赛场馆进行了赛后的使用后评估。

一般来说，一座奥运场馆从赛时运营转变为赛后运营模式，通常需要 1 ~ 3 年的时间，而评价奥运场馆为城市发展带来的远期效益，则需要 5 年以上的时间。历史上很多案例表明，奥运会及奥运场馆在赛后对城市的影响，可能会在 5 年之内产生很大的变化。例如 2000 年悉尼奥运会，由于在赛前没有对奥运场馆及奥运公园制定完善详细的赛后运营方案，所以很多场馆在奥运会后头两年的利用情况十分糟糕。不过，幸运的是，悉尼政府及时意识到了这一问题，在 2002 年启动了奥林匹克园区的“事后规划”，在这之后，奥林匹克园区及各场馆的运营状况有了较大的改观。与此相对应的是 2004 年雅典奥运会，希腊政府为举办奥运会斥资近百亿欧元，奥运会结束后的 3 年内，希腊经济发展指数一度因受到奥运会的刺激而大幅攀升，但在 2008 年之后，奥运会的经济刺激作用大幅减弱，希腊经济开始下滑，至 2010 年降至低谷，雅典很多奥运场馆的赛后运营计划被搁置，有些场馆甚至沦为废墟，场面萧条。很多学者认为，希腊奥运会过大的资金投入并没有达到预期的效果，希腊经济危机与当年奥运会制定的经济策略的失误有直接关系。

有鉴于此，在北京奥运会成功举办 5 周年时，我们对奥运场馆的赛后运营状况进行了全面的调查，这对于评价赛前制定的场馆赛后空间功能预测是否合理，赛后运营方案是否有效，具有重要的意义。

1. “大事件”影响下的城市建筑——奥运场馆赛后利用的国际经验与北京战略

对于任何一个国家或一座城市来说，能够承办奥运会这样的国际顶级体育盛会，都是莫大的荣幸。然而，承办奥运会同样会给主办城市带来巨大的经济、社会和环境风险。因此，举办奥运会这样的城市“大事件”犹如一把“双刃剑”，如何“趋其利而避其害”，应该是主办方和运营方重点考虑的问题。

对于奥运场馆的赛后运营来说，最核心的问题是处理“形象”与“效益”之间的矛盾。简单地说，就是要搞清“花多少钱值得”和“能不能自负盈亏、可持续发展”两个问题。对于每个奥运举办城市来说，对上述问题的解答因情况而异。例如希腊政府为展示国家形象，不惜斥巨资修建宏伟的场馆来举办雅典奥运会；而 1984 年洛杉矶奥运会则是一届充满十足“商业味”的奥运会，主办方并没有新建过多的豪华场馆，而是着重考虑如何利用最少的成本让奥运会产生最大的经济效益和社会效益。

但这并不意味着修建新场馆就是错误的。例如 1988 年汉城奥运会的主体育场是 1976 年修建的旧场馆，而 2002 年世界杯使用的则是新建的 6.5 万人体育场，根据赛后评估，2002 年世界杯体育场的运营状况远远好于奥运会的首尔体育场。从上述事例可以看出，奥运会场馆的赛后运营具有很大的不确定性，并没有所谓的“范式”可以套用，也正因如此，奥运场馆的赛后运营计划必须要根植于举办国和举办城市的实际情况作认真的分析评估，只有这样才能最大限度地确保场馆赛后的空间预测和运营的准确性、可行性及可持续发展性。

在参考了历届奥运会场馆赛后运营案例的基础之上，北京奥运会主办方根据北京市的实际情况，综合了历届奥运会的成功经验，为 37 座奥运场馆制定了相应的投资、招标建设以及赛后运营方案，无论是投资形式、融资渠道，还是场馆的赛后运营策略，都呈现出多元化和综合化倾向。以 12 座新建奥运场馆为例，在场馆融资方式的规划上，体现为国家财政投资、项目法人自筹、社会捐赠、高校自筹等多种方式。在赛后运营策略的规划上，设置为 2 座场馆将作为国家队训练场馆，5 座场馆转型为娱乐休闲演艺综合设施，1座场馆成为专业体育赛事主场，还有4座场馆将成为所在高校的综合体育馆[①]。虽然各场馆的赛后运营模式不同,但基本秉持了服务奥运、立足社会的基本理念。

2. 2008年北京奥运会柔道跆拳道馆（北京科技大学综合体育馆）赛后运营的实态调查

2008年北京奥运会柔道跆拳道馆（北京科技大学综合体育馆，以下简称北科大体育馆）在奥运会和残奥会期间作为柔道、跆拳道、轮椅篮球和轮椅橄榄球的比赛场馆，在奥运会结束后立刻开始进行赛后改造。由于北科大体育馆在方案设计阶段就已经考虑到了赛后利用问题，并在场馆施工前就专门绘制了一套详细具体的赛后设计图纸（图5-18 ~图5-21），因此在场馆的赛后改造过程中严格按照赛后图纸进行施工。主要改造内容包括拆除热身区的临时房间和泳池架空的临时地面，将其恢复为游泳馆，拆除3层的临时座椅，在原有地面上铺设球场地板和地胶使之成为运动区。整个改造工程于2009年7月结束，2009年9月正式对校内师生及校外人员开放。

从奥运会结束直至现在，除赛后场地改造和控制系统改造外，北科大体育馆没有对场馆进行任何大的结构改造。现状平面几乎与当初的赛后设计图纸平面完全相同，只是在房间的功能安排上有所差异。在赛后功能的策划中包含了羽毛球、篮球、游泳、舞蹈、学生活动中心和咖啡厅等功能，在实际情况中，运营方将更多的功能放入了场馆中，使得整个场馆的空间效率比预期更高。目前该场馆各空间的功能分布如表5-1所示。

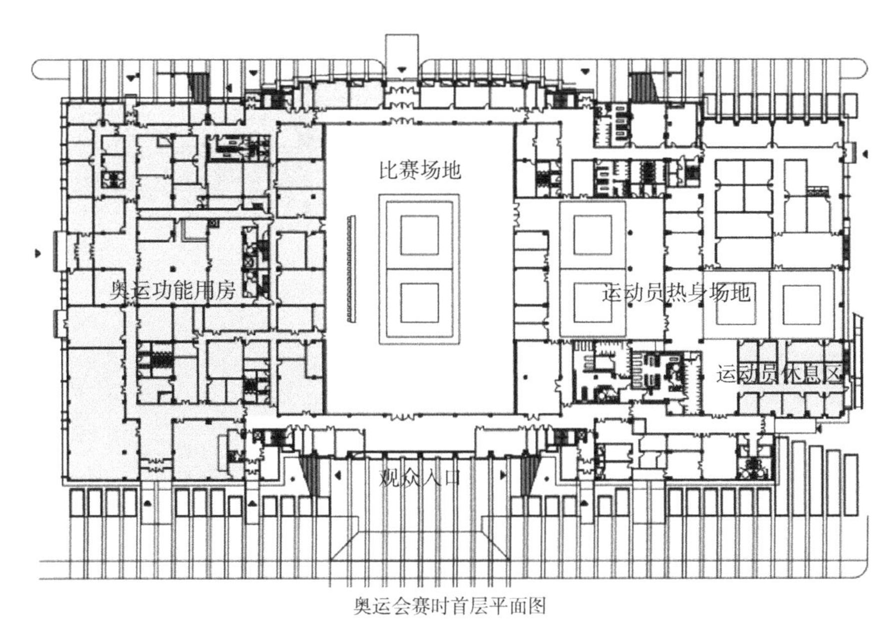

奥运会赛时首层平面图

图5-18　北科大体育馆奥运会赛时首层平面、赛后设计首层平面和现状首层平面比较（一）

① 林显鹏.2008北京奥运会会场馆建设及赛后利用研究[J].科学决策，2007（11）: 11.

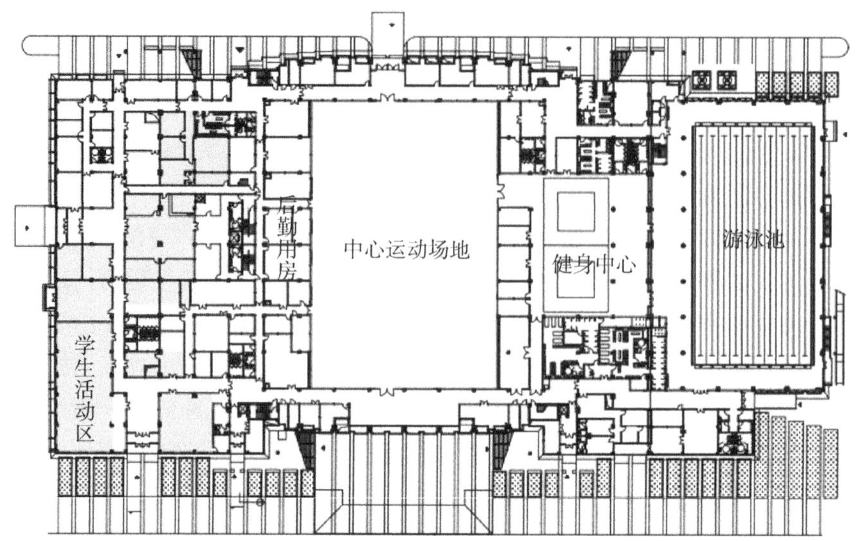

赛后首层平面图

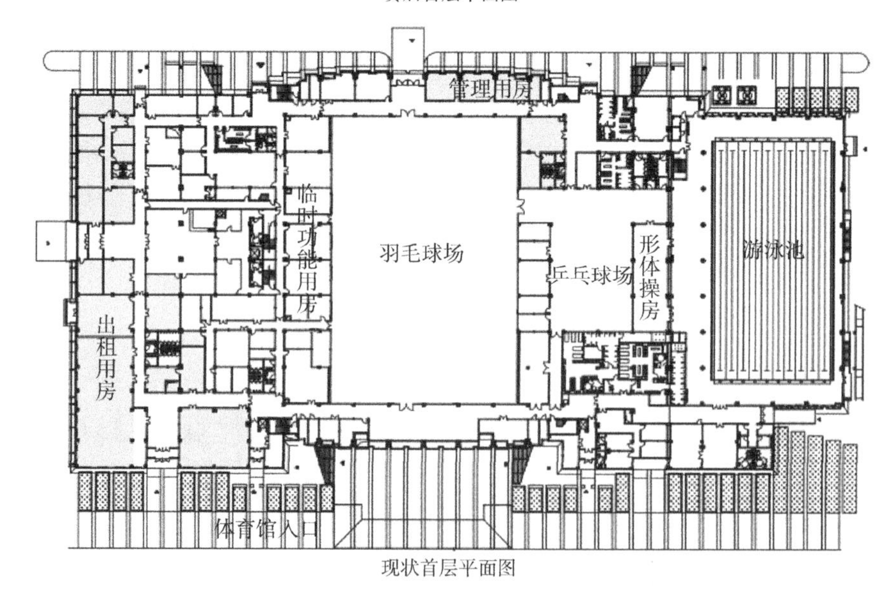

现状首层平面图

图 5-18　北科大体育馆奥运会赛时首层平面、赛后设计首层平面和现状首层平面比较（二）

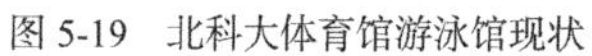

图 5-19　北科大体育馆游泳馆现状

图 5-20　北科大体育馆篮球馆现状

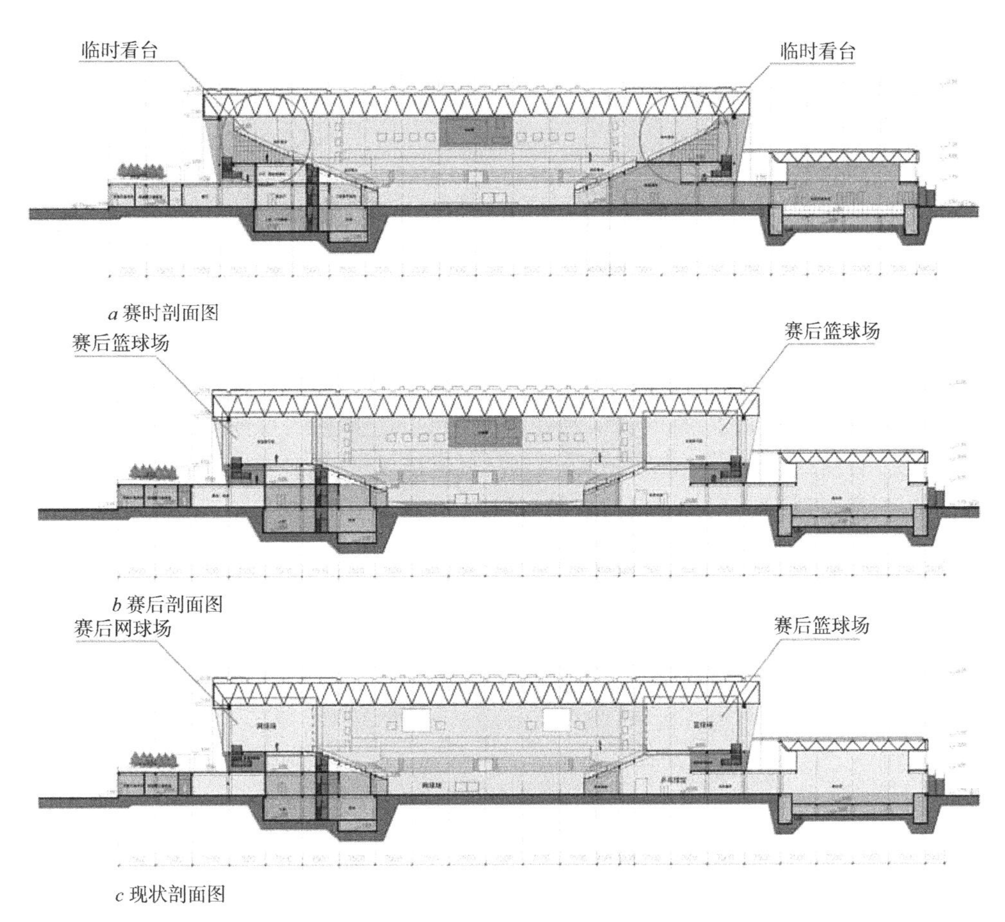

a 赛时剖面图

b 赛后剖面图

c 现状剖面图

图 5-21　北科大体育馆奥运会赛时剖面、赛后设计剖面和现状剖面比较

北科大体育馆奥运会赛事平面、赛后设计图纸平面和现状平面的功能区布置对比　　表 5-1

赛时空间	赛后图纸设定的功能	目前状况下的功能
中心比赛场	学生运动场	20 块羽毛球场地（可灵活转换为舞台、招聘会场以及各种运动比赛场地）
赛时热身场地和检录处	健身中心	15 块乒乓球场地、形体操房
南侧热身场地、运动员休息区、比赛运行中心	游泳馆	游泳馆
地下人防	地下人防	健身中心
成绩复印室	转播区	动感单车健身房
贵宾室	展览、休息	贵宾室
新闻发布、媒体区	学生活动中心、舞蹈室	出租用房
兴奋剂检查	接待和医疗	体育部办公
安保区	接待、会议	出租用房
竞赛办公室	后勤、设备、办公	体育馆运营中心办公
奥运其他功能用房	后勤、设备、办公	预留功能用房

续表

赛时空间	赛后图纸设定的功能	目前状况下的功能
二层永久座席	永久座席	永久座席（学校活动时使用）
二层南北入口大厅	未安排功能	跆拳道、柔道训练场地（临时）
三层北侧临时座席	一个篮球场	一个网球场、一个羽毛球场和两个乒乓球场
三层南侧临时座席	一个篮球场	两个标准篮球场

在上述空间里，羽毛球场、乒乓球场、柔道及跆拳道场地的所有设施都是可移动的（图 5-22），特殊情况下可以迅速转换，保证了空间的灵活性。目前，馆内各空间使用情况良好，能够满足校方的各项要求，学生及其他使用者的反映普遍良好。

图 5-22　北科大体育馆乒乓球馆现状

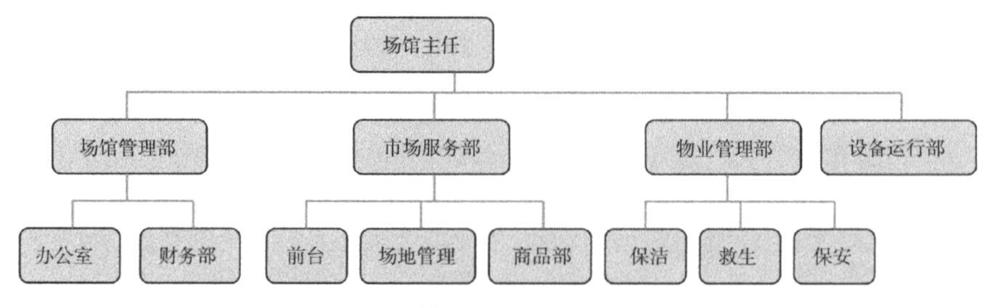

图 5-23　北科大体育馆运营管理中心组织架构图
（图片来源：北科大体育馆运营管理中心简介）

北科大体育馆赛后改造工程启动以后，校方便开始着手组建管理运营体育馆的团队。2009 年 5 月正式组建了“北京科技大学体育馆运营管理中心”（图 5-23），中心下属 4 个部门，主要负责场馆的日常管理、维护、安全保障以及对外项目合作等工作。管理中心成立以来，一直致力于探索高校场馆“公益性与经济性兼顾”的运营模式。目前，运营方根据体育馆和学校的实际情况，制定了一套完整的场馆使用时间安排：工作日上午 8：00 至下午 2：30，主要场馆供学生上体育课使用；下午 3：00 至 5：40，体育馆对外开放，主要接待教工及家属；下午 6：00 至晚 10：00 及周末和法定假日全天，体育馆对社会开放，供社会人士进行体育锻炼。每年寒暑假，北科大体育馆都会承担若干公司和社会团体的大型活动，包括 2010 年北京武搏会和公司年会等。体育馆内的预留功能用房则可以作为大型活动的功能用房使用。目前各项活动开展良好，特别是对外开放的时间段，场馆使用率很高，其中羽毛球场的使用率高达 90%，篮球场和网球场也几乎是天天有人使用。

由于北科大体育馆的空间布置紧凑合理，运营计划详尽周全，因此，在其对外开放的第一年就实现了盈利。2012 年体育馆毛收入超过 750 万元，收益率超过 30%。2013 年体育馆毛收入超过 800 万元，收益率还会进一步提升[①]。目前，北科大体育馆已经成为高校体育馆中“经济与公益”结合的典范。

3. 2008 年北京奥运会柔道跆拳道馆（北京科技大学综合体育馆）赛后运营的成功经验分析

北科大体育馆在赛后的 5 年之内能够取得比较好的经济效益，其原因是多方面的。具体可以总结为以下五点：

1）“立足学校长远使用，满足奥运比赛功能”的设计原则为赛后运营提供了诸多优势

无论从规模要求、场地环境质量还是转播要求上来看，一座奥运场馆比一座普通的高校体育馆在硬件要求上严格得多。因此，将一座场馆定位为“学校使用第一、奥运比赛第二”的决定是很有风险的。在方案的前期，奥组委也曾经对这一原则提出了质疑，担心新建场馆不能满足奥运会的要求。不过，从目前的状况来看，这一策划原则无疑是正确的。奥运会只有短短的 18 天，然而场馆建设的投入以及为高校师生的使用却是永久的。仅仅为了十几天的奥运会而投入大量的资金成本，造成赛后空间功能的“冗余”，不但会增大投入的规模，还会给后续运营带来很多不确定因素。

在北科大体育馆的案例中，馆方为满足奥运会需要，在奥运会举办期间，借助赞助商的供应以及租用大量高质量的比赛辅助设备，如计分系统、灯光设备以及临时座椅等，奥运会后随之拆除或转换。由于前期设计和投入得当，其硬件水平目前在我国高校体育馆中仍名列前茅。场馆只需经过简单的改造，将来就可以再承担高等级的体育赛事。

2）空间预测的成功

空间预测是所有建筑在前期策划过程中必须经历的环节。空间预测的成功与否直接关系到建筑的运营效率。在北科大体育馆的案例中，设计方对场馆的赛后空间预测十分成功，这一点单从运营方赛后没有对建筑进行

① 上述资料系根据笔者研究生同北科大体育馆运营管理中心负责人访谈实录整理所得。

任何大的结构改动上就可以看出。北科大体育馆空间预测的成功有赖于前期策划中对于地段的详细调研和正确认识，具体表现为三点：其一，馆内设置了大量相互分离的大空间，包括主运动场及其南北两侧固定座席后部上方的大平台、游泳馆、乒乓球馆以及两个入口大厅等。

在体育馆建设之前，北京科技大学的体育设施极度缺乏，校内的体育建筑只有位于操场西侧的一个跑廊，学校内没有游泳馆，也没有室内球场。新建体育馆的这些大空间正好可以解决学校缺少室内运动设施这一问题，两者一拍即合，体育馆内的大空间很快得到了充分合理的利用。其二，馆内许多场地的尺寸和规模都预先进行了测算，确保了最大的灵活性。空间预测再精确也不可能做到 100% 准确，因此空间一定要留有灵活度。例如南北两侧固定座席后部上方三层的两个平台，原本计划各设置一个篮球场，但校方要求再设置一块网球场地。经过对场地的计算，发现南侧平台刚好能够放下两个标准篮球场，因此北侧的平台得以空出，布置一个网球场的计划圆满实现。此外，体育馆的固定座席正好可以容纳一个年级的师生，为校方在此组织年级性的活动提供了便利。其三，场馆设计有多个出入口，保证了内部的各种流线不会交织，同时为馆内房间的对外出租提供了可能。

3）低廉的改建成本为场馆的赛后运营提供了资金保障

事实上，北京奥运会的每个场馆都具有良好的赛后运营的潜力，然而目前许多场馆的赛后运营计划并未完全实现，其中一个重要原因就是改造费用太高，运营方在不确定后续运营状况的情况下不愿出资改造。北科大体育馆在设计之初就考虑到了赛后改造问题，所以在设计中就尽量避免赛后结构的二次改造。例如游泳池的结构是事先做好的，在赛时铺设临时地面作为运动员热身场地，赛后改造时只拆除了临时地面，从而避免了二次结构施工（图 5-24）。北科大体育馆的改造工程，从进场到重新开门迎客，仅仅花费了 10 个月时间，总投资不超过 200 万，可谓是一个“又快又便宜”的改造案例。

4）降低场馆运行成本

北科大体育馆运用了光导管和太阳能热水等节能技术，极大地减少了建筑能源消耗，从而降低了运营成本。例如在晴天甚至是雾霾天的情况下，体育馆内只需要少量照明便可达到训练、教学、会议和健身等功能的照度要求（图 5-25）。对于由国家或事业单位运营的场馆来说，减少运行能耗是场馆赛后运营的最重要考虑因素。

北科大体育馆的游泳馆充分利用太阳能，在游泳馆屋顶安装太阳能热水器，采用成熟的太阳能热水技术，进一步降低了游泳馆的运营能耗（图 5-26）。

5）良好的运营和宣传增加了体育馆的人气

北科大体育馆的一大特色就是社会人员的高强度使用。事实上，北科大体育馆坐落于校园中，且周边多是大院，缺少大的办公区，在吸引社会

图 5-24　北科大体育馆游泳池在赛前施工时铺设的临时地面

图 5-26　北科大体育馆太阳能热水系统

图 5-25　北科大体育馆内的光导管工作现状

人士这一点上有先天不足。不过，体育馆运营管理中心采用提升硬件质量、扩大宣传、联合第三方举办活动等多种手段扩大影响力，收到了很好的效果。每天晚上，在体育馆内锻炼的社会人士占到了 80% 以上，有些人甚至专门驱车 40 分钟到此锻炼健身。另外，北科大体育馆的建设还带动了校内运动队的发展。在赢得了 2008 年北京奥运会柔道和跆拳道比赛的承办权后，校方借奥运之机特意组建了柔道和跆拳道两个校级运动代表队，从而极大地提升了学校的专业运动水平。

4. 总结与反思——中国城市对于“大事件”的态度转型

2008 年北京奥运会柔道跆拳道馆（北京科技大学综合体育馆）在“立足学校长远使用，满足奥运比赛功能”这一建筑策划设计原则的指导下，顺利地完成了奥运会前后的功能转换，效果良好。然而，北京奥运会的一部分新建场馆在赛后运营的环节上却或多或少地出现了一些问题，并没有取得预期的效果。其中一个根本原因就是有关部门出于对建筑形象的考虑，提升了建设造价，加大了建筑规模，从而导致了空间预测的失误和改造运营成本的飙升。关于奥运场馆“经济性”和“标志性”孰重孰轻的问题，一直是各个奥运主办城市的管理者需要直面的难题。既然很多着重考虑形象的场馆赛后运营的结果都不甚理想，那么我们该如何看待奥运建筑的标志性呢？事实上，对于很多国家而言，举办奥运会等大型国际盛会是提升主办国或主办城市形象的最佳机会。历史上很多国家和城市都是在举办奥运会、世博会等大型国际活动之后被国际社会认可，并步入其历史发展的黄金阶段的。奥运场馆良好的形象对于提升本国国民和场馆所在社区居民的信心也具有很大的意义。例如北科大体育馆，它的建成使得它所坐落的地区成为校园的新中心，许多学生活动或是大型的校园盛事都发生在体育馆的周边。可以认为，新建的奥运体育馆对于提升北京科技大学的综合形象和师生的认同感功不可没。

但同时也应该意识到，一个国家或城市通过大事件向世界宣传自身形象或许只需要一段很短的时间。自 2008 年以来，中国的四大一线城市已连续举办了 4 场国际级盛会——2008 年北京奥运会、2010 年上海世博会、2010 年广州亚运会和 2011 年深圳大运会，可以认为，中国的国家和城市形象已经在这 4 场盛会中得到了充分的彰显，如果在这种情况下，主办城市依然将“形象彰显”作为第一目的的话，则会或多或少地显露出主办城市在处理“大事件”问题上的不自信与不成熟。随着四大盛会的圆满结束，中国已进入了新的发展阶段，中国城市对于“大事件”的态度应该逐渐从“企盼”、“彰显”转变为“运用”和“平和”。城市要学会利用“大事件”为完善自身功能、改善居民生活服务，而不应该将“大事件”作为过度张扬的城市名片。事实上，2012 年的伦敦奥运会就给了世人一个极好的例子，这个“史上最临时的奥运会”，无疑告诉了世人这次伦敦的“草根”奥运会是一次绿色低碳节俭的奥运会，是真正意义上的“时尚”的奥运会。在有声音贬低“伦敦碗”的造型时，伦敦用自己的一种态度和方式向世界说明，我才是最今天人类社会最具标志性的。由此反观北科大体育馆，它的兴建在完善了学校设施的同时兼顾了奥运会的比赛要求，同时又为学校的师生留下了宝贵的奥运精神遗产。从这一点来看，北科大体育馆倡导的“立足学校长远使用，满足奥运比赛近需”的设计理念，无疑为城市如何利用“大事件”进行长远发展这一问题提供了一个良好的解决策略的参考。这也是当下我国城市对面对“大事件”的态度的一次思考。

5.2 以环境行为调查为基础的高层办公楼策划设计①②

5.2.1 项目概况

清华科技园科技大厦位于北京市清华大学南门外，比邻成府路，是清

① 设计时间：2001 ~ 2004，竣工时间：2005.7，项目地点：北京市海淀区，建设单位：启迪控股股份有限公司，设计团队：庄惟敏、巫晓红、鲍承基、漆山等 / 清华大学建筑设计研究院。实景照片摄影：陈溯，莫修权。

② 空间的叙事性与场所精神：清华科技园科技大厦 [J]. 建筑创作，2009（4）.

华科技园近70万m^2建筑群核心区的一组标志性建筑。建筑位于科技园主轴线上，根据规划由一组4座百米高的塔楼所组成。主要功能空间包括写字楼、会议、餐饮、会所、公共空间、辅助配套空间和车库，是一座智能化的高科技综合办公楼，它是高新技术研发的聚集地和辐射源，是清华科技园的中心，也是国家第一个A级高校科技园的标志性建筑。科技大厦总建筑面积18.8万m^2，地上25层，地下3层，由4座110m高（含女儿墙）的塔楼和群房所组成。4座塔楼落在一个巨大的二层平台上，平台与园区中心花园相连通，地上一层为门厅大堂机动车落客区和银行商业，二层为步行人流入口门厅及餐饮、休闲活动区，三层为会议区，四层以上为写字楼办公区标准层，顶层为会所及屋顶花园，地下一层为职工餐厅、健身及部分公共配套设施，地下二、三层为车库和设备用房。

5.2.2 策划要点

1. 建筑群体的对话——城市公共空间与场所精神的营造

清华科技园科技大厦在设计伊始就定位为一个开放的城市公共空间，这与清华科技园的功能定位是一致的，正如清华科技园的那句著名的广告词："空间有形，梦想无限。"

科技园的建设用地是非常紧张的，在有限的空间内除北侧建成的呈对称布局的科技园创新大厦外，还有东侧的威新搜狐大厦、紫光国际交流中心，西侧的威盛大厦、Google大厦（后Google迁出作他用）和创业大厦。建筑群围合出园区中心绿地，绿地地下部分为公共配套及停车场。场地的现状有明确的轴线关系。分析周边情况，我们看到，园区位于清华大学和城市的交接处，是由大学校园相对封闭的空间向城市开放空间过渡的区域。从空间形态上看，它应该是一个大学校园接驳城市的"转接器"，从功能意义上看，它应该是融合了学校科研、科技转化、对外交流和商业服务功能的"平台"。它是清华大学走向社会的踏板，是校园联系社会的桥梁，是学校对外开放的门户，同时也是社会了解学校的窗口，更是清华大学面向世界的门面。科技园的设计将反映和表达清华大学面向世界的姿态。

由于用地的狭小，科技大厦的容积率超过了1：10，在130m×140m的用地内要建设地上和地下共超过18万m^2的建筑，而建筑限高又是檐口100m，如何减少建筑对周边的压力是首要问题。设计采取分散小体量的处理手法，将建筑分解为四个简洁的方塔插入稳固的二层大平台，缓解了庞大体量对周边地带的压迫感，并使单栋建筑均有良好的自然采光通风。以轻盈通透的建筑群作为城市对景。四幢建筑单体相距约30m，南侧两栋适当加大间距，使四栋建筑围合的空间有微微向南开放的趋势，形成微妙的空间感受，既相对独立又自成群体，并与园区其他建筑群形成对话。由于科技大厦位于园区主轴线的前端，作为轴线起始点的建筑，我们将四栋大厦沿轴线分立而设，将轴线让开，以虚轴的方式引导城市空间进入园区，沿大台阶上到二层平台公共交往空间，再通向中心绿地，进而延伸到园区尽端的创新大厦。沿园区主轴线所形成的收放有致的序列空间，主宰了科技园整个建筑群，先抑后扬的空间形态将园区的建筑群统合成一个整体，营造了一个既开放，又有向心性的城市公共空间，彰显了清华科技园的场所精神（图 5-27 ~图 5-32）。

图 5-27　清华科技园科技大厦立面实景

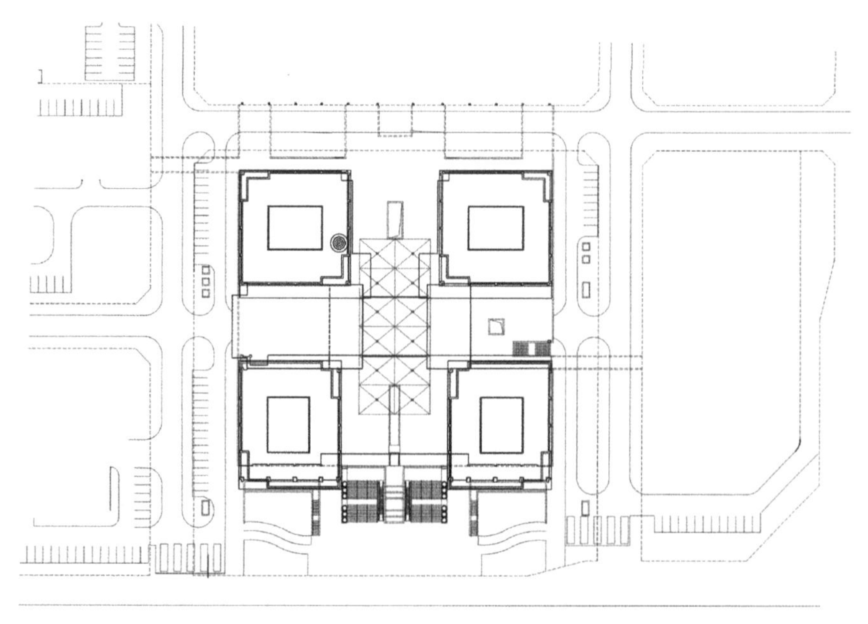

图 5-28　清华科技园科技大厦总平面图

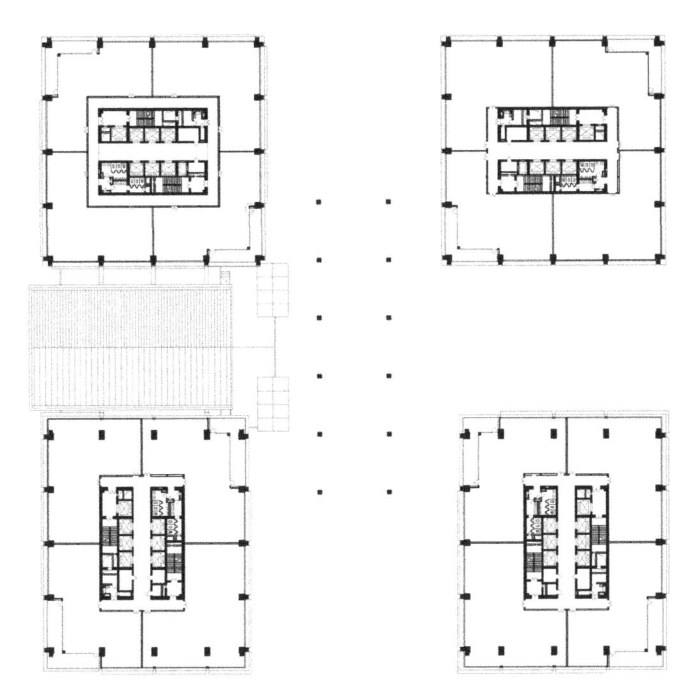

图 5-29　清华科技园科技大厦标准层平面图

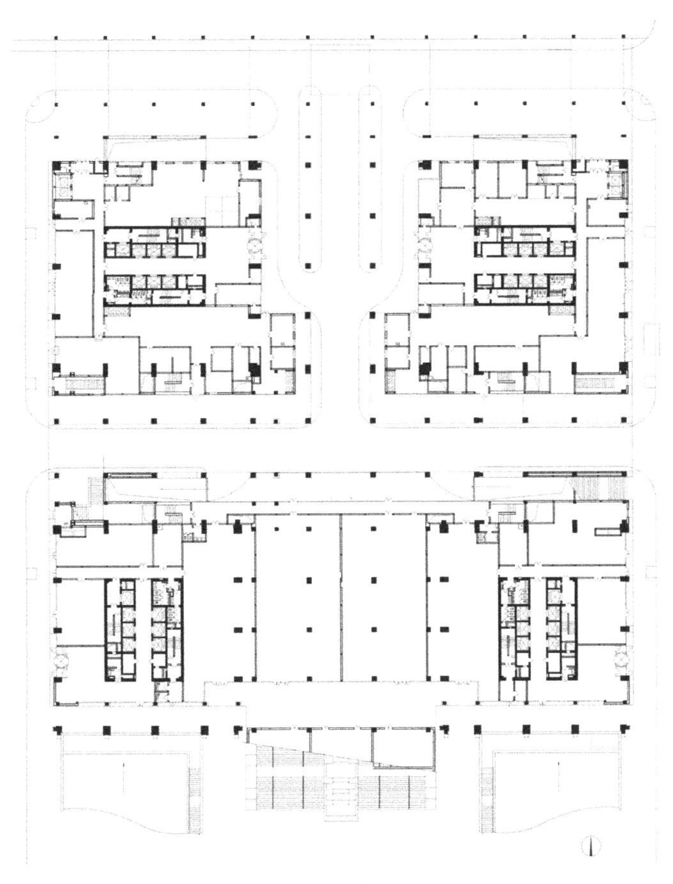

图 5-30　清华科技园科技大厦一层平面图

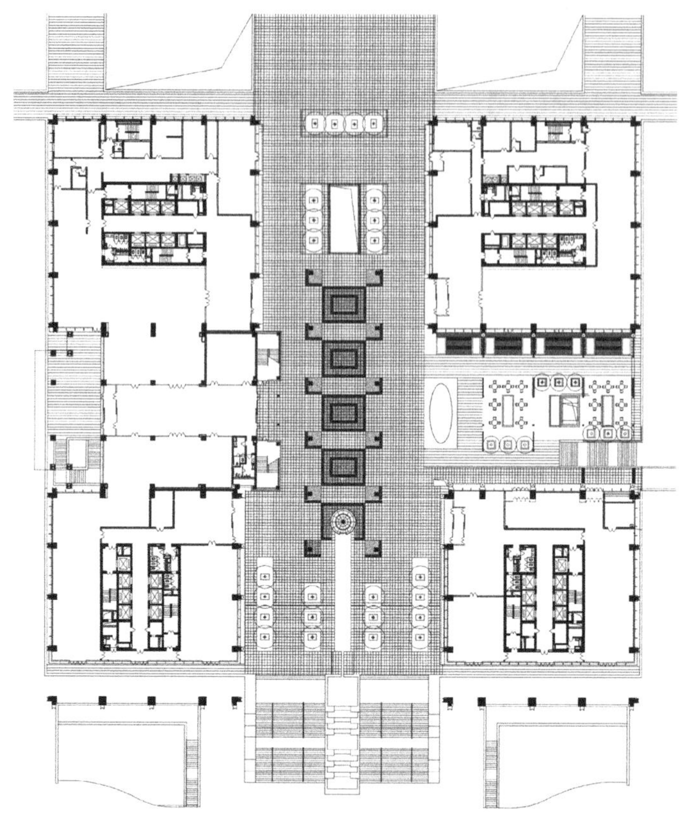

图 5-31　清华科技园科技大厦二层平面图

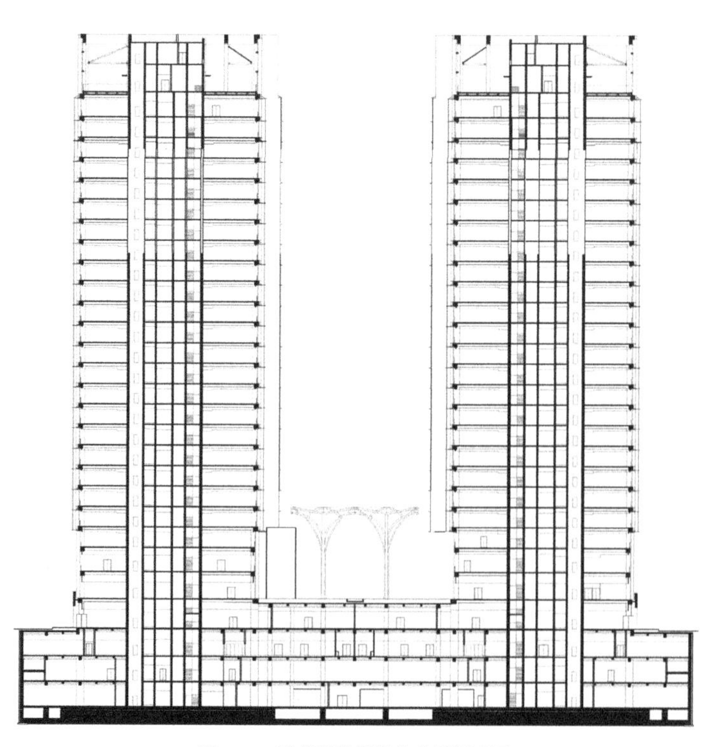

图 5-32　清华科技园科技大厦剖面图

2. 空间构想与使用者行为

建筑师最重要的工作之一是对建筑物的空间进行构想并对建筑使用者在空间中的可能行为进行预测、引导和设计，这也是建筑策划核心任务之一。建筑的空间是有情节的，什么空间将发生什么事件，空间之间和事件之间又有怎样的联系，就像 个讲述着的故事。这种建筑空间的叙事性通常决定着我们对空间功能的理解和营造。建筑内使用者的活动模式、流线和状态都构成了建筑师生成空间的依据。我们也正是伴随着这些未来空间中人们的生活进行着创作。

1）上下班高峰时段大厦车流人流的集散——人车立体分流

18.8 万 m^2 建筑面积的科技大厦，集办公、会议、研发、餐饮、休闲和娱乐为一体，其中办公写字楼面积占总面积的 80%，大厦内日常上班一族加上外来接洽来访人员，人数可达近万人，上下班高峰时段人流极其集中。地下车库设在地下二、三层，车库总面积 24240m^2，加上地面停车，大厦日常停车数量近 800 辆。按照规划意见书的要求，满足大厦的停车数量尚不是件困难的事，但如我们想象一下上下班高峰时段进出车的情景，就不难发现，几百辆车几乎同时到达或离去，以及短时间内满足员工上下出入的问题远远大于机动车的停放问题。为了缓解机动车停放的压力，大厦管理要求部分员工通过大巴班车出行。因此，合理组织人流车流的集散就变成了大厦设计的关键点。首先根据地下车库的平面设置，安排 4 个机动车出入口以及与园区中心地下停车场相通的 2 个出入口，6 个出入口可保证车库短时间内的进出速率。其次，4 个塔楼楼座下专设全开敞、连通的地面回车通道，每一个楼座都设有专用的落客区。第三，专门设计二层公共平台，通过大台阶和平台廊桥与园区首层前广场和中心花园相连通，以此形成由地下、首层和二层公共平台所构建的立体人车分流系统（图 5-33、图 5-34）。

图 5-33　清华科技园科技大厦人车分流实景

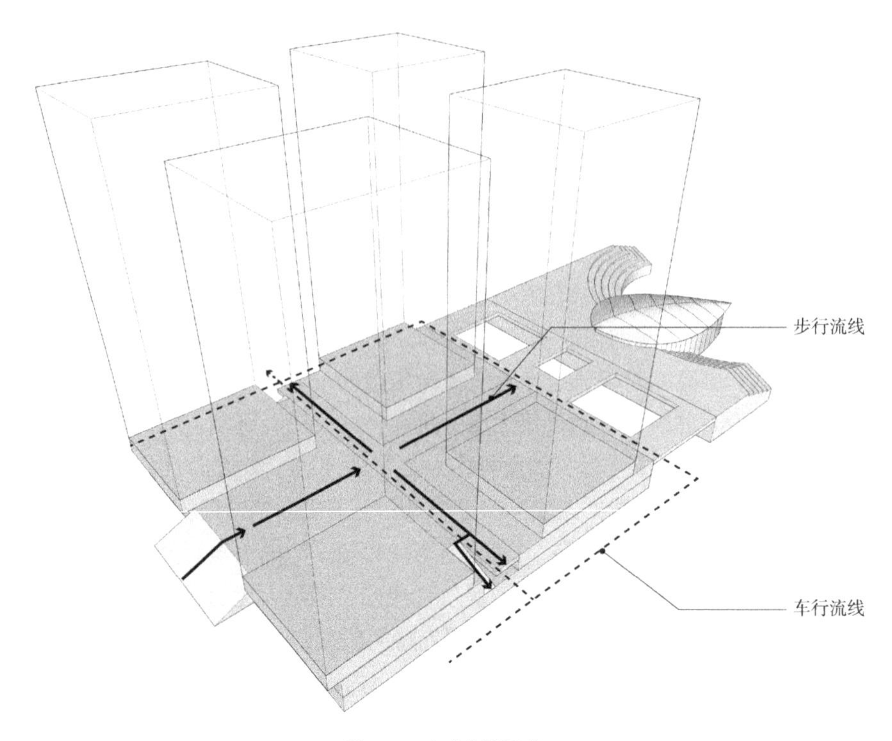

图 5-34　人车分流示意

2）午间吃饭休息的空间营造——公共配套空间及“营养层”概念

通常大厦写字楼日常运营的另一个场景就是中午的就餐活动。每当中午临近，大厦各层员工会集中地寻找餐饮空间解决就餐问题。一般情况下，如果大厦内餐厅面积不足，或布局设置不合理，流线不顺畅，势必会造成人流的大量交叉和过度的拥挤，给垂直交通系统带来巨大的压力。

在设计伊始，我们就这个问题调研了北京的七座具有一定规模的写字楼，现场就员工集中就餐的实态进行了调查，分析不同就餐人流的走向和行为特征。在设计中，我们模拟大厦的人流情况，并计算垂直交通的运载量，同时按规格档次将职工餐厅设置在地下一层，各种快餐设在首层，各大风味餐厅设在二层。地下一层为供员工集体就餐的职工餐厅，大开间布局，讲求随来随吃，流线顺畅；首层为各式快餐，靠建筑群外侧，小店面，多选择，同时考虑对外营业；二层平台层为各大风味特色餐厅，与二层休闲平台结合，景色优美，品位高档，满足大厦内各公司宴请会客之用。将餐饮空间按档次分层设置在大厦底层公共开放空间中，为大厦上部写字楼提供了“营养”保证，上部人流在“营养”层集散，寻找各自适合的就餐场所（图 5-35）。

3）营造园区公共休闲空间——城市公共空间的一部分

定位为开放的城市公共空间的科技园科技大厦，其空间形态营造考虑

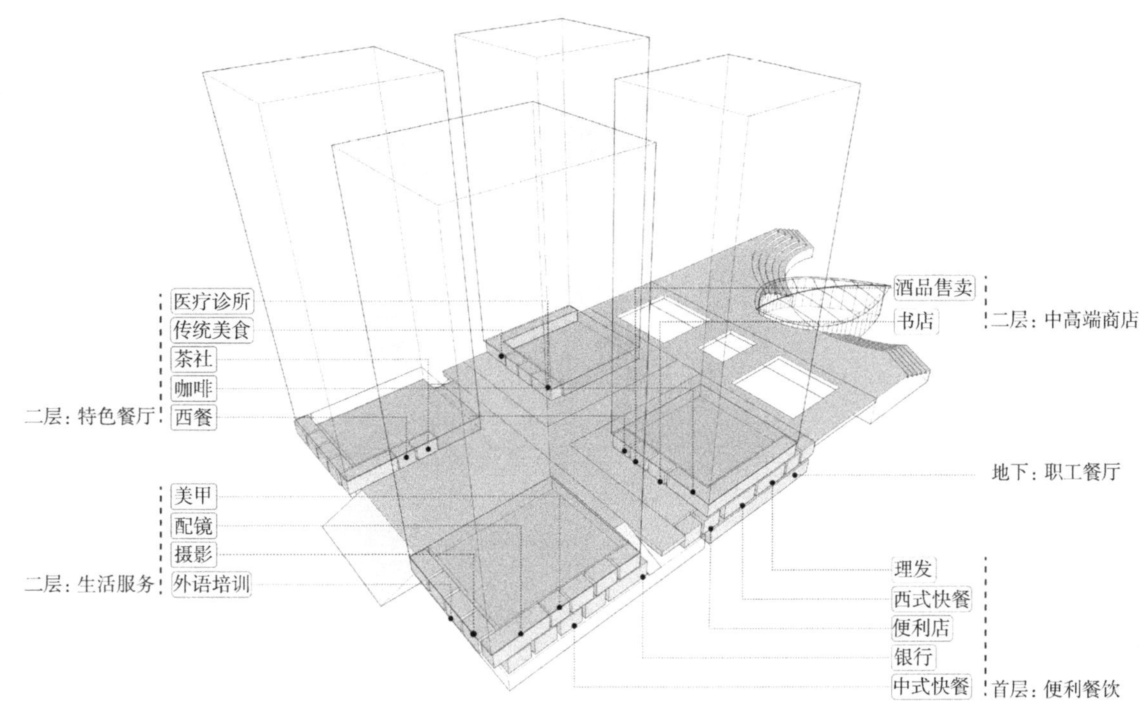

图 5-35 “营养层”示意

了面向城市的各个层面。首先，结合首层机动车回车流线及落客空间的布局，将与城市相连的园区干道引入大厦底层，高效顺畅地与城市接驳。第二，通过近 30m 宽的大台阶将园区地面人流引向二层公共平台，与大厦公共空间和人行入口门厅相接驳。平台上设置 12 棵 17.3m 高的巨大钢树，钢树限定的空间气势恢宏。钢树下设置有喷泉、跌水，平台上结合底层空间采光设置的玻璃栏板天井、木质座椅平台、露天咖啡茶座、雕塑小品和树池花草，营造了一个开放而有活力的城市公共空间，在科技园主轴线上将城市与园区融为一个整体。第三，地下一层的商业休闲空间，通过下沉庭院的设计手法，以倾斜的绿草坡将阳光、人流和视线引入地下一层，既解决了地下层公共空间的采光通风问题，又扩大了面向城市的开放空间。大厦建成后，二层公共平台成为市民休闲、散步的理想场所，经常会有人们在那里驻足，留影。

白天，“树影婆娑”下是绿意盎然的休闲广场，展现人与自然共生共融的景象。夜晚，大厦灯火通明，泛光灯将 12 棵巨大的钢树打亮，清澈的喷泉在灯光下泛着粼粼波光，与平台上的水景、小树、绿化，与下沉庭院，与首层的车水马龙以及这个平台上活动的人群共同展现了一幅城市公共空间的动感画卷（图 5-36）。

图 5-36　构思手绘

5.2.3　空间构想

空间叙事性的理性推导——建筑策划导出空间构成

大厦的功能是复杂的，特别是大厦建设的商业目标，使得它与市场形成了一种密不可分的制约关系。市场的需求和变化正是大厦设计和建设的前提和关键所在，而设计要求的确定正是市场需求的反映。通常的设计任务书往往缺乏对市场的准确把握，尤其是当业主或决策者以个人主观臆断来制定设计要求时，其设计的盲目性和风险性都会使项目陷于“朝令夕改”的窘迫境地。所以，在开始设计之前对任务书的研究变得极其重要。但有时由于项目的特殊性和进度的要求，无法在设计之前进行建筑策划的研究，或者即便前期作了建筑策划，但由于投资状况和市场环境瞬息万变，往往就需要在设计的过程中融入“伴随式”的策划分析，以求得到科学合理的空间组成及设计策略。很显然，任务书中那些必要明确的目标和要求也需进行持续的、理性的分析和研究，如标准层的合理面积是多少，核心筒的尺寸多大为宜，电梯的数量应该是多少，如何应对多变的市场而设置办公单元，公共空间应有哪些，各部分面积比例是多少，设备用房该多大面积，如何解决有限面积下的停车问题等（图 5-37、图 5-38）。

在前期的建筑策划研究中，对项目相关市场开展实态调查，采集数据，进行多因子变量的分析，形成初步的空间组成的量化分析结果（初步设计任务书），以此进行概念设计，对提出的若干方案进行层级分析，确定市场和项目影响相关因素的权重，对方案进行评价，确定较优方案，将方案中的信息数据反馈到初步设计任务书中，对初步设计任务书进行调整和修

图 5-37　清华科技园科技大厦屋顶花园实景

图 5-38　公共平台实景

改，形成正式的设计任务书，而后在设计过程中结合策划不断优化和修正任务书。

经过策划研究的设计任务书明确提出，大厦地下二、三层车库应适当提高层高，满足机械停车要求，为将来不断增加的车位要求作好准备。建筑的地下一层、首层、二层都设计为综合服务的商业性空间，柱距以 9m 为宜，9m 柱距的框架体系足以适应建筑空间的灵活使用和变化。办公楼标准层采用办公单元的设计理念，便于灵活出租和应对变化的市场，同时满足交工验收的要求以及避免招商入住后的二次改造所带来的建筑和电气设备系统大拆大改的浪费局面。上述要求都在设计过程中逐一落实。

建筑策划的本原就是以市场为出发点，以建设项目的运营和使用实态为研究目标。空间中使用者行为模式的演绎和空间功能特征的理性分析以及量化的结果就明确了大厦的功能定位，回答了业主面对市场不定性而带来的相关问题，依此确定的设计任务书科学、合理而逻辑地表达了甲方的设计要求。大厦建成后面向社会销售，甲方对空间功能组成和各部分面积比例分配以及功能定位非常满意，各方使用情况良好。这是一次策划与设计融合运作的成功实践。

2. 集成与整合设计的立场

20 世纪 80 年代，西姆·范·德莱恩提出了“整合设计”的概念，即在建筑设计中充分考虑和谐利用其他形式的能量，并且将这种利用体现在建筑环境整体设计中。西姆·范·德莱恩的整合设计注重三个问题：一是建筑师需要用一种整体的方式观察构成生命支持的每一种事物，不仅包括建筑和各种建筑环境，还应包括食物和能量、废弃物及其他所有这一系统的事物。二是注重效率，尽量简单，这是任何自然系统本身固有的特征。

同时，自然系统的众多特征是在整合的条件下才可以正常运作。三是注重设计过程，采纳自然系统中生物学和生态学的经验，将其应用于为人类设计的建筑环境中。这意味着建筑设计要超越单一的建筑建造范围而走向整个环境，寻求获得最高的使用价值和对环境最低的影响。当引入了系统集成的设计概念后，可持续发展的建筑设计将不再是各自为营地注重设备和投入的攀比，而是专注于有限资源和技术手段的整合集成。

我们在科技大厦的设计中运用整体的集成设计理念，形成了五个集成系统：

（1）建筑优化设计体系：通过策划—设计一体化运作，对场地、道路、功能、空间组合、结构与构造、设备等进行集约化设计，在一定程度上实现节能、节地、节材的综合效益。

（2）能源设计体系：在降低建筑围护结构能耗的基础上，全面考虑基地所能采用的经济合理的能源。

（3）建筑材料体系：不仅选用绿色环保的建材，对固液废弃物的循环利用也加以关注。

（4）优美环境体系：在平台景观设计中运用架空屋面设置平台、树池和绿化，结合园林专家对于北京地方树种的建议，合理设计树池的尺寸，综合考虑植物生长的覆土需求、休息座椅高度、照明位置、植物排水和雨水的结合、防根系穿刺等一系列要求，完成整体的环境设计。

（5）智能控制体系：运用智能控制系统和经济平衡系统，实现大厦的整体智能控制，达到综合节能。

采用集成设计模式的建筑设计需要建筑师全程参与。在建筑设计初期，我们就要将建筑策划引入，并将建筑全寿命周期的能源消耗作为考量要素，在满足建筑功能需求的前提下从建筑材料、使用、形态上进行综合考量。建筑师在集成设计中应占主导地位，他并不需要去创造各项新的技术，但是需要吸收各项新技术，把它们放入集成系统中去。这对于建筑师的工程学知识是一个严峻的考验。要求建筑师积累相关学科的知识，主动走向学科交叉的网络，统合诸如植物学、生态学、地形学、社会学、历史学等相关学科，通过跨学科的规划和设计来达到整体设计的目标。

当然，我们需要调整和改进的地方依旧存在，如扩大设计团队的组成和参与人员，除了策划师、规划师、建筑师、景观师、室内设计师、结构设计师、设备工程师外，在不同阶段邀请更为专业的技术人员加入，对声、风、光、能量、水、废弃物等作量化分析，提出合理化的处理建议；增加设计程序和运作的环节，在设计文件中明确可持续设计目标，并规定具体要求，从一开始就定期召开团队会议，促进跨学科的沟通和合作，定期检查目标实现的进展，运用生命周期费用分析确定最佳方案；增加运行和评价环节，通过在公共地点进行可持续的展示向使用者宣传策略和目标，提供使用说明，确保使用者了解建筑设备、材料、景观的清洁和维护要求，并在使用一年后进行后评估。

可以看出，这个项目对空间的策划和演绎是依照着其中人们行为的叙事性发展而展开的，充分考虑人的要素正是建筑策划的出发点。在设计项目中集成策划与整合设计，充分考虑到项目的定位、与城市和自然之间的关系以及项目要营造的场所氛围，同时对项目的客观限制条件与技术要求进行充分的评估，科学逻辑地分析市场，形成设计任务书。建筑师所坚持的不仅是一个设计的原则，更是一种设计的态度和方法，科学合理性是我们追求的一个目标，而建筑策划的思想正是通向这一目标的道路。

5.2.4 设计与建设

清华科技大厦是一座智能化高科技的综合办公楼，它是高新技术研发的聚集地和辐射源，是清华科技园的中心，更是国家第一个 A 级高校科技园的标志性建筑。设计的重点体现在以下几个方面：

（1）注重建筑与城市关系的总体布局。设计采取分散小体量的处理手法，将建筑分解为 4 个简洁的方塔插入稳固的二层大平台，缓解了庞大体量对周边地带的压迫感，并使单栋建筑均有良好的自然采光通风，以轻盈通透的建筑群作为城市对景。建筑单体相距约 30m，既相对独立又形成群体，便于交通组织。

（2）从三维立体层面解决功能分区和交通流向。建筑由下而上分层布置功能，地下部分为车库、员工餐厅、设备机房等后勤支持系统，首层和二层为商业餐饮功能用房，三层为大型公共集散功能用房，四层及以上为办公用房。在合理布置功能以发挥最大的经济效益的同时，兼顾满足四个塔相对独立的管理要求。内部交通组织顺畅，有效地避免内部人流、物流的交叉。在外部交通组织上，人走在二层平台与城市街道和园区架空步行系统相连，车行于首层与现有园区机动车交通系统整合，实现了人车分流，体现以人为本的创作思想。

（3）体现人与自然共生共融的环境设计。分列的四塔间隙为城市道路通向园区中心绿地打开了一条绿色通廊，中心是 12 颗参天钢树，形成灰空间的限定，与二层平台自然的树木共同营造积极的公共交往空间。“树影婆娑”下是绿意盎然的休闲广场，展现人与自然共生共融的景象。建筑首层斜插入地下的草坪，标准层四角的绿色阳台和顶层白色膜伞的屋顶花园无不体现了人性化、生态化的现代商务办公理念。

（4）以人性化设计为出发点的办公单元设计。本工程建筑设计以理性研究为先导，从建筑策划研究入手，合理计算电梯数量、办公空间的日照情况、建筑间的对视影响、光环境影响、绿色休息阳台的配置等，提出办公单元的设计理念。办公标准层经济合理、灵活适用，符合人性化的要求。

（5）建筑的节能设计。简洁的建筑体量节约了用地和能源。地下部分自然采光通风设计、架空大平台设计、屋顶花园设计、室内中水系统设计都为节约能源作出贡献。地下平移式机械车库的使用节约了土地。此外，建筑立面采用LOW-双层中空玻璃幕墙、遮阳百页、屋顶膜结构，在考虑建筑艺术的同时兼顾建筑节能的思想。

2018年3月在清华科技大厦投入运行13年后，研究团队通过焦点小组讨论（Focus Group）、问卷调查，IPS行为模式捕捉技术以及室内环境定量测试技术，对项目进行了使用后评估调查。调查结果如下：

（1）交通分流方面。清华科技大厦目前使用人群以使用地铁、公交车或共享单车等公共交通上班通勤为主。地下二、三层的地下车库总面积24240m^2，加上地面层停车，大厦日常停车数量近800辆。清华科技大厦的立体交通设计由二层公共平台、园区连桥、地面层相互连通的回车通道和地下停车场共同组成，面对日常的巨大人流和车流压力，这套人车分流立体交通设计展现了十分高效的疏散性能。据物业经理和业主代表介绍，地下停车位数量充足，车辆出入库也不需要排队等待。开车上班的人群可以从地下车库的电梯直接进入大厦，步行上班的人群分别从地面层门厅和二层公共平台门厅进入，人群分流井然有序，不存在流线交叉现象。

（2）建成环境方面。科技大厦所在的区域周边没有城市公园，因此周围的居住人群自然而然地将科技大厦和科技园看做休闲活动的城市公园。南侧的大台阶和喷泉跌水设计的南广场聚集了极高的人气，有儿童在此处踢球、玩耍，访客会在大台阶上合影留念。二层平台的钢树结合平台上的绿植，营造出良好的休憩空间，在冬季依然能形成树影婆娑的自然效果，吸引了周边居民和大厦员工在此驻足，坐下休息或者中午集体在此踢毽子锻炼。沿二层平台的水系轴线一直向北延伸至科技园的中心绿地，这里是儿童玩耍和人们遛狗的绝佳之地。环境设计不仅提升了员工对于工作环境的归属感，同时还承担了部分城市公园的角色，提升了清华科技大厦的社会效益。然而，开放的城市空间一定程度上也为企业办公环境带来负面影响，特别是暑期期间，清华的旅游团人数过多（一天数万人），对环境造成较大破坏，因而，园区不得不在每年的六月开始就对进入园区的大巴车进行交通管制。

（3）商业办公方面。清华科技大厦地处清华大学东南角，位于中关村国家自主创新示范区核心地带，具有显著区位优势。以清华科技大厦为核心的清华科技园建筑面积77万m^2，入园企业和各类机构超过1200家，集聚研发人才3万人，年度销售收入超过1000亿元。目前已入驻了包括一些跨国企业、行业巨头、科技创新创业公司等在内的诸多企业。据办公业主代表反映，该办公标准层的设计是大开间开敞式设计，便于灵活安排工位。建筑层高适中，没有压抑感，且便于空气对流，在以IT公司为主的租户中很受欢迎。建筑底座的营养层除了园区员工餐厅和各类中高档餐厅，还有咖啡、茶社、理发、健身、美甲、眼镜、摄影、外语培训等各类生活服务。据底商商铺代表反映，在清华科技大厦底商租赁的商铺非常稳定，到了午休和下班时间生意兴隆。据物业经理反映，无论是底商商铺，还是上层的办公标准层，清华科技大厦自投入使用以来租赁业态供不应求，一些新兴的创业型高新产业都以将公司租在此地视为公司发展的必要性战略条件。清华科技大厦的四座大楼平均每座的可出租面积为 35665m^2，租金即使保守按 9.5 ~ 10 元 / 天 · m^2 计算，仅办公部分全年收益可达 5 亿元。据物业反馈，目前每年总的运营费用约 7000 万 ~ 8000 万左右，具有显著的经济效益。

（4）建筑能耗方面。除了建筑本身的节能措施外，提升节能意识和改进技术手段也有较好的节能效果。据统计，2012~2017 年清华科技大厦的物业用电量平均每年降低 3.1%。用电量下降是节能的重要体现。节能的策略有两种：一种是经济运行模式，即意识节能，比如空调每天上午 7 点开机，通常情况持续到晚上 10 点最后一批加班的人下班。通过意识节能，每天提前 1 小时关闭冷却泵，这样可以节省很多能源；另一种是技术节能，比如将普通的 45W 的日光灯换成只有 8W 的 LED 灯，从 2010 年开始分批陆续更换，至今已经更换掉 8000 只左右。通过意识节能和技术节能策略，物业用电量每年降低的速度相对较快。

5.3 问题搜寻导向下的地域性建筑策划设计 ①②

5.3.1 项目概况

玉树地处青藏高原腹地平均海拔在 4200m 以上，境内著名的尕朵觉悟神山为藏区四大名山之宗。玉树是长江、黄河、澜沧江的发源地，素有“三江之源”美称。玉树人口 97% 为藏族，富有浓郁的民族特色。玉树藏族自治州行政中心建设是玉树地震灾后重建十大重点工程之一，也是玉树地震灾后重建规模最大的单体建筑。

建筑设计以藏区历史传统上的雪域宗山为原型，以多样性的藏式院落空间组合为载体，在建筑细部上以藏民熟悉的亲民姿态展示在公众面前。运用藏式园林“林卡”的造景手法，保留基地所有现存树木，围绕树木进行建筑和景观设计，体现对生命的尊重。设计在现代建筑技术和工艺条件下尊重藏区当地的风俗文化，体现当地文脉特色，强调行政建筑的时代特质，赋予建筑群落以场所精神，构筑起神山、景观、建筑融合为一的空间环境（图 5-39 ~图 5-43）。

---

① 设计时间：2010 ~ 2012，竣工时间 2014，项目地点：青海省玉树藏族自治州玉树市，设计团队：庄惟敏、张维、姜魁元、屈张、龚佳振等 / 清华大学建筑设计研究院。实景照片摄影：姚力。

② 庄惟敏，张维，屈张 . 行政建筑的时代特质与地域性表达——玉树州行政中心 [J]. 建筑学报，2015（7）.

图 5-39　项目场址与城市关系

图 5-40　项目东南角鸟瞰

图 5-41　州府内院一

图 5-42　州府内院二

图 5-43　州府入口

5.3.2　策划要点

由于该工程项目特殊的背景，显然不同于普通的行政办公建筑。有这么几个问题，是在设计之初就需要反复琢磨的。

（1）在城市层面如何尊重藏区自然和人文环境？

（2）在建筑创作层面从哪个切入点将当代行政建筑的内涵通过地域性建筑语汇来实现？

（3）在环境层面如何实现最少介入与自然共生？

（4）在空间体验层面如何赋予场所精神？

（5）在细部营建方面怎样基于地域特色实现当地建构？

带着这些问题，通过经典的问题搜寻法对项目进行分析。设计团队一群人认真地按照以目标、事实、理念、需要、问题为横轴，以功能、形式、文化、环境、经济、时间等为横轴，使用 210mm × 149mm 的白卡纸，在经典的棕色模板墙上开始一个一个地进行分析。通过这样系统的梳理，对问题分析得更加全面。在策划过程中结合了模糊决策方法，同时将其中不同卡片根据重要程度分出权重，抓住重点问题优先进行突破。基于这样一种系统分析，再将问题和问题应对策略一一汇总，形成前期的策划报告文件（图 5-44）。

设计团队把行政中心设计发展趋势作为一个子课题进行研究，将国内外的行政中心一些好的思路和做法引入到设计中去。我们并没有拘泥于按设计任务书排布各种局委办用房和配套功能用房，而是试图引导去做一些开放性思维的设计，以适应未来发展的要求。可喜的是经过多轮的探讨，玉树州四大班子的领导也逐渐接受新的设计模式，同时为后续的设计工作提供了大量的宝贵支持。根据策划分析工作重点在以下几个方面展开：

图 5-44　问题搜寻法

1. 尊重藏区自然和人文环境

巍巍昆仑山，茫茫唐古拉，在大自然壮美面前，建筑师对神山圣水一直秉持敬畏之心。灾后重建是一个重塑城市肌理的过程，也是保留人们对城市集体记忆的方式。设计团队通过类型学研究，结合新玉树的建设需要，从整体形象上把握玉树新行政中心的建筑群体风貌。藏地建筑讲求依山就势，所有的建筑都在水平方向和垂直方向上有机生长，与高原环境融为一体，形成鲜明的地域特色。玉树州行政中心设计方案有别于内地行政中心常见的大体量、对称轴线形式，主要通过小体量建筑的层叠组合，构筑自然生长的意向，从南向北逐渐上升。由于场地内水平高差很大，部分建筑采用台地形式。建筑群由北向的普措达泽神山向南侧扎曲河圣水逐层跌落，形成壮美的城市天际线，与高居山岚之上的结古寺遥相辉映。在普措达泽山下，行政中心和神山、圣水、玉树融为一体，创建和自然、历史、未来可能的对话。

2. 通过宗山意象表达权力象征和通过藏式院落表达亲民内涵

玉树州行政中心有两个特质：一是藏文化中的宗山意象，要有一种权力的象征；二是通过藏式院落表达的当代行政建筑在内涵上的亲民。这两者是有矛盾的，如何解决就是我们设计的要点。建筑整体的调子淡雅质朴，不凸显宗教色彩，通过整体造型和空间院落表达上述两方面。设计的特点是含蓄中显力度，亲切又不失威严。

空间构想可吸取藏式“宗山”建筑的特点，从地域特征、民族历史文化中寻找建筑的原型。“宗”为旧制中西藏地方政府的行政机构。“宗”建立在山头之上形成具有藏域特色的城堡建筑，也就形成了“宗山”。宗山周围有层层叠叠的附属用房环绕，形成鲜明的层次和丰富的水平肌理，称为“雪”。为满足玉树总体风貌要求，建筑既要与结古寺遥相呼，应又不能过于突兀，经过多次分析设计将高度严格控制在 45m 以下。行政中心方案通过内部功能组织和建筑联系，形成具有藏式特点的空间格局，使得尺度不大的建筑群颇具气势，承托出主体建筑的庄严，体现出“宗”的意象。设计方案充分利用地形高差勾勒富有趣味和内涵的院落空间。在州府我们希望传递这样的体验：阳光投入静谧的内院，落在石子铺成的吉祥纹样上；在大树庇佑下的院子里观赏蓝天下的普措达泽神山；在带有康巴藏族风格的花窗下感受心灵的涤荡。主体建筑位于中央，庄严挺拔，作为“雪”的院落层叠交错，尺度宜人。“宗”、“雪”相映，烘托出建筑群体的气势（图 5-45）。

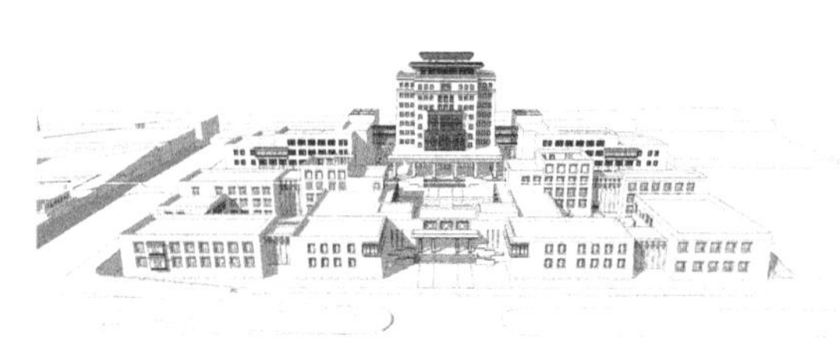

图 5-45　州府模型推敲

藏式建筑的另一特色是多样的空间院落组合。藏式建筑依山而建，气势恢宏，内部廊院依次递接疏密有致。内院空间是最受藏民欢迎的地方之一，例如大昭寺觉康主殿前的千佛廊院就极富生命和活力。在光线下和诵经声中行走于廊院，尺度宜人，个体与环境间会有一种默契的交流。玉树州行政中心设计结合自然环境，通过藏式特色的建筑和围廊形成院落空间，这些院落形成建筑群体的精神核心，创造出宁静和谐的氛围。院落中的吉祥纹样由玉树当地取材的石子铺成，站在其中更加可以感受到与自然的沟通。院落空间中还布置了一些水院，倒映出高原湛蓝的天空和雄壮的山势。为了使院落空间更加接近藏式传统空间形态，设计团队对藏式建筑中院落的开放空间和封闭空间进行了研究，从中总结提炼出适合本方案的空间尺度。另一方面，院落设计满足了当地气候特点。玉树地处严寒气候，全年冷季长达 7 个月，围合的建筑形态也有助于建筑节能和提升使用人群的舒适度（图 5-46 ~图 5-48）。

图 5-46　玉树州府内院与廊道的空间关系

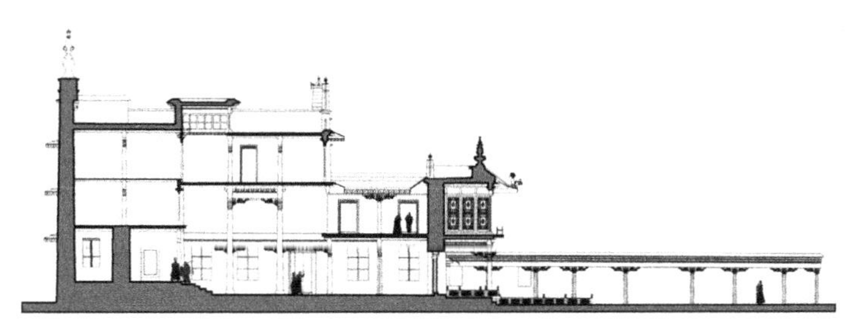

图 5-47　罗布林卡西宫走廊和院落

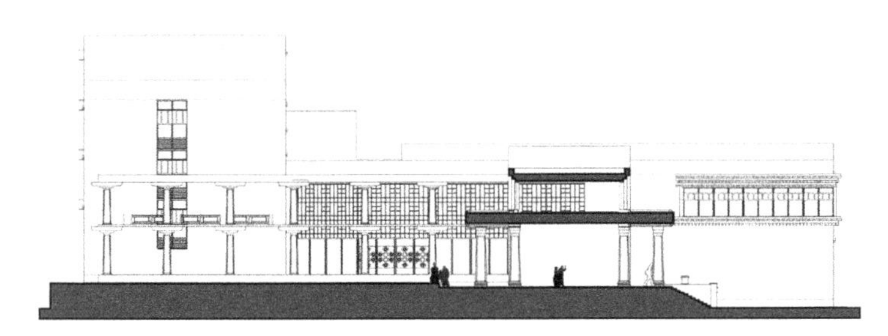

图 5-48　州府走廊和院落

5.3.3　空间构想

以州府的部分为例，项目场地有较为明显高差，分为两个台地，因此因地制宜划分为南、北两个区域。南区建筑功能主要是承担对外服务的局、委、办，并且在东南角设置了相对独立的一站式办事大厅。场地总图上东南角原有树木，西南角有洼地，围绕起来形成院落。沿着空间动线自然地生长出配套空间。这样功能空间 A 和流通空间 C 组合成若干小型院落，形成了性格不一的 B 空间。在南区至西向东就可以分为水院、廊院和树院（图 5-49 ~图 5-52）。

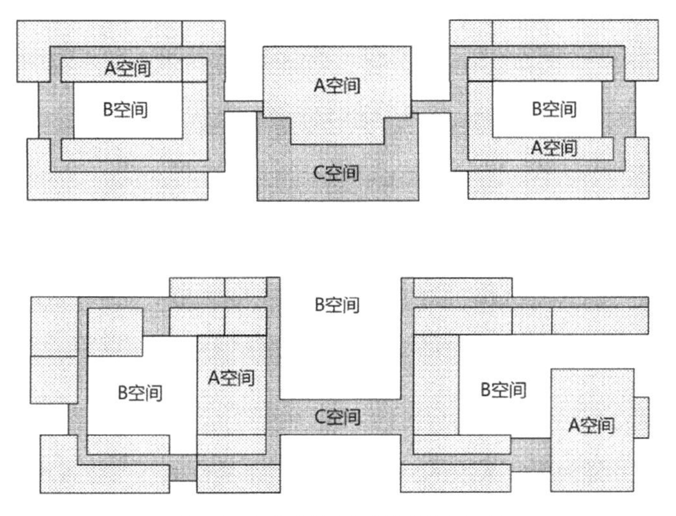

图 5-49　州府功能空间和流通空间示意

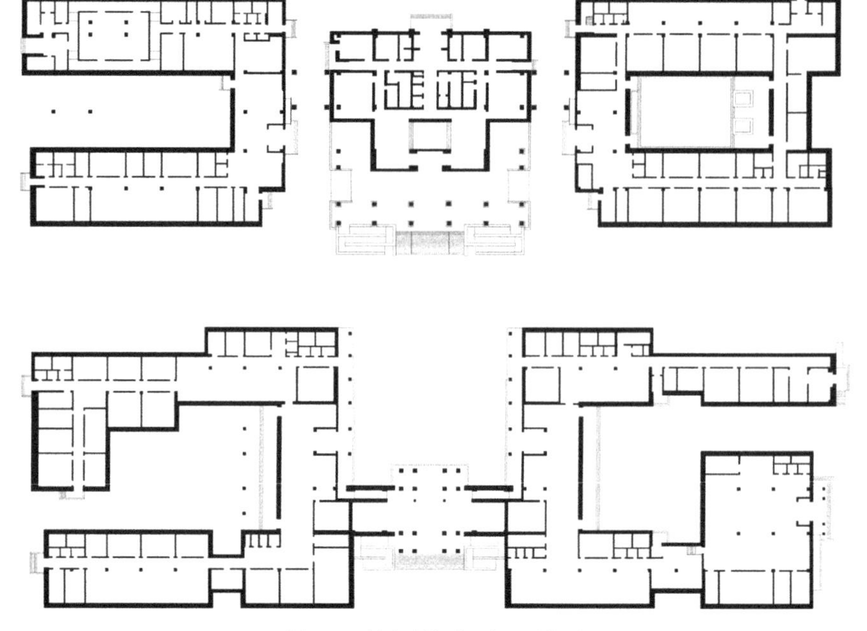

图 5-50　州府地块平面布置示意图

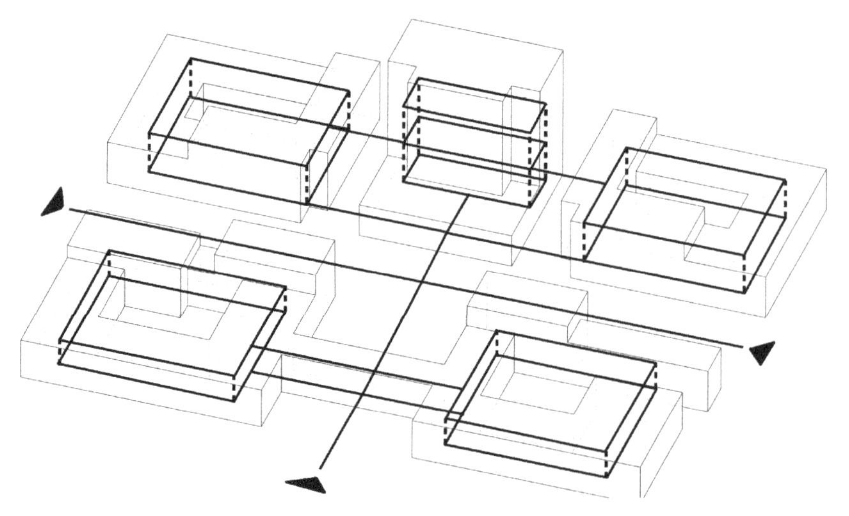

图 5-51　州府功能流线示意

在藏式院落空间中因地制宜地布置一些水院，水院倒映出周边的自然环境，也倒映出建筑上富有藏式意味的牛角窗框和边玛墙。玉树气候严寒干燥，树木生长十分缓慢，当地每一棵大树都可以称之为“玉树”。在本项目场地中有一排林荫道，是结古镇上为数不多的高大乔木，十分珍贵。内部的小花园中有历任玉树州委书记种植的松柏，有一定的纪念意义。在方案设计之前，设计团队对这些树木的位置和冠径仔细核实，并在设计中予以保留，基地内一些散植的树木建筑也尽可能地避让，体现出对环境的尊重。方案学习了藏式园林“林卡”的造景手法，结合现有树木进行设计

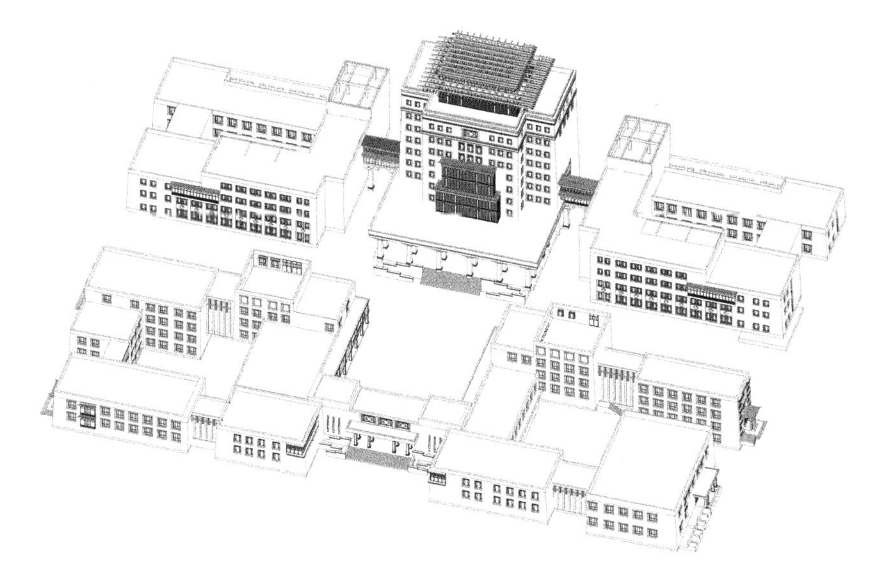

图 5-52 州府轴测图

景观设计。设计采用自然朴实的手法，根据功能需求营造环境空间，有烘托气势的台地景观、近人尺度的庭院空间，以及举行仪式的行政广场。自然景观与庭院中的水景相结合，水静风平，玉树相映，构成一幅优美的雪域高原“林卡”图画（图 5-53 ~图 5-60）。

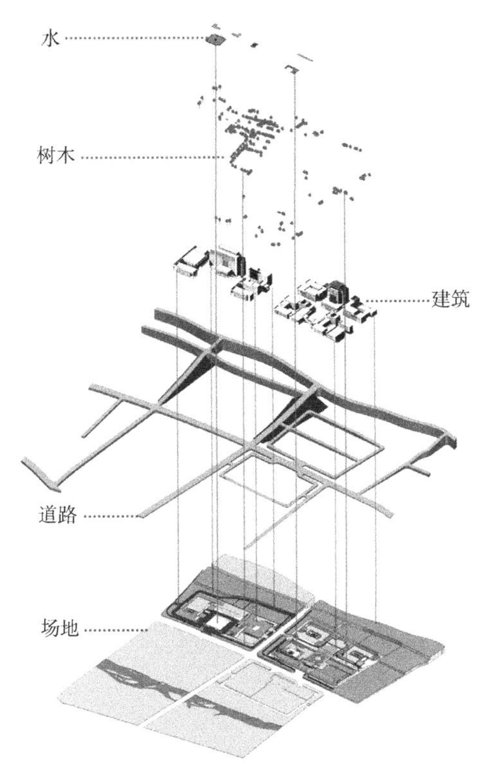

图 5-53 围绕树木布置建筑院落

图 5-54　水院、玉树和远山

内院一

内院二

图 5-55　建成后的州府

图 5-56　建成后的 B 空间一

图 5-57　建成后的 B 空间二

图 5-58　建成后的 B 空间三

图 5-59　建成后的 C 空间一

图 5-60　建成后的 C 空间二

玉树州府的柱廊赋予院子空间以叙事性，入口处开放式的文化展廊、层层上升的台地院落、半开放的休憩庭院等，构成了连续而有独特的空间体验。在柱廊穿行可以看见保留的州委小楼、历届书记种植的小树林、远方的结古寺、一个又一个的内部庭院。特别是州府入口让内部院落开向德吉娘神山和扎曲河圣水，自然地串接起城市与建筑之间的联系。当人们穿行柱廊的过程中，历史的故事和个体感受串联起各种偶然“事件”的微观叙事，自动生成出内涵丰富、可读性强的场所。而这些感受融汇一起，赋予院落以场所精神（图 5-61）。

在初步构想各个部分组团的功能分区以后，可以将各个功能组团建立空间矩阵，分析不同部分之间的联系。基于空间矩阵关系图，对于某些不尽合理的布局进行优化调整（图 5-62）。

建筑内部空间，可以按照单位元法可以作出分析[①]。按照《党政机关办

① 行政办公建筑空间布局房间的基本分配原则需参考《党政机关办公用房建设标准》。以中央机关为例，部级正职每人不超过 $54m^2$，部级副职不超过 $42m^2$，正司（局）级不超过 $24m^2$，副司（局）级不超过 $18m^2$，处级不超过 $12m^2$，处级以下不超过 $9m^2$。（地、州、盟）级正职：每人使用面积 $32m^2$。（地、州、盟）级副职：每人使用面积 $18m^2$。直属（处）级：每人使用面积 $12m^2$。食堂餐厅及厨房建筑面积按编制定员计算，编制定员 100 人及以下的，人均建筑面积为 $3.7m^2$；编制定员超过 100 人的，超出人员的人均建筑面积为 $2.6m^2$。一级办公用房，编制定员每人平均建筑面积为 26 ~ $30m^2$，使用面积为 16 ~ $19m^2$；编制定员超过 400 人时，应取下限。寒冷地办公用房、建筑办公用房的人均面积指标可采用使用面积指标控制。

图 5-61　州府内院

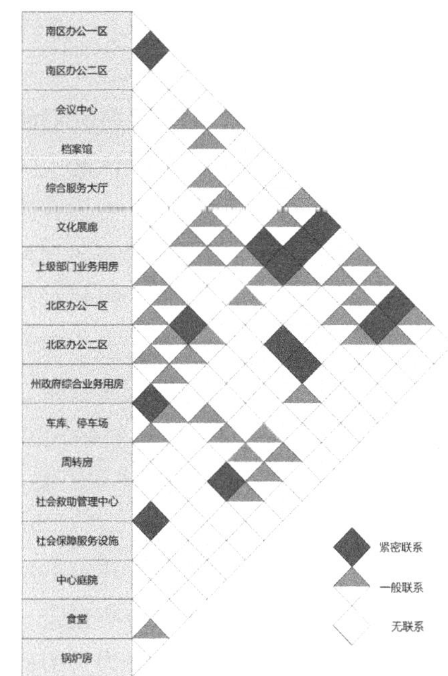

图 5-62　空间影响因素关系矩阵

公用房建设标准》严格折算人均办公、配套服务、设备的面积。空间构想将各个功能组团的面积与院落空间体量感塑造结合起来，进而引导生成整体的建筑形态（图 5-63 ~图 5-65）。

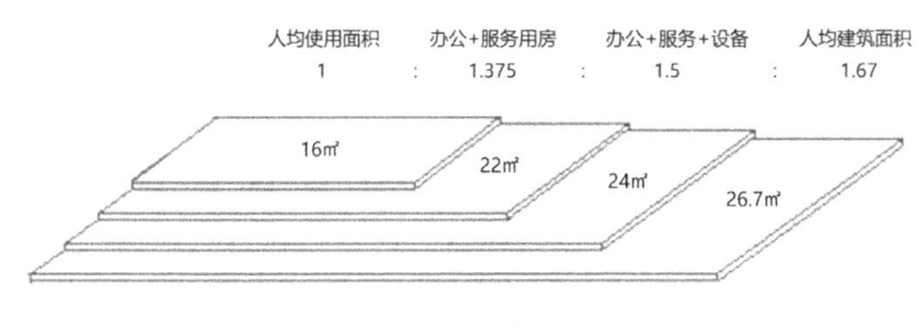

图 5-63　单位元法分析各部分空间比例关系

图 5-64　空间构想概念草图二

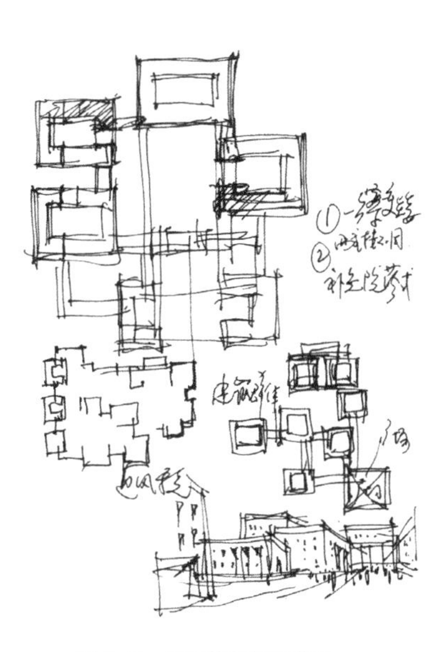

图 5-65　空间构想概念草图一

5.3.4 设计与建设

作为新时期的政府办公建筑，在项目设计和施工过程中，设计团队三十多批次赴玉树藏区实地调研，并积极向藏学研究专家和当地工匠学习请教，希望在建筑细部上以亲民的姿态展示在公众面前。这种亲民性首先体现在对地域文化的尊重上，方案设计庄重祥和，强调因风土、宜人情。玉树州行政中心的开窗颇费心思，青藏高原气候寒冷，传统藏区建筑普遍为小窗和大面积的厚实墙面，这种做法有利于保温，同时产生强烈的光影效果。建筑的开窗在满足办公建筑窗墙比和节能要求的基础上，通过对藏式窗格形式的提炼，并对传统装饰元素如"玻璃尕层"、"牛角窗套"等进行抽象表达，形成"新而藏"的立面表情。寺庙喇嘛制作的"玻璃尕层"，是对当地藏区窗户的抽象表达。当地工匠砌筑的劈裂砌块，体现了藏式建筑的厚重粗犷。亲民性也体现在对建造费用的控制上，玉树州行政中心建设积极响应中央厉行节约的号召，将原外立面的大部分石材幕墙改为劈裂砌块，降低造价的同时营造出藏式建筑外墙厚重粗犷的效果。又如州府主楼上部的藏式"边玛"檐墙，原设计中是通过外装石材变化营造出多重檐口效果，在取消石材后，女儿墙采用涂料拉毛处理，既有边玛草的韵味，又符合当代工艺。藏区妇女铺砌卵石铺地，一边欢唱一边工作。这样的地方建构赋予建筑群落生命力和情绪，营建超越视觉的空间感受（图 5-66）。

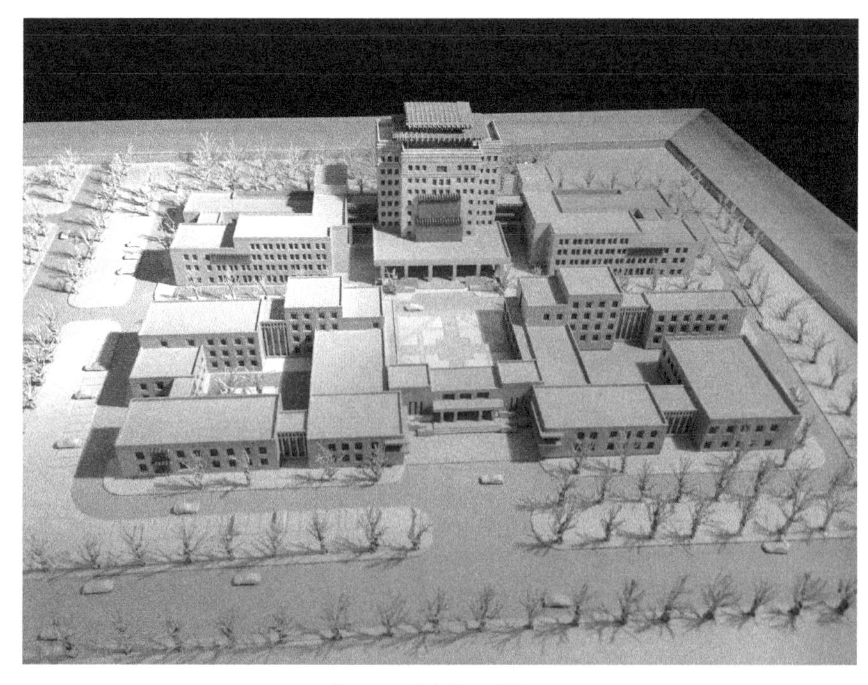

图 5-66 州府竣工图模型

工程项目于2014年7月正式竣工验收，并随后投入使用。由于玉树州行政中心将以前分散在各处的行政办公用地整合起来，大大提升了土地使用效率，腾出的用地主要用于民生建设项目。原有地块北侧的周转用房规模压缩到设计的1/4，从400套压缩到100套，给未来腾出来宝贵的预留建设用地。基地北侧十余户农牧民的院落得到保留，消除了潜在的矛盾。当初决定保留州委常委楼的决定是正确的，至今仍然可正常使用。保留树木全部成活，这样一种尊重环境、敬畏自然的态度得到当地群众的认可。建筑的宗山意象和院落式的布局得到了当地群众的好评。特别是次第连接、错落有致的院落空间，让使用者有亲切感和归属感。一站式的行政服务大厅为群众提供便捷的一条龙服务，办事不用再去各个部分往返奔波。景观通透式栏杆取代了以前的高墙，拉近了建筑和群众的心理距离。

该项目工程设计获得2015年度中国勘察设计协会全国优秀工程勘察设计行业奖一等奖，2015年中华人民共和国教育部优秀工程设计一等奖，2016年中国建筑学会建筑创作银奖，2016年度FIDIC优秀工程设计提名奖。

5.4 多元利益主体参与下的市政综合体策划设计①②

5.4.1 项目概况

国家电网公司科技馆综合体（菜市口220kV输变电站及附属设施）为北京市新建地下市政基础设施和地上公共建筑工程综合体，建设地点位于北京市西城区。用地西侧临菜市口大街，北侧为文物保护建筑中山会馆，西侧为历史风貌街区。总建筑面积47767.75m^2，含地上24880.80m^2，地下22886.95m^2，建筑高度60m。可建设用地面积7478.57m^2。项目包括220kV变电站主厂房及电力科技馆两部分内容。其中地下三至五层为变电站主厂房，地下二层以上为科技馆及电力客服中心办公用房。工程总投资21.6亿元，不含变电站设备建筑工程投资约4.3亿元。2014年5月建成投入运行发电（图5-67）。

该项目是我国市政商业地块混合利用的典型案例，为我国新型城镇化背景下城市用地存量优化开发提供了新思路。该项目也是工业建筑和民用建筑规范双重应用的典型案例，是世界第一个可参观地下220kV

① 设计时间：2009 ~ 2012，竣工时间2014，项目地点：北京市西城区菜市口大街，设计团队：庄惟敏、张维、杜爽等/清华大学建筑设计研究院。实景照片摄影：姚力。

② 庄惟敏，张维．市政设施综合体更新探讨——北京菜市口输变电站综合体（电力科技馆）设计[J]. 建筑学报，2017（5）.

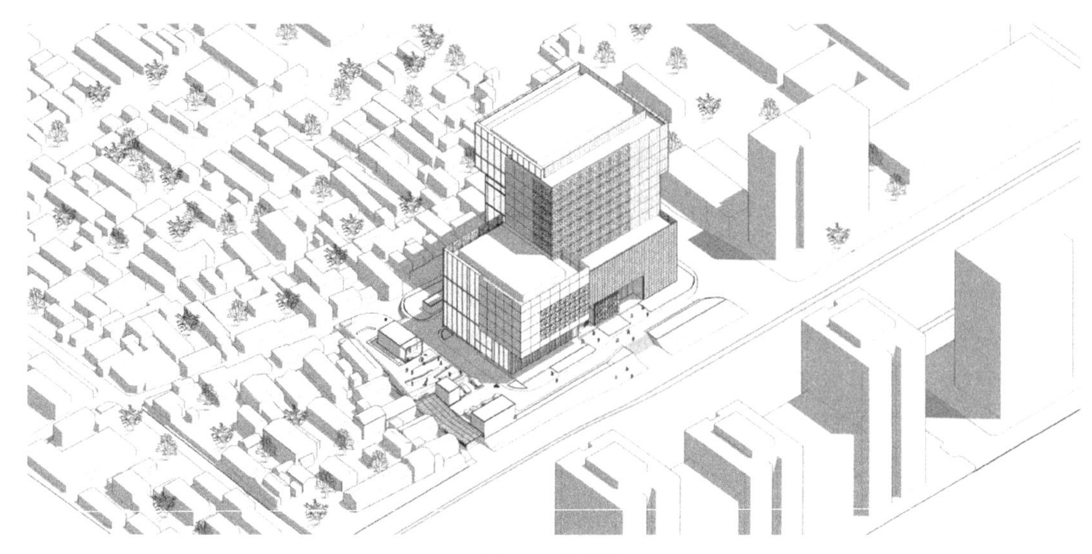

图 5-67　轴测图

运行变电站上整体建设的高层建筑，为后续城市用地存量优化积累了宝贵的技术经验。该项目地下变电站是世界上首座全地下开放式可参观的智能化变电站，也是 2009 年市政府重点工程煤改电工程的主要站点，在节能减排和减轻雾霾方面具有示范作用。该项目紧邻北京历史保护街区和文物保护建筑，在造型和风貌方面与环境协调。同时在其有限的用地中打通与历史街区的视觉通廊，美化环境延续城市文脉（图 5-68 ~图 5-72）。

图 5-68　沿菜市口大街西南向

图 5-69　沿菜市口大街西北向

图 5-70　从中山会馆望科技馆

图 5-71　沿菜市口大街西南向

图 5-72　地下变电站参观走廊

5.4.2 策划要点

1. 我国当下城区变电站建设的三个问题

随着国民经济发展我国用电需求增长迅速，城市为满足输电、变电和配电需求建设了大量的变电站。据统计仅北京市区就有拥有 35kV 及以上变电站 477 座（2014 年）。从城市可持续发展角度，这些变电站建设在一定程度上都面临如下几个问题：①土地缺乏混合利用，开发强度低。土地性质一般是市政用地，变电站在寸土寸金的城区占据了大量的土地资源，但开发强度普遍偏低。通常情况下一个地上 220kV 户内型变电站地面积为 0.5 ~ 0.8hm^2（考虑到周边民用建筑还需要退让建筑 25 ~ 30m 实际影响更大），即使是采用户内 GIS 布置形式，建筑面积最大也不超过 6000m^2，容积率一般在 0.75 ~ 1.2 之间。如何在建设满足市政需求的变电站的同时，盘活市域内尤其是中心城区极其珍贵的土地资源是城市发展的急需破解的一道难题。②变电站建设邻避效应（NIMBY）明显。城市发展迫切需要变电站，但周边邻居都不欢迎，传闻中的各种影响让周边居民也望而生畏。③自我封闭与城市环境不协调的问题。为安全生产在绝大多数情况下变电站是通过围墙与周边城市环境隔绝的。比如根据《220kV 变电站通用设计标准》要求，变电站需要设置高度宜为 2.30m 的围墙。这样一种自我封闭的姿态对城市街区界面的影响非常消极，也与当前中央城市工作会议“开放、共享”理念相背。为应付环境整治的各种穿衣戴帽、涂脂抹粉不仅抹杀了工业建筑性格，还带来安全隐患（图 5-73）。

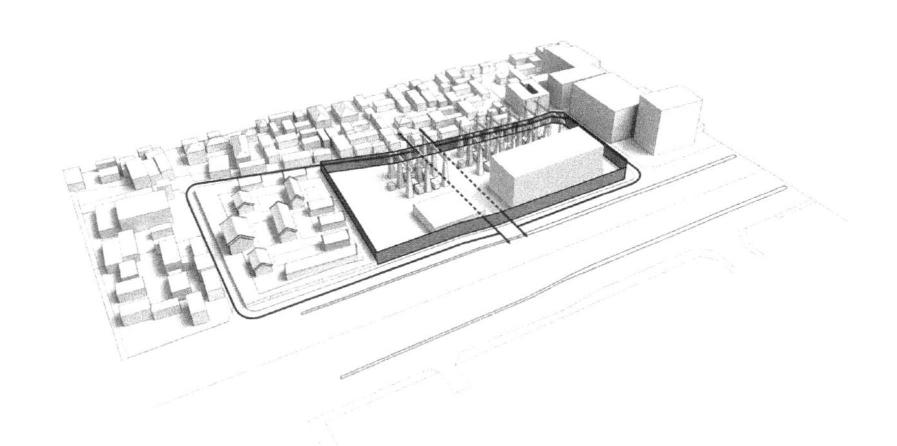

图 5-73　根据规范变电站需要设置高度宜为 2.30m 的围墙

2. 本工程项目背景

近年来北京雾霾频发，旧城燃煤小锅炉排放不达标是一个重要因素。北京市政府为改善首都空气质量，在北京中心城区推行“煤改电”计划。2009 年在菜市口计划兴建一座 220kV 输变电站来满足周边片区的供电需求，并被列为市“煤改电”重点工程。项目用地西侧邻菜市口大街，南侧邻珠朝街，东侧为代征城市规划路，北侧为区级文物保护建筑中山会馆。该变电站建设也面临上述三个问题。鉴于该地块拆迁后环境品质较差，周边居民迫切希望通过“煤改电”以及其他基础设施更新改善环境品质、提升居住水平，不希望建设有围墙的地上变电站。政府有关部门要求尽快建设地下 220kV 输变电站，并和城市风貌相协调。建设单位对于兴建地下 220kV 输变电站并不积极。一方面兴建地下 220kV 输变电站投资将数倍于地上变电站，经济效益不彰。另一方面其要求占满基地的地上建筑诉求迟迟得不到政府有关部门和民众的认可。在民众诉求、政府意志和企业利益之间，该项目反复推进几次后一度陷入僵局（图 5-74）。

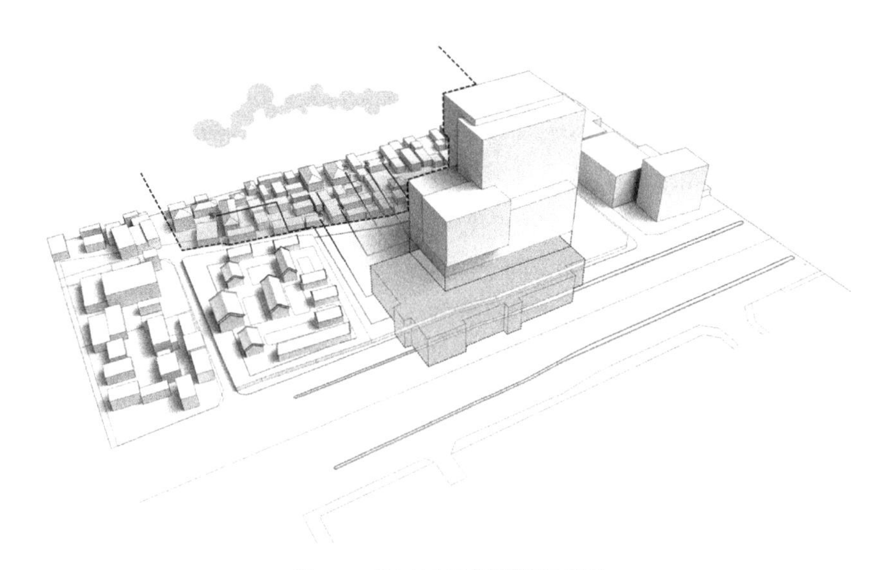

图 5-74　变电站为城市提供清洁能源

3. 建筑策划和任务书编制

我们团队介入时本项目已经搁置一段时间，我们在建筑策划中提出了破解僵局的几点思路：①土地属性调整为市政商业混合用地，国土规划部门对建设地下 220kV 输变电站宜给予规划指标鼓励；②地上地下一体化建设，建设单位通过兴建地上具有商业价值的附属设施投资增值来平衡地下变电站的巨额投资，内容上宜为社会服务（95598 热线、24 小时购电抢修服务、调度中心等）和公益服务（电力科技馆等）；③针对原来占满中山会馆建设控制区里的总图设计，要求地上建筑对历史文物进行必要的退让，在地下变电站上方留出珠市口胡同和菜市口大街的视觉通廊，建成对普通市民开放可达的街心小游园。

在有关部门主导下，各方就项目进行多次协调会，达成共识后基本按这个思路进行操作，又通过反复测算、比较和周边建筑现状分析，确认了容积率和建筑高度等规划指标。随后经过国际、国内案例的使用后情况调研和比较，结合本项目实际情况，编制设计任务书。该项目为新建市政基础设施及公共建筑工程，可建设用地面积 7478.57m^2。规划控制建筑高度 60m。北侧距用地边线 30m 范围内为文保建控区，建构筑物控高 5m（图 5-75）。

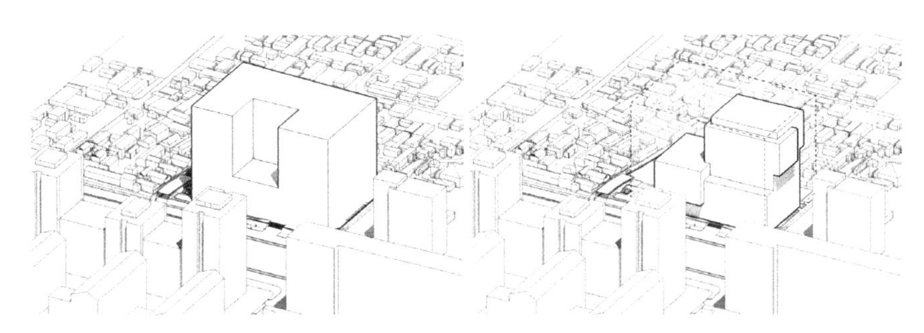

图 5-75 原方案 80m 高，新方案 60m 高

4. 解决问题的工程设计应对策略

1）土地混合利用建筑整体设计，提升土地利用效率

传统意义的地下变电站投资巨大，建设用地往往受制于土地性质并不能建设商业用途的高层建筑，很难产生相应的经济回报。该项目用地属性变更为商业市政混合用地，既能进行市政建设，也具有较高的商业价值。将地下变电站和地上科技馆等内容进行整体设计，能最大程度上提升土地利用效率。地下变电站是工业建筑，地上高层建筑是民用建筑，两者之间设计规范不一样，地上地下整体统一建设需要应同时满足多种专业设计规范要求，设计具有较大的挑战性。本项目对各种流线、设备进行精心布置，对消防进行了专项论证，满足了工业和民用建筑消防双重规范的要求（图 5-76）。

2）变电站地下建设，破解邻避效应

地下变电站对城市周边影响小，无疑是破解邻避效应的一种办法。根据规范民用建筑多层退让地上变电站距离最小 25m，高层建筑最小 30m，但距离地下变电站最小只需要 5m。另一方面，即使是地下变电站，地上建筑也需要在某种程度上具备为城市提供公共服务的属性，才能最大限度地争取周边邻居的支持。恰逢当时国家电网公司想建设一个国家级专业电力科技馆，设计将两者结合起来。该项目是世界上第一个对外开放可供参观式的 220kV 运行变电站，也是电力科技馆最重要的展示厅之一。该项目为北京旧城内居民集中供暖的燃煤锅炉更换为蓄热式电锅炉提供支持，通过清洁能源集中供暖可在采暖季压减燃煤，减少排放二氧化碳、二氧化硫、氮氧化物排放，有效积极改善北京旧城冬季的空气质量，这也是得到居民支持的重要原因（图 5-77 ~图 5-78）。

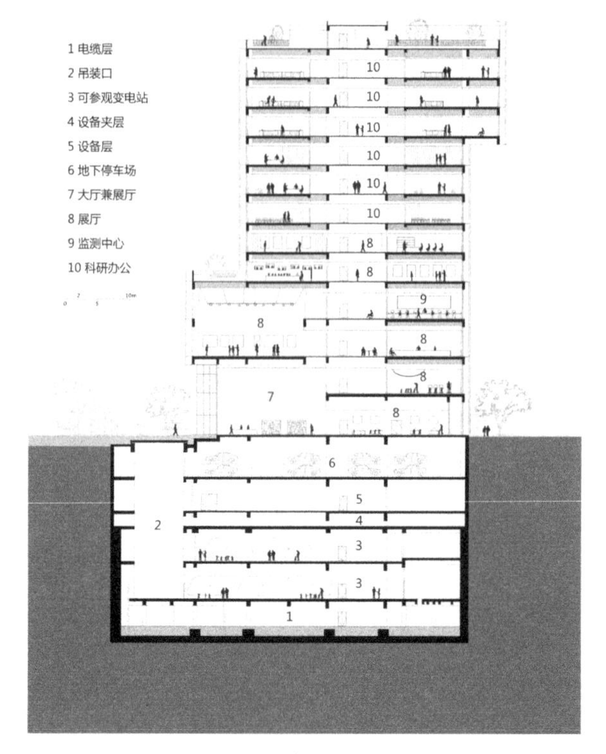

图 5-76　建筑剖面示意

图 5-77　地下可参观变电站

图 5-78　地上可参观电力调度大厅

3）空间形式与周边城市环境协调

建设单位曾出于利益最大化考虑，计划建设5m高裙房占满30 m建控区（文物部门要求设置30m建设控制区对文物进行保护，建控区内建筑高度不超过5m），在用地内整体兴建80m高的大楼。这样固然能出面积，但很难得到规划部门和周边居民的认同。我们在总平面布局上充分考虑用地北侧文物建筑的空间尺度，在策划设计过程中通过反复做工作降低高度和容积率，将宝贵的城市开放空间让给城市和市民。整个建筑由若干小体块组合而成，此举消解了对城市历史街区的视觉压迫，同时形成丰富的建筑表情。

空间布局将12层主体建筑布置在用地南侧，和现状沿菜市口大街周边60m高的建筑群基本保持一致。基地北侧布置多层裙房，形成空间梯度高度递减至建控区。将冷却塔等包在建筑女儿墙内，尽量降低实际建筑高度。建控区内以绿化为主，结合部分室外出入口及通风井等低矮构筑物保持舒展、低矮的老城尺度空间，成为南北区域的缓冲过渡空间（图5-79~图5-81）。

图5-79 南横街南望

图5-80 珠朝街南望

图5-81 沿菜市口大街西南向

5.4.3 空间构想

建筑由若干小体块组合而成，消解了对城市历史街区的视觉压迫；降低北侧建筑高度和容积率，与场地北侧的文物建筑尺度相协调，将宝贵的城市开放空间让给城市与市民（图 5-82、图 5-83）。

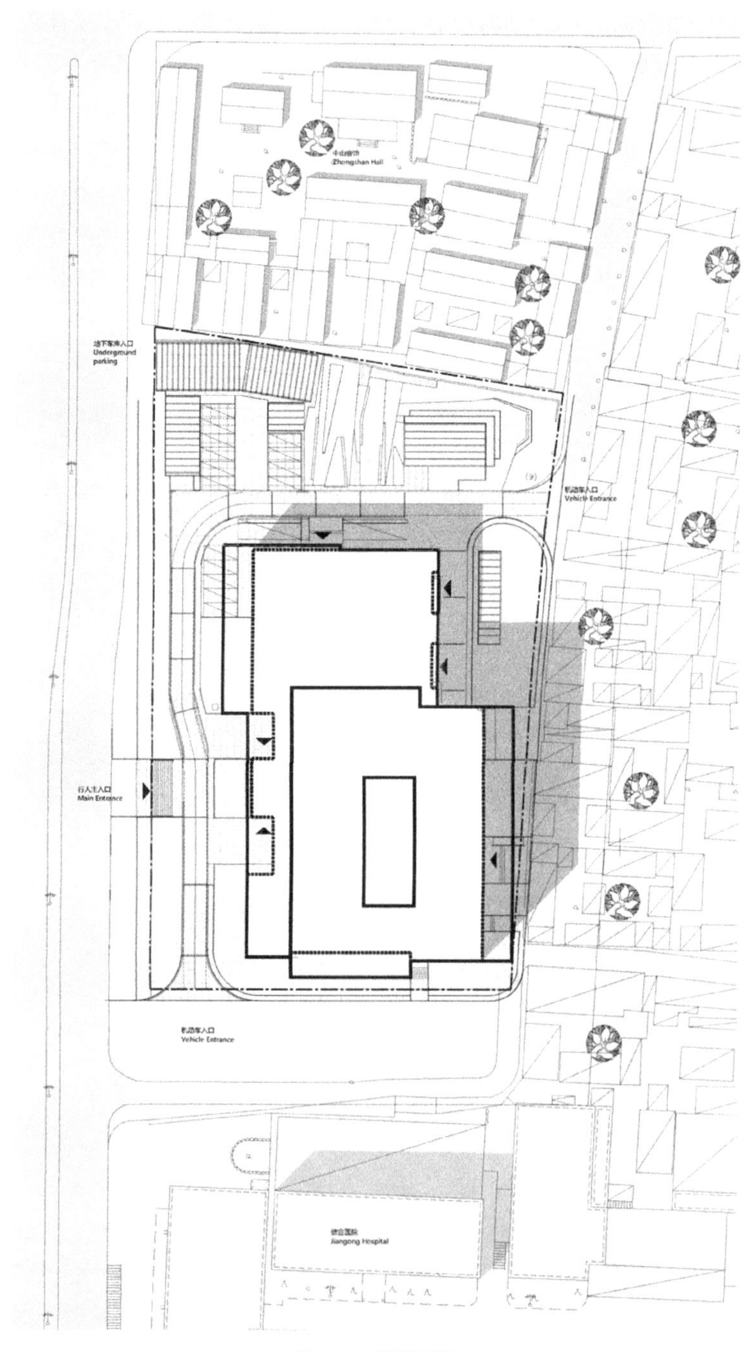

图 5-82 总平面图

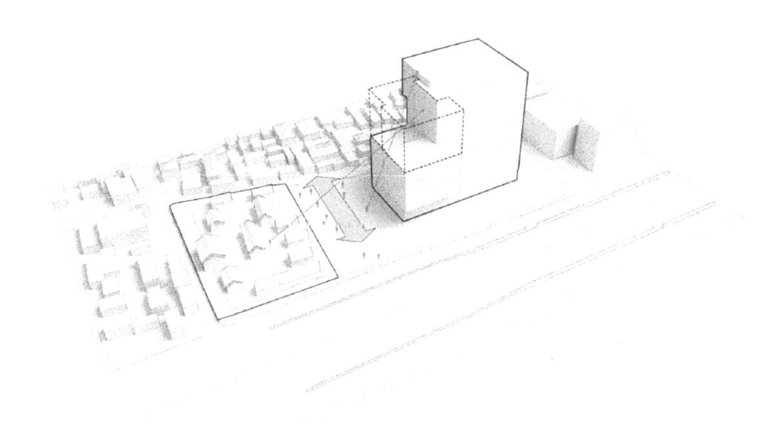

图 5-83　建筑让出视线通廊并退让体量

从场地的西侧主入口进入建筑后，可乘坐扶梯依次浏览各层展厅。围绕动线，组织各展览模块（图 5-84、图 5-85）。

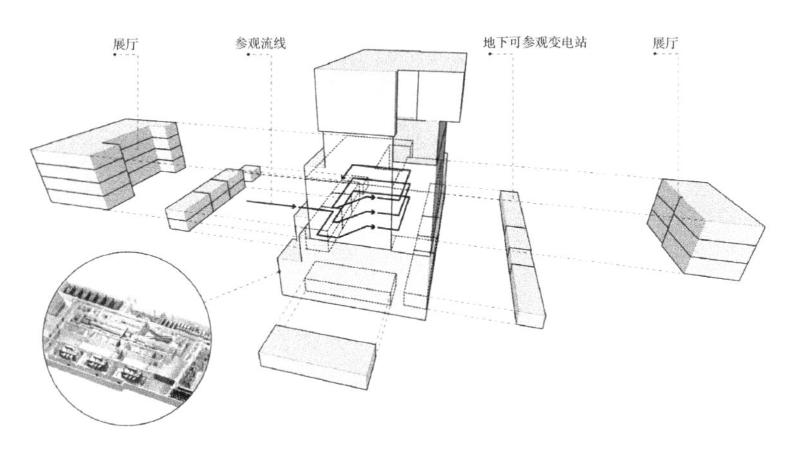

图 5-84　参观者流线与功能组织

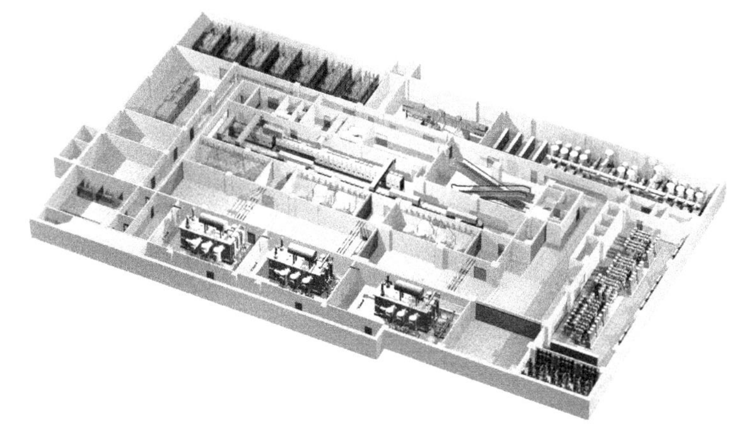

图 5-85　地下参观流线与功能组织

根据市政变电站工艺要求，一些重要大型设备房间，如变压器室、GIS 室等，柱网尺寸在 12m 左右，小型设备和通道尺寸较小。如果单纯只考虑地下变电站自身的布置合理性，这些按工艺要求布置的柱网对地上部分的高层建筑而言很不规整且核心筒偏心。上海某案例采取的措施是在变电站和地上科技馆之间设置整体结构转换层。这种处理能够避免两种不同柱网体系上下交接的矛盾，但结构转换尺寸过大，整体板厚 1m，不够经济且浪费空间。在对变电站的工艺流程和柱网体系进行充分调研基础上，逐个分析哪些柱网尺寸有调整余地进而优化。综合考虑竖向交通与疏散楼梯相对居中和便于通向室外、结构抗剪力的需要、错开地下变电站主要功能用房三个要求，确定建筑核心筒的位置（图 5-86）。

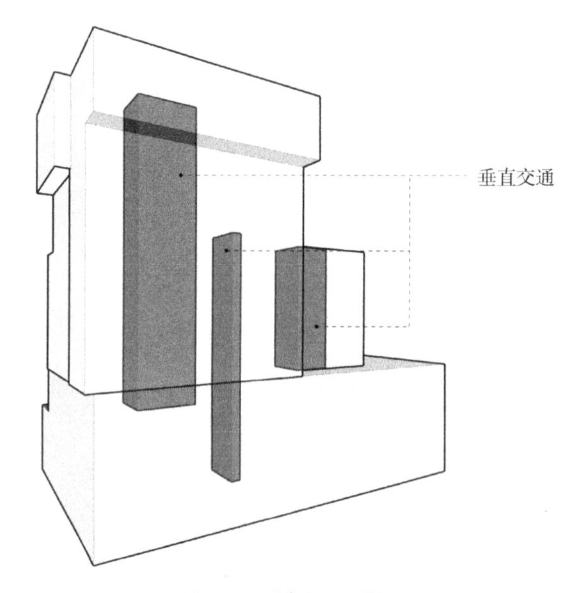

图 5-86　垂直交通示意图

北京市民防局对本工程的人防规划要求为："按照地下空间兼顾人民防空工程需要，地下三至五层变电站主体结构满足 6 级抗力荷载要求。"为了将科技馆部分与变电站部分设备管线完全隔开，同时防止非人防区的管线穿入人防区域，设计人员在变电站与科技馆的竖向交接部位（地下二层和地下三 层之间）设置了一个设备管道夹层。同时夹层局部区域还起到土建静压箱作用，作为地下变电站巨大排风管道的水平转换场地（图 5-87）。

建筑造型构想充分体现节能环保理念，以不同材质的几何体块为母题，穿插结合，形态独特，同时具有较低的体形系数（本工程体形系数 0.11）。利用天井、吹拔、天光大厅等建筑手法实现空间的自然采光和通风，以适宜技术实现生态、节能的可持续发展。设计运用双层呼吸式幕墙实现节能和绿色生态，采用了多项与电力相关的生态节能技术，如光导管及光纤采光技术、太阳能发电技术、主变压器余热回用技术、冰蓄冷技术等（图5-88 ~图 5-91）。

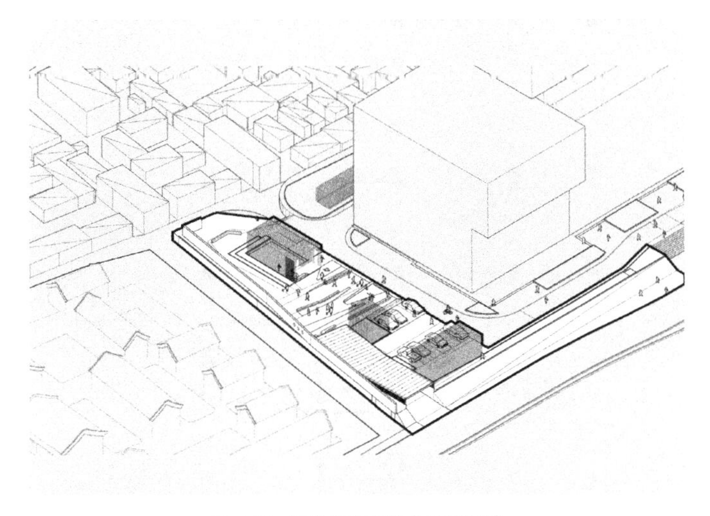

图 5-87　设备与车库结合景观设计

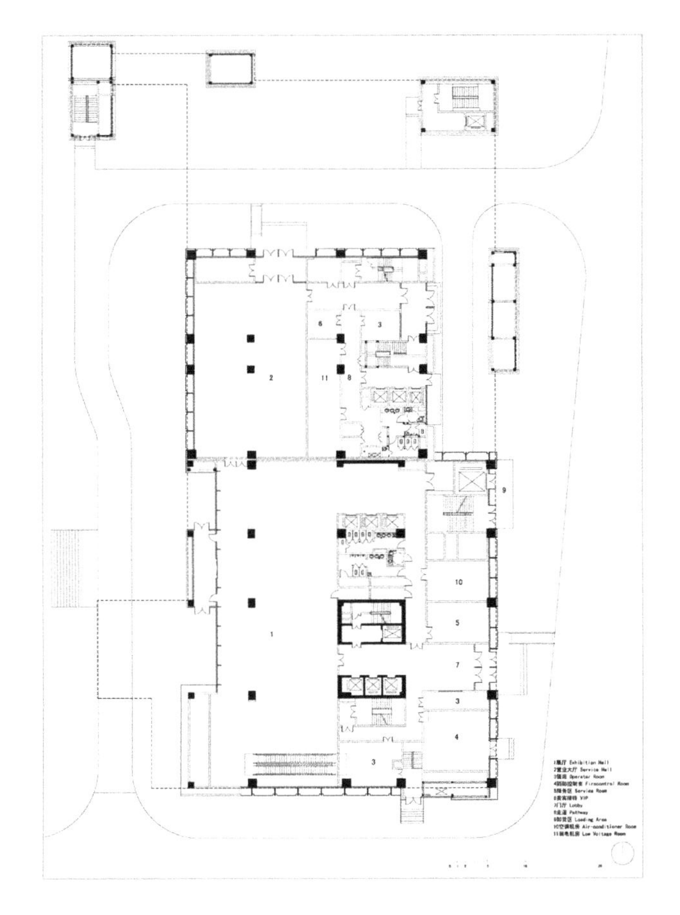

图 5-88　一层平面图

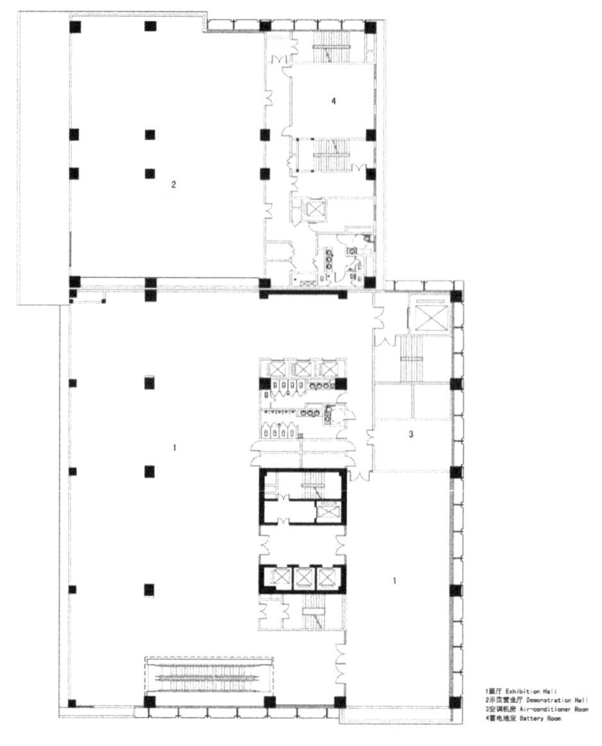

图 5-89　三层平面图

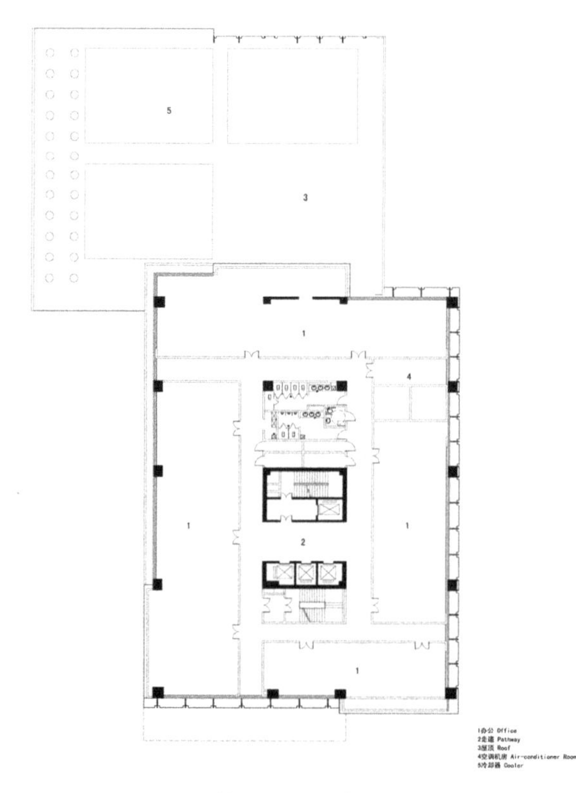

图 5-90　八层平面图

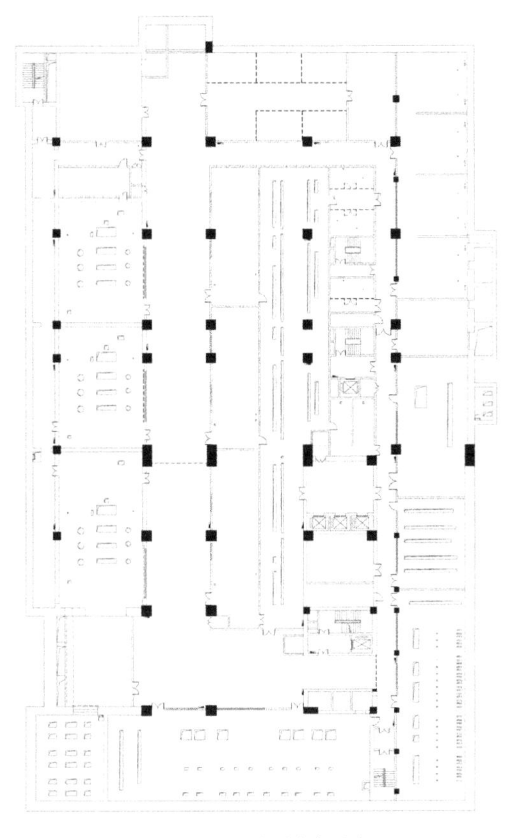

图 5-91 地下四层平面图

5.4.4 设计与建设

建筑设计过程也是对地域文脉思考的过程。菜市口地区是北京传统宣南会馆文化的重镇，以湖广会馆为代表的会馆文化源远流长。作为当年县级会馆中的翘楚，本项目用地北侧的中山会馆（原香山会馆）由后来担任过民国总理的唐绍仪创办，孙中山也曾在会馆花厅会客。在确定空间形体后，建筑表皮设计着力于体现建筑与城市历史和文脉发展的关系，用玻璃和石材交融砌筑方式应对周边城市环境肌理弱化对周边的压迫感。石材幕墙表皮开洞设计暗合中国传统纹样神韵，由16块不同小板块组成标准单位。按装配式建筑思路，双层玻璃幕墙以工业化生产模式设计，统一标准、统一模数布置，全部是4.2m×4.2m的标准单元，在工厂实现预拼装后再运抵施工现场进行整体挂装。Low-E玻璃和晶莹剔透的双钢化夹胶双超白玻璃，主要是和历史街区相呼应，让建筑反射天光云影和胡同院落，给人以平面胡同院落延伸生长到立面的视觉感受。淡雅的洞石主要用在菜市口大街界面，外石材、内玻璃的双层幕墙系统可以大大提升节能性能，不同材料的体块组合在菜市口沿街国际式风格建筑群中得体而优雅（图5-92、图5-93）。

图 5-92　菜市口大街空间界面

图 5-93　建筑表皮处理

在中山会馆和电力科技馆之间，靠近中山会馆园林部分采用了瓦铺地和原来院落相呼应。结合地形砌筑少许座椅，供往来市民小憩。地下变电站的出风口也用表皮开洞的石材装饰，满足通风功能，同时也与建筑主体协调。稍有不同在于石材经过烧毛处理并有凹槽，远看又和中山会馆的砖房围墙相似。靠近主体建筑铺装采用小料石和金属饰面组合构成活泼的表情（图 5-94）。

图 5-94 建筑小品

本建筑工程设计消防也是一个难点。市政变电站采用的主要消防设计规范是《火力发电厂与变电站设计防火规范》，民用建筑部分是执行《高层建筑设计防火规范》，面对交接部位规范如何认定的问题本工程召开了消防专家论证会。会议形成以下几点意见：①地下 220kV 变电站与其他部分应采取有效防火分隔措施，减少相互之间的影响，满足各自独立的防火安全要求；②地下 220kV 变电站应严格控制参观人员；③地下 220kV 变电站及其他连通部分的建筑构件耐火极限应相应提高；④地下 220kV 变电站应增设电缆夹层的自动灭火系统；⑤核实地下 220kV 变电站的消防排水能力；⑥地下 220kV 变电站的主变室外侧通道应增设直通地面的应急口，以改善消防扑救作业条件。设计根据以上意见进行了优化。

国家电网电力科技馆综合体是在新型城镇化背景下将电力设施、教育功能、公众服务、商业办公等融为高层变电站综合体的一次探索。通过创新式的混合利用提升土地价值、改善空气质量、营造城市开放空间，让市民更多参与进来支持城市建设，具有良好的社会效益。项目建成后，建设单位在北京中心城区的优质固定资产近年增值迅速，取得了良好的经济效益。通过该工程可为该地区 1.8 万居民在采暖季提供“煤改电”支持，按每户 2.45 人（2010 年人口普查数据）每户每年冬季采暖 5500 度（2016 北京电力公司调研数据），一年可以减少 496 万吨标准煤。通过清洁能源集中供暖，积极有效地改善北京旧城冬季的空气质量。建筑后退 30m，减少对中山会馆的影响。建筑采用双层呼吸式幕墙，光导管、冰蓄冷技术、雨水收集、变电站余热利用及变频技术实现绿色节能，环境效益显著（图 5-95）。

图 5-95 双层呼吸式幕墙系统

5.5 基于文化运营模式的剧场建筑策划设计①②

5.5.1 项目概况

渭南地处关中平原东部，以在渭水之南得名。渭南人文气息深厚，是《诗经》开篇之作《关雎》的诞生地，也是司马迁的故乡。为实现建设秦晋豫黄河三角地区区域中心城市的城市总体规划目标，作为提升城市活力和完善城市功能的重大举措之一，市政府作出在规划中的行政文化区新建文化艺术中心的决定。渭南市文化艺术中心包括大剧院（1200 座）、一个多功能展厅（含非遗展示传习中心）、电影院和艺术培训楼等内容，总建筑面积约 3.4 万 m^2，投资金额 3.7 亿元。2009 年开始建设，2014 年投入运营（图 5-96 ~图 5-100）。

① 设计时间：2009 ~ 2010，竣工时间 2014；项目地点：陕西省渭南市；设计团队：庄惟敏、张维等 / 清华大学建筑设计研究院。实景照片摄影：姚力。

② 庄惟敏，张维 . 渭南市文化艺术中心 [J]. 世界建筑，2015（10）.

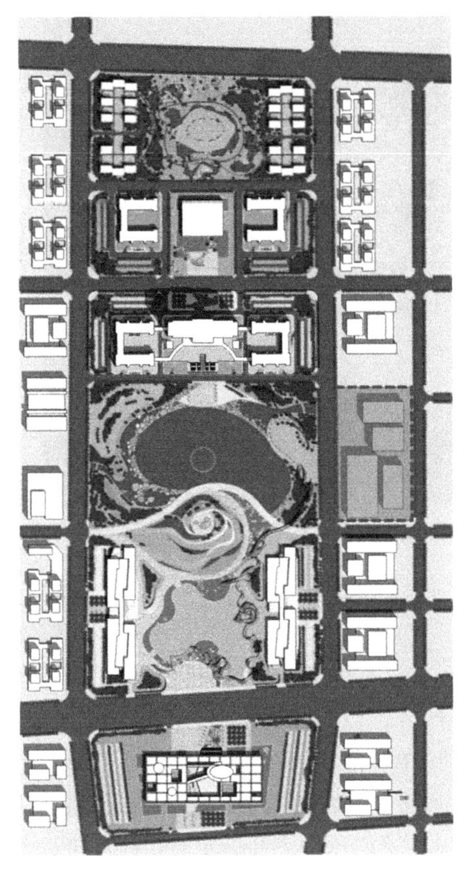

图 5-96　渭南市文化艺术中心场址

图 5-97　渭南市文化艺术中心

图 5-98　渭南市文化艺术中心亲水广场

图 5-99　大剧场西侧

图 5-100　大剧场观众厅

5.5.2　策划要点

建筑师通过对剧场类建筑策划的研究，以问题为先导，对目前三线城市剧场面临的问题进行分析，引导建设单位重新编写设计任务书，推动建立多方共同讨论的平台，争取获得政府批复。在进行设计之前设计团队调研了近 20 个二、三线城市剧场，发现其在运营维护方面确实面临种种问题，可以归纳为四个方面：一是开不起门，经营定位不准，运营成本过高，剧目供给不足，消费需求不旺；二是用不起电，建筑能耗大，尤其是建筑玻璃幕墙能耗过大，如有连接多个剧场的整体集散大厅，任何一个剧场的演出都需要打开全部空调；三是赚不到钱，由于体制原因，投资仅仅按剧场本体考虑，缺乏配套商业设施，缺乏文化创意产业发展的空间；四是聚不起人，一些剧场选址在城市新区，周边又缺乏社区支持。以上四个方面的问题使得很多剧场难以承担起城市文化客厅的作用，进而成为当地政府的财政窟窿。针对这些问题，建筑师提出系统的应对策略，并尝试通过建筑设计的手法、合理的功能排布、良好的空间组织，包括内部和外部空间的融合，把它真正变成一个既不会给政府添太多麻烦，也不添加太多财政负担，又让老百姓喜闻乐见的建筑。

针对三线城市剧场设施通常面临的“开不起门、用不起电、赚不到钱、聚不起人”的问题，建筑师和业主文化局在建筑策划阶段提出如下策略：

（1）引入秦腔剧团，推行场团合一和保留剧目制，突出地域性原创 IP（非物质文化遗产馆），同时兼顾连锁院线演出需要和剧团负责人沟通，在大剧场体块中增加住宿、排练、舞美等空间，满足剧团日常使用需要。建设渭南市非遗展示传习中心，以 15 项国家级、102 项省级、253 项市级非物质文化遗产代表性项目名录为重点，通过实物、图片及绘画、模型、沙盘、

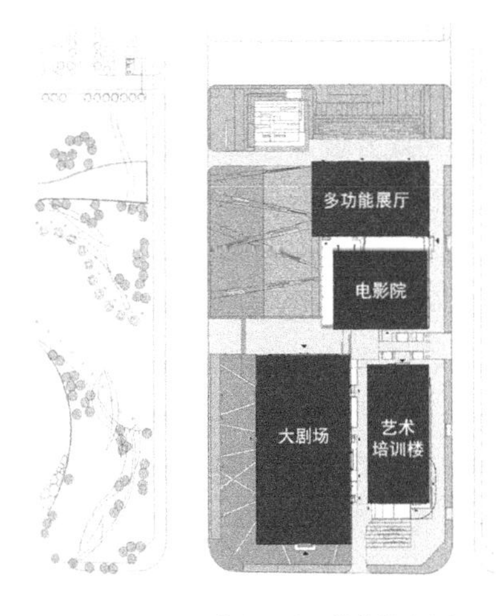

图 5-101　建筑不设整体集散大厅

图 5-102　小巧精致的非遗展厅入口

场景、多媒体等形式展现渭南的历史风貌、淳朴民风和非物质文化遗产挖掘保护成果。

（2）不设整体集散大厅，外墙原则以石材和砖为主，减少玻璃幕墙应用。考虑到集中大厅对能源消耗和每个建筑的影响，建筑摆脱了以国家大剧院为代表的一个大屋檐下若干小空间的文化艺术中心思维定式，根据当地情况各个建筑空间上相互独立，独立运营。为减少能耗，考虑实际情况采用因地制宜的被动式设计策略（图 5-101 ~图 5-102）。

（3）配套约 1 万 m^2 的商业配套设施，以商养文。一方面，多功能厅

图 5-103　贴近周边社区的艺术培训楼

基于公益目的向社会开放，2017年举办了逾百余场公益活动。培训楼的三、四层承担了大量的培训课程，如声乐、器乐、舞蹈、瑜伽等，师资好、费用低，吸引大量群众参与，渭南市的老年大学也定期在此开设课程。另外一方面，培训楼的一层商铺出租给文玩店家，二层培训教室出租给青少年培训学校，创收的增加为场馆可持续运营提供了经济保障（图5-103）。

（4）剧场考虑周边社区群众活动，小剧场北侧设置室外舞台，群众演出可以共用专业的舞台后台。渭南文化大庙会还会作为渭南非遗项目皮影戏专用场地演出《劈山救母》、《借水》、《降火龙》等经典剧目。考虑东侧社区群众去中心景观区通行的便利性，三栋建筑之间留有多条通路提供。考虑群众户外活动的需要，在基地北侧预留卫生间和更衣室。文化艺术中心广场上人气较旺，并常年有当地的舞蹈队、艺术团的演出（图5-104）。

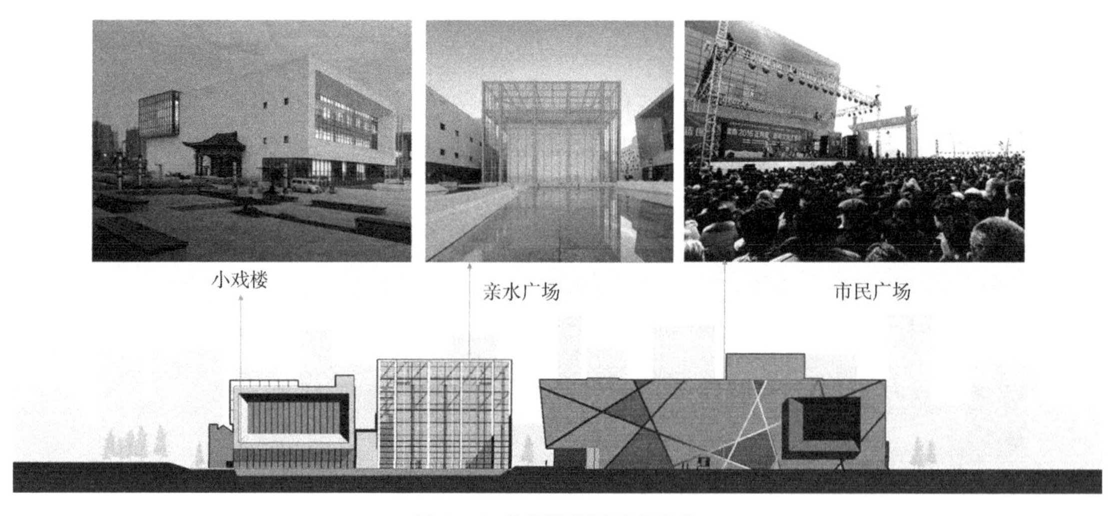

图5-104　考虑周边群众社区活动

5.5.3　空间构想

渭南市文化艺术中心的空间构想遵循在地营造、由里及表的原则。渭南市文化艺术中心聚落所呈现出的形态或者说表象，是建筑策划与建筑设计紧密联系的结果，是由里及表、从本质到外观的自然呈现。第一是功能的组成——它不是一个简单的文化建筑，不是一个剧场、一个舞台、一个观众厅、一个休息厅叠加起来的结果。除了必需的功能之外，设计融入一些其他功能，比如与文化相关的内容延伸，即带有文化交流特征的会场、论坛、展厅、书店、画廊，甚至培训学校，以及融入一部分商业功能，所有这些可能性都是在前期要综合考虑的。经过对当地文化内容的调研，我们确定了文化中心由三大板块组成：一座大剧院、一座电影院和一座小剧场。看似这三个功能简单，但其实是带有可变性的。第二是外部的形态——建筑师并不希望文化艺术中心是一个很宏大的建筑，因为它是为城市功能服务的，需要可持续地为城市作贡献。它不代表过多的政治含义，也不是政治上的象征。所以，设计刻意弱化轴线对称的关系，将二组建筑分开，形成不对称的格局。但是这 ·组建筑在其所在的区域是和主轴线对应的——中间的绿地处于主轴线上，绿地的一侧是博物馆，一侧是文化中心，主轴线的尽端是行政中心，那么从大的层面上这三个馆所形成的格局是均衡、对称的。除此之外，还有另外一个很重要的原因是：我们并不希望用一个大屋盖把这三个不同功能的建筑都罩在一起。究其原因，这三座建筑策划的出发点不同，其定位也不一样：大剧院是为了演出规模较大的剧目，电影院是为了满足民众日常生活，小剧场是带有实验性的、融入百姓生活的舞台。所以基于定位和功能的不同,完全没有必要把它们罩在同一个屋盖之下。也有人说大体量更有气势，更加宏伟，更能展示城市的整体风貌，但我们认为这种做法在当地是不恰当的，而且这三部分功能的使用特征不一样，使用的时间和频率不同，未来使用的人群也有差别。如果非要同处一个屋檐下，就需要一个共享的大门厅，这势必带来投资、使用、能耗、运营等方方面面的浪费。所以最后呈现的是三座分立的建筑，它们各成方向，互相对话，共同营造文化的场所感和根植本土的在地性（图 5-105）。

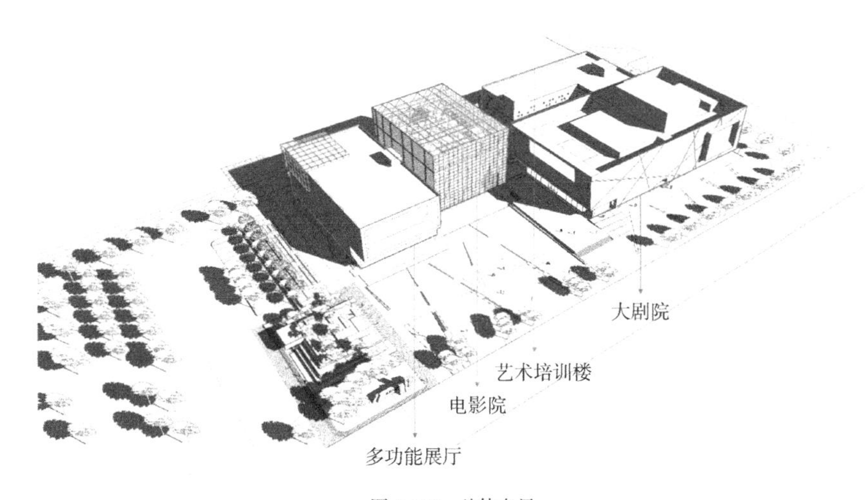

图 5-105　总体布局

以大剧场的空间构想设定为例，大剧场的外部交通流线如图 5-106 所示，南侧为主要观众入口，北侧为演职人员入口，西侧有货运入口。内部动线如图 5-107 所示，围绕动线布置不同的功能模块。进而深化完成大剧场内部功能空间的组合（图 5-108），并确保空间面积满足表 5-2 的要求。

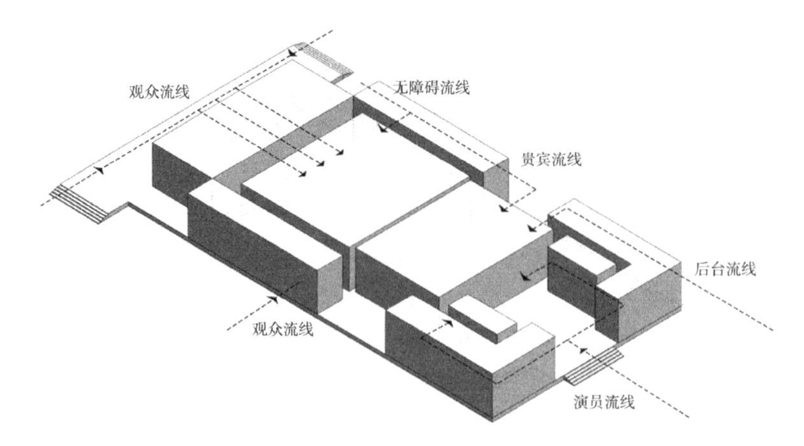

图 5-106　大剧场的空间动线组织

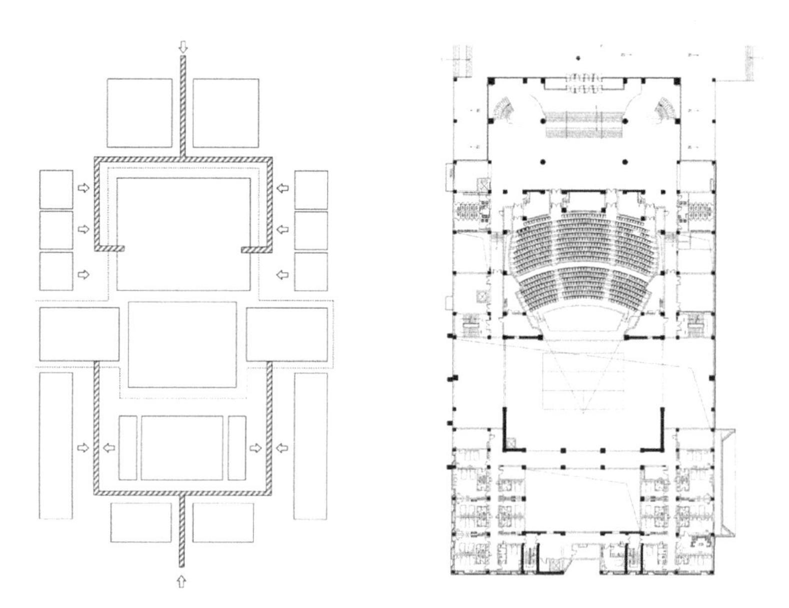

图 5-107　围绕空间动线组织功能用房

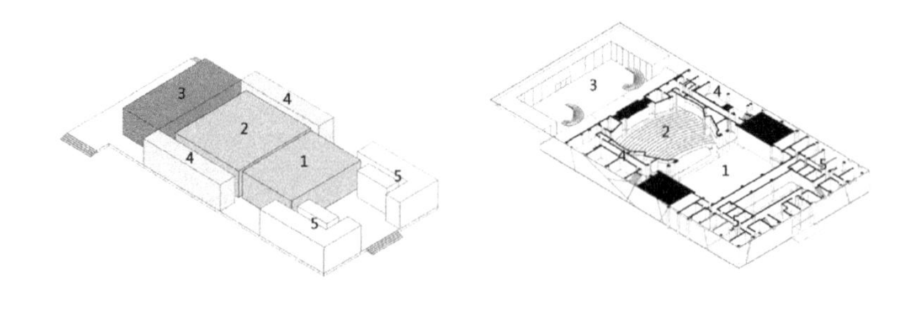

1-舞台
2-观众厅
3-大厅
4-演员化妆室
5-辅助用房

图 5-108　大剧场的功能组成

建筑各功能空间面积分配（单位：m^2） 表 5-2

观演部分		合计 2146		
观众厅	主舞台	左侧舞台	右侧舞台	乐池
1043	684	177	177	65
辅助部分		合计 1221		
化妆间	乐队休息室	排练厅	音像资料室	耳光室
464	140	269	198	150

公共部分		合计 1755	
大堂	观众休息厅	贵宾休息室	四季厅
819	547	120	269
剧用部分		合计 1985	
标准间	套间	单间	服务间
1476	162	312	35

5.5.4 设计与建设

建筑设计注重建筑的在地性研究和表达。该项目打破传统文化艺术中心设计集中大体量的桎梏，营建契合地域特征的艺术村落。三幢建筑各自独立，以非对称布局方式弱化主轴线的呆板，活跃建筑的群体感。设计根据功能需要划分为若干群体组合，艺术中心以长方盒子为基础进行变形，多个建筑形体之间相互碰撞，相互耦合，类似关中秦腔高亢激昂和激烈碰撞，具有浓郁的关中味道。建筑材料兼具当地材料多样性的特点，外墙分别采用关中传统的青砖、石材和玻璃幕墙，表面做了凸凹的变化，材质的鲜明对比产生强烈的视觉效果（图 5-109 ~图 5-116）。

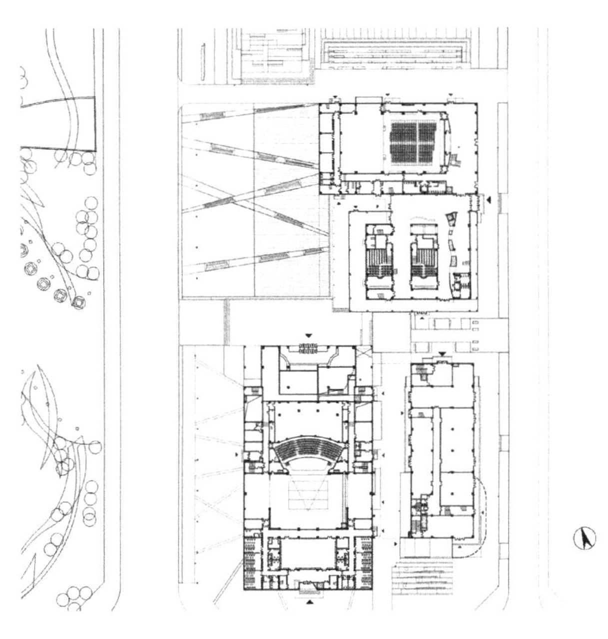

图 5-109 首层组合平面图

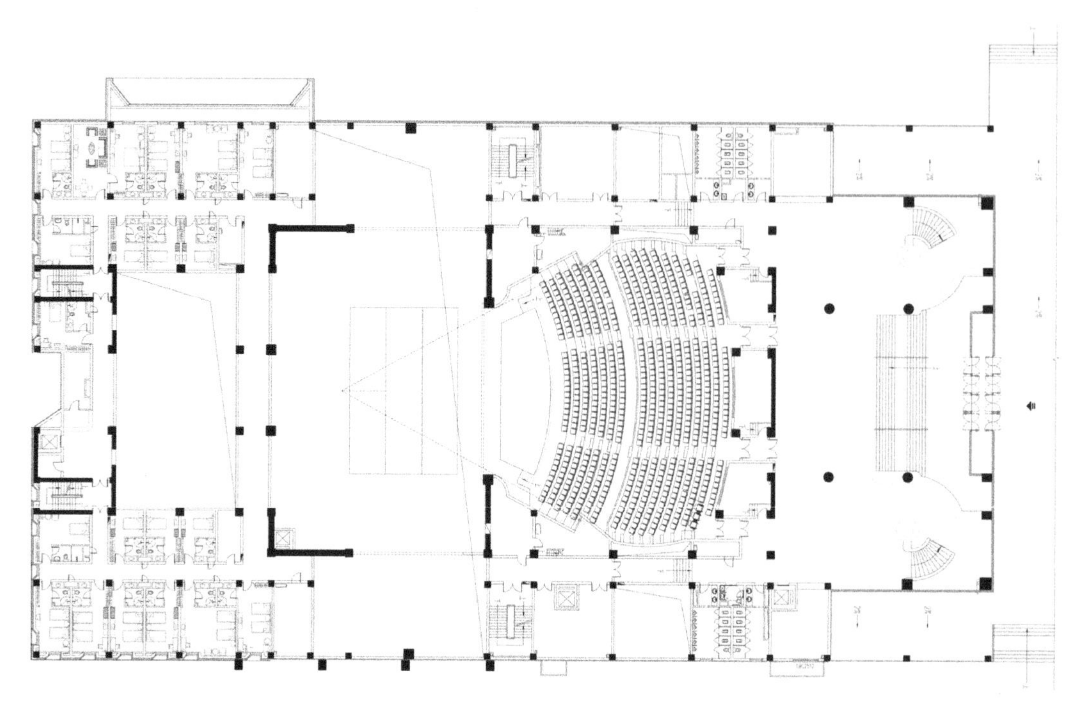

图 5-110　大剧场二层平面图

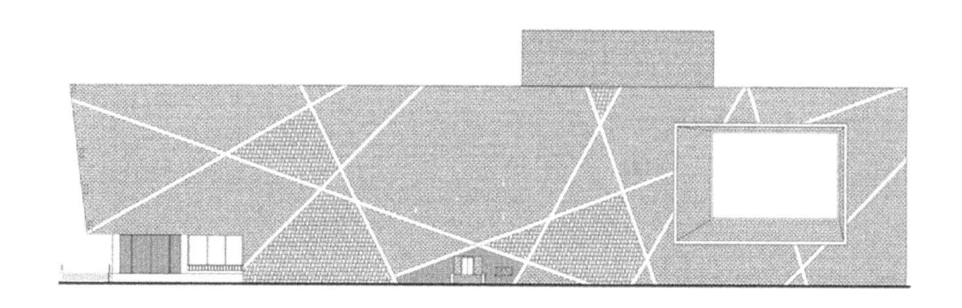

大剧场西立面

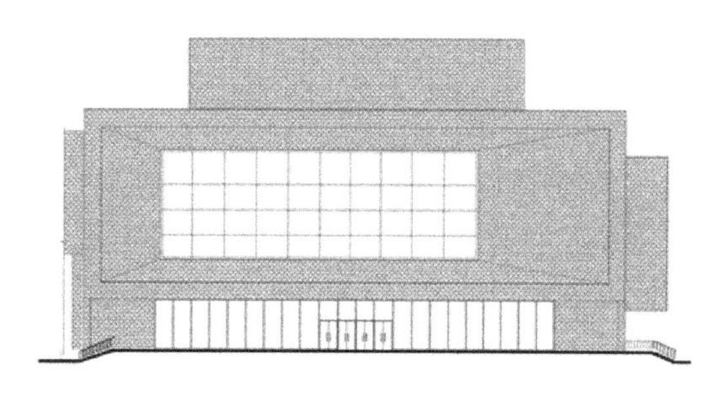

大剧场北立面

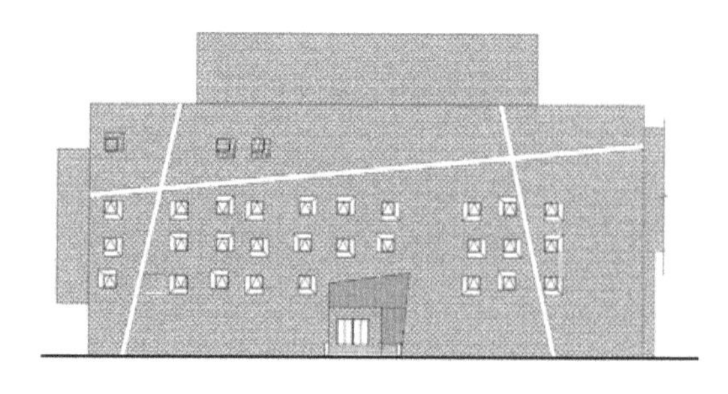

大剧场南立面

图 5-111　大剧场立面图

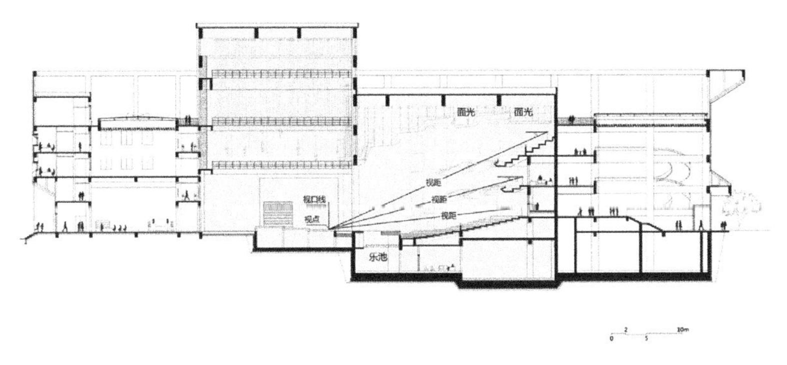

图 5-112　大剧场舞台剖面图

图 5-113　大剧场入口广场

图 5-114　电影院与多功能厅东侧

图 5-115　大剧场北立面

图 5-116　电影院开缝幕墙形成灰空间

设计还对当地青砖材料进行研究。在渭南文化艺术中心这个项目上，建筑师尝试用三种不同的材料让它们彼此之间产生对话和对比。大剧院选用小尺度的青砖，青砖的砌筑具有人工性这一特点，就像对待戏剧艺术一样需要雕琢、研究，从这个层面上巧妙地把艺术的感觉融入到了材料里面，特别是在砌筑方式上，我们采用了 2cm、6cm 和 10cm 三种凸出的尺寸，形成青砖墙面上的质感，这种质感又非常像关中传统建筑的立面，就是家家户户的老百姓自己在砌墙过程中出现的不同的墙面质感和肌理，其暗合了某种纹样和装饰,这也是一种对民间文化和传统建筑的巧妙体现（图5-117 ~图 5-121）。

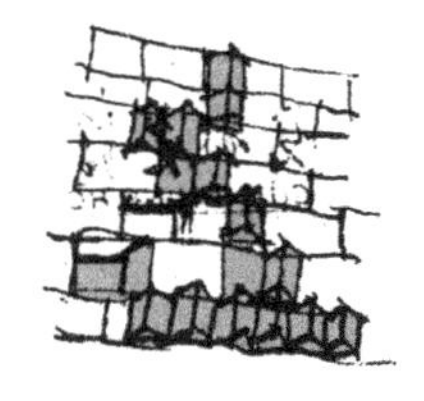
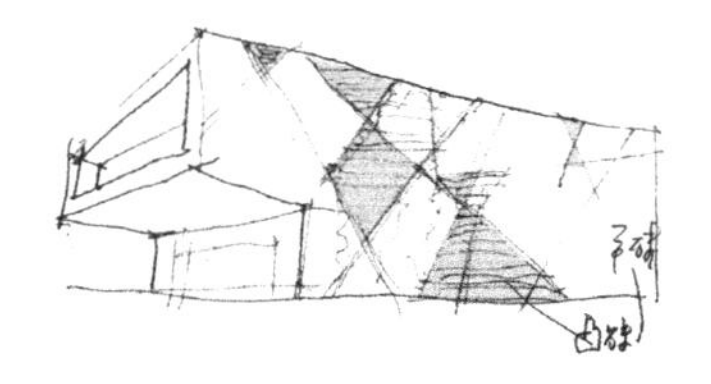

图 5-117　立面设计构想

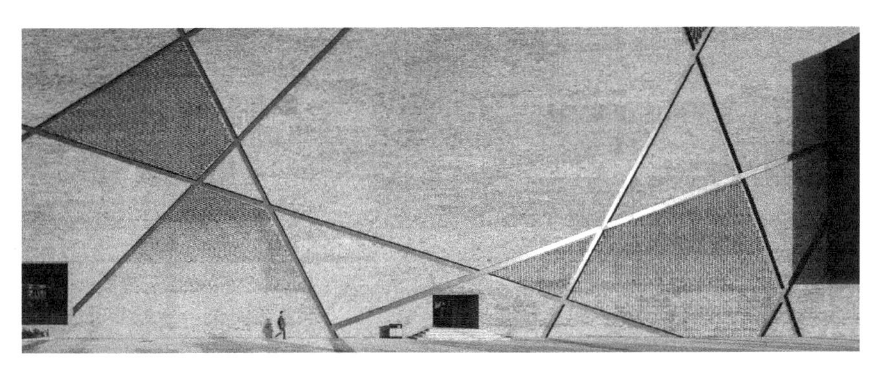

图 5-118　大剧场西侧砖墙

图 5-119　大剧场西侧灰砖组合一

图 5-120　大剧场西侧灰砖组合二

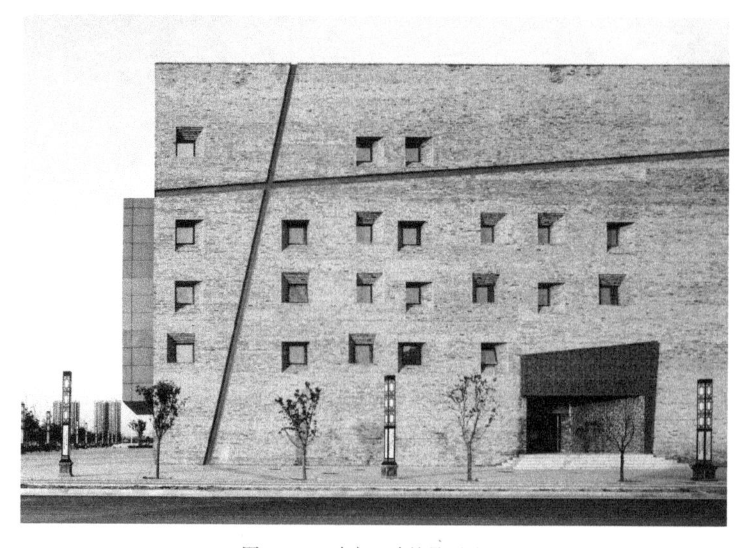

图 5-121　砖窗口砖的叠涩处理

在青砖的表面我们还做了很多切缝线脚，这一设计的灵感源于关中的皮影。皮影是关中民间独创的艺术形式，而且其制作和表演的过程都带有一种关中的粗犷和豪迈，所以设计把这种刀法、剪法进行扩大和强调，在手工青砖的墙面上切削出斜线的线条，当然这也是一种隐喻，我们也希望这个立面不是那么严肃，多一点灵性。

该项目从2014年开始投入使用，设计在声学和舞美方面与剧场、剧团方面进行充分的沟通。大剧场竣工投入运营以后，除了传统的《打金枝》、《双官诰》等经典剧目，还演出大型秦腔新编现代剧《天国的百合花》等剧目并收到广泛好评。项目注重以商养文，建筑师在设计之初即和剧院专业人士就演出和运营等进行沟通根据当地艺术培训市场情况定制多功能厅和培训楼，目前已经承办包括全球第六次秦商大会，秦晋豫黄河金三角项目对接会，东秦大讲堂、渭水讲坛，市委、政府工作会议各种会议。培训楼21个培训教室承担大量社会文艺培训任务，开设了“市民文化讲堂、秦东美丽女子学堂、阳光美育培训基地、三贤学堂、渭南市文化干部培训基地、星级团队轮训班”六大培训平台。2016年参加培训注册学员6650名，场馆开放近3500小时，参加培训、会议、活动以及阅览的人数达到70000余人次。目前使用运营状况良好极大地缓解了政府的财政压力。

该项目工程设计获得2017年度中国勘察设计协会全国优秀工程勘察设计行业奖一等奖，2017年中华人民共和国教育部优秀工程设计一等奖。

5.6 规划—策划—设计联动的科技园空间策划设计①

5.6.1 项目概况

嘉兴市位于浙江省东北部，与上海、杭州、苏州等城市相距均不到一百公里。2003年底嘉兴市全面贯彻实施浙江省“引进大院名校，共建创新载体”战略，以引进浙江清华长三角研究院为契机建设嘉兴科技城，随后引入中科院嘉兴应用技术研究与转换中心、乌克兰国家科学院国际技术转移中心、中国民航信息集团嘉兴灾备（数据）中心等。嘉兴科技城位于嘉兴市南湖区东部，西临嘉兴主城区和南湖新区，东接嘉兴工业园区，南临沪杭高铁的嘉兴南站，占地7.4km^2，用地内地势平坦，河流纵横。从2006年开始，研究团队受邀进行嘉兴科技城空间策划和城市设计。该项目一期成果于2006年通过评审，二期成果于2010年通过评审，并获得2011年度教育部优秀规划设计一等奖。

① 设计时间：2007—2010，项目地点：浙江省嘉兴市，设计团队：庄惟敏、张维、梁思思、章宇贲等/清华大学建筑设计研究院。

5.6.2 策划要点

在我国城市新区建设方兴未艾的浪潮下，地方政府和主管部门往往在短期内推动完成控制性详细规划。但由于前期研究不充分，项目规划落地难成为普遍现象。当前，一些重点为空间三维整合和城市美化而编制的城市设计往往偏向于注重技术理性、空间美观，与各建设主体单位沟通少，对各种需求和利益缺乏系统的整理，使得城市设计成果容易忽略与控制性详细规划修编的联动，忽视各方利益协调，进而流于形式。经过团队研究分析，认为该类以项目建设为导向的城市设计主要面临四个方面的挑战：①发展趋势判识难。科技城发展从20世纪80年代开始，经历了若干代的更迭演进，其发展趋势需要充分结合城市的社会经济发展潜力及需求进行综合定位。②利益主体多元且复杂。传统的城市设计以详细蓝图为导向、以单一主体建设为主导、以物质空间体形为目标的特征已不再适应当下日益复杂的利益组合模式，基于招商引资的需求，多元主体逐渐介入城市建设的前期，因此，有待建立多元合作和城市管治相结合的运营机制。③功能需求及分配缺乏理性分析。面向项目落地的城市设计需要对功能混合和布局进行充分的理性分析，当前以构图和场所营造为主的城市设计相对缺乏相应的技术支撑和方法工具。④设计导则需兼具空间特色及建设需求。设计导则一方面需要体现城市设计的特色和空间品质，另一方面需要切实有效地和控规相结合，真正起到指导项目落地和建设开发的作用。[①]

在这样的背景下，在传统城市设计过程中引入空间策划思路，借鉴其多元分析和逻辑统筹的思想，将其与空间形态设计形成互补，为城市新区开发建设提供了一条新的思路。主要形成以下若干策划要点。

1. 基于后评估的策划研究

在项目策划之初，项目组便对长三角地区的16个科技园区展开系统的使用后评估，同时对嘉兴科技城已建成并投入使用的建筑进行性能和运行情况调查。后评估的内容主要集中在空间承载、功能配置、交通组织、运营管理、建筑节能等多个方面。以空间形态建筑化表达为例，建筑策划团队在开放式会议中不断探讨得出以图纸、模型、多媒体为代表的阶段性的过程成果。在这一部分，首先将各个园区具体的建筑抽象为色彩、材料、形象要素（方、圆、拱等），室内外连接方式、街道尺度、高度控制、比例等抽象的建筑语汇。通过对这些语汇进行分析，并经过开放式会议的讨论，提出科技园的特色塑造集中在景观—视觉、认知—意向、环境—行为、程序—过程，以及类型—形态等若干方面。

本项目中采用问题搜寻法进行策划问题分析，利用棕色幕板在横向方向列出目标、事实、理念、需要和问题，在纵向列出功能、形式、经济、

① 梁思思. 存量更新视角下空间策划和城市设计联动机制思考 [J]. 南方建筑，2017（5）：15-19.

时间等要素，系统地分析问题并提出解决问题的思路，进而为下一步设计提供科学而逻辑的指引。在和多方团队多次讨论的基础上，联合团队共同提出了两百多个与嘉兴科技城规划和发展相关的问题，随后又按照紧急、不紧急，重要、不重要的方式，列出近二十条最为紧急和重要的问题。再重点围绕这些问题进行研究，以研究为先导进行规划设计。在研究这些问题的基础上，策划团队归纳出立足于提升城市品位、突出城市特色、完善城市功能、推进低碳城市建设的规划设计总体理念，也正是这些理念指导了整体园区的规划结构和功能定位。

策划团队和嘉兴科技城管委会一起与入驻单位和潜在客户做了多轮沟通，深入了解客户需求，并对未来需求做预评估。一方面是针对社会和市场需求，对园区用地功能混合展开分析，设置招商引资的门槛标准；再针对拟引进项目，逐步评估地块的规划调整需求、城市设计整合需求、资源共用措施、平台设置需求、费用分担方式、各利益主体的责任分工等；另一方面项目对工程建设项目的任务书进行评估，在“筑巢引凤”的同时提升建设质量和高效配置资源。有些介入较深的还会对工程设计方案进行预评价，对方案进行验证。

2. 动态工作平台操作机制

嘉兴科技城全过程策划研究由四个部分组成：空间策划阶段、设计阶段、建造阶段和托付使用阶段。在每两个阶段之间都要留出适当的时间段，以对上一个阶段的效果进行评估。这个过程是一个多种专业团队不断介入的过程，建筑师在不同阶段的定位各不相同。同时，各个研究阶段在时间上也并非完全独立，经常会出现两个阶段并行开展。因此，建筑师在建筑策划过程中的定位是动态的而非僵化的，其定位往往是多方多团队需求的综合与多维度联系的统一。嘉兴科技城各方在不同空间策划阶段的介入不尽相同，但在开放会议的基础上共同推进项目的策划进展。

第一阶段是嘉兴科技城空间策划，包括嘉兴科技城策划准备、信息收集与调研分析、空间策划运行、设计任务书的制定、概念设计与策划结论等部分。第二阶段为嘉兴科技城设计阶段，包括嘉兴科技城的城市规划、城市设计、建筑设计和景观设计等部分。第三个部分为嘉兴科技城建造阶段，包括在嘉兴科技城实施建设阶段提供咨询服务，对项目进度、投资、质量进行策划、评价、控制，并根据最新情况对原有方案进行反馈调整。第四阶段为嘉兴科技城使用阶段，包括对嘉兴科技城策划、设计、建造以及建筑使用后综合评估，为以后的建设提供参考和依据。

在策划和概念设计的过程中，此外，团队注重在后评估和策划过程中的专家咨询与公众参与。从 2006 年年初，策划团队就引入包括经济学、社会学、人文学科、房地产开发、建设项目管理在内的跨学科专家团队和投资方、未来的使用方、运营方、公众代表和政府相关部门组成开放式会议进行讨论，共同参与提出策略应对发展中的复杂问题。在 2009 年启动二期研究后，团队又陆续引入其他的跨学科专家和各部门、企业代表进行沟通。在一些必要的环节，也引入公众参与到策划中来（图 5-122）。在这样一种空间形态建筑策划过程中，建筑师作为业主顾问和技术咨询者，负责组织和协调不同团队，推进项目进行。

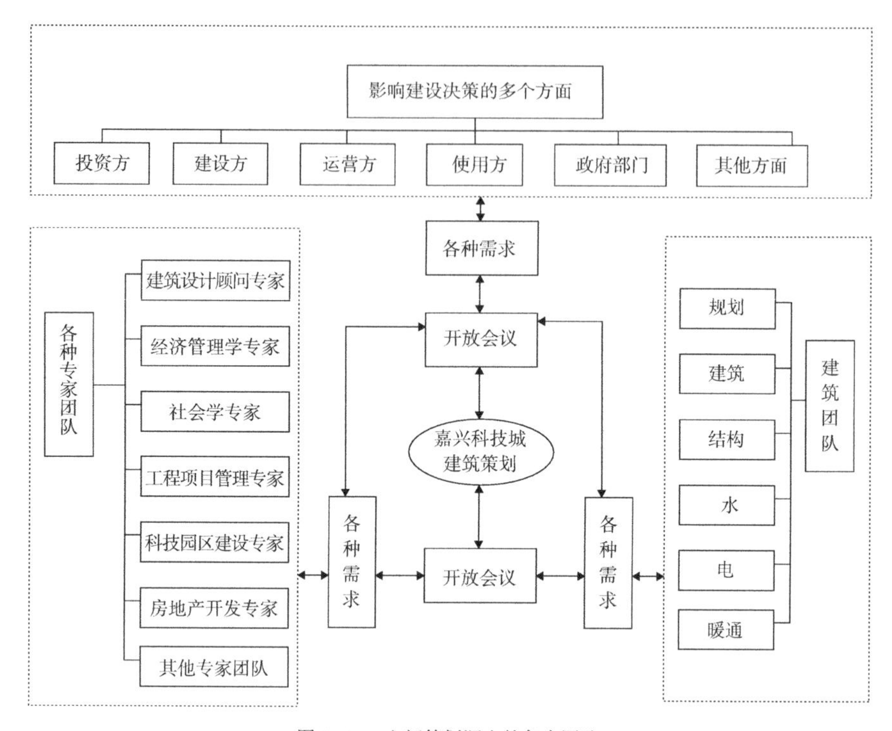

图 5-122　空间策划调查的各个团队

3. 空间关系矩阵展开分析

在本次空间策划中，借鉴空间关系矩阵图表的方法对嘉兴科技城不同功能模块之间的联系进行了分析。在矩阵中，每一个空间的底部延伸出一条 45° 斜线，形成一个与其他每个空间相联系的方格，这样可以沿着每一条线来查找每个空间与其他空间的关系。通过给方格设置不同的颜色或形状来表达地块间空间关系的紧密程度。这里我们主要设置了四种关系，如图 5-123 所示，充满整个方格的颜色表示联系紧密，充满半个方格的颜色表示接近或可达，方格内切一个圆形表示该地块独立设置，方格没有颜色表示联系不紧密，其中深黑色方格表示科研创业地块，浅灰色表示其他性质如商业或居住地块。通过空间关系矩阵可以梳理表达现有规划的各地块之间的空间关系，同时也能排查出一些不太合理的规划缺陷，例如某些居住地块和配套小区距离过远等。

在空间策划的信息分析和处理过程中，重要的是通过多方面对内容进行界定，需要我们在海量的各类信息中抓住关键进行过滤、处理和提炼，为下一步实施性理念确定研究框架，形成符合时代发展的控制性理念研究，

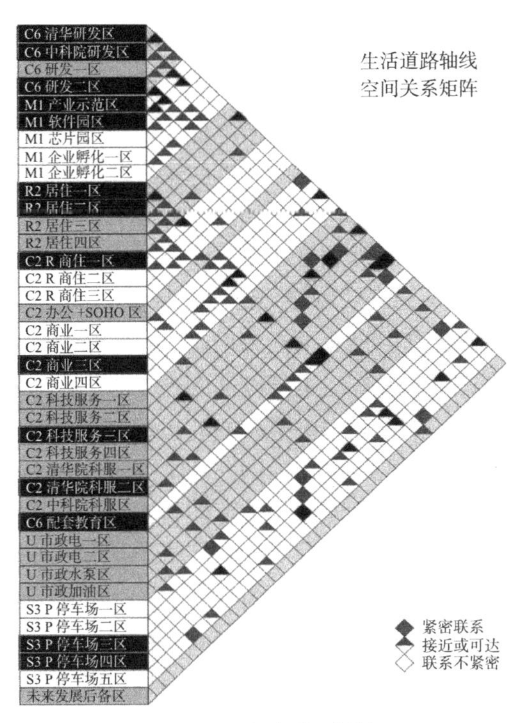

图 5-123　空间关系矩阵分析

提炼出空间策划的关键词，包括科技、人文、生态、景观等，同时继续发展宏观指导性理念中的策划可操作性保障体系。在这部分，项目团队具体研究了国内国外现有城市空间策划的保障实施体系，包括区划控制、设计指导、审查机制等方法，并在此基础上结合我国现有法律法规、规划、建筑审查过程及方法推演出适合我国国情的嘉兴科技城空间策划实施策略。最终，项目成果包括研究性成果和结论性成果两个方面。研究成果包括《嘉兴科技城空间策划前期管理》、《科技园建设资料汇编》、《长三角科技园区建设调研与分析》、《嘉兴科技城建设发展策略分析》、《嘉兴科技城策划创新理念提炼与分析》等方面；结论性成果包括《嘉兴科技城空间策划导则》、嘉兴科技城空间概念设计、嘉兴科技城若干组团的空间策划成果等。

5.6.3　空间构想 ①②

1. 从“园”到“城”的规划定位

研究团队首先从国际城市发展趋势和嘉兴本地特色两个角度探索嘉兴城市新区的特色与潜在需求，探索嘉兴科技城的发展定位。国际经验研究发现，从“园”到“城”的发展趋势已经被证实为是各国城市科技区域发

① 张维 . 嘉兴科技城概念设计方案提述 [J]. 华中建筑，2007（5）：42-44.

② 梁思思，张维 . 城市规划、空间策划和城市设计的联动研究——以嘉兴科技城为例 [J]. 住区，2015（4）：110-114.

展的典型特征[①②]。从美国加州硅谷、日本筑波科技城到北京的中关村，城市与科技园区的边界逐渐模糊。科技园区的核心功能科研创新孵化与产业部分镶嵌在不断发展的城市区域中，交互融合。因此，在城市空间发展与科技创新的双向驱动力作用下，科技新区的规划需要注重以下四个关键因素：①城市空间不断裂变生长，需要动态和全面对待；②新区需要有交通为先导的规划结构；③结合地理优势形成具有地域特色的空间规划；④创造复合功能的土地利用，满足居住、商贸、商业、产业发展等综合需求。嘉兴科技城位于城市中心功能生活区向产业功能的过渡带上，向北辐射生态休闲区，向南连接客运枢纽，是新城发展的地理核心。区域上的辐射作用奠定了其以交通结构和复合土地利用为先导的定位和规划结构。

因此，团队转变原来几乎纯教育、纯产业园区的定位，提出“三位一体”的定位以实现“从园到城”的演变。“三位”指的是科技城的三种功能：在科技园所具有的研发功能和产业功能基础上，扩充园区功能，使其兼具城市功能。城市功能的引入是形成城市的基本条件，而其与研发功能和产业功能的融合关系则是嘉兴科技城的突出特色（图 5-124）。随后展开的空间策划和城市设计即以此为基础定位展开进一步的后评估研究。

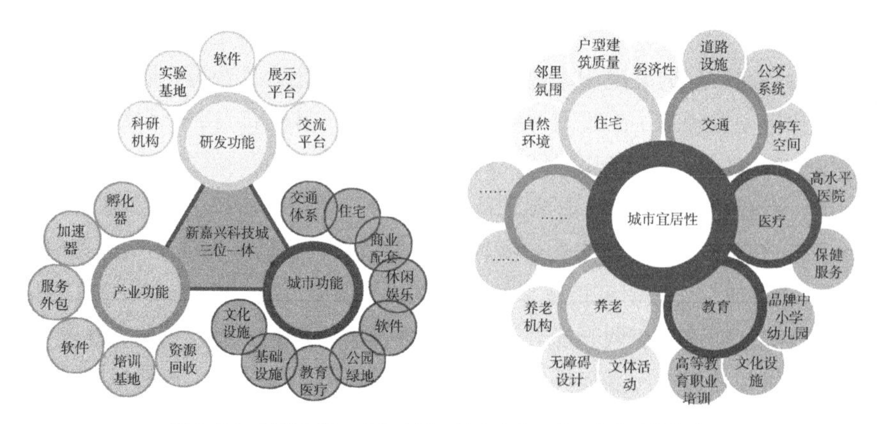

图 5-124　研发功能、产业功能、城市功能三位一体的功能定位

2. 规划理念及结构布局

在城市生活层面，空间策划依据嘉兴市的整体发展需求提出一系列设计原则：主张建设多元化的交通体系，提倡多功能和不同收入阶层的混合，强调公共空间和设施的作用与可达性；鼓励充分发挥土地利用价值，反对无序蔓延，提倡中高密度营建；要求建筑尊重地域、历史、气候等条件，结合整体风貌要求和自然景观进行设计等。

---

① CASTELLS M and HALL P. Technopoles of the World: The Making of 21st Century Industrial Complexes [M]. London: Routledge Press, 1994.

② IASP. “Survey of International Science Parks” [R]. International Association ofScience Parks. 2002 ~ 2007.

根据上述规划原则和定位，嘉兴科技城在空间结构上首先以连接一期和二期的两条轴线为骨架，串接起科研和社区功能，同时将生态景观作为功能组团分界线。同时，设置新区边界开口，引入东南部的城市湿地景观，利用其现有水系形成东湖，围绕东湖打造湿地公园，并将东侧湿地景观与西侧城市绿地相联通，嵌入城市多功能服务性设施。最终，科技城形成“一心、五轴、一廊、一带”的空间结构。“一心”代表科技岛和休闲岛构成的新区中心；“五轴”代表亚太路科研轴、亚欧路社区轴、由拳路一期主轴、规划道路二期主轴和三环东路商业轴；“一廊”代表科技城东南部的湿地公园向西延伸形成的绿色廊道；“一带”代表南北向贯穿科技城的绿色景观带（图 5-125）。

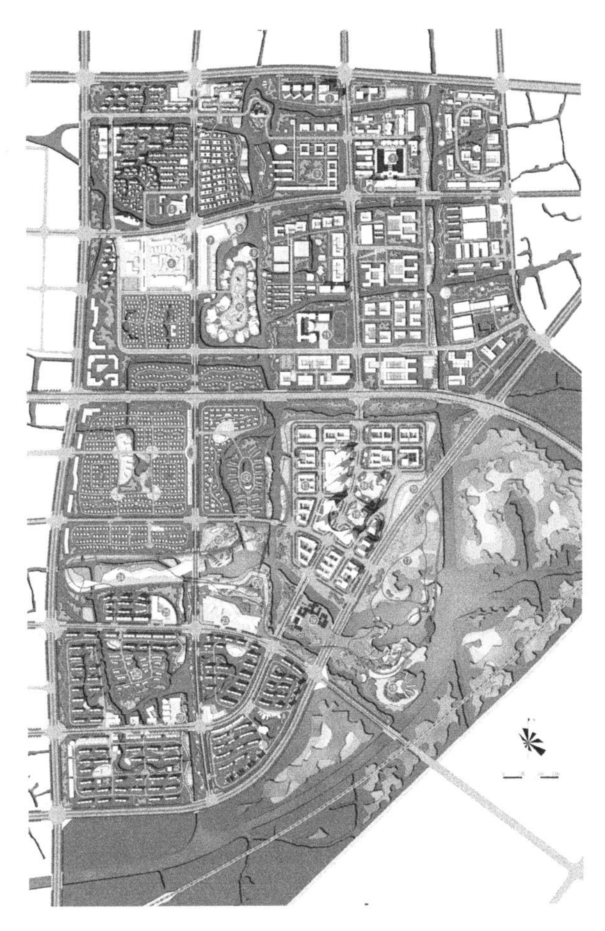

图 5-125　嘉兴科技城总平面图

3. 城市设计策略

城市设计和空间策划内容相对接，在以下几个方面做出特色：

首先，城市设计提出应对气候变化的四条导向性目标：①提高城市密度避免区域的无序扩张；②采用清洁能源；③采用高效能的建筑；④采用可持续的交通方式，再结合目标针对具体地块提出导则。作为目标的应对，在科技城内有针对性地提高城市密度，教育、科研办公区以高层和超高层为主，住宅区以高层为主，同时提升路网密度。提倡采用清洁能源，鼓励各种节能措施和低碳策略。提出建设绿色建筑的指标体系，同时在科技城内部设置自行车道和慢行系统，完善公共交通跟高铁的换乘，鼓励绿色出行。

其次，重视地域特色挖掘。挖掘水乡特色，将原有断头水系进行整合，保持湿地的自然状态。打通城市绿带，架空城市快速通道，将湿地公园景观引入城市。通过水系景观和绿篱整合形成隔离，避免各大机构划墙而治的格局。强化越韵吴风、水都绿城的城市风貌。

再次，在景观设计层面提出"一湖双岛、四水连廊"的空间意象。根据嘉兴市的整体发展，主张建设多元化的交通体系，提倡多功能和不同收入阶层的混合，强调公共空间和设施的作用与可达性。鼓励充分发挥土地利用价值，反对无序蔓延，提倡中高密度营建。要求建筑尊重地域、历史、气候等条件，结合整体风貌和自然景观进行设计。

最后，强调以人为本，重视对使用者的研究，引入慢行系统将主要节点和街区串联起来，形成一小时乐活圈。在具体的街区层面，土地功能混合利用形成活力单元，考虑多种人群的生活特点及夜间活动需求，重视园区内的无障碍设计。

4. 城市设计导则

空间导则既是业主方的控制操作指南，也是后续建筑师系统化的设计指引与依据。空间导则分为总则和细则两个部分。总则通过总体概况对空间策划工作的内容、性质、操作等作一整体介绍。细则通过对轴线、景观带、节点和组团制定详细的建设引导规定和奖惩措施，进而控制引导未来整个科技城的空间形象。空间导则重点关注空间控制点的生成、空间形态控制建筑化表达、空间策划形态实施策略三个方面。

所谓空间细则，即对控制总则的细化。通过表格的方式，从城市规划、城市设计、人性化关怀、生态环保、成长控制这几个方面以定性和定量相结合的方式对策划的细则作出规定。此部分涉及保证空间策划成果被贯彻实施的操作措施及方法，主要有三种方式：在地块开发中绑定招拍挂要求、项目上报时通过审查机制强制执行，设置奖惩措施鼓励实行。此部分内容和后续的附加条件、空间策划实施策略相互呼应，共同保证策划的实用性。

城市设计进一步通过设计导则，对相应的地块提出具体要求。针对不同的街区、节点、轴线、界面、地标、天际线及色彩控制等进行分析，在系统分析基础之上进而制定规范标准和导则，关注城市街角空间，关注不同特色的建筑场所设计。考虑引入大型活动管理与策划，保证公共空间活力。重视塑造人行友好的街区，对人性化尺度的边界、建筑材料和质感、中央绿化公园、步行带空间、方向标识、小品和公共环境等提出要求。同时结合当地气候利用街道空间打造绿色环境，包括行道树提供荫凉、部分垂直绿化以及植物景观充当软性围墙等。通过和规划编制机构的反复沟通，城市设计的一些思路和设计导则又反馈给规划修编。目前嘉兴科技城已引进建设了浙江清华长三角研究院等高水平创新平台，催生发展了通信电子、物联网等一批战略性新兴产业，显著推动了区域创新资源集聚和经济转型升级。

5.6.4 设计反思

1. 基于后评估的“策划—设计”联动机制

在城市规划的指导下，将空间策划与城市设计进行联动操作的总体城市设计在国际上已有相对成熟的实践框架。早在美国20世纪60年代的校园规划中，CRS为杜克大学做校园的总体策划和设计研究获得好评。随后，斯坦福大学医院和罗尤拉法学院策划和设计的成功，让更多的机构受到鼓励进，而采用这样一种基于科学理性、便于动态控制、易于协调多方利益的模式进行总体设计。在20世纪70年代，融合空间策划的城市设计不仅在特定建筑群方面取得新的进展，还在旧城复兴、机场区域更新、市政设施布局等更为广泛的区域得到应用。随着规划、咨询和设计业务的国际化，总体城市设计的联动框架在亚欧许多国家的城市新兴区域规划建设中也得到广泛应用。

空间策划在我国应用刚刚起步，它主要是以空间导则为核心的集束，通过数据和调研科学论证科技城的定位、规模，制定科技城设计依据，利用其所处的社会环境及相关因素的逻辑分析，合理制定设计内容，对建设进行引导和对设计内容予以评价。

在我国城市功能新区的建设中，用地规划、空间策划、城市设计三者联动的模式能够充分适应新区开发的操作程序与特性（图5-126）。新区层面的用地规划能够结合城市总体规划的目标和愿景，对新区做出符合城市总体发展趋势的定位；空间策划为城市新区、开发区相关建设管委会分析招商投资定位，梳理建设发展思路，获取各方参与主体的意见提供决策依据；城市设计为政府规划主管部门提供城市三维空间形态管理和审批控制的依据。这种联动的模式能够为城市功能新区建设决策提供科学而逻辑的依据，有效保障规划的落地和建设的品质。

通过对国际趋势和本地发展的比较分析，以及对同类园区以及现有建设项目的使用后评估，空间策划能够从纷繁的现象提出有价值的问题，进而吸引专家和公众通过开放式的会议讨论解决问题的思路、办法和措施。在此基础上，城市设计为政府规划主管部门提供城市三维空间形态管理和审批控制的依据，空间策划和城市设计成果又反过来给控制性详细规划修编和规划落地提供了支持，基于使用后评估的“策划—设计”联动的模式，为我国城市设计动态过程控制作出了有益尝试。

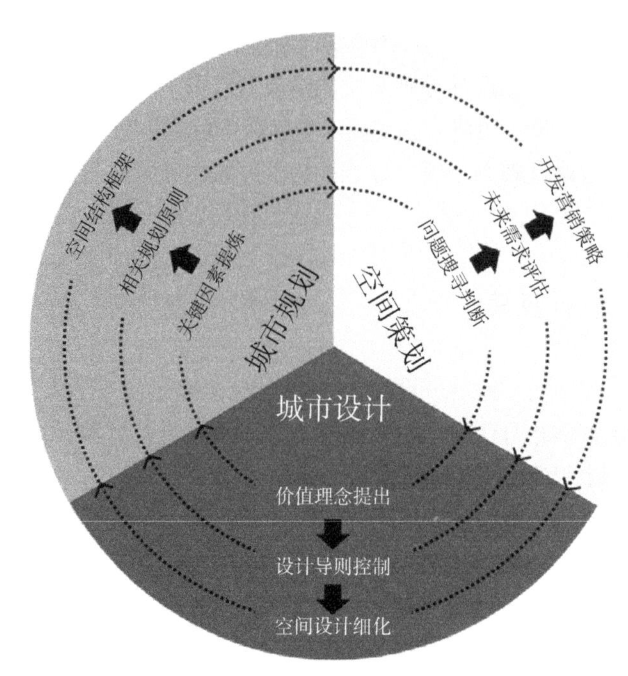

图 5-126 规划—策划—设计联动机制

2. 设计结合政策的工作思路

在目前执行的大多数控制性规划中，城市设计引导作为其中一部分，往往是从空间形象上予以勾勒和界定。在实际操作中，由于开发建设变化和可能利益驱动，往往可操作性不强。而城市设计，往往基于城市规划最终蓝图控制的思路，制定的空间导则往往刚性有余弹性不足，在后续开发建设中使得有关主管部门在过程控制中，缺乏有力的支持，在和强势开发建设主体沟通时控制力偏弱，说服力不够充分。在城市规划由最终蓝图控制向政策控制、过程控制的转变过程中，我们认为城市设计应该是基于城市规划系统政策平台的一个政策子系统，与其他政策相互依托和相互关联。城市设计要用政策来表达，设计要结合政策。

在具体环节上，我们针对不同层面需要介入的问题，列出了国际上不同城市的相关政策和议事流程，以及我们当地政府需要介入的相关部门和办事程序，对基于我们国情和地域特点的政策支持系统进行了概括和描述，并得到了当地政府支持。

此研究是清华大学建筑设计研究院在嘉兴进行的城市设计和建筑策划整合系统研究的一个重要组成部分。通过对不同地段的深入探讨，以及部分具有代表性重要地段的规划、城市设计、建筑策划、建筑设计全过程参与，结合施工和使用后评估状况，力图梳理出一套适合我国国情的城市设计和建筑策划方法。这种工作模式在强调技术理性和空间美观的同时，重视现实利益分配，强化制度建设，从而为有关主管部门操作和控制提供思路，为开发商提供引导和参考，为建筑师的理性创作提供设计依据。事实证明，这种依托政策支持平台并与策划相结合的城市设计研究，为后续工作的展开和对接提供了一些新的思路。

需要指出的是在策划和概念设计的过程中，来自清华大学城市规划、社会学、经济学、科技园区建设、工程项目管理、房地产开发等多个学科的专家教授在宏观控制层面和具体操作层面从不同角度给予了很多有益的建议。这也说明在建筑日益复杂化和建筑需求多样化的今天，建筑师作为业主顾问和技术咨询者的身份得到强调。

嘉兴科技城的策划和设计是一项涉及层面众多的系统工程，建筑师在其中担当了大量的协调工作。由于概念设计是对空间导则引导控制的空间具象化，必须根据现在实际情况和未来发展的可能逐点推敲。在不同功能区块上，由于施工的进度不同、开发主体的多元化，想通过策划和概念设计对其空间形象整合难度相当大，只能是反复沟通协调，探询最重要的价值要素。所以这个过程更多的是和不同学科的专家团队、不同投资方、开发方、建设方、运营方以及政府机构反复沟通、互动探讨的过程。如罗伯特·G·赫什伯格所言，以价值为基础的策划方法肯定了最重要的设计问题，并在策划陈述文件中得到体现。

6　前策划后评估全过程要点

前策划与后评估结合起来，为建筑设计提供了一个闭环反馈机制，有助于设计质量的提升。前策划与后评估也是全过程工程咨询的重要环节，是行业变革推进的重要方向。本章就空间综合性能优化、限额设计、绿色建筑设计措施整合等方面的要点进行介绍，在未来还有很多的要点可以放到“建筑策划—建筑设计—后评估”这个系统中来，以促进建筑的综合效益提升。

6.1 空间综合性能优化：会展建筑展厅策划设计[①]

6.1.1 展厅运营和设计面临的问题

进入21世纪以来随着我国会展经济的发展，不仅我国重要城市都纷纷改建和新建会展中心，还有一大批地级市和县级市的会展中心也已经在立项过程中。截至2015年我国会展展馆已建展馆286个，展馆总面积892.89万m^2；在建展馆22个，面积239.1万m^2；待建展馆6个，面积78.2万m^2。2011 ~ 2015年，中国可使用的展览面积增加了29%。在展馆建设取得巨大成就的同时，也暴露出不少问题。造成这些问题的重要原因之一就是在设计之初缺乏建筑策划，设计任务书的制定和使用运营实际情况脱节。作为会展建筑核心的展厅空间，也是问题较为集中的地方。本书结合对一系列会展中心运营实际调研评估情况，对问题进行分析，提出解决思路，并结合实际工程案例进行阐述，以期让更多业界同仁对会展展厅综合性能的提升策略进行探讨。

1）空间效能较低

我国部分展厅利用效能较低，除政策和经营层面原因外，规划设计不合理也是一个重要原因。概括来说就是一些展会“想办办不了，想用用不好”。如有些展厅规模大小和当地承办会展的经济规模不匹配，空间太大用不起。有些展厅高度不足某些类型展会办不了，有些展厅没有配备空气动力间不能办工业展，有些展厅追求造型牺牲了内部展位的数量，有些展厅内部有结构柱影响布展，有些展厅内部吊杆的布置和荷载不能满足展览要求，有些展厅卸货区和出入口设置不合理影响布展、撤展等等。部分展厅入口和卸货区之间铺地基础未做处理，拐弯处未设置防护桩，经常被大货车破坏，影响设施运营。

2）经济收益较低

我国会展建筑中有相当一部分国有投资项目的前期可行性研究和设计任务书是按《展览建筑设计规范》进行编制的，缺乏会展建筑设计专家和运营专家的前期介入。展厅只是一个单一的展览空间，在后期运营时缺乏灵活性。如部分展厅缺乏对分隔的考虑导致出租困难；部分展厅缺乏一些就近配套设

① 张维.会展建筑展厅综合性能提升策划设计策略探讨[J].南方建筑，2017（5）：20-23.

施承办收益较高的商务活动；部分多功能展厅没有考虑声学设计，举办不了企业年会、歌友会、路演、新品发布会等大型活动；部分展厅对防灾、减灾未做预案，导致办某些特定展会时经营成本高企；还有建设单位在规划策划阶段缺少广告位和LED屏幕的设置，建成后往往在结构荷载、观赏距离和电气点位方面与运营方的要求有矛盾；部分会展建筑脱离功能本质，为造型而造型，用钢量远超出一般标准；部分会展建筑维护结构、装饰构件加多，不仅增加初始投入而且日后维护成本也大大增加；部分展厅夜景照明缺乏节电模式，运营成本高；部分展厅总体冷源要求较高，装机容量大初始投资高。

3）用户体验较差

部分会展建筑导视标识设计较弱，使用者找方向困难。部分展厅流线过长，体验不佳。部分卫生间配置机械套用《民用设计通则》，女性如厕问题突出。部分建筑在布展和撤展之间设备不开放缺乏空气对流，产生粉尘和课题对人的健康有影响。展厅没有做专项声学设计，混响时间长听不清广播和对话。会展就餐高峰排队困难，部分场馆吃个便餐要排一两个小时。部分场馆手机和WIFI信号弱，人与人之间联系不畅。

4）建筑能耗较高

会展建筑规模较大，总体能耗十分可观。展厅部分围护结构蓄热差，建筑内部发热量峰谷差别大，简单地增强保温室内会有大量热干扰。屋顶的玻璃幕墙没有可调节遮阳措施，太阳直射辐射过多。运行间歇期较长，间歇期开空调能耗过大。往往是按场内人员满员计算空调新风量，总体数值较大，能耗过高。部分场馆余热、废热没有利用，白白浪费。部分展厅室内气流组织不理想，达不到效果（图6-1）。

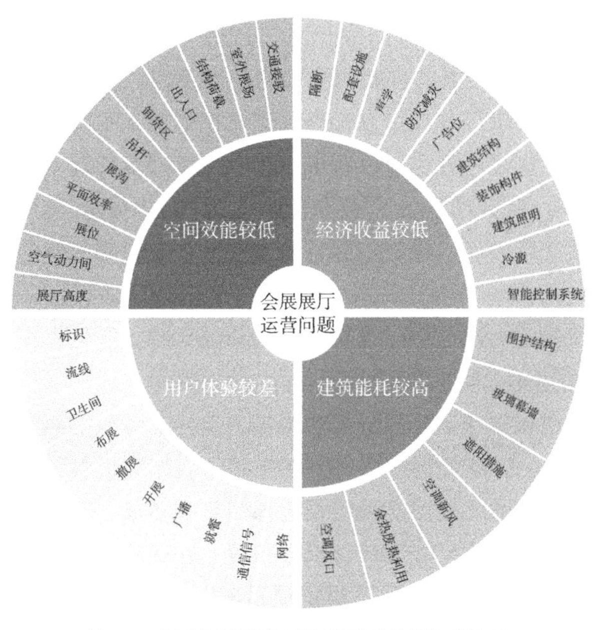

图6-1　会展建筑展厅运营问题涉及的部分关键词

6.1.2 会展展厅策划设计阶段的问题解决策略

首先要系统分析提升会展展厅综合性能涉及的建筑要素。针对提升会展建筑展厅综合建筑性能这一目标，通过对上述四类问题的梳理，可以提炼出若干个主要因素。四类问题分别涉及若干不同的因素，其共同作用影响展厅综合建筑性能提升。在策划设计阶段，不仅要针对单一因素提出问题解决思路，还要考虑有些因素是相互影响的，需要根据项目的约束条件统筹考虑、综合判断，哪一些是决定这个项目的关键因素，哪些是非关键因素，抓住主要矛盾解决问题（图 6-2）。

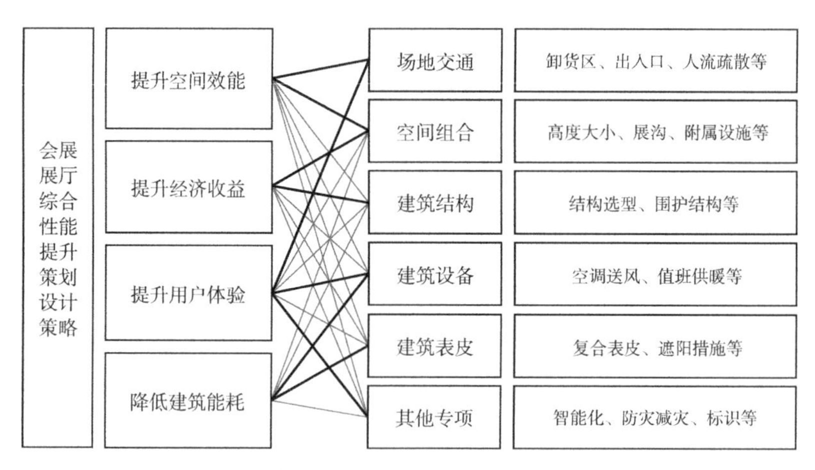

图 6-2 提升会展展厅综合性能涉及的建筑要素

第二步，需要梳理出策划设计阶段的问题解决思路

1）提升空间效能

根据运营要求确定具备办特定展会的基本条件。空间上考虑结构荷载、空间高度、设备要求等。如可以根据展览类型划分，不同展厅结构荷载可不尽相同。除标准展厅外，可以考虑设置若干大型多功能展厅，满足特殊展览的需要。有些特殊展览，需要空气动力间，可根据运营要求考虑布置，并需满足相关规范要求。建筑造型宜简洁规整，让内部展位的布置效率最高，并兼顾外部展场的内外联系。卸货区应该尽可能满足大车使用要求，在场外设置轮候区。部分展厅疏散门高度应高一些，满足大车直接驶入要求，其余疏散门满足消防要求即可。

减少因策划和设计不合理造成的损失。空间上考虑平面效率、展沟设置、出入口布置、立体交通接驳等。如果地下有车库设备、人防等，还需要细化做法提前沟通，确保能满足相关部门审查要求，避免施工图过程中修改造成被动。展厅的尺寸应结合模数布置，在保证消防的前提下尽可能经济。展沟宜集成水、电等设备根据项目实际情况选择合理的布置形式。展厅出入口要考虑独立运行和联合运行的多种可能性，同时考虑室外临时安检场地的布置。如有二层的展厅还要考虑人、货的交通接驳，尽可能把通道和消防要求结合起来。冷源可以结合消防水池做水蓄冷系统，减少装机容量，多处冷战互相连通、互为备用，提高可靠性并减少总容量，节省初期投资。

2）提升经济收益

展厅要具备灵活性，同时配套完善。近年的市场反馈证明，配备在展厅附近的会议室、洽谈室和 VIP 休息室出租回报率较高，运营方会反复提醒设计团队要在展厅配套这些附属服务空间。多功能展厅的分隔设置也很重要，通过活动隔断将一个大空间隔离成若干小空间以满足会议和展示的需求，可以满足多元化的社会服务需求。多功能展厅需要考虑声学设计和舞台搭建，甚至考虑预留部分舞台吊杆等，满足企业年会和歌友会等多种活动。部分展厅如有供餐需求，还需要考虑和中央厨房的通道连接，并宜考虑设置小厨房、洗碗间和家具库房。

空间规模应恰当。由于规范规定，展厅每一个分区不超过 1 万 m^2。如果刚刚超过 1 万 m^2 就做消防论证往往得不偿失。如果展厅扩大到 2 万 ~ 3 万 m^2，虽然做消防论证周期长且不可预见因素多，但优势也明显，可以在同一展厅举行更大规模的展览，管线更加集约，可减少对维护墙体投资等，这样的展厅不仅能举办大型活动，还能因共用卸货区而大大提升额定用地内的展位数量。

广告位、餐饮区等设置要统筹。展会期间的广告收入较为可观，需要在设计前提出要求，设计中对广告位的大小高度、观赏距离、电气点位等作复核。由于越来越多的项目采用 LED 屏幕播出的方式进行推广，还需要考虑设备散热等条件。可以考虑在展厅附近甚至展厅内设置供应区，为观众提供包括餐饮在内的基本服务。

依靠大数据分析工具和智能系统提升预测准确性并制定预案。某展会预测当日 4 万 ~ 6 万人参会，结果当日来了 20 余万人，不仅所有展厅人满为患，还惊动政府、武警启动应急预案，造成临时安保费用飙升。有经验的运营方会依托大数据分析工具和智能系统提升预测准确性并制定预案，有序引导人流，不仅能有效地控制人力成本，还能根据人数变化调节照明、通风等设备节省运行费用。

3）提升用户体验

优化会展建筑导视标识，有序引导人流到达目的地。人在展厅熙熙攘攘人流中，很容易迷失方向，因此导视标识设计要醒目，还要便于理解和记忆。展厅在条件允许的情况下，可以考虑独立设置对外出口，既满足独立运行需要又能极大减少人的交通流线。

卫生间配置按 2016 年《城市公共厕所设计规范》执行，女厕位数量大幅提升。落实在入口、楼梯等部位的无障碍设计，考虑老人和儿童的使用需求。特别是在一些医疗器械展中，宜增设部分临时座椅供老人休息。

提升主办方、承办方、供应商、运营方和参展参会观众的空间体验。根据气候条件，一部分展厅在过渡季节宜打开高窗和所有疏散门，增加空气流通，减少在布展和撤展过程中空气粉尘和颗粒对人健康的影响。会展展厅附近宜增设临时食品供应区，避免观众往返。展厅室内装修需要采取吸声措施，确保声学效果。要考虑临时食品供应区的新风、排风，避免串味。展厅附近应增加设备增强手机和WIFI信号，确保人与人之间联系畅通。

4）降低建筑能耗

原则上应针对建筑热环境、光环境、风环境出现的问题，采取针对性的措施。在建筑热环境方面，展厅维护结构应减少玻璃幕墙面积，保障采光要求即可，可以有效降低空调能耗。应合理利用余热、废热解决展厅的供暖或洗手的热水需求。在光环境方面，采取可调节遮阳措施，在玻璃屋顶或玻璃幕墙防止夏季太阳辐射直接进入室内。有采光需求的主要功能房间宜有合理的控制眩光、改善天然采光均匀性的措施。

在风环境方面，间歇期可以采用自然通风，适当增加玻璃幕墙透明部分可开启面积，实现过渡季自然通风。由于展厅的疏散门往往较大，会有很大的自然通风换气量，送风系统可以减少新风量。同时可以智能控制系统复核人员密度，减少新风量，节约大量空调能耗。在过渡季可以考虑开启屋顶排风机排风、大门进风。展厅宜提高喷口出口的风速、降低出风口高度，复核室内温度纵向分布，从而提高室内的平均温度并降低空调能耗。

6.1.3　工程案例

1. 国家会展中心（上海）

国家会展中心（上海）1&2号馆，该展厅室内高度32m，1号馆2.64万m^2，2号馆2.70万m^2。该展厅一个比较突出的进步是通过设置准安全区和防火隔离带等策略解决了规模远超消防分区的问题。将其与上海世博会类似规模的某展厅对比就会发现，取消位于展厅内的疏散楼梯会大幅增加了办展的灵活度。在设计过程中运营顾问介入进行指导，对空间组织和划分提出具体需求，围绕展厅有一圈附属用房，整个展厅内部无柱。展厅门高6.5m，可以满足各种交通工具运输的需求，也可以大量补充新风。展厅设有2.0m × 1.8m的展沟，不仅可以为布展提供电源，还能在冲洗场地时候作为排水。展厅结构形式不同于其他展厅，采用了大跨度空间钢管桁架，能大幅节约投资。展厅空调全部采用上送风方式，避免展位隔断影响送风气流，采并用自动调节气流流型风口，解决冬季热风送风难题并提升舒适感。该项目整体已获得绿色建筑三星设计认证（图6-3、图6-4）。

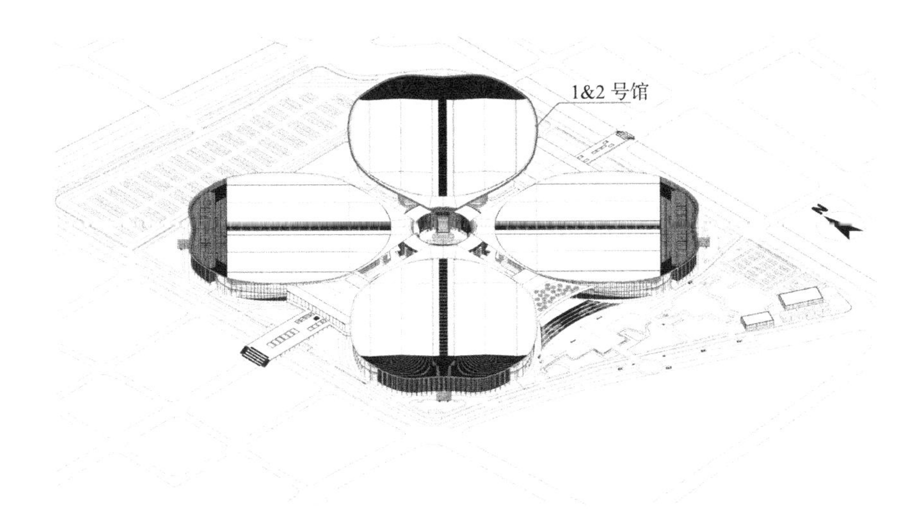

图 6-3　国家会展中心 1&2 号馆位置

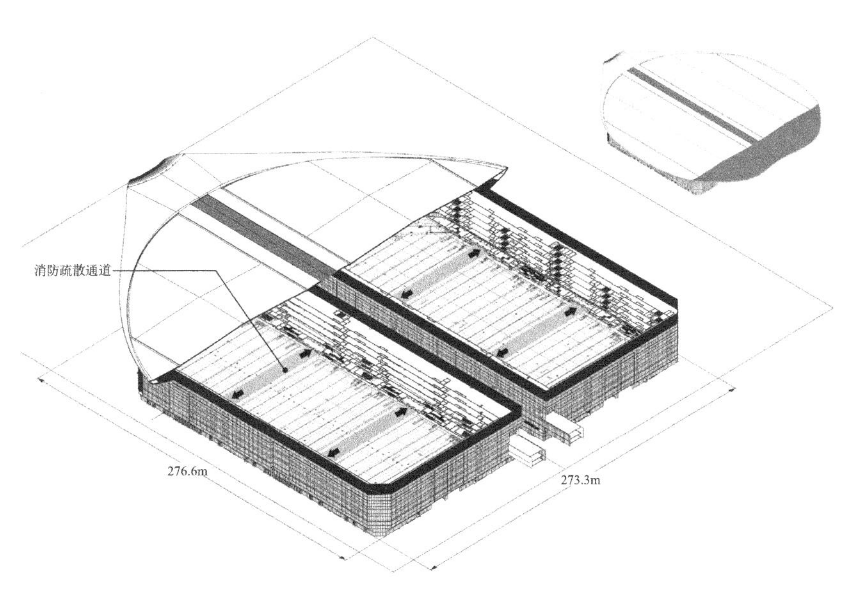

图 6-4　国家会展中心 1&2 号馆轴测图

2. 石家庄国际展览中心

该展厅室内净高 18.5m，总建筑面积 2.63 万 m^2。在策划过程中与运营顾问密切合作，就规模大小、高度、展沟、展位、运输方式、广告位置等进行多次讨论并指导设计。多功能展厅采用悬索结构，通过索的轴向拉伸来抵抗外荷载最大限度地利用高强度钢材的承载能力，大大减轻结构的自重，较经济地跨越 54m 的跨度。该厅有独立的出入口并靠近地铁站出口，配置有临时安检口，能独立承揽业务。卸货区紧邻 4 个 5.5m 高与 4 个 4m 高大门，能实现快速布展和撤展。围绕该厅配置了一系列商务设施，可增加经济收益。对该厅整体进行声学设计，使其具备举办企业年会和歌友会等活动的能力。注重人性化设施，在主要入口、卫生间、电梯间都设有无障碍设施，女性厕位数量大大提升。展厅开有高侧窗，过渡季能实现自然通风，屋面有采光顶，可自然采光，并配有遮阳措施。电力采用基于IP的智能配电系统，可根据人员数量实现智能调节。外区设置供暖系统在非工作时间实现值班供暖；公共空间设置可变新风量通风系统，或机械通风系统；公共空间在冬夏季设计工况下能够按照实际使用人数调整最小新风量；排风热回收系统设计合理（图6-5、图6-6）。

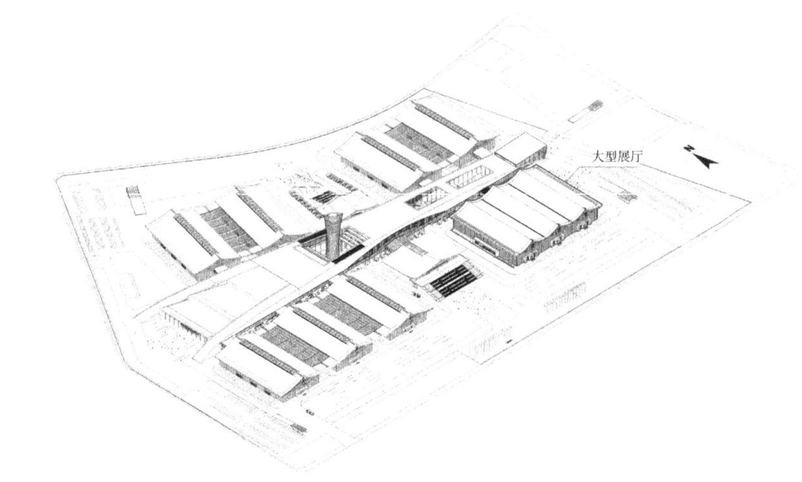

图6-5　石家庄国际展览中心大型展厅位置

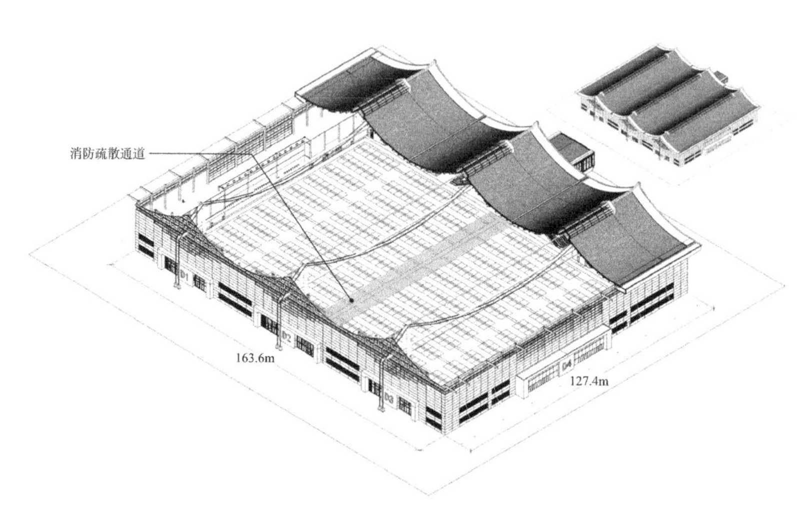

图6-6　石家庄国际展览中心大型展厅轴测图

6.1.4　展望和建议

从全寿命周期来看，项目不同阶段有着不同的空间形态：策划阶段是构想空间，设计阶段是图纸空间，建设阶段是物化空间，使用阶段是建成空间。这些阶段中空间内在的本质要素是连续和继承的关系。会展建筑综合性强，更需要精心策划和梳理要素之间的关系，发现和抓住主要问题，避免一开始就出现设计错误。也需要对设计完成并已经投入运营的项目进行使用后评价，对实际运营的经验教训进行总结并对策划设计进行反馈，在下一个会展建筑的策划中及时修正。会展展厅是会展建筑的核心，是会展建筑效益最高的“资产”。抓住这个关键的牛鼻子，在调研分析总结的基础上，通过适宜的策划设计策略提升会展展厅的综合性能，不仅有利于会展展厅本身，也有利于整个会展建筑的社会效益、经济效益和环境效益的提升。

6.2 建筑造价控制：基于限额设计的超高层建筑创作①

6.2.1 综述

由于超高层建筑规模大、投资高，越来越多的建设方提出限额设计要求。随着技术的发展整个行业设计过程的重心正在不断前移，在建筑创作阶段对建筑经济性加以控制远比在初步设计和施工图阶段控制更为有效。本书从限额设计条件出发，在策划阶段运用问题搜寻法，先对问题进行搜寻，后对问题提出解决方案并作预评价，形成设计任务书。设计阶段运用设计协同的方法，依托设计任务书融合策划提出的问题解决方案进行概念性设计，继而对方案进行深化，完成建筑创作。在建筑创作过程中，限额设计评估在不同节点各有侧重。对反馈意见的提炼和吸收是限额设计条件下完成高质量建筑创作的重要保障（图 6-7，图 6-8）。

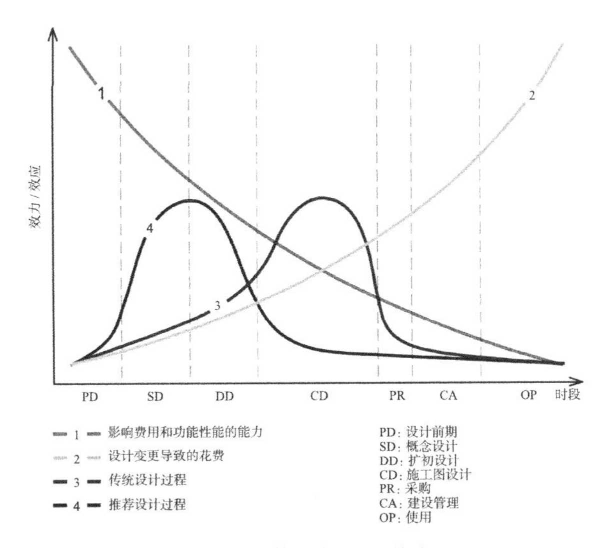

图 6-7　整体设计的重心前移

（资料来源：TAMU CRS Archives）

① 张维．基于限额设计的超高层建筑的创作探讨 [C] // 中国建筑学会．建筑我们的和谐家园——2012 年中国建筑学会年会论文集．北京：中国建筑工业出版社，2012：18-23.

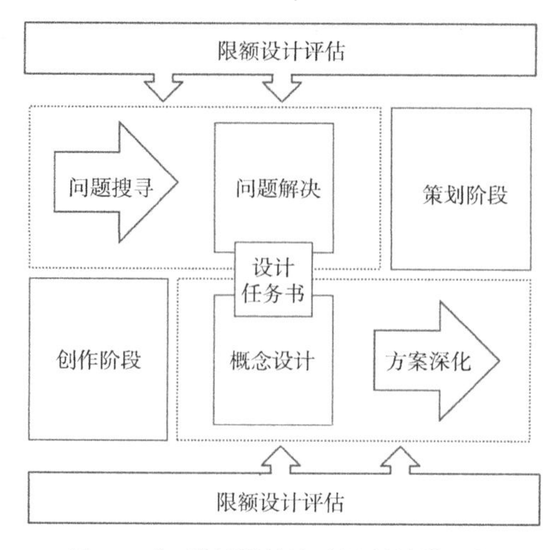

图 6-8　基于限额设计的超高层建筑创作程序

6.2.2　重点：建筑策划

勒·柯布西耶的名言“无计划既无秩序亦无创意”一语道出策划和设计的关系。凡事预则立，不预则废。通过精心的策划细致的分析问题，提出贴切的设计任务书，是从源头上有效控制投资限额的方式。首先，建筑师需要现场调研和取得第一手资料并运用建筑策划问题搜寻法来进行分析。问题搜寻法在横向方向列出目标、事实、理念、需要和问题，在纵向列出功能、形式、经济、时间等要素，系统地分析问题并提出解决问题的思路，进而为下一步设计提供科学而逻辑的指引。表 6-1 引用某项目问题搜寻的部分问题以说明这种方法的使用。罗伯特·赫什伯格提出在纵向还可以增加环境、安全等要素，建筑师可以根据工程项目需要对纵向条目进行增减。在项目之初召集建设方、投资方、建筑师、各种顾问、政府主管部门代表、使用者代表、公众代表参与会议。这样的方式能向所有与会人员展示需要考虑的各个方面，同时也方便对不同要素之间的关系作简洁明了的判断，共同分析归纳和梳理出限额设计条件所需要面临和解决的问题。

超高层建筑限额设计作为经济部分的重要理念，和功能、形式、时间等要素往往既有联系，也有矛盾。问题搜寻法可以系统全面地展示出各种问题，这时往往需要对搜索的问题赋予不同权重。分清轻重缓急后对重点且紧急的问题进行突破，进而为解决问题创造条件。如表 6-2 中“是否设置酒店功能”就是一个讨论的重点。建设方在设计前期很难决策超高层建筑中是否设置星级酒店或精品酒店。一方面，引入酒店往往对超高层楼宇功能配置完善，对超高层楼宇的知名度和营销推广有较大的帮助。另一方面，酒店的引入对于物业持有方而言往往投资回报期较长，酒店功能设置对结构、垂直交通、幕墙、设备等造价影响很大。对于超高层的酒店，宜在设计之初就引入酒店管理经营团队，尽早定夺。在我国因设计任务书变更导致投资增加的工程项目为数不少，某超高层建筑筒中筒结构设计外围柱距 4.8m 本可通过抗震超限审查，又被要求增加超五星级定位的酒店，不得不缩小办公层柱距，通过上层腰桁架的特别设计，换取上部酒店层柱距的扩大。不同品牌的酒店管理集团对客房产品、后勤部分等要求不尽相同，这些都会对平面布局产生影响。一些精品酒店对垂直交通分区和隐私有严格的要求，相应地会影响电梯布置和投入，建筑师宜从多方面对此进行分析。

某超高层项目的部分问题搜寻示意 **表 6-1**

	目标	事实	理念	需求	问题	问题解决
功能	5A 级写字楼	5A 级写字楼净高要求 2.7m 以上	整体化设计	层高在 4 ~ 4.2m 之间	层高太高影响投资	4.15m 既满足功能也节省投资
	五星级酒店	五星级酒店客房开间和写字楼柱网不同	柱网调整	对结构进行计算，对幕墙重新设计，对垂直交通进行计算	影响结构、幕墙、垂直交通、设备部分的工程造价	列出不同可能，最终不设置酒店
	能兼作秀场的停机坪	贵宾乘直升机从顶层停机坪降落	贵宾电梯直达	在停机坪边设置电梯	如电梯出停机坪不满足相关规范要求	在停机坪下设置电梯，通过升降平台再上停机坪
形式	建筑形象与众不同	周边超高层多以方盒子形象出现	弧线造型	多种二维曲面玻璃幕墙	非标准构件会增加投资	在保留弧线前提下减少幕墙构件类别
	高效的首层平面交通组织	用地较小无法有效组织交通	架空首层	运用巨构结构，多个核心筒	投资比筒中筒、框筒结构要高 15%	通过优化控制结构用钢量减少投资增量
经济	不得超过投资限额	不确定因素较多	限额设计	对投资估算、概算等严格控制	每次调整会带来大量修改影响工程量清单的统计	使用建筑信息模型，减少统计工作量
时间	在 2011 年底前开工	此项目设计周期需要一年多	设计总包	控制设计周期	不同顾问方意见较难统一	通过开放式会议取得共识

对问题的轻重缓急进行分类 **表 6-2**

	紧急	不紧急
重要	是否设置酒店功能？ 是否能采用巨构结构？ 采用哪种垂直交通组织模式？ ……	采用哪些绿色建筑技术？ 弱电系统如何选择？ 烟囱效应如何解决？ ……
一般	冷却塔放在哪？ 地下车库出口如何布置？ 顶层是否做需要天然气直达？ ……	顶部核心筒电梯不到达的梯井改成办公室后如何利用？ 如何联系主塔楼和裙房的会议中心？ ……

在分析搜寻出问题后，需要针对问题提出解决方案。这个阶段是限额设计定方向的阶段，要从项目整体上进行通盘考虑。以超高层的结构选型为例，不同功能类别的建筑对结构形式要求不尽相同，不同类别的结构形式在投资上差别较大，往往是控制投资的重点。结构选型首先要满足建筑功能需要，应在满足的前提下再讨论经济性问题。再以交通组织为例，如某城市地块较小难以进行有效的地面交通组织，可能不得不收购相邻地块。概念设计中提出通过巨构结构分散核心筒的方式架空首层组织交通，尽管结构方面会增加一部分投资，但能有效解决交通问题，同时还能节省巨额的土地购置费用。又如某城市中央商务区区域从整体交通状况出发至要求做整个区块的大交评，考虑到城市周边道路的承载能力，要求降低停车数量标准。同时要求周边若干栋超高层建筑地下二层统一标高做停车层相互连通资源共享。根据测算，虽然与周边连通需要增加一定的投资费用，但按上位规划要求不用再做地下 5 层车库，总体上还是能节省一笔不小的造价费用。

在提出解决方案后，还需要对解决方案进行预评价。一方面，通过现有实际案例的调研和使用后评价收集相关数据信息进行比较；另一方面，对针对问题提出的解决方案，请专业人士和未来使用者进行预评价以检测是否可行。如 5A 级写字楼层高 4.15m 比层高 4.25m 要节省造价，就需要与各专业通过绘制剖面图进行分析，确保层高 4.15m 能做出净高 2.7m。同时考虑灵活出租需要还预留出 15cm 的架空地板空间，以便于办公空间的切割和布置。除控制初始投入成本外，减少未来维护运营成本也是限额设计的难点。如超高层建筑的幕墙设计，就需要考虑使用运营阶段清洗的需要。复杂的形体一般会增大擦窗机初始投入和运行的费用，一些复杂的外装饰可能还需要母子擦窗机才能进行清洗，这些都需要增加额外的投入。同时超高层冠部设计也要考虑擦窗机的安装和使用要求，留出余量。某超高层建筑在设计前期没有对此进行考虑，结果等冠部施工完毕后安装擦窗机时没有位置安装轨道，结果只能再安装若干部升降机，每次需要清洗时要先启动升降机将擦窗机升起至冠顶，再进行清洗作业，这对投资和能源都是不小的浪费。作为策划阶段的结束，需要协助建设方对设计任务书进行梳理，还需要将解决方案融合于概念设计创作中。建筑策划的过程，也是孕育建筑创意的过程。

6.2.3　难点：设计协同

鉴于超高层的复杂性对不同专业都有较高的要求并且协调困难，建设方会习惯于聘请建筑设计院或建筑师事务所作为设计总承包方对项工程项目进行整体掌控，这样设计协同和设计管理就变得尤为重要。设计协同需要综合各方面、各专业的意见，对限额设计措施进行评估。在概念设计阶段的限额设计评估主要关注超高层工程造价比例较大的部分，结合建筑策划的结论对建筑结构、幕墙、垂直交通、地基开挖、暖通设备等作专题研究。在方案深化阶段的限额设计评估，会结合设计方案对不同专业之间的关系进行梳理，按照投资收益最大化和运营成本最小化的原则进行评估和比选。

在概念设计阶段，需要通过开放式会议针对专题研究并请专业顾问参与提意见。如超高层幕墙系统往往是限额设计关注的一个重点，超高层建筑外表面积基数大，在工程项目中玻璃幕墙系统工程造价总量较为可观。通过对十余个 250m 以上超高层建筑的分析，玻璃幕墙系统造价占整个工程投资的 6% ~ 9% 之间。使用玻璃幕墙、石材幕墙等在材料价格和施工费用方面都有较大的差异。对于异形、曲面等造型需要，在策划阶段就应尽可能地考虑幕墙系统构件的标准化要求。在后续设计推敲过程中，需要有意识地减少幕墙构件的类别，从而满足控制造价的要求。如图 6-9 所示，在某项目方案设计的过程中通过设计辅助工具对玻璃幕墙进行优化从而大幅减少非标准构件类型。

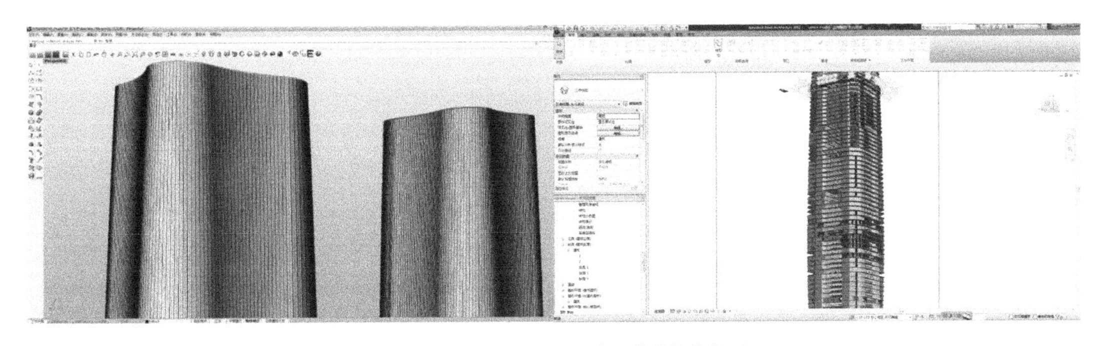

图 6-9　运用设计辅助工具减少幕墙构件类别

在方案深化阶段，限额设计措施在一些细节方面具体化。如建设方往往对办公部分标准层的平面使用率十分重视。办公部分标准层的使用率在很大程度上取决于核心筒的布置，一般核心筒面积越小越经济。如某项目采用筒中筒结构，结构专业希望核心筒边长为外筒边长的二分之一，但过大的核心筒会造成平面使用系数较低，建筑专业会在设计中尽量缩小核心筒的尺寸。缩小内筒平面尺寸会造成内筒和外筒距离较远，梁比较大。与此同时核心筒的大小和垂直交通设计息息相关，不同的垂直交通设计对梯井的要求差异很大。设备专业管道井在核心筒内壁上的洞口大小也对结构有较大影响。不同专业顾问的意见有可能比较一致，也有可能相互矛盾，这些都需要集合团队的智慧权衡利弊，进行统筹考虑。使用对比分析加权系数的概率权数法，或根据重点指标计算加权系数的方法，可以避免过于强调某一方面经济性、削减某一专业的造价费用而影响整体功能使用和增加以后运营成本的情况（表 6-3）。

表 6-3 某项目标准层不同核心筒布置方式评估和比选

评价指标	得分	权数	各方案所得其概率权数		
			Ⅰ方案	Ⅱ方案	Ⅲ方案
平面使用	30	0.3	0.3	0.25	0.2
建筑结构	30	0.3	0.25	0.2	0.3
垂直交通	20	0.2	0.15	0.2	0.1
设备布置	20	0.2	0.15	0.15	0.15
合计	100	1.0	0.85	0.8	0.75

对于某些投资方而言，时间就是金钱，控制设计周期也成为控制总投资的一个重要方面。设计总承包方被要求协助甲方控制设计周期，将为数众多的超高层建筑的设计顾问团队介入时间阶段进行安排和将其承担的责任进行界定，从而优质高效地完成设计任务。同时，建筑师在建筑创作过程中，也需要在不同阶段请包括幕墙、机电在内的各种顾问团队及时有效地提供咨询配合，为建筑创作提供养分和对方案进行论证。通过对总体进度合理的安排，让不同专业团队在既定时间表内默契协同，对于设计节奏控制和设计质量的提高尤为重要（图 6-10）。

工作内容													
方案设计阶段	天数	开始时间	结束时间	规划	机电	景观	测量估算	幕墙	酒店管理	商业设施	标识	园林	交通
设计前期与建筑策划	20			S			S						S
项目设计任务书	10			S									
概念设计构思与甲方沟通（一）	20			S	S	S	S		S	S			S
概念设计构思与甲方沟通（二）	15			S	S	S	S		S	S			S
概念设计修改	10												
概念设计方案（总平面设计）给相关主管部门汇报	1												
总平面设计审查意见书													
方案设计与甲方、顾问公司沟通（一）	20				S	S	S		S	S			
方案设计与甲方、顾问公司沟通（二）	20				S	S	S	S	S	S	S	S	
方案设计修改	10												
建设项目交通影响评价报告（草稿）													
方案设计上主管部门专家技术审查会	1												
项目设计方案技术审查意见书													
针对审查意见书的设计调整修改	20				S	S	S						
建筑节能审查意见													
方案设计与甲方、顾问公司沟通（三）	1				S	S	S	S	S	S	S	S	
方案设计最终修改	15												
项目规划行政审批													

S 可参加　　S（灰底） 必须参加

图 6-10 某项目方案设计阶段不同顾问团队的安排

6.2.4 重要工具：建筑信息模型

建筑信息模型在数量统计、信息交互、设计协同等方面已得到较为广泛的应用。超高层建筑规模大，估算、概算要求提供的各种数量统计工作量很大。建筑信息模型在这方面较传统 CAD 工具更为智能化，各种需要统计的数据能快速准确地统计出来，能极大提高工作效率。特别是对于一些不规则的超高层建筑，建筑信息模型在统计的精准性方面有一定优势。在以前，建筑创作阶段由于时间紧张，造价工程师往往习惯使用方案报批的建筑面积作为数量依据，这和实际工程情况有一定差别。我国不同城市政府主管部门对一些控制指标的计算有不同的要求。如有些城市鼓励建设超高层建筑，对于超过一定高度的超高层建筑的容积率不作限制；有些城市避难层算建筑面积，因此有些不计入建筑面积。因此在计算建筑面积时，应考虑实际建设的面积。不同城市具体的建筑面积计算规则也不尽相同，如北京是办公建筑不高于 5.5m 算一层建筑面积，上海是办公建筑不高于 4.5m 算一层建筑面积。这些差异在以往的估算阶段往往很难顾及得上，现在使用建筑信息模型可以将数量统计得更为准确，限额设计可以做得更加精细化。

建筑信息模型在信息交互、协同设计方面有非常大的优势，可通过共享数据库实现异步交互，让多个协作成员在同一地点、不同时间进行协同设计。在建筑创作阶段不同团队可以在一个模型上建模，互相提资料，共同讨论。这样一方面既可以提高工作效率，又可以减少不同环节可能的信息损失减少错碰漏缺。运用建筑信息模型在与国外一些专业软件的兼容性方面也有较大优势。如首层平面的烟囱效应问题，借助于建筑信息模型可以便利地进行室内风环境模拟，通过计算确定如何对烟囱效应进行处理。由于建筑信息模型在超高层施工企业中的广泛应用，建筑信息模型成为设计师和施工方沟通的有效工具。如超高层限额设计中，以往对结构限价一个主要考察点是控制用钢量。当前施工企业人工费不断增长和建设方巨额还款压力的背景下，控制施工周期也是限额设计的一个重要部分。以当前 250m 高某超高层项目框筒结构和筒中筒结构的比较为例，一般情况下框架核心筒结构比筒中筒结构形式的造价要高。但筒中筒结构工期长、人工费不菲，同时还应考虑工期增加对业主时间成本的影响，再结合建筑信息模型和施工企业统计出来的增加工程材料费用一起判断，最终该项目放弃筒中筒结构形式而决定选用框架核心筒结构形式（图 6-11、图 6-12）。

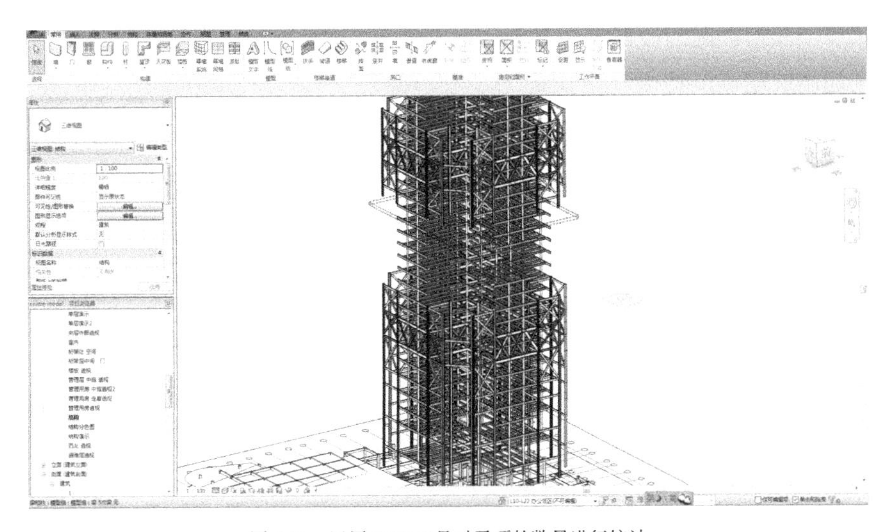

图 6-11　运用 BIM 工具对子项的数量进行统计

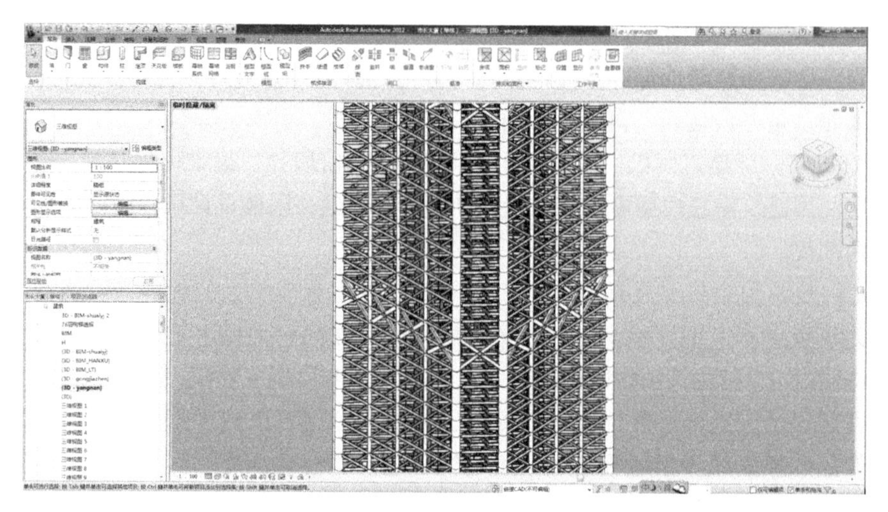

图 6-12 运用 BIM 工具对建造工期进行探讨

6.2.5 小结

随着社会对投资收益的重视和节地、节能、节水、节材意识的增强，超高层的经济性越来受到建设方、运营方、设计方乃至社会各界的关注，限额设计条件也越来越多地出现在超高层建筑项目工程设计合同之中。建筑师在协助建设方提高投资收益和减少物业持有运营成本的同时，也为自己在激烈的行业竞争中赢得市场、树立口碑。为保障建筑师在限额设计条件下高质量地完成建筑创作，建筑师在建筑策划阶段就应积极介入，协助建设方完成设计任务书的编制；在协同设计中发挥主导作用，通过开放式会议取得共识并引导各专业对造价进行控制；在协同设计阶段应用建筑信息模型等新工具，提高设计协同效率，同时增加估算的精确性。通过以上措施，相信在限额设计条件下我国会涌现出更多的精细化设计和高完成度的超高层建筑作品。

6.3 绿色节能提升：公共建筑复合表皮研究

6.3.1 复合表皮策略

在建筑设计的全过程对应建筑全寿命周期的策略中，建筑师应当充分考虑建筑的生态环境优化可能性，通过应用适宜技术，降低对自然资源的消耗，减少废弃物的排放和对环境的破坏，同时为使用者营造健康舒适的空间环境，最终实现人与自然的可持续发展目标。无论是建筑设计，还是建筑复合表皮设计的全过程，都需要从环境性能优化、技术合理运用的角度进行全方位思考和系统化构建。

为此提出一种基于环境生态性能优化策略的建筑复合表皮建构理念及

设计方法，将环境性能优化作为设计出发点，提出从多种策略集成，融入概念设计、方案设计、扩初设计和施工图设计各环节，以技术和美学双重逻辑对建筑复合表皮环境生态性能和建筑体形空间平面进行优化。

依据在建筑内在功能体系中的作用，建筑的基本构成体系大致可以分为结构受力系统、空间分割系统、主动式气候调节系统和被动式气候调节系统等。建筑表皮研究的重点在于表皮对建筑被动式气候调节的作用。从部位来分，建筑表皮又分为建筑外墙、建筑内墙、建筑屋顶与建筑楼地板等。按照对自然环境的优化作用，建筑表皮又可分为以热环境优化为主导、以光环境优化为主导、以风环境优化为主导和以声环境优化为主导等。除此之外，表皮在优化建筑内外空间、体现建筑文脉认知上亦有不可小觑的作用。复合表皮体系往往兼有其中多种或以上的环境优化功能。

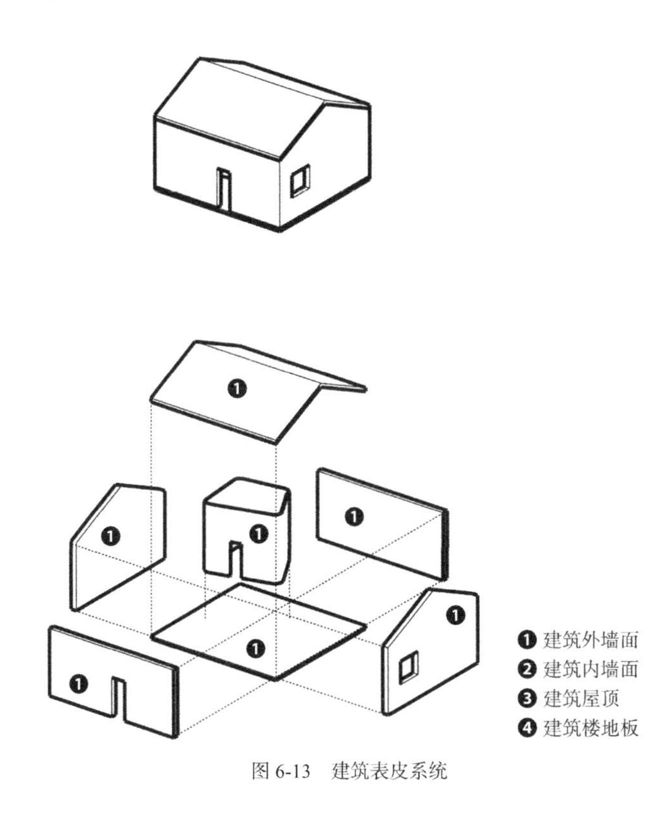

图 6-13　建筑表皮系统

1. 建筑设计的环境优化策略

建筑设计中应被提倡的绿色建筑是以资源节约和环境友好、以人为本为前提的，能够充分体现建筑与自然、社会环境的和谐统一关系。可持续性的设计价值观念，并不是游离于建筑设计之外的独立体系，更不是以技术和指标来限制建筑创作的唯技术论，而是对既有建筑价值观的一种积极完善和提升。对应建筑设计中最基本的原则——“适用、经济、美观”，在可持续性价值观的引导下，“适用”原则可以延伸为“对所在环境及其生态系统的主动适应”，“经济”原则则是“以尽量少的资源消耗和环境代价满足使用者合理的功能需求”，“美观”原则亦包括“体现生态价值和可持续性观念的生态美学”。建筑师树立这样的价值观对建筑和环境的生态质量有着根本性的影响，因为相对于工程师改进设备的努力，建筑师在建筑的基本体系和围护结构上的工作效果往往是事半功倍的。

生态建筑设计有两个重要内涵：因地制宜与被动式设计。[①] 因地制宜的建筑设计需要重视地域气候特征，综合考虑建筑环境特征的方方面面，其中包括地理环境、气候环境等物理方面，也包括人文、历史等文化层面的因地制宜，还包括建筑使用需求、使用方式等特定使用条件等。被动式设计则要求建筑师从建筑策划、方案设计之初就开始考虑建筑基本系统的环境生态性能，尽可能通过合理的规划、建筑、景观设计，实现环境优化的目标，合理的技术应用应该是这一策略的延伸和补充，而非主体。

我国“十五”科技攻关重点项目“生态建筑关键措施研究”中研究了绿色建筑的十种关键技术，其中超低能耗、自然通风、天然采光、生态绿化等四项技术策略都属于被动式技术。[②] 可见以生态环境优化为导向的建筑表皮设计需要充分关注被动式策略，即利用合理的空间组织和构造措施，在不利用或少利用能源动力的前提下，实现对建筑热、光、风、声环境的优化。如果说主动式的“空气调节”（Air-conditioning）是设备师的专业范畴，那么被动式的“空间调节”（Space-conditioning）则更多地是建筑师的分内之事。其包括的方面有：绿色节能技术、适宜的体形系数、形体自遮阳、高性能保温隔热围护结构、遮阳表皮、导风表皮、导光表皮、生态绿化等。

具体来说，减轻建筑环境负荷、协调建筑与环境关系的建筑设计有五点原则：①建筑与自然环境共生；②应用减轻环境负荷的建筑节能技术；③保持建筑生涯的可循环再生性；④创造健康舒适的建筑室内环境；⑤使建筑融入历史与地域的人文环境中。[③]

对于建筑师来说，基于环境生态性能优化的理念策略要优先于绿色技术应用。优化策略的实施是一项系统工程、技术层面涵盖节地、节能、节水、节材、室内环境、运营六大系统；时间层面需要贯穿建筑的全生命周期；开发层面需要经历项目前期、设计、采购、施工、物业管理等流程，需要大量的合作伙伴参与。[④] 因此，在这项综合而庞大的工程中，首先要明确整个流程中的环境优化策略。笔者认为，优化策略可分为气候策略、材料策略、技术策略、能源策略和细部策略。这若干策略会对建筑策划、概念设计、方案设计、扩初设计和施工图设计产生指导性的作用（图 6-13 ~图 6-15）。

---

① 苏志刚 . 深圳万科城四期绿色住区的实践与思考 [J]. 生态城市与绿色建筑，2011（2）.

② 张彤 . 空间调节——中国普天信息产业上海工业园智能生态科研楼的被动式节能建筑设计 [J]. 生态城市与绿色建筑，2010（1）.

③ 祁斌 . 日本可持续的建筑设计方法与实践 [J]. 世界建筑，1999（2）.

④ 苏志刚 . 深圳万科城四期绿色住区的实践与思考 [J]. 生态城市与绿色建筑，2011（2）.

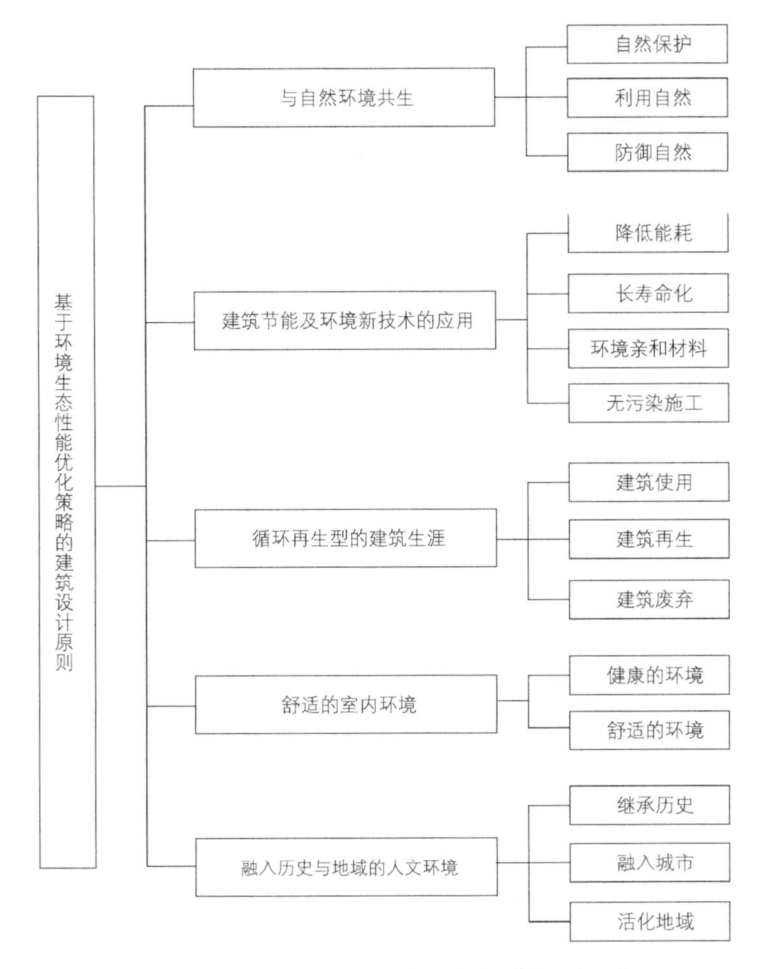

图 6-13　基于环境生态性能优化策略的建筑设计原则

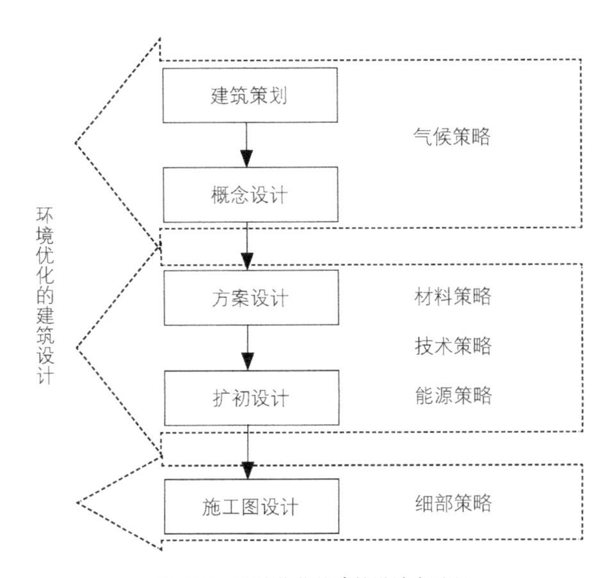

图 6-14　环境优化的建筑设计全过程

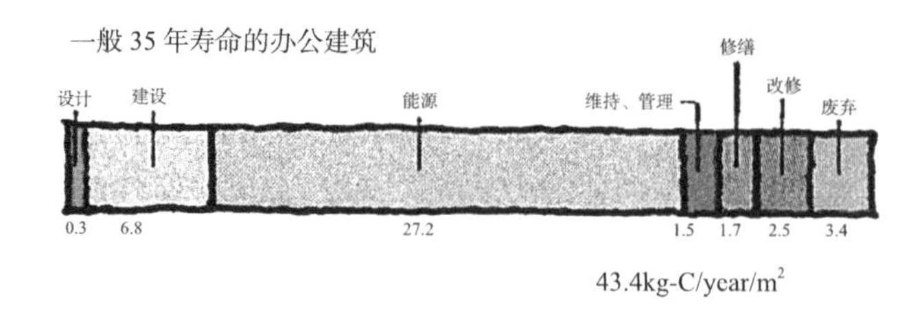

采用50%节能措施

0.3 7.3 13.6 1.2 2.0 2.8 3.7 0.3 削减30%

30.9kg-C/year/m2

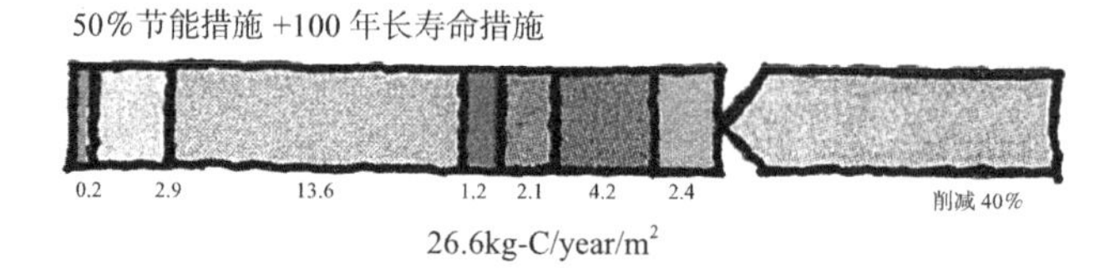

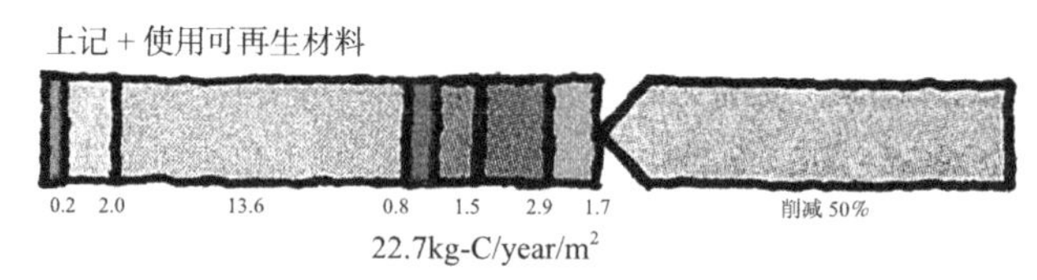

图6-15 建筑全寿命周期的节能策略
（资料来源：祁斌. 日本可持续的建筑设计方法与实践[J]. 世界建筑，1990（2）.）

2. 复合表皮设计策略与实例

基于环境生态性能优化策略的建筑复合表皮，不仅需要从建筑形体处理、空间构建、材料表现等空间或物质层面进行设计，还需要在建筑设计全过程中充分考虑其对地域气候、建筑微环境以及使用者的体验认知的作用。与之配合的各类工程专业人员也不仅仅是从技术合理的角度给予技术支持，更是在理念上、策略上、操作方法和运作模式上给建筑师提供更多设计依据、可行性的技术策略，从而共同提升建筑复合表皮的效用及合理性。因地制宜的设计，需要权衡设计与技术的关系。在设计创作中强调被动设计优先、主动技术优化在后的策略时序。

建筑设计中的被动式环境优化表皮设计主要内容包括：

在创作之初，即建筑策划和概念设计的阶段需要在形体布局中合理运用气候策略。根据气候特点，充分了解当地气温、日照、主导风和降水等气候状况，从建筑选址、朝向、整体造型上使建筑具备环境优化的基本要求。在遵循舒适美观原则下，树立高效集约的整合策略，合理确定空间容积，根据当地气候特点优化建筑体形系数，合理控制外墙延展面积。例如在有冬季保温需求的地区尽量减小体形系数，以便降低室内外热交换率。

根据各个朝向太阳辐射及盛行风风向，在东西南北各个立面采取不同的开敞度，采取有利于自然通风和自然采光的空间形式和形体组织方式，例如在冬季有东北寒风的地方北立面尽可能封闭，而夏季有盛行南风的地方建筑南立面尽可能开敞，在合理的方位内增大开窗面积，有效利用自然通风采光，由此可以在冬季获得充足的太阳辐射，降低采暖负荷，而在夏季则进行有效自然通风，降低空调负荷。另外，通过控制体形系数也可实现节能，通过建筑形体设计实现自遮阳，通过控制窗墙比实现保温隔热等，都是行之有效的方法。通过计算机模拟辅助设计手段，帮助建筑师完善建筑造型，例如用计算流体动力学 (CFD) 手段对不同建筑体量的室外风环境进行模拟优化，通过 ECOTECT 软件对冬夏日照角度进行分析等，都能有效控制建筑表皮的日照效能。

方案深入过程和初步设计，是建筑表皮设计的关键阶段。建筑师宜将材料策略、技术策略和能源策略充分融入设计创作中。材料策略的原则包括：选用高性能建筑材料，如通过复合材料或复合构造的方式提高建筑表皮保温隔热性能，减少室内外热交换以降低建筑能耗，就地取材和利用可回收材料以利从源头节能节材等。技术策略的原则包括：了解项目主要面对的环境问题并寻求对应的技术手段，因地制宜选用环境优化效果较好的建筑表皮技术，在技术集成过程中协调绿色技术与方案整体构思、文脉视觉、空间感受之间的关系等。例如合理应用玻璃幕墙，在满足使用要求的前提下减少过多的玻璃幕墙以减少能源的消耗。能源策略的原则包括：优化利用自然环境中的光、热、风等条件，以被动式手段提升建筑物理环境并减少能耗，采用可调节的复合建筑表皮对不同环境条件进行有效控制，条件允许时生产和利用可再生能源如太阳能、风能以维持建筑运转等。

在初步设计阶段，还有一个十分重要的工作内容，就是协调工程概算。合理的设计需要追求合理科学的性价比，各种技术运用及优化都是有投资制约的，在这个阶段，需要从建筑整体环境生态性能优化角度出发，整体协调平衡各策略运用与投资效益，以取得最佳的投资效率。

施工图设计阶段，除落实建筑表皮设计各技术策略完成和效用外，建筑师还需要从细部策略的角度进一步推进建筑表皮的设计，并协同各类工程专业人员的专业配合，共同实现建筑既定的整体环境应对策略。建筑表皮细部策略包括：调整构件尺寸以提高节能效率，设计合理的建筑各系统协调的运转方式，利用计算机模拟、结构模型和足尺模型等辅助设计手段，完善复合表皮的整个设计。

在整个工程设计过程中，复合表皮的设计应从环境问题各要素入手，选择恰当的对应环境气候策略、材料、技术手段和细部方式。在一些运用适当的表皮技术手段，实现建筑整体良好节能效果的案例中，若干表皮设计重点及效果呈现如表 6-4。

环境优化设计要点及实例 **表 6-4**

主导优化方向	环境策略	材料 / 技术手段	建筑表皮实例
热环境	保温	降低地形系数	普天信息产业科研楼
	隔热	自保温砌体 + 窗墙比控制	深圳万科城四期住宅复合外墙
	隔热综合	呼吸式幕墙	阿倍野 Harukas 大厦复合外墙
	主动隔热	空气幕表皮	北京奥运会射击馆复合外墙
	主动降温	水幕幕墙	中新生态城城市管理服务中心复合外墙
	蓄热	板式储热系统	万宝至马达株式会社总部大楼复合楼面
	隔热 / 透光	半透明 ETFE 膜屋顶	昆士兰大学全球变化研究所复合屋面
	保温	复合金属墙面系统	北京奥运会柔道跆拳道馆复合外墙
	保温隔热	智能生态型呼吸式遮阳幕墙	北京奥运会射击馆复合外墙
光环境	采光	天窗 + 白色光反射结构构件	普天上海科研楼复合屋面
	采光	太阳能反射装置	环境国际公约履约大楼复合屋面
	采光	水平反光板	旧金山公共事业委员会新行政总部复合外墙
	采光	光导管自然光采光系统	北京奥运会柔道跆拳道馆复合屋面
	遮阳采光	“细胞状”U 形玻璃幕墙	上海自然博物馆复合外墙
	遮阳	挑檐 + 缓冲空间	株洲规划展览馆复合屋面
	外遮阳	多孔弧形遮阳板	深圳万科总部复合外墙
	遮阳	遮阳彩色绿化系统	像素大厦复合外墙
	中间遮阳	双层皮可调电动遮阳幕墙	苏州工业园区档案管理综合大厦复合外墙
	可调遮阳	双层垂直曲面可动幕墙	昆士兰大学全球变化研究所复合外墙
	可调遮阳	自动变换角度的木质百叶窗	墨尔本政府绿色办公楼 CH2 复合外墙
	遮阳	可控外遮阳表皮	普天上海科研楼复合外墙
	综合	遮阳、通风和防热构造	尼桑先进技术研发中心
	防眩光	百叶状反光板	丰田汽车研发中心复合外墙
	防眩光	反光式顶部采光窗	北京奥运会射击馆复合屋面
风环境	体形优化	折线形小进深平面	深圳万科总部
	空间优化	不同立面处理 + 边庭灰空间	香港理工大学专上学院红磡湾校区复合外墙
	热压通风	太阳能烟囱 + 中庭	温哥华范杜森植物园游客中心复合屋面
	热压通风	排风烟囱 + 玻璃幕墙 + 边庭	青岛天人集团办公楼复合表皮
	风压通风	可调节式百叶窗 + 翼墙	邱德拔医院复合外墙
	通风构造	自然通风器	中国第一商城复合外墙
	通风构造	自然通风器	山东交通学院图书馆复合外墙
	通风构造	内墙通风口	普天信息科研楼复合内墙
	通风构造	内墙百叶抠	上海张江集电港办公中心复合内墙
	换气	废气管道	墨尔本政府绿色办公楼 CH2 复合外墙
	自然渗透	呼吸绿化内表皮	北京奥运会射击馆复合内墙

续表

主导优化方向	环境策略	材料 / 技术手段	建筑表皮实例
声环境	隔声	玻璃纤维填充 + 弹性构造	上海张江集电港办公中心复合内墙
	隔声	预制清水混凝土外挂板	北京奥运会射击馆复合外墙
	隔声防噪	综合隔声金属屋面	北京奥运会射击馆复合屋面
	吸声	穿孔铝合金吸声雨棚	北京奥运会射击馆 / 飞碟靶场复合屋面
	声音反射	斗型反射声罩	中国北方国际射击场复合内墙
	综合	噪声隔绝体系 + 复合吸声墙体	北京奥运会射击馆复合内墙
视觉文脉	仿生拟态	兰花造型 + 绿化屋顶	温哥华范杜森植物园游客中心复合表皮
	仿生拟态	紫荆花造型 + 铝板 / 玻璃外幕墙	徐州音乐厅复合外墙
	动态形象	“萤火虫”立面	旧金山公共事业委员会新行政总部复合外墙
	隐喻象征	竖向遮阳百叶	北京奥运会射击馆复合外墙
	文脉肌理	穿孔金属外挂板	徐州美术馆复合外墙
	色彩意象	马赛克内墙面	徐州美术馆复合内墙

3. 案例剖析

1）北京奥运会射击馆

北京奥运会射击馆是 2008 年奥运会最先启动的四个主要新建场馆之一，也是最先开工、最早竣工的新建场馆。清华大学建筑设计研究院在有承担过悉尼奥运会、巴塞罗那奥运会射击馆设计及国际知名设计公司参加的国际公开建筑设计招标中脱颖而出，中标并承担整个项目的设计工作。建筑设计的重点放在了关乎建筑功能及使用便捷性和经济性的层面上，运用了一些成熟、可靠、适宜的生态建筑技术，将有限的建设资金用在实现建筑主要功能的基本环节，通过运用恰当的建筑构造、细部做法及相应的工艺和材料，提高建筑的整体使用品质及节能效果。北京奥运会射击馆对表皮进行了一些针对性的设计尝试，并针对射击馆特定的使用要求，提出适宜的建筑空间及建筑表皮策略，运用了一些具有针对性的特殊内外表皮做法，实现了特定的使用功能需求。规划设计将射击比赛的基本要求、运动特征、场地特征融入建筑中，北京奥运确定的“绿色、科技、人文”的理念精神在设计中转化为形成每一个设计策略时的思考方法，或成为一种价值观，渗透到建筑设计的构思以及技术细节中。建筑体现出与自然对话、回归自然、回归人性的性格，将阳光、绿树、山、风等自然元素引入建筑，营造出空间舒适、生态宜人、清新健康的室内外环境（图 6-16 ~图 6-22）。

图 6-16 射击馆东侧鸟瞰图

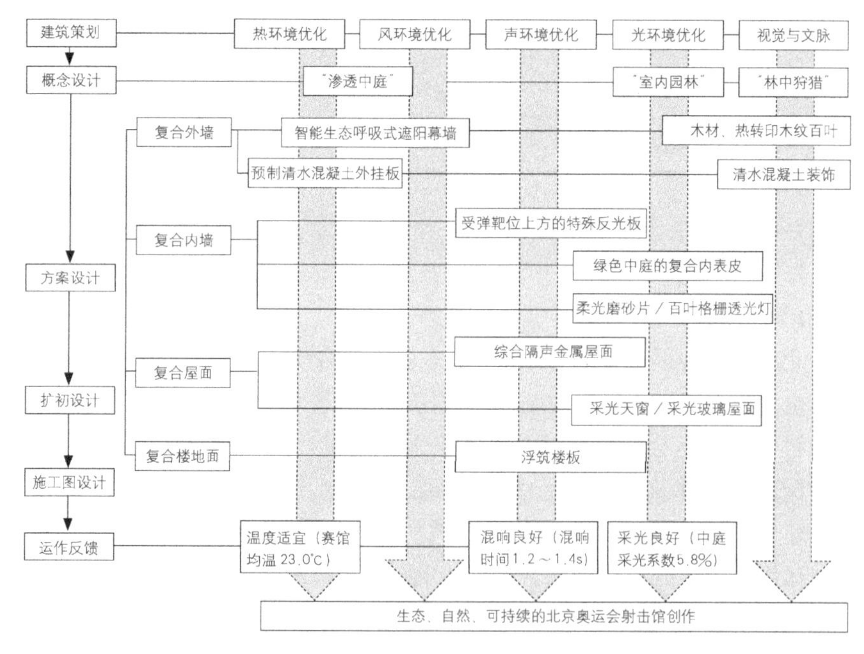

图 6-17 北京奥运会射击馆的环境优化创作全过程

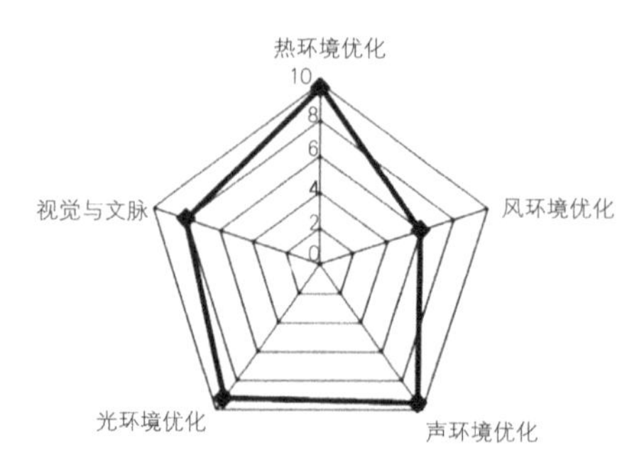

图 6-18 北京奥运会射击馆的表皮策略要点图示

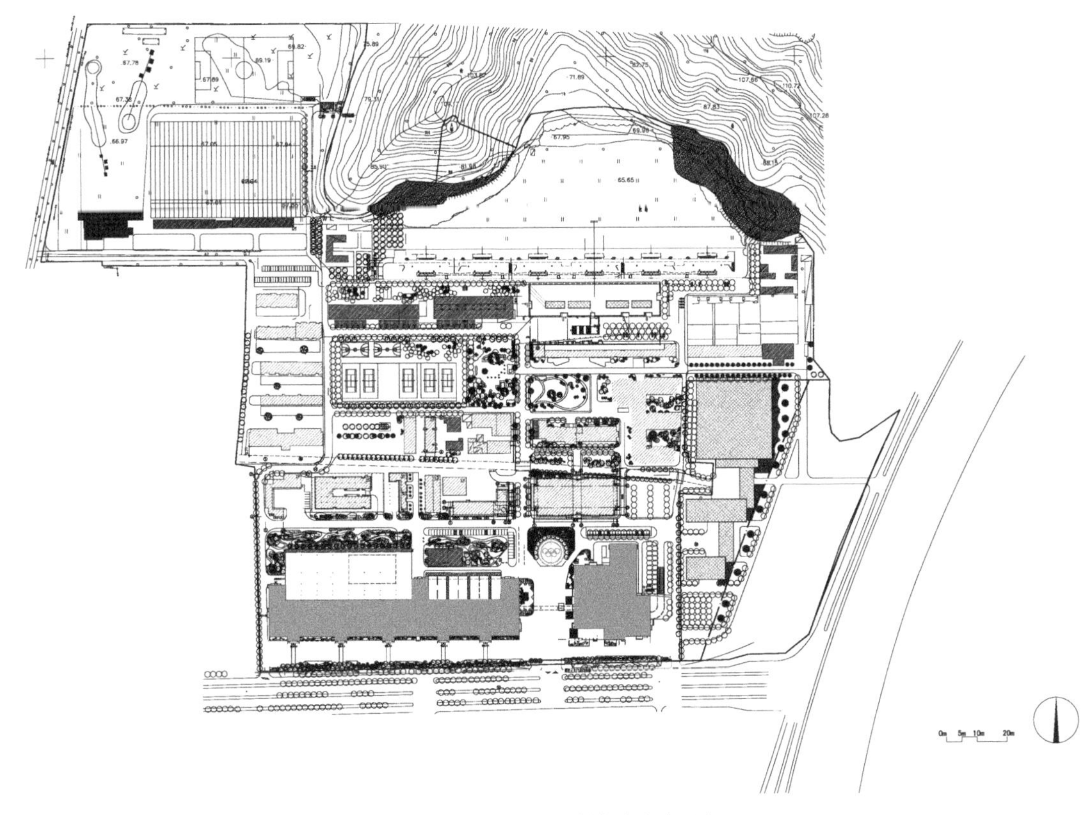

图 6-19　北京奥运会射击馆总平面图

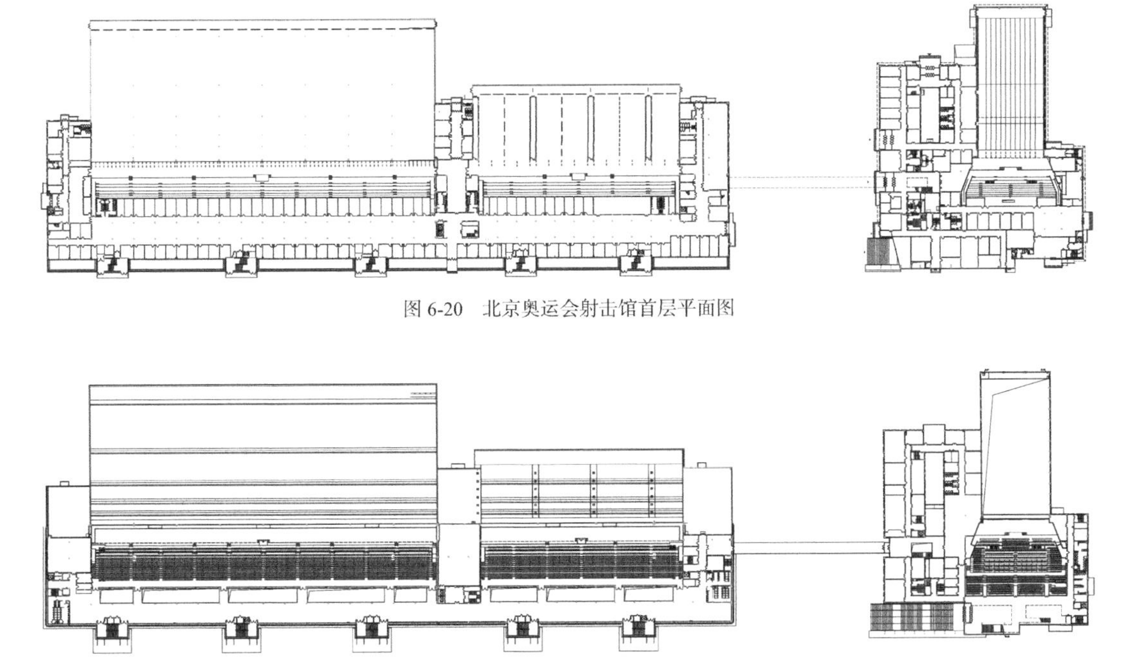

图 6-20　北京奥运会射击馆首层平面图

图 6-21　北京奥运会射击馆二层平面图

图 6-22　北京奥运会射击馆生态呼吸式幕墙外观
（摄影：张广源）

6.3.2　技术应用研发

复合表皮应用有很多方面，这里以声学为例子进行介绍。声环境优化的常见策略有：隔声、吸声、防噪、组织声场等。隔声是建筑表皮的基本功能之一，而隔声量的大小基本取决于围护结构材质的密度与质量的大小，因此，不同类型的建筑，可以由复合表皮的形式来提供足够的隔声需求（图 6-23、图 6-24）。

图 6-23　北方射击场采用厚实的建筑表皮，保持建筑较好的隔声、保温性能效果
（摄影：张广源）

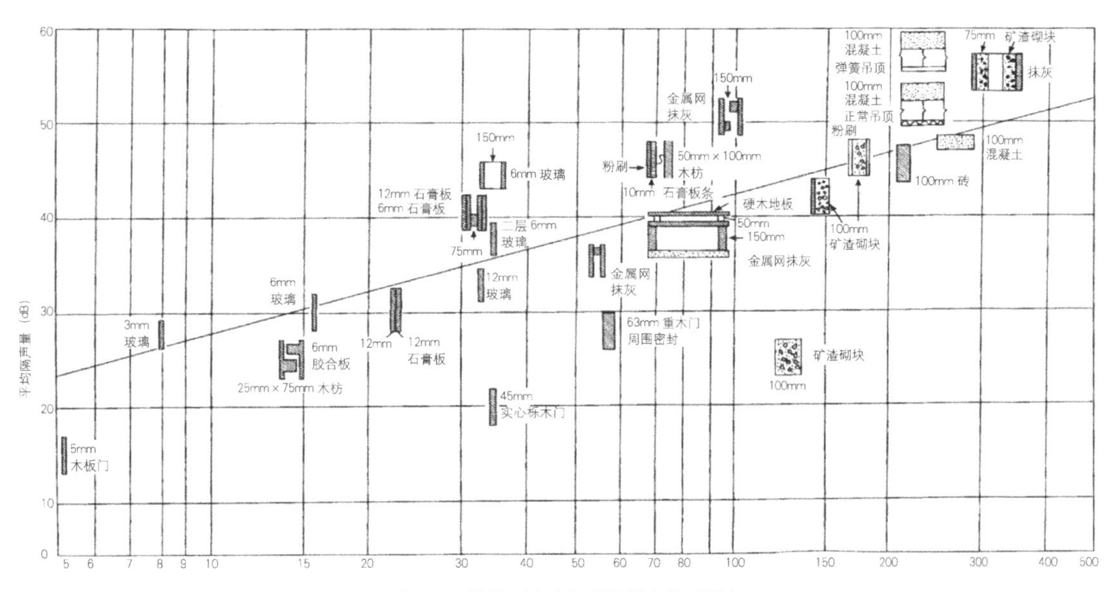

图 6-24　构件面密度与平均隔声量对照表

复合表皮围护结构将外保温、隔声、外装饰功能融为一体，具有很强的面材灵活性和表现力。在一些对声学有特殊要求的建筑中，如歌剧院、音乐厅或射击馆等，也会运用带有声学构造的复合表皮，控制声反射、声扩散，以达到组织声场的效果。在材料策略上，可使用隔声性能较好的幕墙，如上海张江集电港办公中心的 RP 钢幕墙，不会因温度变化产生噪声。在构造策略上，亦有若干隔声措施可有效减少楼层间、相邻房间之间的固体声传播，

如在内外墙及楼盖搁栅间填充玻璃纤维，吊顶龙骨采用带有小切槽的弹性构造，分户墙采用二道墙柱等。其他优化导向的建筑表皮也能间接起到声环境优化效果，如一定程度外表皮采用大面积呼吸式幕墙可间接起到隔声效果。没有大面积开启外窗也可保证室内声环境的质量。

1. 隔声：预制清水混凝土外挂板

北京奥运会射击馆外墙采用的预制清水混凝土外挂板，简洁朴素，具有良好的隔声、隔热、装饰效果，具有很强的面材完整性性和简洁有力的建筑表现力，为非承重构造做法。预制外墙挂板采用反打一次成型工艺工厂化生产，具有严格控制的质量保证条件，满足很好的外装饰标准要求。预制外墙挂板与主体结构采用柔性节点连接，具有良好适应层间变位的抗震性能，板缝处理计划有开缝和密封胶缝两种形式，均可保证其良好的防水效果（图 6-25 ~图 6-27）。

作为大体量的体育建筑，射击馆追求朴素、自然、大气、拙朴的建筑性格，立面强调大尺度分格与深缝装饰质感，采用预制清水混凝土挂板的外墙做法，既是良好的外墙隔热、隔声构件，又是外墙装饰体系。基本分隔尺寸为 1000mm × 2500mm，尺度保持与整个建筑的比例协调。

外挂工艺，首先在建筑结构体预留结构挂件，围护墙体表面粘贴 30mm 厚挤塑型聚苯乙烯保温板，再在外侧干挂预制混凝土挂板，由于在挂板与保温层之间形成约 40mm 厚的空气间层，有利于墙体保温，外墙的传热系数大大降低。尤其针对射击运动存在一定程度噪声的客观情况，容重较大的混凝土挂板能够起到较好的隔声作用，其全新的节点构造做法已经成为行业标准。这些自身容重大的外挂材料在建筑隔声方面起到了很好

图 6-25　北京奥运会射击馆资格赛观众靶区清水混凝土外墙
（摄影：张广源）

图 6-26　北京奥运会射击馆决赛馆清水混凝土外挂板外墙局部
（摄影：张广源）

图 6-27　北京奥运会射击馆决赛馆建筑局部
（摄影：张广源）

的作用。北京奥运会射击馆室内背景噪声的实测数据见第四章。水性表面保护剂保持了混凝土原始质感，朴素自然的效果与体育运动主题十分相符。

射击馆还部分采用了现浇清水混凝土工艺。该工艺要求土建混凝土浇筑时将所有的预埋构件、接电线盒、插座板件等一次性施工安装到位，达到建筑装饰精度要求，然后再进行混凝土浇筑。对模板的排板、拼接、现场固定要求很高。对施工时序控制、后期养护、成品保护等方面的要求也很高，要求有严密有序的施工组织（图 6-28）。

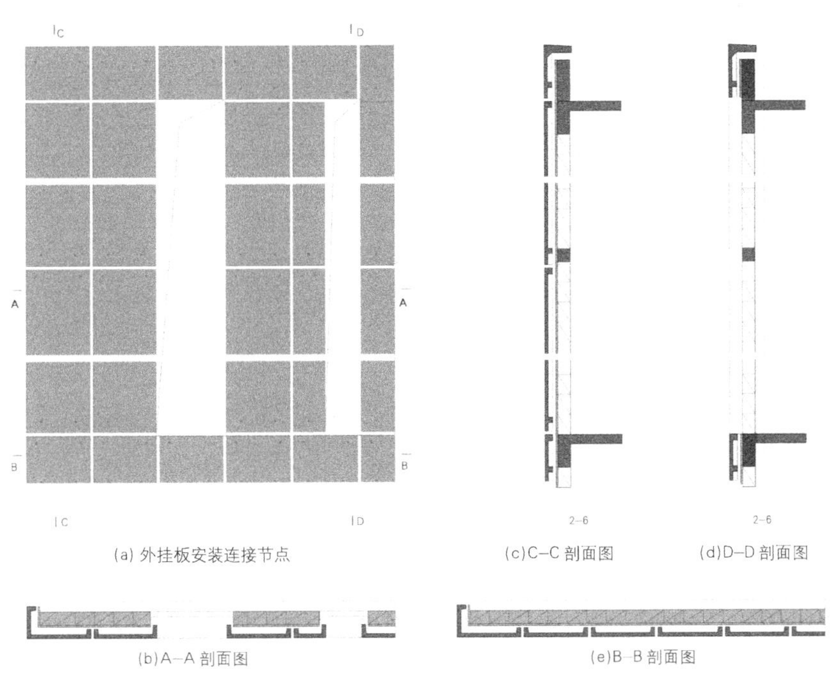

图 6-28　北京奥运会射击馆预制清水混凝土外挂板大样

2. 隔声防噪：综合隔声金属屋面

近年来，轻质金属屋面作为建筑顶部表皮的重要围护形式，被广泛地应用到大型公建中，由于其重量轻、厚度薄、质量小、有结构缝隙等普遍原因，轻质屋面相比混凝土等重型屋顶结构的隔声性能偏低，因此带来的隔绝雨噪声问题也越来越突出。

北京奥运会射击馆资格赛馆二层的两个 10m 靶比赛厅以及决赛馆顶部是钢结构大跨度金属屋面，在隔声、隔热方面都是薄弱环节，尤其对于射击馆比赛，对噪声、振动的控制要求很高，在这方面矛盾尤为突出。为隔绝可能遇到的雨噪声对正常的训练和比赛带来的干扰，采用了保温、隔声为一体的综合隔声金属屋面复合表皮的构造：采用双层金属面板，两层板之间采用了防火、隔热性能较好的离心玻璃棉，厚度达到 150mm。在玻璃棉下方还附加一层隔热防潮的铝塑加筋膜。在隔声层下方，设置吸声层，由两层构造组成，分别是摆铺吸声毡的空腔层和穿孔金属格栅吊顶层，分别对应低频和高频的吸声要求。与墙面的吸声做法共同作用，大大提升了建筑的隔声性能。奥运期间实测射击馆主要比赛厅的空场混响时间为1.2 ~ 1.4s，净场（无设备运行情况下）的背景噪声仅为32 ~ 35dB（奥运会后实测为25 ~ 29dB），达到比较理想的声环境条件（图6-29 ~图6-35）。

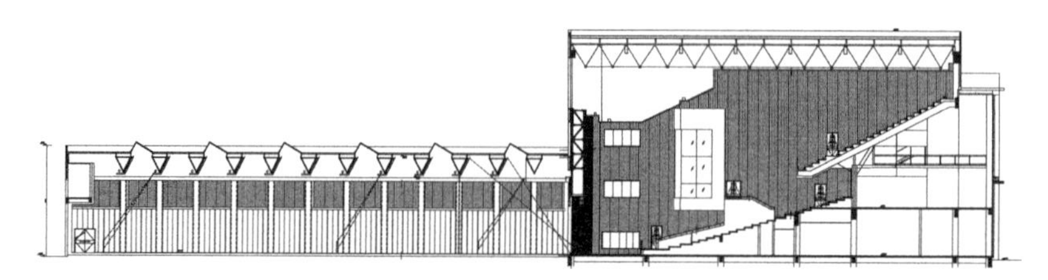

图6-29　北京奥运会射击馆决赛馆剖面

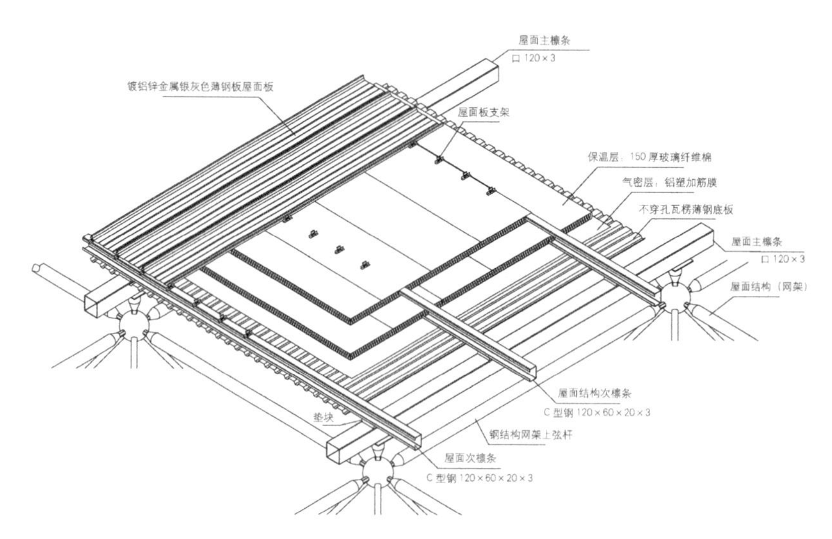

图6-30　北京奥运会射击馆观众厅屋面构造轴测示意图（单位：mm）

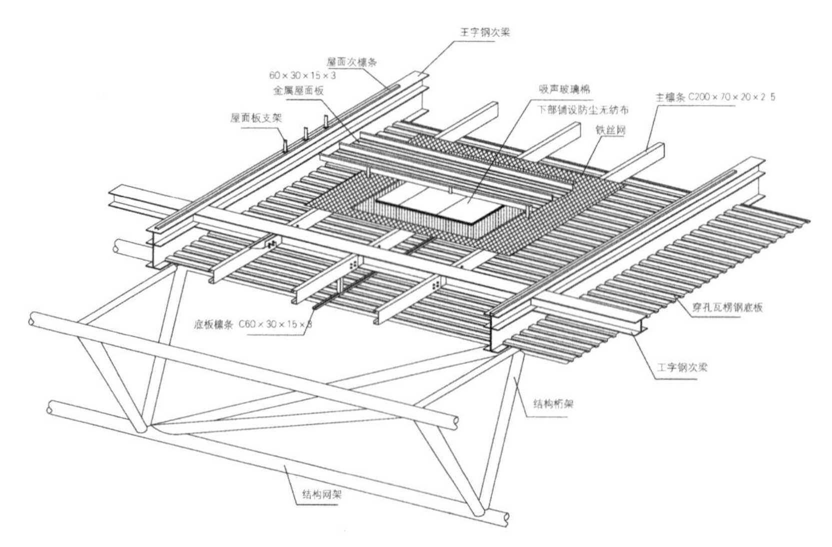

图6-31　北京奥运会射击馆屋面构造轴测示意图（单位：mm）

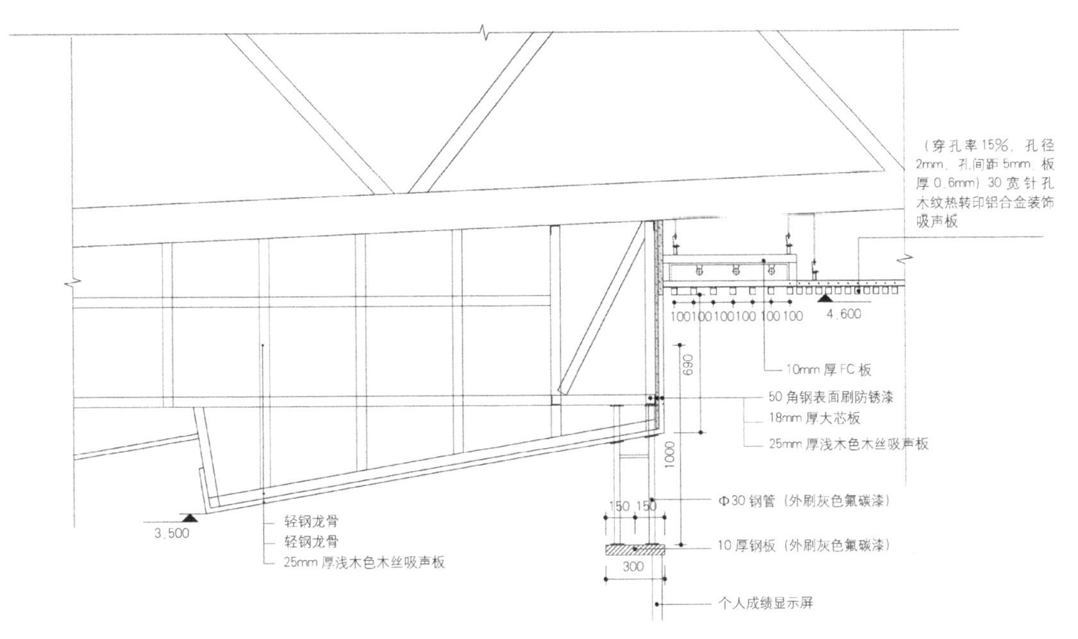

图 6-32　北京奥运会射击馆 10m 资格赛馆比赛大厅天花大样

图 6-33　北京奥运会射击馆决赛馆射击区实景照片
（摄影：张广源）

3. 吸声：穿孔铝合金吸声雨篷

建筑周边的声环境，除了受到所处地段的噪声影响以外，还与建筑的方位布置、体形设计、表皮构造等密切相关。建筑的布局和表皮的形态要尽量将外部噪声隔绝在建筑环境之外，或反射到不影响声环境品质的区域。由于体形设计而无法隔绝或散射的噪声，应利用表皮的特殊构造将噪声吸收。北京奥运会射击馆资格赛馆的入口雨篷设计，考虑了南侧香山南路的交通噪声对入口广场的干扰，将雨篷底面设计为穿孔铝合金吸声构造，用来降低对交通噪声的汇聚作用（图 6-36）。

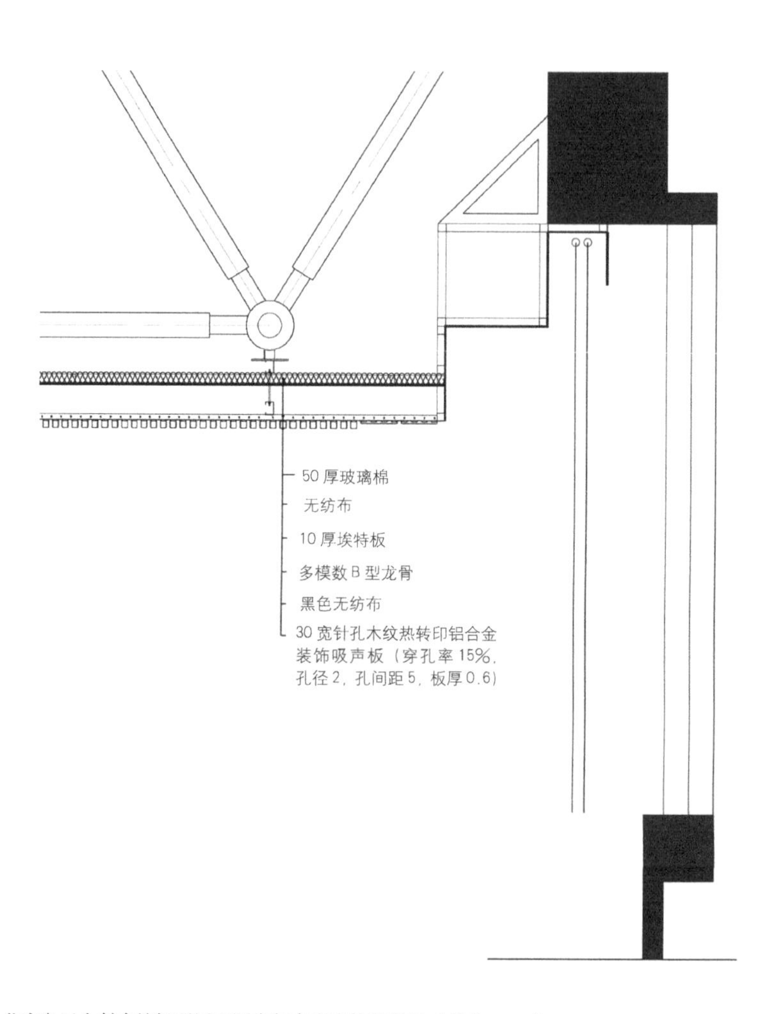

图 6-34　北京奥运会射击馆轻型屋面隔声复合表皮构造做法（单位：mm）

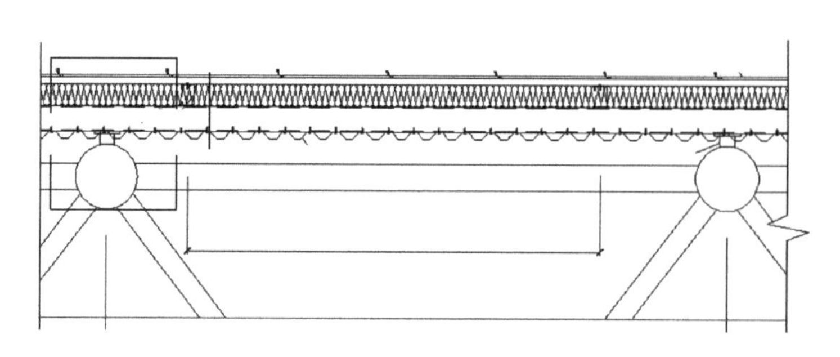

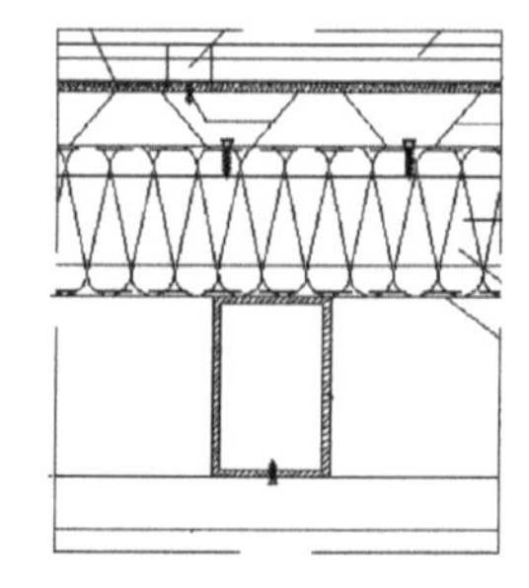

图 6-35　北京奥运会射击馆的隔声金属屋面构造

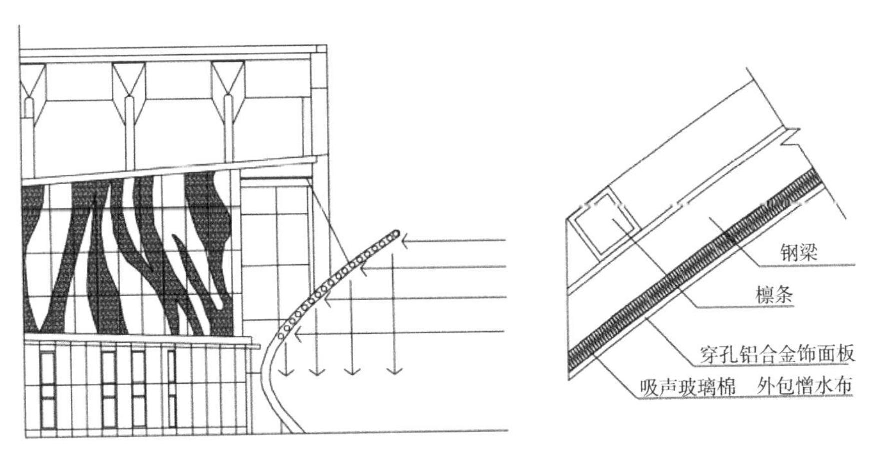

图 6-36　北京奥运会射击馆的雨篷底面设置吸声材料

4. 声音反射：斗型反射声罩

中国北方国际射击场射击位三面围合，一面敞开，通过顶面和侧面的斜向处理，使射击位成为斗型反射声罩，第一时间将声音反射到大气中，做法简洁，实效突出。这也为后期的装修设计提供了便利条件（如果在半室外环境的射击位采用吸声材料将大大提高造价，也不利于长久维护）。为了有效减少射手水平差异产生的地面跳弹和对轨道的破坏，设计将室内地坪上抬，高于室外地坪 1m。射击位隔墙采用橡胶板、木板、钢板复合构造，并向外侧倾斜，有效防止飞弹和跳弹（图 6-37 ～图 6-40）。

图 6-37　北方射击场开放的射击口部
（摄影：张广源）

图 6-38　北方射击场开放的射击口部
（摄影：张广源）

图 6-39　北京奥运会射击馆资格赛馆观众入口雨篷
（摄影：张广源）

图 6-40　北京奥运会射击馆资格赛馆门廊
（摄影：张广源）

5. 综合：射击馆声学复合表皮集成

北京奥运会射击馆出于节地高效考虑，首创采用双层立体资格赛馆布置方式，为此需要克服解决由此可能引起的楼板振动对运动员精确比赛的影响。为此，设计采用了“浮筑式楼板”技术，在可能产生振动的设备机房采用双层浮筑楼板做法，有效解决了这一难题。这一做法获得国际射击联合会验收时的高度评价，认为这是射击馆建造技术的重大突破，首次成功实现了立体化射击场馆的布置，对今后全世界建设高效的射击场馆具有很好的示范作用（图 6-41 ~图 6-44）。

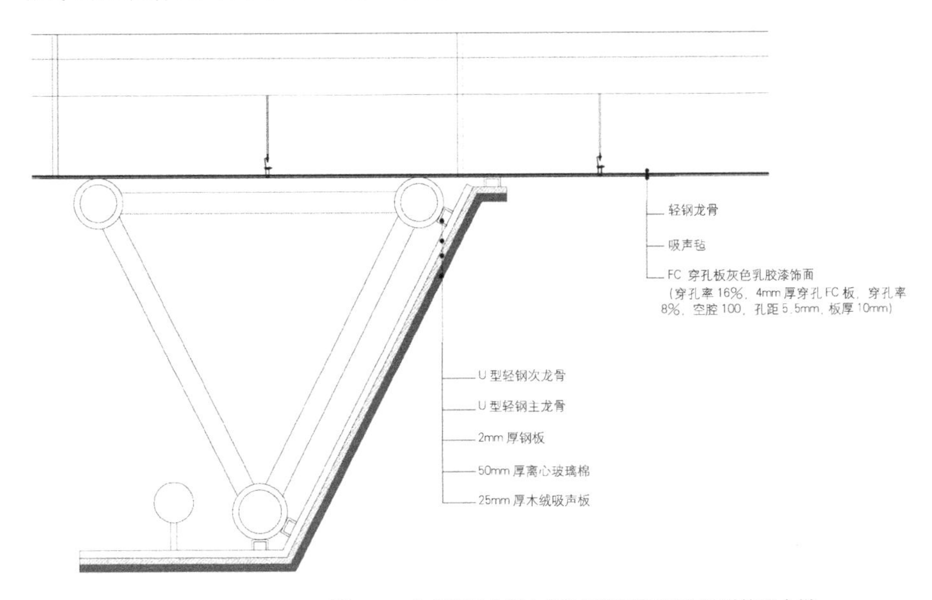

图 6-41　北京奥运会射击馆决赛场地顶棚防跳弹构造大样

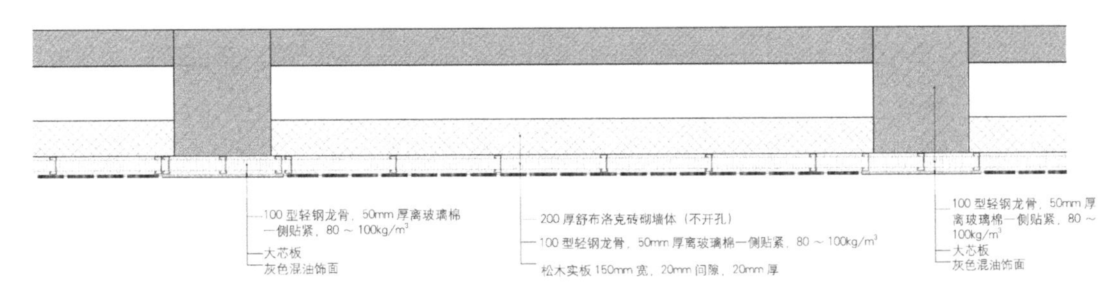

图 6-42　北京奥运会射击馆决赛场地侧墙大样

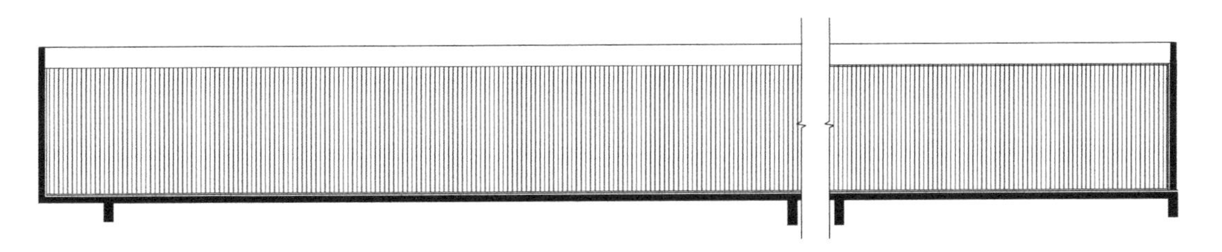

图 6-43　北京奥运会射击馆资格馆靶区剖面 1

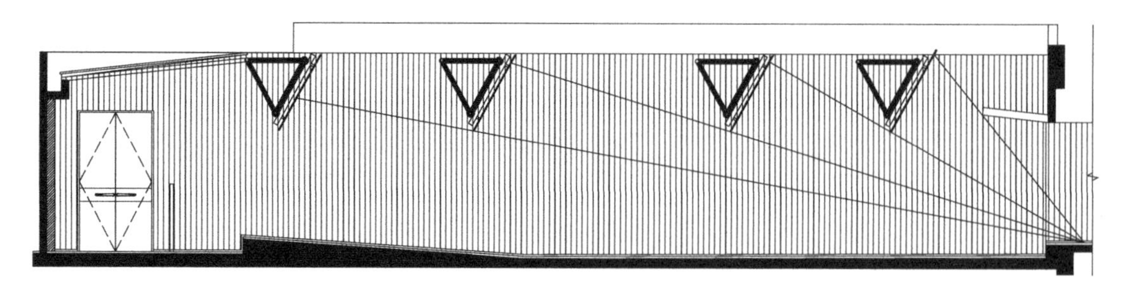

图 6-44　北京奥运会射击馆资格馆靶区剖面 2

7.3.3　技术应用案例

目前，对于建筑复合表皮体系还没有形成一个相对完善的测试和后评估的体系，研究相对较多的是对于双层皮幕墙的相关性能测试。而针对双层皮幕墙的测试，主要集中在对幕墙本身的相关性能参数的测试，如幕墙内外不同空气层的温度和玻璃表面温度，幕墙内部空气的流动，以及与幕墙相邻的房间温度，对幕墙系统遮阳性能的测试，对幕墙隔声性能的测试。测试的方法一个是搭建试验平台，例如幕墙的单元模型、房间模型，另一个就是对实际建成的项目进行测试。除了对幕墙本身的性能测试，目前实际工程应用中比较缺乏结合建筑室内环境性能测试来对复合表皮体系进行相对综合的评价。

对建筑复合表皮体系进行性能测试以及后评估的目的主要包括以下几个方面：

（1）通过对建筑复合表皮体系本身的相关性能参数的测试，了解复合表皮的实际性能参数，与理论设计值进行对比；

（2）通过对室内环境性能的测试，对建筑复合表皮体系的综合性能有一个全面的了解，反馈设计，有助于在设计前期对方案综合权衡；

（3）在研究层面上，也可以通过实际测试，对设计中应用的相关理论模型进行验证和修正。

本章将结合典型建筑案例，对建筑复合表皮体系相关的性能测试实例和后评估方法进行介绍。

1. 北京奥运会射击馆复合表皮体系赛时测试结果

2008 北京奥运会射击馆建筑声学测试：

厅堂名称：决赛馆；

测量时间：2007 年 6 月 11 日 17:30；

测量仪器类别和型号：见测量框图；

厅堂混响时间测试（空场）。

（1）测量框图见图 6-45。

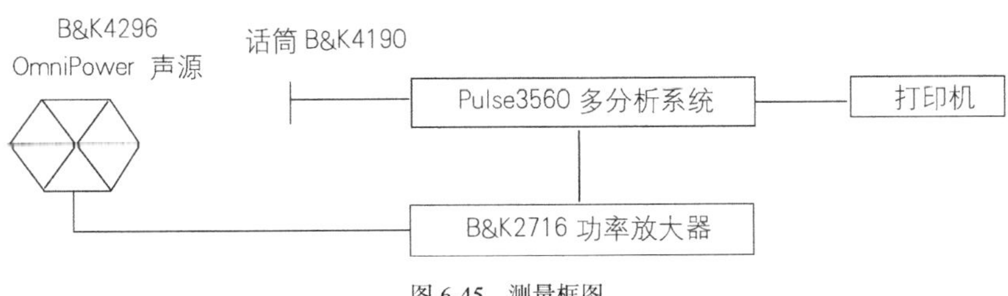

图 6-45 测量框图

（2）各测点混响时间频率特性表（空场）见表 6-5、图 6-46。

各测点混响时间频率特性表（单位：s） 表 6-5

测点位置	125Hz	250Hz	500Hz	1kHz	2kHz	4kHz
R1	1.46	1.04	1.35	1.48	1.51	1.25
R2	1.61	1.44	1.44	1.51	1.50	1.31
R3	1.06	1.20	1.36	1.54	1.50	1.32
R4	1.13	1.26	1.30	1.36	1.38	1.21
R5	1.62	1.15	1.21	1.31	1.36	1.14
平均值	1.38	1.22	1.33	1.44	1.45	1.25

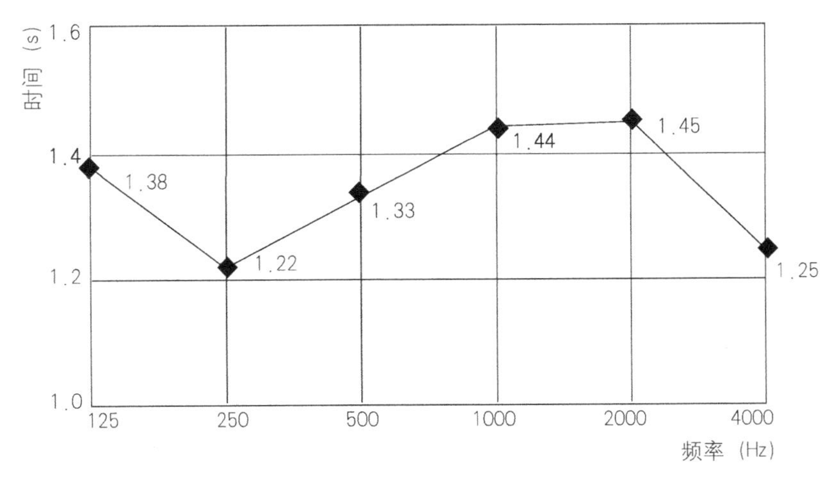

图 6-46 室内混响时间平均值曲线（单位：s）

（3）各测点背景噪声频率特性见表 6-6、图 6-47。

背景噪声测试状态：空调关闭（单位：dB） 表 6-6

频率	125Hz	250Hz	500Hz	1kHz	2kHz	4kHz	A 声级
声压级	30.1	22.8	24.3	22.9	16.3	11.0	33.9

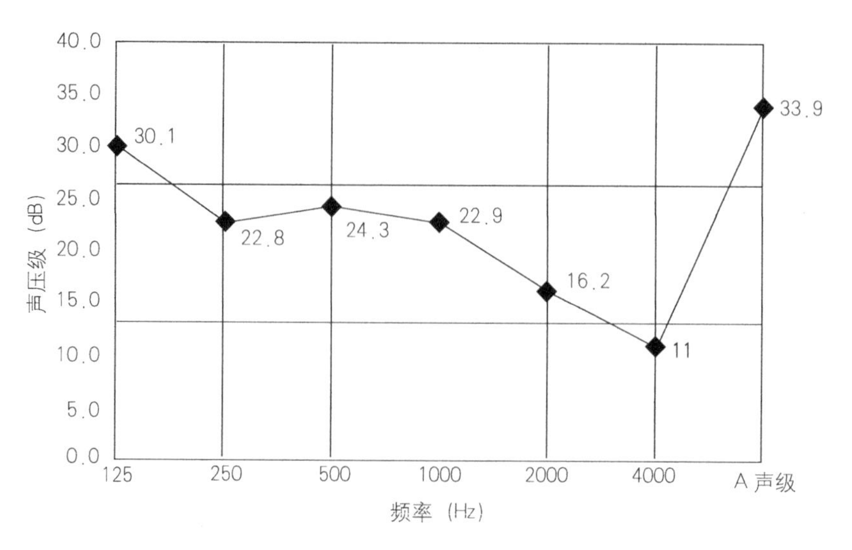

图 6-47　室内背景噪声平均值曲线

2. 北京奥运会射击馆复合表皮体系赛后测试结果

1）室内自然采光测试

（1）采光测试基本情况

测试仪器：Kyoritsu 5201 数字式照度计

测试内容：射击馆室内自然采光效果、测试室内照度、计算采光系数

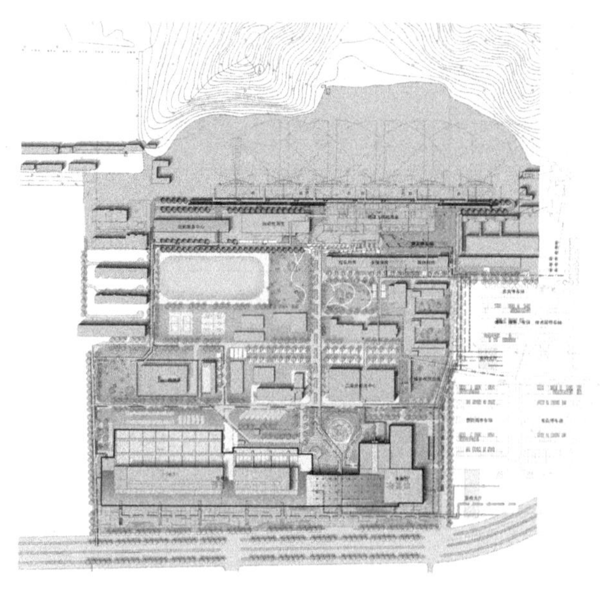

图 6-48　射击馆总平面

（2）室内自然采光测试结果

决赛馆二层南侧观众休息厅自然采光照度分布情况决赛馆南侧立面为设计的智能生态呼吸式遮阳双层皮幕墙，为了测试幕墙自然采光效果，选

择了决赛馆二层南侧观众休息厅作为采光测试对象。测试得到决赛馆二层南侧观众休息厅平面自然采光照度分布情况见图 6-48 ~图 6-51，计算得到该区域的自然采光照度均值为 992lux，采光系数均值 4.6%，自然采光效果良好，同时没有产生明显眩光。

图 6-49 决赛馆二层南侧观众休息厅实景
（摄影：张广源）

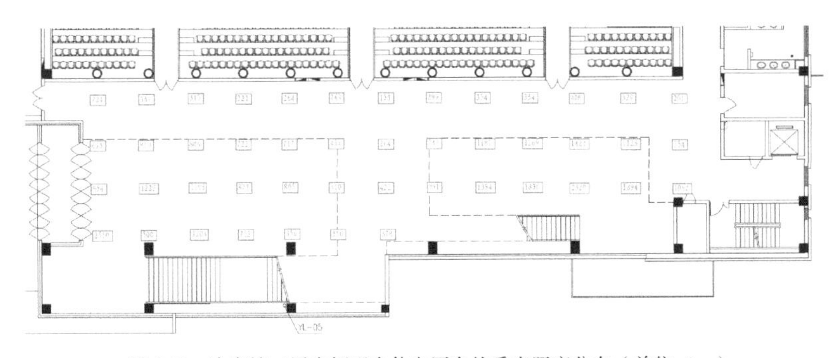

图 6-50 决赛馆二层南侧观众休息厅自然采光照度分布（单位：lux）

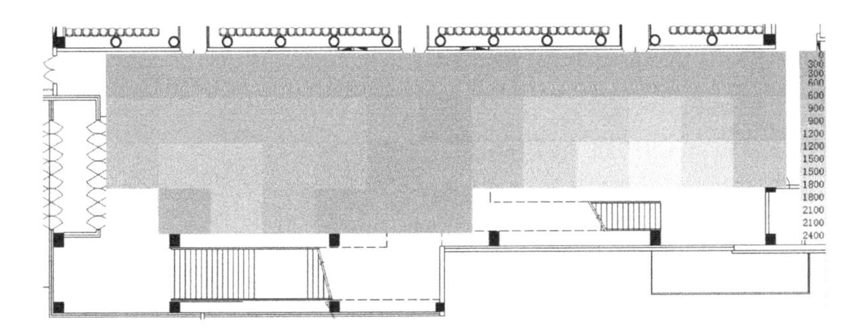

图 6-51 决赛馆二层南侧观众休息厅自然采光照度分布（单位：lux）

资格赛馆10m移动靶场自然采光照度分布。资格赛馆10m靶场为室内靶场，比赛厅射手位上后方设置采光天窗，在采光玻璃屋面下增加了柔光磨砂片和百叶格栅透光吊灯，为射手及前排观众提供自然采光，也防止室内眩光对运动员射击比赛的影响。同时在受弹靶位上方设置采光天窗和防眩光挡板，保证靶位的采光和视觉功能要求。

测试得到室内采光照度纵向分布情况见图6-52、图6-53，计算得到自然采光照度均值：90lux，靶位的采光系数2.0%，观众及裁判区域采光系数均值2.0%。

图6-52 靶位上方的采光天窗
（摄影：祁斌）

图6-53 室内采光玻璃屋面
（摄影：祁斌）

资格赛馆观众休息厅中庭自然采光照度分布。资格赛馆观众休息厅的顶端，在金属屋面中央局部设置采光天窗，采用高天窗的布局，实现采光与排烟的双重功能。在下方设置铝型材仿木格栅吊顶，柔化进入室内的阳光，营造舒适人性的室内环境。

实际采光效果测试情况见图6-54 ~ 图6-57。由图可以看到，自然采光照度均值为782lux，计算得到的采光系数均值为5.8%，自然采光效果良好。

2）室内背景噪声及混响时间测试

（1）测试基本情况

测试仪器：TES1358音频分析仪；

测试内容：室内背景噪声及混响时间。

（2）测试结果

室内背景噪声测试结果。对资格赛25m靶场和决赛馆室内背景噪声测试结果如表6-7，由表可以看到，在白天场馆内室内背景噪声不到30dB，满足要求。

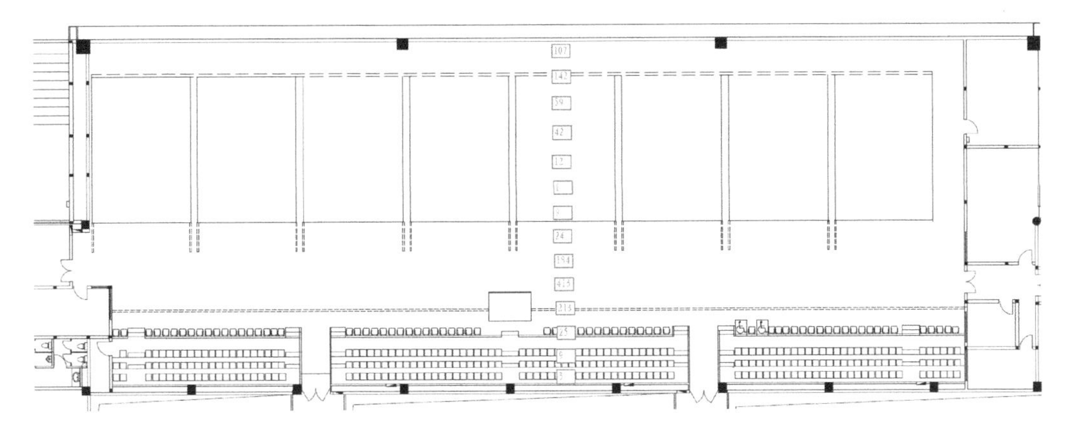

图 6-54　10m 移动靶采光照度分布情况（单位：lux）

图 6-55　资格赛馆观众休息厅中庭实景
（摄影：张广源）

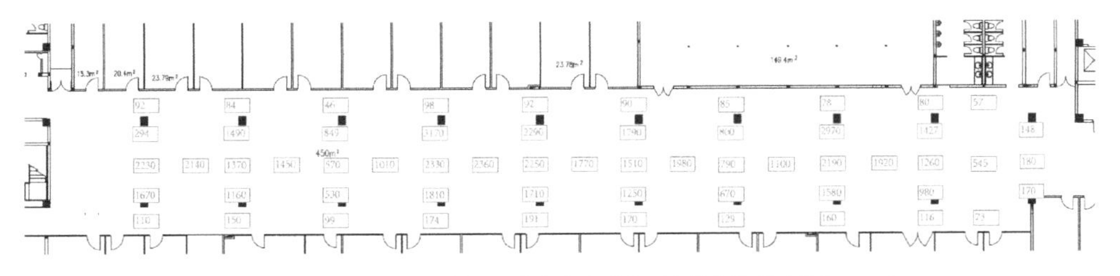

图 6-56　资格赛馆观众休息厅中庭自然采光照度分布情况（单位：lux）

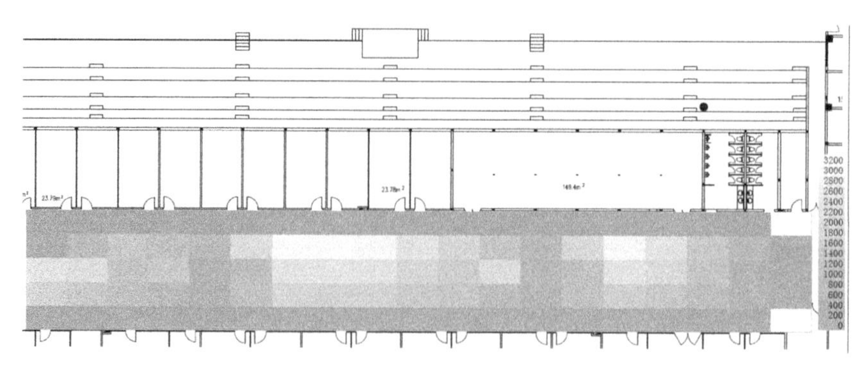

图 6-57 资格赛馆观众休息厅中庭自然采风照度分布情况（单位：lux）

背景噪声测试结果 表 6-7

	25m 靶场	决赛场
等效 A 声级（dB）	29.8	24.9

室内混响时间测试结果。对资格赛馆 10m 靶场、25m 靶场、50m 靶场以及决赛馆的混响时间测试结果见表 6-8。由表中可以看到，主要比赛厅的空场混响时间为 1.2 ~ 1.4s，达到比较理想的声环境条件。

室内混响时间测试结果 表 6-8

混响时间（s）	频率（Hz）						
	125	250	500	1k	2k	4k	8k
10m 靶场	0.5	0.7	0.8	0.8	0.8	0.6	0.3
10m 看台 1	0.6	0.6	0.8	0.8	0.9	0.7	0.3
10m 看台 2	0.5	0.7	0.9	0.9	0.9	0.7	0.4
10m 看台 3	0.5	0.8	0.6	0.8	0.6	0.5	0.4
25m 靶场	0.6	0.5	0.9	1.0	1.2	0.9	0.4
25m 看台	1.0	0.6	0.9	0.8	0.7	0.5	0.5
50m 靶场	0.8	0.6	0.5	1.5	1.8	1.2	0.4
50m 看台 1	2.6	0.4	0.7	1.7	2.1	0.6	0.3
50m 看台 2	0.8	0.6	0.8	1.5	1.2	0.7	0.4
决赛场场地	1.2	1.1	1.1	1.3	1.3	0.9	0.5
决赛场看台 1	0.7	1.0	1.0	1.2	1.1	0.8	0.6
决赛场看台 2	1.1	1.0	1.2	1.3	1.3	0.8	0.5
决赛场看台 3	0.8	1.1	1.3	1.4	1.4	0.9	0.5
决赛场看台 4	1.2	1.0	1.2	1.3	1.4	0.9	0.6
决赛场看台 5	1.3	1.1	1.2	1.4	1.4	1.0	0.6
决赛场看台 6	1.2	1.4	1.2	1.4	1.3	1.1	0.6
决赛场看台 7	1.2	1.2	1.4	1.4	1.2	1.0	0.7

续表

混响时间（s）	频率（Hz）						
	125	250	500	1k	2k	4k	8k
决赛场看台 8	1.4	1.1	1.0	1.4	1.4	1.1	0.7
决赛场看台 9	1.2	1.1	0.9	1.4	1.4	1.0	0.4
决赛场看台 10	0.9	1.2	1.1	1.3	1.3	0.9	0.6
决赛场看台 11	0.9	1.0	1.0	1.4	1.3	1.0	0.7
决赛场看台 12	1.3	1.3	1.1	1.4	1.2	0.8	0.4
决赛场看台 13	1.4	1.1	1.3	1.4	1.3	1.0	0.6
决赛场看台 14	1.2	1.1	1.1	1.4	1.2	0.8	0.4
决赛场看台 15	1.3	1.2	1.1	1.5	1.2	0.9	0.7

3）过渡季室内温度测试

（1）测试基本情况

测试仪器：WZY-1 温度自记仪；

测试内容：过渡季无空调运行情况下，室内外温度变化情况。

（2）测试结果

本次测试分别测试了资格赛 50m 馆、决赛馆以及资格赛各层中庭走廊的温度变化情况，结果如图 6-58、图 6-59。

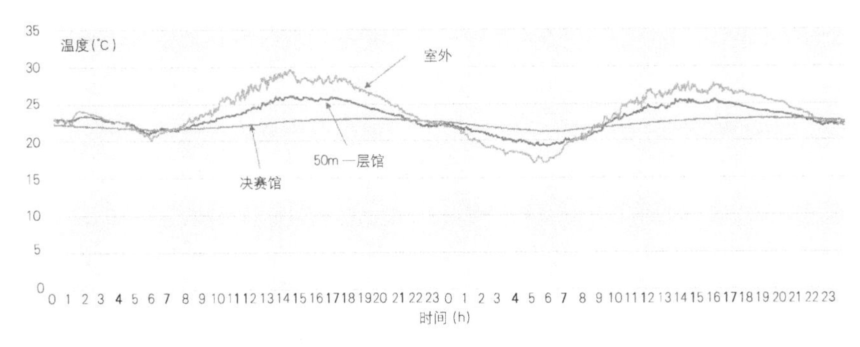

图 6-58　资格赛 50m 馆和决赛馆室内温度变化情况

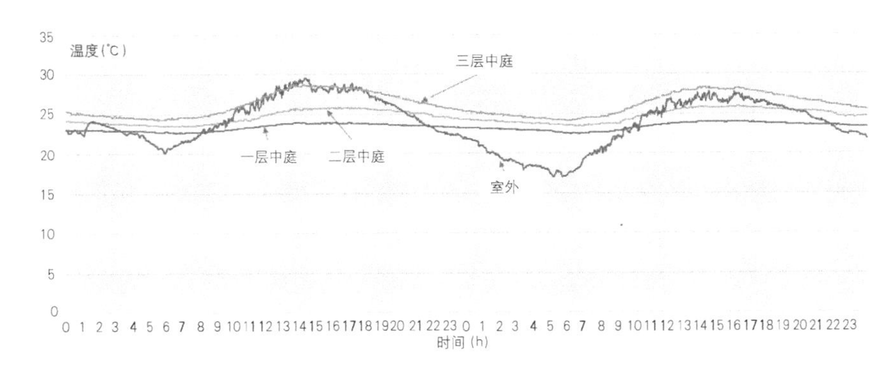

图 6-59　资格赛馆各层中庭走廊温度变化情况

统计各测点温度大小见表 6-9：

温度测试统计结果　　表 6-9

	室外	资格赛 50m 馆	决赛馆	一层中庭	二层中庭	三层中庭
全天平均温度	23.9	23.0	22.3	23.3	24.6	26.2
白天平均温度	26.9	24.6	22.5	23.5	25.1	27.3
夜间平均温度	20.8	21.4	22.2	23.1	24.2	25.2
最高温度	29.6	26.0	23.0	23.9	25.9	28.7
最低温度	17.0	19.2	21.3	22.4	23.4	24.1

从统计结果可以看到，过渡季无空调情况下，实测室外平均温度 23.9℃，室内资格赛馆平均温度 23.0℃，中庭底层平均温度 23.3℃，决赛馆平均温度 22.3℃，在自然通风状况下，室内温度适宜，能够有效降低空调能耗。

4）测试总结

本次测试主要针对北京奥运会射击馆的室内环境品质进行测试评价，包括室内噪声和声学性能、自然采光效果以及室内温度情况。通过测试和对结果的计算分析，主要结论如下：

对于场馆内背景噪声，从测试结果可以看到，资格赛馆背景噪声 29.8dB，决赛馆背景噪声 24.9dB，均不超过 30dB，隔声效果良好。同时，对于资格赛馆 10m 靶场、25m 靶场、50m 靶场以及决赛馆的混响时间测试结果可以看到，主要比赛厅的空场混响时间为 1.2 ~ 1.4s，达到比较理想的声环境条件。

对于室内温度的测试结果可以看到，在过渡季，场馆内没有空调运行的情况下，实测室外平均温度 23.9℃，室内资格赛馆平均温度 23.0℃，中庭底层平均温度 23.3℃，决赛馆平均温度 22.3℃，在自然通风状况下，室内温度适宜，因此能够有效降低空调能耗。

通过对射击馆自然采光的测试，从计算的采光系数结果可以看到，对于室内比赛馆，靶位的采光系数达到了 2.0%，同时观众及裁判区域的采光系数均值也达到了 2.0%。资格赛馆中庭的采光系数均值达到了 5.8%，决赛馆观众休息厅采光系数均值达到了 4.6%。

场馆自然采光能够满足《绿色建筑评价标准》中一般项“5.5.11 办公、宾馆类建筑 75% 以上的主要功能空间室内采光系数满足国家标准《建筑采光设计标准》(GB/T 50033) 的要求”，以及优选项“5.5.15 采用合理措施改善室内或地下空间的自然采光效果”的要求。

射击馆室内声环境能够满足《绿色奥运建筑评估体系》中“Q2 室内物理环境质量 -Q2.1 声环境 -Q2.1.1 室内实测噪声级”条款中对于体育馆背景噪声的最高得分要求（≤ 45dB（A））。室内采光系数能够满足“Q2 室

内物理环境质量 -Q2.2 光环境 -Q2.2.1 房间的采光系数”条款中对于体育场馆的最高得分要求（顶部采光系数均值≥ 2.5%）（表 6-10）。

Q2.1.1 室内实测噪声级　　表 6-10

建筑类型	居住与住宅建筑	办公建筑	体育馆
得分	噪声声级		
1	白天≤ 50dB（A），夜间≤ 40dB（A）	≤ 50dB（A）	≤ 55dB（A）
2	—	—	—
3	白天≤ 45dB（A），夜间≤ 35dB（A）	≤ 45dB（A）	≤ 50dB（A）
4	—	—	—
5	白天≤ 40dB（A），夜间≤ 30dB（A）	≤ 40dB（A）	≤ 45dB（A）

7 结语：走向建筑策划与后评估闭环流程

7.1　我国建筑策划发展状况与面临的主要问题

与国外发达国家相比，我国建筑策划在快速发展的同时仍存在有一定的差距（表 7-1）。

第一，理论研究及应用总结方面的差距。特别是近 20 年来，一方面，随着一些新观念的普及和相关学科领域的快速发展，对建筑策划理论内核整合的要求在不断提高；另一方面，随着时代的发展，在实践中，建设规模巨大、功能流线复杂、对限额设计和时间要求苛刻的项目不断涌现，也对建筑策划操作体系提出了新的要求。由于种种原因，尽管高校一些学者就该领域进行了一定的研究和实践，并有专著《建筑策划导论》、《建筑策划与设计》和研究生论文成果的发表，但我国建筑策划理论研究尚显不足。在业务实践领域，2010 年出版的《国际建协建筑师职业实践政策推荐导则》中包含有国际建筑师协会对建筑策划作为职业建筑师核心业务的要求，但目前我国在建筑策划的职业实践领域内尚无关于建筑策划职业实践的手册。

我国与国外发达国家建筑策划研究领域的比较　　表 7-1

内容	国内	国外
概念	●	●
基本原理	●	●
方法学	◎	●
外延	◎	●
策划程序	◎	●
策划方法	◎	●
策划管理	○	●
策划工具	◎	●
机构支持	○	●
教育机制	◎	●
协作网络	○	●
自评机制	○	◎
案例研究	◎	●
使用后评估	◎	●

注：●有较深入研究，◎有一定的研究，○相关研究较少。

第二，建筑策划机构支持方面的差距。建筑策划的法律地位需要进一步确认。迄今为止，我国尚无法律或行业法规明确建筑策划的地位，这已经造成在过去的几十年我国城市化建设浪潮中的种种弊端，许多建筑项目才刚刚建成不久就已经无法满足时代和社会的需求，造成了巨大的资源浪费，一些大型公共建筑项目对城市空间产生了无法挽回的影响。一些发达国家对于设计任务书的制定具有严格的审查制度，建筑策划受到法律法规的认可和保障，并得到行业组织的推介和支持。而目前我国对于建筑策划仍然没有相应的建设程序和法律程序来支持，也缺乏应有的行业组织认定，导致操作主体素质参差不齐。从我国建设事业的大局着想，迫切需要政府有关部门和行业组织积极推动建筑策划的良性发展，明确建筑策划在相关法律和建设程序中的地位；制定行业认证标准和行业收费标准，加强管理和规范市场；建立一个良好的监督检测反馈机制，对建筑策划本身予以评价和控制。

第三，建筑策划教育方面的差距。当前我国建筑策划教育受到的重视还远远不够。在美国，建筑策划已经成为相当多建筑学院的建筑系学生的必修课程之一。而在我国尽管清华大学、同济大学等高校先后开设了建筑策划课程，但建筑策划教育大多仅在研究生阶段进行，建筑策划教育相关课程在高校建筑系本科生和研究生培养体系中的设置仍显单薄。建筑策划是综合界定、分析和解决问题的学科，需要庞大的知识体系与方法作为基础，计算机、数学、社会学、经济学、大数据等都是建筑策划教育应有的必修课，而这在目前我国的建筑策划教育体系中还差得很远①。

第四，建筑策划的公众参与机制存在不足。公众参与最早于 20 世纪 60 年代末出现在城市规划与决策领域②，在城市规划领域，公众参与已经发展出完备的理论与方法体系。在美国、日本等国，城市大型公共建设项目的公众参与得到了法律的保障。与城市规划类似，建筑策划也是对与建筑项目相关的各方利益进行平衡的过程。建筑师在设计中受到投资者的委托，要向投资者负责，同时建筑项目建成后对使用者和其他公众产生持久的直接或间接影响，建筑师应当在建筑策划中考虑到公众的利益诉求。由于我国建筑策划的公共参与机制尚在构建之中，有不少环节尚待通过实践总结后不断完善。考虑到我国的实际国情，决策层参与、政府政策和舆论宣传、专家介入的阶段和作用、公众参与、激励机制、建筑策划研讨活动等环节都有待进一步研究和探讨。随着计算机技术与数据科学的发展，利用大数据、模糊判断、语义识别和机器学习，对互联网工具等进行大数据分析的技术将为建筑策划的公众参与提供支持。

第五，建筑策划评估研究的缺失。建筑策划不仅在策划完成时需要评估，而且应该在策划过程中分阶段不断评估。但在我国，实际上，对建筑策划的评估还处于探索阶段，缺乏对策划评估的框架和指标的研究。这也间接导致了建筑策划项目的验收和评价的困难。建筑策划评估的研究实际上是对建筑策划的标准、依据与效力的研究，这是建筑策划进入行业或法律规范的前提。

---

① 张维，庄惟敏．中美建筑策划教育的比较分析 [J]. 新建筑，2008（5）：111-114.

② 1969 年，谢里·安斯坦（Sherry Arnstein）在美国规划师协会杂志上发表了著名的论文“市民参与的阶梯”（A Ladder of citizen Participation），对公众参与的方法和技术产生了巨大的影响，为公众参与成为可操作的技术奠定了定理性的基础。

第六，建筑策划过程的组织管理有待优化与提升。在美国，从1951年开始，建筑策划作为一项业务出售，至今已有60多年。[①]建筑策划作为一项技术革新，在许多建筑事务所得到广泛应用。在大量实践的基础上，建筑策划的组织管理已经形成了一套行之有效的模式。相比之下，我国的建筑策划工作在实际运作中的过程组织操作和管理与国际一流企业仍有一定的差距。

第七，建筑策划工具应用方面的差距。由于国情和行业整体环境原因，差距较为明显。美国在20世纪就有大量的学者开始关注应用计算机软件辅助建筑策划，并随后开发出了一系列的策划辅助软件，在互联网时代，网络辅助工具方面也有了新的突破。信息时代中，对工具研究的差距很可能导致我国在新一轮工具标准制定时受制于人。建筑策划工具的发展需要学科的交叉与融合，但这并不意味着建筑师在建筑策划工具领域消极逃避，反而对建筑师提出了更高的要求。建筑策划工具的发展要求建筑师不仅要掌握建筑策划的理论体系，而且对计算机科学等诸多学科也要有深刻的认识，并将建筑策划理论与方法提出的需求同其他学科的学术研究成果相结合，促进学科交叉中建筑策划工具的发展。

建筑策划总体而言仍是一个新兴学科方向，我国的建筑策划体系构建正处于一个非常好的时期。他山之石，可以攻玉。我们既可以借鉴发达国家的先进经验，结合我们的具体国情进行研究，也可以吸取相关教训尽可能少走弯路。在全球化和信息化时代背景下，博观而约取，厚积而薄发。2014年10月中国建筑学会建筑师分会建筑策划专业委会成立。委员会旨在以建筑学中建筑策划的研究方法与应用技术为基础，结合跨学科的专业知识和理论，促进我国建设程序的科学化、决策流程的法制化、建筑策划操作的专业化，并在建设项目任务书的编制、行业标准及规范的制定、建筑使用后评估等方面开展工作，为完善我国建筑设计行业的决策和评估机制提供理论依据和实践借鉴。中国也将能够在此领域在世界上占有一席之地。

7.2 未来及展望：前策划—后评估的闭环流程

当前，我国城镇化正处在由粗放扩张向精细增长、由增量开发向存量更新转型的关键时期，城市的发展理念从过度关注开发强度，转而强调人居环境和人文关怀，通过提升城市建成环境的空间品质和管理水平来提升人的生活体验。这有赖于设计师和管理者的价值转型和方式创新，也同样离不开对已有建成环境的现状及其设计和建造过程的回顾和认真剖析。从现实中得出的经验和反馈，能更好地推动未来的进步，是为“前事不忘，后事之师”。为此，对建筑以及城市建成环境的空间品质进行合理的使用后评估，助力下一步的城市设计与建筑策划，成为当前城市与建筑领域研

① “TAMU CRS Archives显示”1951年在Laredo，TX schools项目建筑策划中第一次作为业务被出售。

究的重点之一，也具有更加紧迫的现实意义。① 可以说使用后评估是建筑设计与建筑实践的联结点，也是构成“实践—理论—实践”这一闭合体系的关键一环。如果说建筑策划是一个合理设计的保障，那么使用后评估就是对建筑是否合理的标准的探讨和评判。

尽管社会各界对我国的建筑使用问题已经予以关注，但是我们看到使用后评估在中国的应用和实践仍然不足。长期以来建筑设计师以施工图设计为建筑项目的截止，缺乏对建成环境的调研、评价与研究。企业和投资者出于利益驱动，在建筑项目开始前进行建筑策划和可行性研究，但在建成后进行使用后评估的意识仍非常薄弱。相比于西方国家，我国的建成环境使用后评估仍未得到设计师、甲方和行业协会的足够重视，公众参与制度和政府介入的公共空间使用后评估还远远不够。至今为止我国尚无明确的法律或行业法规明确使用后评估和建筑策划的地位，这已经造成在过去的几十年我国城市化建设浪潮中的种种弊端。

在使用后评估的研究方面，目前我国的研究仍以高校为主体，以使用后评估的基本理论为主，理论结合实践的研究和对系统方法的研究不足。在高校教育和职业建筑师教育中缺乏对使用后评估的重视，大多数高校尚未开设与使用后评估相关的课程，研究成果仍以研究生的论文为主，缺乏系统的学术专著。如何推动使用后评估的系统研究是我们共同面临的一大问题。

使用后评估在中国的发展才刚刚起步，未来无论是使用后评估理论研究还是实践应用都有很多发展的可能性：

业务专门化：随着使用后评估的重要性日益凸显，建筑市场竞争的环境和巨大投资项目对使用后评估的需求增加，使用后评估的专业化将进一步提升。使用后评估作为专业策划咨询机构和建筑设计企业的一项专门化业务，需要专业的评估团队和策划咨询师，对建筑师的能力也提出了更高的要求和挑战。

方法科学化：21 世纪大数据科学的兴起，互联网对传统行业产生巨大的冲击。在此背景下，使用后评估将由定性研究进一步迈向定量研究的精确化和数据化。计算机科学和数据科学使建筑师得以对建筑的物理环境和使用者的广义评价进行精确的测量、记录和分析。比如在大数据、互联网、模糊决策等相关科学领域发展的基础上，使用后评估的方法和工具一再得到创新，涌现出结合计算机语言对多源数据进行定量统计分析、借助开源网站和诸多数据可视化渠道分析使用者的空间认知行为、基于空间句法、遥感技术和 GIS 分析并模拟城市建成环境空间特征等诸多探索和实践。大数据科学使得使用后评估中复杂的相关关联逐渐浮现，为更加客观、全面的评价体系的建立提供了有力的工具。

学科融合化：使用后评估的方法呈现出越来越多元化的趋势。使用后

① 梁思思．前策划与后评估 [J]. 住区，2017（10）：122.

评估中对于建成环境物理量的测量评价和对使用者主观心理量的测量评价，使得使用后评估团队需要来自不同学科的专业人才和方法。信息模型、虚拟现实、智慧城市、人工智能等新兴学科方法都能够被使用后评估所借鉴。建筑师如何在学科融合化的使用后评估过程中寻找自己的角色和位置，是未来建筑师需要面对的问题。

内容扩大化：从早期的使用后评估对象以单一的学校建筑为主，到今天的包括绿色生态建筑评估、体育场馆赛后利用评估在内的广泛的评估对象，使用后评估的内容不断扩大。未来，使用后评估的内容涉及整个建筑行业，评估对象扩大为室内设计、城市设计、交通设计等。使用后评估与建筑策划评估、建筑设计方案评估等共同组成建筑全性能评估，对建筑的全生命周期进行系统的评估。

成果的应用转化：使用后评估既是对当前建筑项目的反馈，也对未来同类建筑项目具有前馈的作用。使用后评估的成果不仅是对被评估建筑的综合评价，也是对同类型建筑项目乃至建筑规范和建筑方法的启示与革新。未来的研究中，使用后评估的成果如何在特定条件下通过学习、转化、推演，并成为新项目的设计条件和经验，是使用后评估的发展方向之一。

后评估在中国的研究与实践刚刚起步，有赖于政府社会、行业协会、研究学界等各个行业领域的专家学者的共同探讨，形成合力（图 7-1）。在社会层面，明确使用后评估的地位及责任主体、监督主体和评审环节，制定相应的规范，并鼓励重大政府公共建筑参与；在社会层面，通过公众参与和专家论坛，积极宣传使用后评估的社会意义；行业协会及市场需推动并规范使用后评估的市场化，设立使用后评估奖项，而后提高建筑师相应的业务水平；学界需要进一步梳理使用后评估的重要地位，推动系统研究，翻译出版先进的理论专著，展开国际交流。

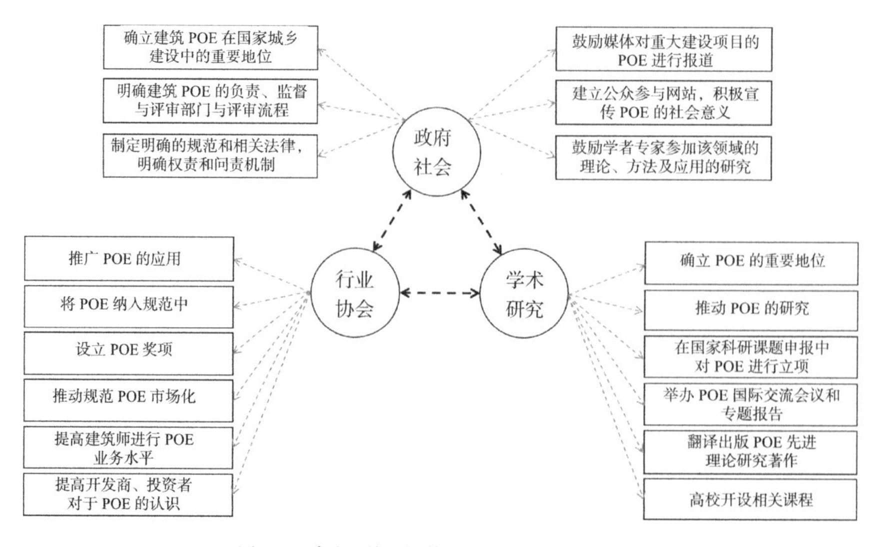

图 7-1　建成环境后评估在行业各界的行动纲领

参考文献

[1] [美]贾里德 P. 兰德 . R语言：实用数据分析和可视化技术 [M]. 蒋家坤等译 . 机械工业出版社，2015.

[2] [美]罗伯特・赫什伯格 . 建筑策划与前期管理 [M]. 汪芳，李天骄译 . 北京：中国建筑工业出版社，2005.

[3] [美]沃尔夫冈・普赖策 . 建筑性能评价 [M]. 汪晓霞，杨小东译 . 北京：机械工业出版社，2008.

[4] [日]服部岑生 . 建築デザイン計画—新しい建築計画のために（シリーズ建築工学）[M]. 朝倉書店，2002.

[5] [日]茅阳一，森俊介 . 社会システムの方法 [M]. オ - ム社，1985.

[6] [日]原广司等 . 新建筑学大系（23 建筑计画）[M]. 東京：彰国社刊，1981.

[7] [日]杉山茂一 . 住みるシミュレ - ションにみる平面评价——居住性に关する评价法及び测定法の开发 . 建设省，建筑研究所，1978.

[8] [日]太田博太郎 . 书院造 [M]. 东京：东京大学出版社，1966.

[9] Bordass B, Cohen R, Standeven M, and Leaman A. Assessing Building Performance in Use 2: Technical Performance of The Probe Buildings [J].Building Research & Information. 2001, 29（2）: 103-113.

[10] Bordass B, Cohen R, Standeven M, and Leaman A. Assessing Building Performance in Use 3: Energy Performance of the Probe Buildings [J]. Building Research & Information, 2001, 29（2）: 114-128.

[11] Castells, M. and Hall P. Technopoles of the World: The Making of 21st Century Industrial Complexes [M]. London: Routledge Press, 1994.

[12] Cohen R, Standeven M, Bordass B, and Leaman A. Assessing Building Performance in Use 1: the Probe Process [J]. Building Research & Information. 2001, 29（2）: 85–102.

[13] Construction Task Force of DETR. Rethinking Construction（The Egan Report）[EB/OL]. 1998. http://constructingexcellence.org.uk/wp-content/uploads/2014/10/rethinking_construction_report.pdf.

[14] Duerk, Donna P. Architectural Programming: Information Management for Design[M]. New York: Van Norstrand Reinhold, 1993.

[15] Friedman, A., C. Zimring and E. Zube. Environmental Design Evaluation[M]. New York: Plenum Press, 1978.

[16] Gibson, E. J. Working with the Performance Approach in Building[R]. CIB Report Publication 64. Rotterdam, The Netherlands, 1982.

[17] IASP. "Survey of International Science Parks" [R]. International Association of Science Parks. 2002 ~ 2007.

[18] King, J. & Philip Langdon. The CRS Team and the Business of Architecture[M]. College Station: Texas A&M University Press, 2002.

[19] Laney D. 3D Data Management: Controlling Data Volume, Velocity and Variety [EB/OL]. [2001-02-06]. https: //zh.scribd.com/document/362987683/.

[20] Leaman A and Bordass B. Assessing Building Performance in Use 4: the Probe Occupant Surveys and Their Implications [J]. Building Research & Information, 2001, 29 (2): 129-143.

[21] Mallory-Hill, S., W.F.E. Preiser, and C. Watson. Enhancing Building Performance[M]. UK: Wiley-Blackwell, 2012.

[22] Marcus, C.C. & Carolyn Francis. People Places: Design Guidlines for Urban Open Space[M]. 2nd ed. John Wiley and Sons, 1997.

[23] Moore G T. Emerging methods in environmental design and planning [M]. Cambridge, MA: MIT Press, 1970.

[24] Moore, C., Allen, G. and Lyndon, D. The place of houses [M].Oakland, CA: Univ of California Press. 1974.

[25] Osgood, C.E. et al. The Measurement of Meaning[M]. Illinois University Press, 1957.

[26] Parshall, S.A. & William M. Pena. Post-Occupancy Evaluation as a Form of Return Analysis. [M] Industrial Development, 1983.

[27] Pena, W. & Steven A. Parshall. Problem Seeking[M]. John Wiley& Sons. lnc. New York, 2001.

[28] Preiser W.F.E., Rabinowitz H.Z., and White E.T. Post-Occupancy Evaluation [M]. London: Routledge, 2015.

[29] R. Hershberger. Architectural programming & pre-design manager[M]. New York: McGraw-Hill Professional Publishing. 1999.

[30] Sanoff, H. Integrating Programming, Evaluation, and Participation in Design: A Theory Z Approach[M]. Avebury, Aldershot, England, 1992.

[31] Schermer, B. Post-Occupancy Evaluation and Organizational Learning [C]. 33rd Annual Conference of EDRA . Philadelphia. PA, 2002.

[32] Seehof, J.M., W.O.Evans. Automated Layout Design Program [J]. Journal of Industrial Engineering 1976, 18 : 12.

[33] Tabor, P. "Analysing communication patterns" and "Analysing route patterns" [M] // March, L. eds. The Architecture of Form. Cambridge University Press, London, 1975.

[34] The American Institute of Architects. The Architect' s Handbook of Professional Practice[M]. 13th ed. New York: John Wiley&Sons, Inc, 2001.

[35] Wasserman S, Faust K. Social Network Analysis: Methods and Applications[M].

Cambridge: Cambridge University Press, 1994.
[36] Willoughby, T., Understanding building plans with computer aids [J]. Models and Systems in Architecture and Building, 1975(2): 46.
[37] 卜震，陆善后，范宏武，曹毅然．两种住宅建筑节能评估方法的比较 [J]. 墙材革新与建筑节能，2004（10）: 29-31+4.
[38] 戴锦辉，康健．英国建筑教育——谢菲尔德大学建筑学职业文凭设计工作室简介 [J]. 世界建筑，2004（5）: 84-87.
[39] 丁勇，李百战，刘猛，姚润明．绿色建筑评估方法概述及实例介绍 [J]. 城市建筑，2006（7）: 18-21.
[40] 杜栋，周娟．企业信息化的评价指标体系与评价方法研究 [J]. 科技管理研究，2005（1）: 60-62.
[41] 郭俊．工程项目风险管理理论与方法研究 [D]. 武汉大学硕士论文，2005.
[42] 何逢标．综合评价方法 MATLAB 实现 [M]. 中国社会科学出版社，2010.
[43] 何九会．建设工程项目风险管理的研究 [D]. 西安建筑科技大学硕士论文，2007.
[44] 孔峰．模糊多属性决策理论、方法及其应用 [M]. 北京：中国农业科学技术出版社，2008.
[45] 李惠强，吴贤国．失败学与工程失败预警 [J]. 土木工程学报，2003, 36（9）: 91-95.
[46] 梁思思，张维．城市规划、空间策划和城市设计的联动研究——以嘉兴科技城为例 [J]. 住区，2015（4）: 110-114.
[47] 梁思思．存量更新视角下空间策划和城市设计联动机制思考 [J]. 南方建筑，2017（5）: 15-19.
[48] 梁思思．建筑使用后评价引导机制分析——美国建筑师学会 25 年奖的启示 [J]. 住区，2015（4）: 54-59.
[49] 梁思思．前策划与后评估 [J]. 住区，2017（5）: 122.
[50] 林显鹏．2008 北京奥运会场馆建设及赛后利用研究 [J]. 科学决策，2007（11）: 11.
[51] 刘贵利等．城市规划决策学 [M]. 南京：东南大学出版社，2010.
[52] 刘佳凝．基于建筑策划理论的建设项目任务书评价及应用探究 [D]. 清华大学博士学位论文．2017.
[53] 刘军．社会网络分析导论 [M]. 北京：社会科学文献出版社，2004.
[54] 罗家德．社会网分析讲义 [M]. 北京：社会科学文献出版社，2005.
[55] 马文拉桑德．风险评估：理论、方法与应用 [M]. 清华大学出版社，2013.
[56] 苗东升．模糊学导引 [M]. 北京：中国人民大学出版社，1986.
[57] 祁斌．日本可持续的建筑设计方法与实践 [J]. 世界建筑，1999（2）: 30-35.
[58] 全国科学技术名词审定委员会．建筑学名词 2014[M]. 北京：科学出版社，2014.
[59] 苏志刚．深圳万科城四期绿色住区的实践与思考 [J]. 动感（生态城市与绿色建筑），2011（2）: 100-105.
[60] 汪晓霞．建筑后评估及其操作模式探究 [J]. 城市建筑，2009（7）: 16-19.

[61] 王家远 . 建设项目风险管理 [M]. 中国水利水电出版社，2004.
[62] 王仁武 . Python 与数据科学 [M]. 华东师范大学出版社，2016.
[63] 向敏，王忠军 . 论心理学量化研究与质化研究的对立与整合 [J]. 福建医科大学学报（社会科学版）. 2006（6）.
[64] 肖鸿 . 试析当代社会网研究的若干进展 [J]. 社会学研究，1999（3）：1-11.
[65] 小木曽定彰，乾正雄 . Semantic Differential（意味微分）法による建筑物の色彩效果の测定 [M]. 鹿岛出版会，1972.
[66] 谢文慧 . 建筑技术经济概论 [M]. 北京：中国建筑工业出版社，1982.
[67] 许瑾，李道增，章明 . 上海大剧院使用后评析 [D]. 清华大学硕士学位论文，2000.
[68] 严军 . 工程建设项目风险管理研究和实例分析 [D]. 上海交通大学硕士论文，2008.
[69] 杨廷宝等 . 中国大百科全书：建筑园林城市规划 [M]. 北京：中国大百科全书出版社 .1988
[70] 张曾莲 . 风险评估方法 [M]. 北京：机械工业出版社，2017.
[71] 张彤 . 空间调节中国普天信息产业上海工业园智能生态科研楼的被动式节能建筑设计 [J]. 动感（生态城市与绿色建筑），2010（1）：82-93.
[72] 张维 . 基于限额设计的超高层建筑的创作探讨 [M] // 中国建筑学会 . 建筑我们的和谐家园——2012 年中国建筑学会年会论文集 . 北京：中国建筑工业出版社 . 2012：18-23.
[73] 张维 . 会展建筑展厅综合性能提升策划设计策略探讨 [J]. 南方建筑，2017（5）：20-23.
[74] 张维 . 嘉兴科技城概念设计方案挹述 [J]. 华中建筑，2007（5）：42-44.
[75] 郑凌 . 高层写字楼建筑策划 [M]. 北京：机械工业出版社，2003.
[76] 庄惟敏，栗铁 .2008 年奥运会柔道跆拳道馆（北京科技大学体育馆）设计 [J]. 建筑学报，2008（1）.
[77] 庄惟敏，张维，屈张 . 行政建筑的时代特质与地域性表达——玉树州行政中心设计 [J]. 建筑学报，2015（7）：58-59.
[78] 庄惟敏，张维 . 市政设施综合体更新探讨——北京菜市口输变电站综合体（电力科技馆）设计 [J]. 建筑学报，2017（5）：70-71.
[79] 庄惟敏，张维 . 渭南市文化艺术中心 [J]. 世界建筑，2015（10）：120-125.
[80] 邹广天 . 建筑计划学 [M]. 北京：中国建筑工业出版社，2010.

致　谢

正如前言所述，本书所论述的内容是笔者以及清华大学的团队对中国建筑策划近几十年来研究的汇总，是一次关于建筑策划理论方法和实践、后评估研究的升级。本书基本内容在《建筑策划与设计》和《后评估在中国》基础之上进一步浓缩提炼，新补充的内容汇聚了团队近期的研究成果和清华大学建筑设计研究院的工程实践案例，强化提高创新能力和解决实际工程问题能力，突出案例的引导示范作用。总而言之，他们的努力是本书得以完成的关键所在。

本书在出版过程中得到了各方人士的大力帮助。中国建筑工业出版社的编辑在版式等方面给予了大力支持和指导；清华大学建筑学院博士生和清华大学建筑设计研究院的同事在资料收集、文献整理、插图绘制和文字编辑方面投入了相当的精力；中国建筑学会建筑师分会建筑策划专业委员会的各位也为本书资料的收集和校审提出了许多宝贵的意见，恕不一一提及姓名，在此表示衷心的感谢。

本书的出版获国家自然科学基金面上项目（51778315）、青年项目（51608294）和住房城乡建设部课题项目“建筑策划制度与机制研究”、“大型公共建筑工程后评估试点研究”、“建筑师服务全过程咨询和一带一路研究”的支持。